都市計画の構造転換

整・開・保からマネジメントまで

The City Planning Institute of Japan

Structural Transformation of City Planning

日本都市計画学会 編著

鹿島出版会

都市計画の
構造転換

整・開・保からマネジメントまで

はじめに

本書の背景

わが国の都市計画の根幹をなす都市計画法は、二〇一八年に現法制定から五〇年を迎え、また二〇一九年は旧都市計画法が制定されてから一〇〇年という大きな節目を迎えた。

本書を刊行する日本都市計画学会においても、都市計画法および同法を根幹とする都市計画法制の五〇年・一〇〇年の歴史を振り返るとともに、社会経済情勢の変化に対応した都市計画制度の新たな役割を展望することにより、同法の課題や抜本改正等についての議論の契機を創出し、都市計画のさらなる発展と学術交流を一層深めることを目的として記念事業を実施してきた。

本書は、同学会において執り行った記念事業の成果を踏まえ、都市計画法制の歴史を振り返り、その展開を考察し、近未来の課題を議論することの意義を深く刻んだ記念書である。また同時に、今後の都市計画に寄与する知見を体系的にとりまとめることで、都市計画の学術面および実務面への貢献を目指した時代の節目の集成書を目指したものである。

本書の趣旨

しかしながら、都市計画の内容は一般に複雑であると考えられている。市街地の形成や都市住民の生活を支える道路等の都市基盤の形成に対し、都市計画は先導的な役割を果たしてきたが、一般の方々には目に見えない複雑な仕組みとして認識されている。加えて、わが国の都市計画が辿ってきた歴史の全体像を把握することは容易ではない。一国の都市計画の歴史は一つの時間軸上に展開された膨大な事象で構成されているが、何にスポットを当ててみるのかといった見方によって捉え方が変わり、その歴史は多面性を持つ。ニュータウン開発や市街地再開発を通じて出現した個々の都市の姿や時代を代表する都市開発のモデルにスポットを当てる見方もあるが、本書では、わが国の都市計画の特徴や今後の方向性を理解するために重要なことは、複雑なものとして捉えられがちな都市計画に対し、都市計画法に記された基本的考え方と関連法制の体系を根幹とするその構造を捉えることであると考えている。

またその歴史も、同法の改正や関連法の制定・改正に基づく法制度の新設、改訂、廃止等の個々の単発の事象の積み重ねとして捉えるよりも、時代変化の節目における法改正等を契機とした都市計画の構造転換の積み重ねとして捉えることの方が重要であると考えている。

特に、都市計画の歴史を理解する上で重要なのは、都市計画法を中心とする法体系の一部が時代の変化に応じて改正されたことに伴う構造転換の過程をその転換の背景と共に俯瞰し、読み解くことである。

一般に都市計画と認識されている内容を紐解いてみると、各国や地域の都市計画にはその拠り所となる法律がある。その法律に基づく制度と制度を運用するための政令や条例等（都市計画法制）があり、その制度を利用して各都市の将来像を描いた土地利用計画や交通計画などの計画（プラン）があり、そのプランを実現するための規制や事業といった手法がある。また、それらのプランをつくり、手法を実施する国や地方自治体等の行政機関の役割も都市計画法制を拠り所としている。

こうした都市計画法制に基づく都市計画は、市街地を形成し、道路や鉄道等の都市基盤を形成する様々な仕組みを創り出し、都市社会や都市空間に作用する社会システムであるとも言える。

各国や地域に導入された社会システムとしての都市計画に共通しているのは、都市計画法制を根幹とした計画（プラン）、規制、事業から成る構造が内在することであり、そのシステムを支える技術が培われてきた。本書においても、都市計画法を根幹とした法体系を拠り所とする都市計画の構造を捉えることに主眼を置いている。

即ち、本書では都市計画の歴史を見る視座として、都市開発や市街地の形成等のフィジカルな都市空間の形成の背後に存在し、都市空間を成り立たせている社会的な仕組みにスポットを当てた制度論や仕組み論に主眼を置いており、都市計画法を根幹とする都市計画の構造を読み解くためにその歴史を振り返るものでもある。

一方、わが国の都市計画法制の意義と特徴を論じる際に重要なのは、どのような観点から論じるかである。そこで、本書では、まず都市計画が一般に兼ね備えるべき公共の福祉の観点から、わが国の都市計画法制の検証を試み、その上で都市計画法制がそれぞれの時代の課題に対してどのように対応し、機能し、その結果として市街地形成の実態がいかにあるのかを論じることに注力した。

また、市街地の形成を誘導する仕組みとしての都市計画法制と市街地の実態との相互関係は、長い時間軸に沿ってらせん状に展開してきたが、都市計画法制はいつの時代もその場しのぎに対応してきたわけではない。都市計画法制の歴史は、公共の福祉に寄与することを目指して、都市計画を時代の変化に応じて機能させるために、その構造の一部を転換してきた過程であるとも言える（第1章参照）。

以上の考え方に基づき、本書は一般に複雑と思われるわが国の都市計画を理解する上で重要な都市計画を見る観点と視座を読者と共有することを目指すものであり、加えて、今後重要となる新たな課題と構造転換の方向性を共有することを目指している。

繰り返しになるが、わが国の都市計画法制の歴史を論じる上で、またその将来を考える上で重視されるべきは、都市計画法を根幹とする法体系を拠り所にした都市計画の構造を読み解き、構造転換の意味をその背景と共に理解することであると考えている。その構造転換を契機として後の時代に果たした都市計画の役割とその効果や残された課題への共通理解こそが、わが国の都市計画についての理解の深化と今後の発展や抜本改正に向けた議論にも寄与するとの考えに基づき、本書を刊行するものである。

本書の構成

以上の考え方に基づき、本書では都市計画法の位置づけ、果たしてきた役割、その手法、市街地形成への効果や影響、および時代の変化に対応した変遷について、今後の都市計画法および法制のあり方も踏まえながら専門家の方々に論じて頂くこととした。都市計画法を根幹とするわが国の都市計画の構造とその転換を共通課題とし、関連の専門家の方々にご執筆頂いた内容は以下のテーマごとの章によって構成される。

序章では、本書の共通課題である都市計画の構造転換の解題を進め、本書の位置づけについて論じる。

第1章は、わが国の都市計画と都市計画法制の意義とその転換の方向性を論じる三つの節で構成している。まず、その意義を考える観点として「公共性」と「持続性」を再考する重要性を指摘し、続く節では都市計画の担い手である住民が主体的に関与するための仕組みについて論じている。また、わが国の都市計画の意義がマネジメントへと転換しつつあることを示唆し、時代の変化に応じたより動的な都市計画手法への転換の必要性を論じている。

第2章では、旧都市計画法制定を起点とする百年の時間軸におけるわが国の都市計画の変遷を整理すると共に、その特徴を「技術」と「専門家」の観点からそれぞれ論じており、三つの節で構成されている。まず、都市計画法の変遷の整理では、同法の周囲に関連法が制定されてきた点を踏まえ、同法の内と外の観点から都市計画法の今後の展望を論じている。また、わが国の都市計画を技術の観点から論じ、その展望を描くと共に改革の道筋を示している。最後に、都市計画の担い手である都市計画家に着目した歴史的展開の整理を試み、今後の担い手像について論じている。

第3章では、新法における線引き制度を中心とする市街地の拡大と縮小に対応する土地利用に係る「規制」の課題と今後の方向性について論じており、五つの節からなる。まず、線引き制度導入について、その背景や目的とともに運用上の課題や副作用について整理し、続く節では三大都市圏における効果と地方都市における課題を指摘している。さらに、線引き廃止事例の分析や集約型都市構造を目指した場合のシミュレーションの結果の考察を示し、続く節では広域ネットワークとまちのスケールの間の調整の仕組みの必要性を論じている。最後に、今後の方向性として立地適正化計画の可能性と限界を示すと共に、都市計画区域の区分再編を提案している。

第4章は、都市計画に係る「事業」である市街地開発事業や都市施設の整備に関する各論からなる五つの節で構成している。まず、土地区画整理事業を中心とした市街地開発事業を「公」と「民」の関係の転換として着目し、その変遷を振り返ると共に事業の枠組みの再編を示唆している。次に、都市計画道路と都市公園についてそれぞれ論じた節が続く。都市計画道路については、その成果を振り返ると共に、空間的・時間的戦略や合意形成などの制度充実の必要性を論じており、都市公園の整備制度については、民間の多様な主体の協調によるマネジメントを今後の方向性の展望として論じている。続いて、都市計画制度の下で数多くの都市開発を手掛けてきた都市再生機構の実例をもとに、都市開発事業における課題を関係者の合意形成の観点から時代の変化に柔軟に対応していくことの必要性を論じている。また、都市防災の観点からは、災害復興を視野に入れた都市計画の領域の拡大を伴う転換についての示唆を含め論じている。

第5章では、地区レベルの都市計画へと向かう転換の契機となった一九八〇年創設の地区計画制度をはじめ、再開発地区計画、都市再生特区等について論じており、五つの節で構成されている。まず、地区計画制度の創設から現在までを振り返り、今後の同制度の方向性を示し、続いて、地区交通と生活道路の整備に焦点を当て、これまでの制度の限界や今後の方向性を提示している。その後に続く二つの節では、再開発地区計画制度の趣旨や創設時の議論を考察し、都市再生特別地区への政策展開を概観すると共に多様な主体の協働による都市計画の転換が起きていることを指摘し、特定の地区を対象とする規制緩和型の計画と手法に焦点を当て、その根底にある計画と規制の論理と地区の協議型計画手法の今後の展望について論じている。最後に、エリアマネジメントの取組みについて、マスタープランの位置づけによらず、エリアをネットワークしていく形に変化しつつあるとし、信頼と互酬性に基づく協働によるマネジメントの重要性とエリアの活動を支援する上での公共性について論じている。

第6章は、計画（プラン）、規制、事業からなる基本構造が内在する社会システムとそれを支える技術としての都市計画に対し、直面している課題とその対応の方向性について論じた五つの節からなる。具体的には、土地利用コントロールの観点から集約型都市構造へと転換するための課題や持続可能な都市としての生活の質向上のための課題への対応に向けたプランの必要性、将来像を描くマスタープランをより包括的なプランとすることの可能性、地球環境や都市環境改善の観点からみた課題と方策、交通技術の進化とデジタル革命に対応したプランと技術の方向性、都市圏や都市と農村といった計画対象区域の枠組みの再構築、といった諸課題に対する計画と規制、事業といった手法との関係を論じ、技術としての都市計画の転換の必要性と可能性を示唆している。

第7章では、近未来の課題と都市計画法制の向かうべき方向性について、テーマ別の四つの節で論じている。まず、高齢社会の進展と社会的包摂の考え方を踏まえた都市計画の方向性について、続いて、生態系と長い時間軸でとらえる都市計画の方向性について論じている。さらに、未来の交通について、ビッグデータの活用や自動運転技術の進展による影響や効果を踏まえたビジョンについて論じ、最後に気候変動や増加する災害に伴う社会的コスト削減を踏まえた土地利用計画の必要性を踏まえ、様々な都市スケールや多様な主体のつくる計画を統合する統合的空間計画の提案を含む都市計画の構造転換について論じている。

終章では、わが国の都市計画法制がたどってきた構造転換の道筋について本書の論考を振り返ることから得られた知見について、都市計画が有している「公共性」「全体性」「時間性」という性質から整理し、都市計画法制の構造転換の方向性をまとめている。

以上の構成からなる本書が、わが国の都市計画についての理解を深め、次の時代を切り拓く都市計画法制の新たな構造転換や抜本改正の議論へとつながることを願っている。

（日本都市計画学会会長　出口 敦）

目次

都市計画法50年・100年記念
シンポジウム第1弾
（2018年11月17日）

序章

都市計画の構造と構造転換

出口 敦

1 — 都市計画の構造転換とは

複雑に見える機械にも骨格となる基本構造があるように、各国や地域の法制に基づく近代社会の法定都市計画には基本構造がある。

一方、都市は生き物のように変化する。時代の変化とともに都市社会や都市形態はダイナミックに変化している。そのダイナミックな都市の変化の方向をときに軌道修正し、ときに加速させていくために、法定都市計画はその基本構造を維持しつつ、法改正や関連法の整備・改正等を通じて、自らの構造を一部転換させ、社会経済情勢の変化や政策転換に対応すべく、都市社会や都市形態を導いてきた。さらに上位の大転換としては、国の社会体制や法体系の改変に応じた法自体の改廃や新法制定による基本構造の転換があり、一九一九年の旧都市計画法の制定と一九六八年の新都市計画法の制定がまさにそれにあたる。

では、現代の法定都市計画の概念と基本構造とはどのようにイメージされ、認識されるのだろうか。一九六八年に制定された現行の都市計画法の一条には「この法律は、都市計画の内容及びその決定手続、都市計画制限、都市計画事業その他都市計画に関し必要な事項を定めることにより……」とあり、同法に基づく方針および計画(以下、プラン)、プランを実現するための都市計画制限(規制)、都市計画事業の三つの基本機能からなる基本構造(機能構造)の存在を示していると言える。

ここでのプランには、民間の土地を主な対象とした長期的・総合的な土地利用計画(マスタープラン)と民間の土地所有者等の行為を拘束する詳細な計画等があり、同法では、国、地方公共団体、住民といった主体の責務を定義するとともに、これらのプラン、規制、事業を決定する手続と決定権者を定めており、主体に関する基本構造(主体構造)も存在する。

また、プラン、規制、事業に実効性をもたらし実現手段を規定した様々な関連法(建築基準法、都市再開発法等)の体系が存在する。これらの総体を都市計画に係る社会システムと呼ぶことにすると、その社会システムには都市計画法等に記されたプラン、規制、事業からなる機能構造とその実施と参加主体の責務および決定権者の規定からなる主体構造が内在し、その構造は時代の変化に伴う課題への対応から同法の改正や関連法の制定や改正を通じて部分的な転換が重ねられ、今日に至っているとも言える。

例えば、「市町村のマスタープラン」と呼ばれる制度は、一九九二年に都市計画法改正により新たに規定されることとなった「市町村の都市計画に関する基本的な方針」（法一八条の二）であり、市町村が主体となり「プラン」を策定する制度として創設された。新たな計画策定の仕組みが加わったという意味において、機能構造における構造転換と呼ぶに値する大きな変化を全国にもたらした。また、同一八条の二の二項には策定過程における住民の意見反映も記されるなど、その後の市町村を策定主体とする都市計画のやり方に大きな変化をもたらした。[1]

このように、わが国の法定都市計画を同法に記されたプラン・規制・事業を三極とする機能構造と国・自治体・住民の主体の関わりや決定権者を示す主体に関する構造といった基本構造に支えられた社会システムとしてみると、社会経済情勢の変化に応じた数々の同法の改正や関連法の制定・改正等は、社会システムを支える基本構造のどこを変化させ、どこを転換させる役割を担ったのかとして読み解くことにつながり、複雑に見えるわが国の法定都市計画への理解への一助になると考えられる。

2 ― 都市計画の起源にみる都市計画の概念と構造の形成

以下では、わが国の近代都市計画の歴史を都市計画の概念と基本構造の形成と転換の観点から概括してみることとする。

明治維新から旧都市計画法制定までの時代は、江戸時代からの近世の市街地や武家地等の都市ストックを引き継ぎ、その上にいかにして近代国家に相応しい都市を築いていくかが都市計画の第一義的な課題であった。

一般に、都市計画はその時代の社会が共有する価値の実現を図ることを理念として、時代ごとのパラダイムに依拠した都市の形態に向かわせる力となり、規制や事業の実施を通じて具体の都市や地区を改変する。社会が共有する価値を実現し、目指すパラダイムを具現化することは、時代を超えて共通した都市計画の普遍的な考え方である。そうした観点から見ると、明治維新後の時期は、近代国家として日本が目指す文明開化の場としての価値が東京に求められ、その価値を実現するための既存都市の改造の必要性が明治維新直後から明治政府内で高まっていたと言える。

わが国の近代都市計画の起源と言われる「東京市区改正条例」は、一八八八（明治二一）年八月に公布され、その翌年一月に施行された。近代国家の首都としての機能を兼備した近代都市のかたちをいかにして創り上げていくかが、当時の明治政府と東京府の双方にとっての課題であった。「市区」とは現在のように自治体の行政単位を指すのではなく、市街地の区画を意味し、「市区改正」は市街地の区画を改め正すという意味であったことからみても、文明開化を具現化した近代都市のかたちを創りあげることに都市計画の第一義的な意義を置いていたことが分かる。

同条例は一六条から成り、一条には「東京市区改正ノ設計及毎年度ニ於テ施行スヘキ事業ヲ議定スル為メ東京市区改正委員会ヲ置キ……」とあり、市区改正の設計および毎年度の事業を定める決定権限が東京府ではなく内務省内に設けられた市区改正委員会にあるとし、その決定手続、財源等を定めている。このことは、国家の事業としての市区改正であることを示しており、未だ都市計画という言葉は使用されていなかったが、一六条からなる同条例から浮き彫りにされる都市計画の概念は、国が決定権限を持つ主体となった市区改正の設計（プラン）と事業からなる機能構造として捉えることができる。

実際には、同条例の下で、一八八九年に告示された東京市区改正設計（旧設計）と、その後改訂され一九〇三年に告示された東京市区改正新設計（新設計）の二回にわたりプランが策定され、そのプランの下、財源など実現に様々な困難を抱えながら、下水道事業や市街鉄道（路面電車）敷設を伴う道路事業等が進められてきた。[2]

同条例の制定以前には、欧米の都市モデルに依拠した外国人技術者の手による設計に象徴される短期的・限定的な事業で都市改造を進めようとする考え方であったのに対し、同条例では、直面する都市問題を踏まえ、長期的な展望を持つプラン（市区改正の設計）とプランによって位置づけられ財源の裏付けと土地収用等の実現方策を持つ事業により、問題の解決を図るという近代都市計画の概念と機能構造が基本構造として構築されたと言える。ただ、実際の実現方策には多くの課題を抱えていた。

3—法定都市計画の実効性を担う社会システム

また、同条例は一八八九年に制定された「東京市区改正土地建物処分規則」と対になり、その事業が実施されてきた。同規則は、道路整備等の市区改正事業に必要な民有地の土地、建物の買収に関する規則として、残地の買上や超過収容等を規定したものである。即ち、道路事業等の対象を明示した設計図とも言えるプランにより事業のための収容地を指定し、プランに基づく事業を用地収用の方法で実施する都市改造型の都市計画にとって、極めて重要な役割を持つ用地収用の規則を定めたものである。[3] 東京市区改正条例やその後の都市計画法といった基本法に基づく社会システムは、その事業の実現手段の役割を示す関連法や規則等と対になって初めて効力を発揮することとなる。

一方、都市計画と対を成すはずの建築規制の条例については、この時期に制定されることはなかった。本来、都市改造にとって必要とされるはずの建築物の規制等を担うべき「東京家屋建築条例」は制定されず、一九一九年の市街地建築物法の制定まで建築物の規制がないままに進んだのである。その後、都市計画法と建築物の規制を担う法律とは対を成すようになり、後述の旧都市計画法は同年に制定された市街地建築物法と対をなし、新都市計画法は建築基準法と対をなして、その実現を図る関連法と共に実効性ある社会システムをつくり出してきた。

以上のように、わが国の近代都市計画の起源とされる東京市区改正条例では、都市改造を念頭においた都市計画の概念と基本構造が形づくられ、その後、その構造の一部は都市計画法にも引き継がれることとなる。

4—旧都市計画法の制定と都市計画の構造

第一次世界大戦後の日本は、急成長する工業の都市立地とそれに伴う工場公害の深刻化や都市郊外部の無秩序な市街化への対応が、東京だけでなく全国的なスケールでの都市問題となり、明治初期とは異なるスケールの広がりを持つ異次元の都市問題に直面していた。都心部の都市改造を中心とする市区改正が目指した文明開化の受け皿としての都市とは異なる、ものづくりの場としての都市（＝工業化）や軍事機能の拠点としての都市（＝軍事化）、中産階級の都市居住の場として都市（＝郊外化）といった都市に対する価値転換がその背景にあり、価値転換に伴う、都市計画の構造転換が求められたとも言える。

一九一九年に制定された旧法における都市計画とは、一条に明記されているように「重要施設の計画」であった。即ち、市区改正条例で培われた都市計画の概念を引き継ぎ、道路、広場、河川、港湾、公園にまで広げた幅広い種類の重要施設のプランを明示し、そのプランを施設用地の収容を通じて実現していく事業や土地区画整理事業を中心とする都市計画であった。また、プランと事業の決定権限は、都市計画委員会の議を経て内務大臣が決定するとされ、国が握るものとする点も市区改正条例を引き継ぐものであった。

二条では都市計画区域が規定され、さらに旧法および市街地建築物法において設けられた用途地域制による土地利用規制が導入されたものの、用途地域は住居、商業、工業の三区分に加え、そのいずれにも指定されない未指定地域を加えた四区分のみであり、区域区分も規制内容も当時の欧米の土地利用規制とは大きく異なり、また旧法の適用都市において必ずしも指定されるものでもなく、極めて緩やかな都市計画規制として導入されるに留まった。[4]旧法における法定都市計画の特徴と課題については、第2章第2節において論じられているので、そちらを参照されたい。

旧法における都市計画の機能構造は、都市計画区域ごとに重要施設を位置づけたプラン、重要施設の事業と区画整理事業が中心となり、用途地域による緩やかな都市計画規制が付加された構造として捉えることができる。

5 — 新都市計画法の制定と都市計画の構造転換

一九六八年の新法制定は、その二年後の一九七〇年に建築基準法の集団規定の全面改訂と対を成し、旧法の基本構造を大きく転換させることとなった。一方、一九五四年には土地区画整理法が、一九六九年には都市再開発法が制定されたことで、都市計画事業を担う関連法も整備された。新法制定の背景には、言うまでもなく、高度成長の政策下でもたらされた都市人口と産業の集中による市街地の混乱と無秩序な拡大（スプロール）への対応が喫緊の課題としてあった。

そのための手法として、市街化区域と市街化調整区域に区分する線引き制度という当時の世界最先端とも言える区域区分手法を導入した点に新法の大きな特徴があったと言える。新法の下、整備・開発・保全の方針（整・開・保）が土地利用規制の拠り所となるプランとなり、用途地域に基づく土地利用規制、充実化した都市計画事業から成る機能構造が構築されたこととなる。なお、線引き制度については、第3章で論じられているので、そちらを参照されたい。

新法の制定と建築基準法の集団規定の全面改訂による改良点として、石田は「①都市計画決定権限の都道府県や市町村への機関委任事務としての移譲、②都市計画の案の作成および決定の過程における住民参加手続の導入、③市街化区域と市街化調整区域に分けるという区域区分制度（俗称、線引き制度）の創設、④区域区分と関連した開発許可制度の創設、⑤用途地域の細分化と容積率制限の全面的採用」を挙げている。[5] このうち、①と②は新法の主体構造にかかわる点であり、③と④は旧法からある都市計画区域を新法ではその広域性を確保しながら、一体の都市として総合的に整備、開発、保全する必要がある区域と捉えて定めるとし、[6] 無秩序な市街化抑止への対応として設けられた規制手法である。

新法制定後も時代の変化は早く、また法制上の改善点も多岐にわたり、新法は制定後から五〇年の間にのべ七〇回以上も改正されてきており、部分的な構造転換とも言える法改正を重ねてきた。

特に大きな転換点の一つとして、一九八〇年の法改正による地区計画制度の創設が挙げられる。その特徴は、一体として各街区を整備、開発、保全するための計画として、土地利用の方針に関わる計画とより詳細な規制を含む整備計画の二つの計画を策定する点に加え、決定権限をより地域に近い市町村とし、住民参加の下で策定、実施されるものとしている点にある。創設の背景には、一九七〇年代に顕在化した都市郊外部のスプロールの進行があり、無秩序な開発のコントロールの手段として、ミクロな地区を対象に一体としての良好な環境の計画を策定することを可能とした。

地区計画制度の創設は、特定の地区を単位としたプランと規制を立案できることとし、「地区」「街区」の概念を法定都市計画に導入したわけだが、その意義はこれまでの都市計画区域全体を対象にしたマクロな区域のプランに、ミクロな地区を対象としたプランが加わり、区域区分とも整合を取りながら、特定の地区のプラン、規制からなるミクロな機能構造をもたらしたことにある。その後、再開発地区計画等の創設を通じたさらなる転換へとつながることとなるが、地区計画をめぐっては、第5章における論考を参照されたい。

今や、地区計画制度は全国各地の都市で多数適用され、法定都市計画の主役級の制度となっている。ただ、都市計画法には地区の定義や計画の影響範囲について、規模の上限や下限が規定されていないため、より柔軟な運用ができる一方、その適用範囲を曖昧なものとしていることに起因する課題がある。大幅な規制緩和を伴う地区計画が個々の評価では一定区域内にその影響が収まる最適解として認められても、複数の地区計画がパッチワークのように張り巡らされることになると、東京などの集中する区域では、結果的に交通ネットワークやインフラのキャパシティに及ぼす影響が懸念されるところである。

また関連して、「都市」や「地区」には規模や形態の規定がないことが、その技術体系を曖昧なものとしている要因の一つであるとも言える。昨今のスマートシティにしても、「シティ」の規模は地区であったり、自治体全体であったりと個々のケースでまちまちであり、ときに議論がかみ合わず、その計画技術が体系化され難い要因となっている。法定都市計画に新たな概念が導入される際、その概念が上手く機能するためには、定義や規模を整理し、明確化することを通じて技術としての都市計画の発展につなげていくことも重要である。

もう一つの転換点として地方分権を挙げておくこととする。一九九五年七月に地方分権推進法が施行され、翌年一二月に地方分権推進委員会より第一次勧告として、国と地方との新しい関係についての基本方針が示され、従来の機関委任事務制度を廃止することなど、国と地方の関係についての抜本的な見直しが勧告された。一九九七年に同委員会の第二次、三次、四次の勧告が出される中、一九九七年六月の都市計画中央審議会基本政策部会による中間とりまとめ「今後の都市政策のあり方について」では、「第二都市計画における役割分担のあり方」において、「都市計画は、都市の実態及びその将来を見通し、「生活に身近なまちづくりの計画」から「広域的・根幹的な計画」までを一体的、総合的かつ即地的に決定するものである」とし、「このため、都市計画の決定に当たっては、……国、都道府県及び市町村が適切に役割分担すべきものである」として都市計画制度の見直しの基本的方針を示した。この中間とりまとめの後さらに検討を重ね、一九九八年一月に同中央審議会にて第一次答申が出された。[7]

その後、二〇〇〇年四月施行の地方分権一括法により都市計画決定等の事務が原則として自治体の自治事務となり、市町村の都市計画審議会が法定化されるなど「都市計画を決定するに当たって、市町村が中心的な主体となるべきである」との先の中間とりまとめで示された基本的方針が実現されることで、都市計画の主体における構造が大きく転換されることとなった。

6 構造転換を牽引する議論の場と中央審議会の役割

法定都市計画の構造転換につながる政策転換を促すうえで、これまで都市計画中央審議会（現在は社会資本整備審議会）は極めて重要な役割を果たしてきた。即ち、同審議会は、社会経済情勢の変化に伴う政策転換を促す答申を通じて、都市計画の構造転換の契機をつくり出してきたと言える。

例えば、先述の都市計画中央審議会基本政策部会による中間とりまとめ「今後の都市政策のあり方について」では、冒頭の「第一 都市政策ビジョン（仮称）、I歴史的転換期を迎えた都市行政」の中で、「人口、産業が都市へ集中し、都市が拡大する「都市化社会」から、都市化が落着いて産業、文化等の活動が都市を共有の場として展開する成熟した「都市型社会」への移行に伴い、都市の拡張への対応に追われるのでなく都市の中へと目を向け直して「都市の再構築」を推進すべき時期に立ち至ったものということができる。」として、パラダイムの転換を打ち出している。[7]

その後、二〇〇二年には小泉内閣の都市再生政策の下、都市再生特別措置法が制定され、新法内の地域地区の一つとして都市再生特別地区（都市再生特区）が創設されるなどした。

また、二〇〇三年一二月の社会資本整備審議会による「国際化、情報化、高齢化、人口減少等二十一世紀の新しい潮流に対応した都市再生のあり方はいかにあるべきか」の答申『都市再生ビジョン』では、拡散型都市構造から駅周辺等の拠点的市街地を核としたコンパクトで緑とオープンスペースの豊かな「集約・修復保存型都市構造」への転換が提言された。

さらに、二〇〇六年二月には社会資本整備審議会都市計画部会による「新しい時代の都市計画はいかにあるべきか（第一次答申）」において、実現すべき都市像として「集約型都市構造」の用語が使用されるとともに、都市機能の適正立地や集約促進を図る具体的な施策の方向性が提示された。また、同審議会建築分科会の下の「市街地の再編に対応した建築物整備部会」による答申「人口減少等社会における市街地の再編に対応した建築物整備のあり方について」が提出され、集約型都市構造の実現に向けた用途地域規制の変更の方向性が示された。

二〇〇六年五月には、いわゆる「まちづくり三法」の改正で大型集客施設の郊外立地が抑制されることとなったが、その後、二〇〇七年七月の社会資本整備審議会都市計画部会による「新しい時代の都市計画はいかにあるべきか（第二次答申）」において、都市交通施策と市街地整備施策の連携及び集約型都市構造における公共交通の重要性が喚起された。また、二〇一〇年五月にはまちなか居住・コンパクトシティへの誘導を戦略の一つとして明記した「国土交通省成長戦略」の公表、二〇一二年九月には、東日本大震災を受けて集約型都市構造への転換を通じた低炭素・循環型社会の構築を重要課題とした社会資本整備審議会都市計画制度小委員会による中間とりまとめ「都市計画に関する諸制度の今後の展開について」の提出、同年九月の都市の低炭素化の促進に関する法律（エコまち法）の制定と続く。

二〇一三年に閣議決定された「日本再興戦略」ではコンパクトシティの実現がアクションプランの一部に位置づけられ、同年七月には国土交通省の都市再構築戦略検討委員会よりコンパクトシティや成長戦略等の大都市と地方都市それぞれの都市再構築の戦略を含む中間とりまとめが提出された。こうした政策の検討や答申等を経て、二〇一四年五月の立地適正化計画を含む都市再生特別措置法の改正に至る。

以上の変遷は、「都市型社会から都市化社会への転換」「集約型都市構造」に代表される政策転換の答申が契機となり、コンパクトシティ政策の具体化と立地適正化計画等の制度化による法定都市計画の構造転換を促すことへとつながってきたことを示していると言える。

二〇〇一年一月施行の省庁再編に伴い、各省庁に置かれていた審議会は大幅に整理再編され、都市計画中央審議会も廃止され、社会資本整備審議会に整理統合された。その後は、社会資本整備審議会の下に設置された分科会で法定都市計画に関する議論が行われることとなったが、都市計画の課題やその果たす役割を審議する場として位置づけられた中央審議会がこれまで果たしてきた役割は大きい。法改正につながるテーマを議論する公的な場づくりも都市計画の構造転換の議論を活発化する上で重要であると言える。

7— 次なる都市計画の構造転換に向けて

わが国の近代都市計画の起源とされる東京市区改正条例以降の法定都市計画の変遷を都市計画の概念と構造の観点から概括してきたが、約五〇年の間をおいての二回にわたる都市計画法の制定は、それぞれわが国の都市の成長期に抱えた喫緊の課題への対応とともに、都市のものづくりの場、あるいは居住の場としての価値をかたちにするために敢行され、現在の都市計画の基本構造が形成されるに至った。

人口増加と市街地拡張への対応を余儀なくされた都市成長期の新法の法定都市計画において核となってきたプラン「整備・開発・保全の方針（整・開・保の方針）」とその下での規制や事業といった手法は、無秩序な市街化への対応として課題を抱えながらも機能してきたが、都市の成長から縮退への移行がさらに加速することが予想される中、核となるプランの考え方の見直しも必要である。

縮退期においても整・開・保の方針が必要なくなることはないが、成長期に整備された鉄道、道路、広場、住宅等の社会資本や市街地に対し、人口減少と少子高齢化の社会動態の中でいかにして適切な規模と状態で維持し、使いこなすか、いかにして都市の資産価値を維持していくかが、特に地方都市における喫緊の課題であり、成長期の整・開・保に加え、新たなプランの構成概念が求められていると言える。

そのような状況の下、地域を経営するエリアマネジメントの先進的な取組みが各地で進められてきており、五〇年前とは比較にならないほどに民間企業や市民組織が都市計画の一役を担える力を蓄えてきている。民間の事業者や組織が、プランの立案や事業の実施においても一定の役割を果たす力を保持するに至ったことに加え、多くの地方自治体が財政難や人材不足に陥る中、行政が独占的に担ってきた法定都市計画で規定される業務の一部を民間組織、もしくは公・民連携で担う取組みには、今後の展望を含め、大いに意義があると言える。

管理、運営、維持、経営、利活用といった意味を包括する「マネジメント」や「公・民連携」が、法定都市計画の概念に導入される都市計画法の改正を通じて、次なる都市計画の構造転換が進むことを期待したい。第5章5節、第6章、第7章にて関連の論考がなされているので、参照されたい。

また、新法制定時に法定都市計画の決定権限が国から都道府県および市町村の地方自治体へと移行し、さらに二〇〇〇年の地方分権一括法施行後に市町村の自治事務としての都市計画の地方分権が進んだ一方で、民間活力（民活）導入の政策や市場経済の下、プランづくりや事業を担う力を持つようになってきた民間企業や住民組織と地方自治体はどう与すればよいのか、あるいはどう対峙すればよいのかが新たな難しい課題となってきた。

都市計画がもたらす民間企業や住民組織の私益と公益との線引きが難しく、「公共の福祉の増進」を目的とする同法における「公共」の概念に係る判断が民活導入といかにして共存するのかが新たな課題となってきたと言える。社会経済情勢の変化により、マネジメントへの期待が高まり、公から民へという民を中心とした主体の変化が都市計画にも影響を与え、その基本構造であるプラン、規制、事業への転換に新たな課題を突きつけている。そして、都市計画の構造転換は、都市での経済活動や生業に関わる社会システムの転換でもあり、一部に利益を供与する可能性がある決定を伴うのである。その場合、一部の土地所有者や事業者に利益をもたらすことにもなる法定都市計画で重要なのは、その正当性である。即ち、正当性に対する説明責任であり、どれだけ都市計画が進化しても、法定都市計画の決定手続における正当性に対する説明責任と透明性は時代を超えた不易の要素であると言える。関連する課題が第1章1節および2節にて論じられているので参照されたい。

今後さらに都市計画の構造転換をもたらすこととなる要因として、脱炭素社会への移行や地球環境問題への対応、さらには個人の嗜好の多様化が進み、都市の「価値」

が転換されつつある点が挙げられる。

都市計画が対象とする「価値」を考えてみると、その意味には大きく二つある。一つは働きやすさや移動しやすさといった利便性や効率性等の指標に表され、貨幣換算し得る価値であり、それを向上させることは新法二条にも謳われている基本理念にも通じる都市計画の役割である。しかしながら、地球環境問題や個人の嗜好の多様化への対応は、現代の都市の価値を従来の限定した指標で評価することの意味を問うことにもつながり、都市計画の目標や効果の計測を困難にする傾向にある。ＱｏＬ（Quality of Life　生活の質）の評価といった新たな都市計画の効果を計る技術や方法が求められるところである。

もう一つは都市が向かうべき方向を示す都市の社会的価値であり、換言すれば、その時代に求められる都市のパラダイム（都市とは何をするところか）である。

後者の価値の転換が、都市計画の構造転換をもたらしてきたが、近年のスマートシティの取組みも前者の寄与に留まり、この度のコロナ禍の経験を通じたニューノーマルの進展も後者の価値転換やパラダイムの転換につながるかが問われている。デジタルトランスフォーメーションがもたらす次なる都市計画の構造転換も未だその途上にあると言え、議論の成熟を待たないとならない。関連する論考として第7章を参照されたい。

石川栄耀は自身の論考の中で[8]「都市計画の定義を明快にせよ」と論じているが、読者の方々にとって本書がその定義への答えを見出す一助となれば幸いである。

［註・参考文献］

1　原田純孝編『日本の都市法Ⅰ　構造と展開』東京大学出版会、二〇〇一年

2　松山恵『江戸・東京の都市史　近代移行期の都市・建築・社会』東京大学出版会、二〇一四年

3　石田頼房『日本近現代都市計画の展開　一八六八－二〇〇三』自治体研究社、二〇〇四年

4　渡辺俊一『「都市計画」の誕生――国際比較からみた日本近代都市計画』柏書房、一九九三年

5　前掲書3、二五五頁

6　大塩洋一郎編著『日本の都市計画法』ぎょうせい、一九八一年

7　都市計画協会編『都市計画中央審議会答申集』都市計画協会、二〇〇二年

8　石川栄耀「国土および都市計画考歴程　一、都市計画再建の要項」『生誕百年記念　石川栄耀都市計画論集』彰国社、七二－八〇頁、一九九三年（原書は「全国都市問題会議」、一九三八年九月）

I

part

都市計画と都市計画法制の意義と歴史

chapter

1

chapter

法制の意義からその転換点を探る

都市計画を構成する大きな柱が都市計画法制である。これについては、二〇〇二年に本学会が刊行した『実務者のための新都市計画マニュアル1［総合編］』の「都市計画の意義と役割」にまとめられており、都市計画制度を運用するための基礎的な知識として都市計画の実務家に活用されてきた。一方、刊行されてから二〇年が経過し、この間に、わが国の都市計画をとりまく状況は大きく変化してきた。このマニュアルで示された、都市計画および都市計画法制の意義がどのように変化し、新たな課題に直面しているかという問題関心から、当時執筆された方々に再度、ご執筆いただくとともに、今後に向けて、この枠組みを超える新しい視点を提示してみたいと考え、構成を行った。本章では、この都市計画と都市計画法制の意義について、都市計画の理念とその特徴を確認していただいた上で、法制の仕組みと役割、都市計画の主体やプロセス、担い手等の視点から展開をはかるとともに、これまでの枠組みを超える展開についても論じている。

第1節では、都市計画の有する「公共性」こそが、都市計画法制を支える本質的概念であり、それは実質的公共性（公共性の内容）と手続的公共性（決められる手続）から構成をされること、これまでわが国の都市計画法制においては、手続的公共性の充実、公共性の説明の強化、小さな公共性の認知と発展という、公共性の変遷があったこと、さらに最近の都市計画法制の潮流から、新たな公共性として、持続可能性、空間の質・生活の質を上げるとともに公共性自体の再定義も必要であることを示している。そのうえで、都市計画法制の変更が公共性にもたらす意味に立ち戻り、公共性を再考する作業・不断の検証こそが、新しく創造性のある都市計画法制の展開につながることを提唱している。

第2節では、都市計画の主体の変遷を、都市計画の手続きや策定プロセスと関連づけながら、

都市計画と都市計画法制の意義

都市計画の「公共観」の変容を軸として、現行法が五〇年前の公共観にもとづく骨格を有していることと、そこに五〇年の間に時代ごとの新しい公共観が積み重ねられていること、さらには、都市計画法の中に積み重ねられなかった新たな公共観は別の法律をつくって並走していることを明らかにしている。そのうえで、現代的な公共観にもとづく新しい都市計画として、行政主体の「つくる都市計画」から、民間事業者やエリアの主体によりマネジメントされる「つかう都市計画」への変化を示し、そのための都市計画マスタープランとそれにもとづき各主体が動くための仕組みづくりを提唱している。

第3節では、新たな社会とは、実在空間における様々な事象について、静的な分析・制御から、ダイナミックな把握にもとづくアジャイルな分析・制御への転換が図られた社会なのではないかという提起を行い、さらに「レイヤーリング」という一見古典的な計画手法が、情報技術の導入により、都市を計画する新たな手法として再評価され得るという提案をしている。そのうえで、農地法（＝土地）いう異なる論理にもとづくふたつのレイヤーがオーバーレイされ、その結果として生じた矛盾を、生産緑地法の制定によって合法的に処理するといったわが国の一連の制度体系は、今後の都市計画のあり方を考える上で、多くの示唆に富むことを示している。

以上の論考においては、今後の都市マネジメントに向けて都市計画法制の意義の転換及び計画体系の構築の方向性について貴重な示唆がなされている。これらの論考を通して、都市計画制度の目的・基本理念が管理に転換しつつあるなか、都市計画の主体・担い手が主体的に動くための仕組みづくりや、より動的な計画手法を導入するなど「都市計画構造の転換」が展望されていることを確認できる。

（菊池雅彦・筒井祐治）

＊ 各章リードの執筆は都市計画法五〇年・一〇〇年企画特別委員会委員による。

1
chapter
1
section

公共性の変容と都市計画法制の変遷

中井検裕

1 — 都市計画における法制度[1]の役割

都市計画にとって都市計画法を中心とする法制度が重要なことは言うまでもない。もちろん我々が広く都市計画という時には、法制度による都市計画（以下「法定都市計画」）以外の行為も多く含まれている。とりわけ一九七〇年代以降よく用いられるようになった「まちづくり」と呼ばれる場合には、むしろ法定都市計画は含まれたとしてもごく一部にすぎないといっても過言ではなかろう。にもかかわらず、法定都市計画が都市計画のコアを構成するものとして重要である理由は、行き着くところ、法定都市計画は私権に対する制約として強制力を有しているからである。

　近代以前の封建社会と異なり、近代以降の都市は、個人、企業、開発事業者などの多種多様な主体が、私権である土地所有権や土地の利用権にのっとり、それぞれが合理的な意思決定の結果として土地を利用し、建物を建設することによって形成されている。そうした多種多様な主体の土地利用の集合である都市を、計画的に、実効性をもって変えていこうとするならば、私権である土地所有権を制約し、そしてそれに強制力をもって介入することが必要不可欠である。一方で、土地所有権は日本国憲法で国民に保障された権利であり、従って、それに制約を課する都市計画は、公共的に決定されたルール、すなわち法律やそれに準ずるものとしての条例に厳密に従って運営されなければならない。これこそが法定都市計画であり、それを規定する都市計画法制とは、言い換えれば、私権への強制介入を伴った強力な公権力行為である都市計画として、強制する側と強制される側の関係を規定し、どのような条件下でどのような目的のもとに、どのような内容でどのような手順を踏んで決めたことであれば強制が許容されるかを決めたものに他ならない。

そうした私権への強制介入が認められている源泉を突き詰めれば、現在の都市計画法一条にある「国土の均衡ある発展と公共の福祉の増進」、とりわけ後者の公共の福祉への寄与ということに行き着く。言い換えれば都市計画の有する「公共性」こそが、都市計画法制を支える本質的概念ということになる。

2― 公共性の変容

ところで、「公共性」とは『広辞苑』によれば「広く社会一般に利害を有する性質」（第三版）とあり、この種の用語の常ではあるが、定義は極めて漠然としている。しかし、その意からは、少なくとも社会が変われば公共性もそれに対応して変容するであろうことは言えそうである。したがって、社会経済状況、国民・市民の価値観が時代とともに変化することに対応して、公共性によって支えられている都市計画法制も当然のように変化する。

このことは、何もわが国に限ったことではなく、普遍的である。

古い例となるが、例えば米国では、土地利用規制は自治体のポリス・パワーにもとづくとされており、ポリス・パワーの具体的内容は、健康、安全、公序・良俗、一般的福祉の四つとされた。[2]このうち最後の一般的福祉は、土地利用規制が普及した一九二〇年代にはかなり厳密に解釈され、例えば、建物の美観は一般的福祉には含まれないとされていたのが、その後、一九五四年の連邦最高裁判決において、「一般的福祉の概念は包括的かつ広範なものである。それが表している諸価値は物質的なものであると同時に精神的なものであり、金銭的なものであると同時に美的なものである」[3]とされ、以降は、美観も一般的福祉に含まれるようになった。

また、英国の都市計画制度の根幹は自治体による計画許可の判断にあるが、その基準は、あらかじめ明文化された法定計画であるデベロップメントプランおよびその他重要な考慮事項（any other material considerations）とされ[4]、後半の「その他重要な考慮事項」については様々な事例が積み重ねられることによって、時代とともに拡充していくことが知られている。

このように、米国の「一般的福祉」も英国の「その他重要な考慮事項」も、時代に対応した公共性の変容を受け止めて伸び縮みする法制上の受け皿であり、わが国の都市計画法の「公共の福祉」もこの意味では全く同様である。そこで以下では、わが国の都市計画において筆者が考える公共性の変容を、これまでの都市計画法制の変遷と関連づけながら述べてみたい。

3 — 手続的公共性の充実

公共性は一般に、実質的公共性と手続的公共性から構成されるといわれる。前者は公共性の内容、すなわち公共性が意味する具体であり、後者はそれが決められる手続である。公共性を成立させるためにはこの両方が必要であり、内容が公共性に合致するからといって公共団体としての行政が一方的にそれを決めてよいわけではなく、逆に民主的な手続を踏んで決めたからといってそれだけで公共性が成立するわけでもない。都市計画でいえば、このことは前者は都市計画の内容、後者は都市計画の決定手続にあたり、都市計画法制はこの一〇〇年を通じて参加を充実させることにより、手続的公共性を充実させてきたといってもいいだろう。

都市計画を決定するにあたっての参加は、一九六八年都市計画法（以下、一九六八年法）で導入され、案の公告・縦覧に続き、住民と関係権利者から正式な意見書提出の機会が保証されるようになり、また必要に応じて、公聴会を開催することも義務づけられた。一九六八年法によって、ようやく公共性の一方の柱である手続的公共性が担保されるようになったわけである。

しかしながら、こうした都市計画決定における法定の住民等の参加手続は、実際には極めて形骸化することとなったのが現実である。これに対して、一九九二年に創設された市町村の都市計画マスタープランの策定においては、住民の参加が一層強調され、参加の実質化を模索した様々な方法が試みられたが、あくまでも法制における参加の実質化ということでは、一つは都市計画の住民等からの提案制度、今一つはいわゆる自治体のまちづくり条例の制定の二つをあげることができよう。

都市計画の住民等からの提案は、もともとは地区計画制度で発展してきた経緯があるが、最終的には二〇〇二年の都市計画法改正によって、いわゆる法定のマスタープランを除く全ての都市計画の提案を、一定程度の合意を経て住民やまちづくり団体が行政に対して行うことができるようになった。このことは、それまで少なくとも法制度の形式上は、案の策定から始まる法定手続は常に行政の側から始まる前提になっていたものを、住民等にも門戸を開くことにより、法定手続における参加・議論の実質化を図ったものと解釈することができる。こうした提案制度は、その後景観法などにおいても取り入れられ、現在では都市計画法制においてはかなりの程度に一般化されたといってもいいだろう。

一方、まちづくり条例の制定は、まちづくり協議会の行政による認定や協議会から行政へのまちづくり提案等を条例化することを通じて[5]、例えば任意の説明会や住民からの陳情といった、従来、法定手続の開始以前に様々な形で行われていた非公式の参加を標準化、公式化するものと理解できるだろう。

4—公共性の説明強化

私権の制約につながる都市計画においては、その制約の根拠となる公共性の説明が重要であることはいうまでもない。そして都市計画法制において、この役割が与えられているのはいわゆるマスタープランである。

都市計画の目標であるマスタープランと私権を拘束する土地利用規制のような実現手段を並べると、後者の実現手段は市民の権利に直接影響するものであるから、どうしても市民にとっては実現手段への関心の方がはるかに強く、歴史的にみれば、都市計画はまず実現手段から発展し、やがて後追い的にマスタープランの充実が図られてきたという事実がある。例えば、米国では一九二〇年代にまず実現手段であるゾーニングが発展し、マスタープランであるジェネラル・プランが普及したのは戦後になってからだった。

わが国も同じような経緯をたどるが、マスタープランの普及は、都市計画法制一〇〇年の歴史からみると、比較的最近まで待たなければならなかった。

そもそも旧都市計画法（以下、「旧法」）では、マスタープランの概念そのものが存在しなかった[6]。一九六八年法においては、線引きされた区域にのみ、「整備、開発又は保全の方針」（以下、「整開保」）として導入されたが、どちらかというと道路、公園等の基幹的都市施設の整備プログラム的な性格が強く、本来マスタープランが有するべき種々の都市計画の合理性を説明するという役割には乏しかった。

一九九二年改正により創設された市町村の都市計画マスタープランは、整開保がマスタープランとしての役割を果たしていない実態を省みて、住民に都市計画の合理性を説明するためには新たなマスタープランの存在が不可欠との認識から創設されたものである。創設から三〇年近くが経過し、市町村の都市計画マスタープランは制度としては確立され、定着したものと考えていいだろう。

また、二〇〇〇年にはそれまでの整開保が、全ての都市計画区域で「都市計画区域の整備、開発及び保全の方針」として義務化されることになった。こちらは都道府県によるマスタープランとして、都市計画区域の将来像を示す役割が期待されている。

二〇一四年の都市再生特別措置法（以下、「特措法」）改正によって創設された立地適正化計画が厳密に法制度理論上のマスタープランかどうかは議論が残るところではあるが、少なくとも、マスタープラン的な性格を有しているることは事実である。策定は義務ではないものの、既に多くの市町村が策定を終了もしくは検討しており、市町村の都市計画マスタープランを補完する人口減少時代の第二のマスタープランとして定着しつつある。

このようにマスタープランの制度は充実の方向をたどっており、公共性の説明については強化が図られてきている。ただし、一方ではここで述べたプラン以外にも、例えば緑の基本計画のように都市計画に関連する様々な分野でそれぞれマスタープランが制度化される傾向にあり、公共性の説明という意味では統合、一本化するなど、よりわかりやすくすることが必要なように思う。

5— 小さな公共性の認知と発展

都市計画は大原則として、都市全体の視点からの計画という性格を有しており、しかも旧法では全てこれを国が決定するとしていたことから、公共性を定義すべき空間の大きさはもともとは極めて大きく考えられていたといえる。しかし、その後の法制の変化は、この空間がより小さくなる方向へとシフトしていることを示している。

一つは分権である。国が全ての都市計画を決定する旧法から、一九六八年法によって地方に権限が移譲されたものの、いわゆる機関委任事務としてであり、また移譲の内容も、大部分は都道府県にとどまり、基礎自治体である市町村が決定できる都市計画は極めて限られていた。

分権が大きく進展することになるのは、一九九五年に地方分権推進法が成立してからである。機関委任事務だった都市計画は一部を除いて全てが自治事務となり、二〇〇〇年には従来、都道府県にあった都市計画の決定権のうち、影響が一つの市町村を越えるような広域的・根幹的な都市計画を除いて、政令指定都市および市町村に決定権が移譲された。都市計画は分権の優等生といわれ、その後も都道府県から市町村への権限の移譲という流れは続き、一九六八年法制定当初は都道府県八割、市町村二割と言われていた都市計画決定権限は、今では完全に逆転し、市町村八割、都道府県二割と言われている。

また、分権以前の都市計画では、市町村の決定は都道府県の承認、都道府県の決定は国の認可という形で、上位の公共団体に対して強い後見的関与の役割を与えていたのに対し、分権によって国、都道府県、市町村は対等な水平関係と見直されたことにより、二〇〇〇年には関与の形式は、「承認」「認可」から「同意を要する協議」となり、さらに二〇一一年には「同意を要する」が市について廃止、追いかけて町村についても二〇二〇年に廃止されている。

今一つは地区レベルの計画制度の充実である。先にも述べたように用途地域や各種の都市施設は大原則として、都市全体の視点から決められるという性格を有しているが、住民の参加の充実とも連動して、生活に身近な都市空間整備への要望が高まり、それに対応する形で、都市レベルではなく、地区レベルの計画制度が充実してきた。一九八〇年に創設された地区計画制度は、決定主体が都道府県ではなく市町村にあること、住民参加について特別な規定を有していることなどから、都市全体を俯瞰した公共性ではなく、ローカルな地域限定の公共性に拠って立つ都市計画であり、公共性を定義する空間を都市全体からその部分である地域に狭めていく嚆矢となった。

地区計画はその後、タイプと策定可能区域を拡充していくことで、いまや、わが国の都市計画の中心的手法の一つにまで成長している。

こうした動きの背景には、一九七〇年代後半あたりから急速に全国各地で展開されるようになった地域からのボトムアップの「まちづくり」の隆盛がある。二〇〇〇年に筆者は、二一世紀の都市計画はその公共性自体を再編・再構築する作業から始めねばならないとの問題意識から、特に当時各方面で議論されるようになっていた「小さな公共性」に焦点を当て、議論した。[7] それから二〇年が経過し、「小さな公共性」は、かなりの程度に、都市計画法制においても認知され、定着してきたと思われる。

一方で、こうした狭域の空間で閉じた「小さな公共性」への重心のシフトは、典型的には広域都市圏における大規模集客施設の立地問題のように、都市計画が伝統的に目標としてきた広域空間を対象とした「大きな公共性」とどのように兼ね合いをとるかという問題を生じさせている。小さな公共性の発展に伴う広域調整は、現在の都市計画法制が直面している大きな課題の一つである。

6 新たな公共性の登場

ここまでは、元来、都市計画法制に内包されていると考えられる公共性の変容について議論してきたが、本項では、都市計画法制の変遷から見られる新たな公共性について触れておきたい。

これまで述べてきていない都市計画法制の大きな潮流としては、①土地利用規制の多様化、②経済活性化を念頭にそれを後押しする制度の充実、③地球環境問題、特に都市の低炭素化に係る法制の強化、④都市の維持・管理・マネジメントに係る諸制度の登場、の四つくらいにまとめられるのではないかと思う。これらはいずれも、主として一九九〇年代以降の傾向である。

①は、一九六八年法で八種類だった用途地域が一九九二年に一二種類、二〇一八年に田園住居地域が加わり現在一三種類となったことはもとより、〇〇型地区計画と呼ばれる地区計画の追加、さらに防災街区整備地区計画(一九九七年)など関連法によるものも含めると、地区計画のタイプがずいぶんと拡充されてきている。また、都市計画法以外の新たな土地利用規制として、二〇〇四年の景観法の制定も加えておくべきだろう。

②は、一九九九年の中心市街地活性化法の制定、さらに二〇〇二年の特措法の制定に始まる一連の流れである。①の土地利用規制の多様化とも関連するが、民間の土地利用主体に容積率に代表されるインセンティブを与えることで、望ましい土地利用を実現しようとさせる「誘導」

手法も数多く開発されてきている。

③は、一九九七年の京都議定書以来、地球環境問題への取組みが都市計画でも問われるようになったことを受けた動きであり、二〇一四年の都市の低炭素化の促進に関する法律が代表的であるが、地域地区の一つとしての緑化地域の追加（二〇〇四年）のような、二酸化炭素の吸収源としての緑に関する法制も充実してきている。

④は、最も現時点に近い潮流である。もともと都市計画法制は市街化、都市整備のための法制であり、市街化された後、整備された後の維持・管理あるいはもう少し広くマネジメントについてはほとんど考慮されていなかった。しかし、高齢化と人口減少が進む中で、少なくとも理論的にはこれ以上の市街化は必要なく、公共施設も一定程度は整備された状況で、これらをどう維持・管理・運営していくかが喫緊の課題とされるようになった。

これに関する法制としては、直接的なものとしては空家特別措置法の制定（二〇一四年）があげられるが、都市のコンパクト化を目指し、居住や都市機能を誘導する立地適正化計画や、低未利用地の整序を目的とした低未利用土地権利設定等促進計画制度の創設（二〇一八年）などももちろん含まれる。また、例えば景観法の管理協定と景観整備機構、特措法の都市利便増進協定と都市再生推進法人のように、維持管理に係る各種の協定制度とその主体を定めたものもある。

こうした四つの潮流から浮かび上がってくる新たな公共性は、一つは言うまでもなく「持続可能性」であり、そしてもう一つ、「空間の質」あるいはもう少し広く「生活の質」の向上を指摘できるのではないかと思う。

持続可能性については、上記潮流の③は元来の意味である環境上の観点から明らかであり、②は経済面での持続可能性を目指したものである。④はひっ迫する財政状況の下での自治体財政の持続可能性という意味では、経済面の持続可能性を目標としたものだが、それに加えて、従来の都市計画法制が、整備という時間軸のある一時点に着目したものであるのに対して、④の維持・管理・マネジメントは、時間軸に沿った連続的な行為を対象としたものであり、一方、持続可能性という考え方には明らかに時間という要素が含まれているから、この点からも持続可能性という公共性を読み取ることができる。

もう一方の空間の質という公共性は、直接的には①、すなわち各種の地区計画制度によって土地利用規制を詳細化し、また、景観法によってこれまでの土地利用規制ではなかなか難しかった空間の質的側面の向上を図ろうとしていることに見出すことができる。

しかし、空間の質は①に表れているだけではない。一九六八年法が制定された時代は成長の時代であり、線引きによって開発を市街化区域内に封じ込めると同時に、そこでは計画的に道路、公園、下水道といった都市施設を整備し、新規建築物は各種のゾーニングによって整序することで市街地を整備し、必要な場合は、土地区画整理事業等を用いて計画的に新規市街地を一気に整備するという構造は、まずは必要な基盤施設を整備し、好ましくない市街地環境が登場するのを防ぐという観点からは、大変よくできた構造だった。しかし、この時代の公共性が良好な市街地空間の量的拡大だったのに対して、それが一段落した後は、人々の関心は当然のように量から質へとシフトしている。空間の質は「作られ方」のみならず、むしろ「使われ方」に大きく関わることから、やはり④の維持・管理・マネジメントとも強く関係している。

最後に、新たな公共性の登場として、公共性自体の再定義ということに触れておきたい。その例は、典型的には都市再生特別地区に見ることができる。都市再生特別地区は、既存の都市計画を一旦白紙として、都市再生への貢献との見合いで規制内容を新たに規定することができるため、極めて自由度が高いが、これに都市計画提案制度を組み合わせれば、民間の側から新たな公共性を考案できることを意味しているに他ならない。もちろん、提案であるから最終的な判断は公共の側に委ねられているが、こうした試みは、それまである意味ア・プリオリに公共の側で定義されてきた公共性に再定義を迫り、新しく創造的な公共性を考えさせるきっかけを開いたとも解釈できるように思う。

7 — 都市計画の公共性への立ち戻り

わが国の都市計画の黎明期に内務省で都市計画法制の発展に大きく寄与した飯沼一省は、一九二七年の著書『都市計畫の理論と法制』において、都市計画の内容については、「都市計畫中に包含せしむべき事項云々と定めたる規定は都市計畫法を通じて存在しないのである。若し強いて之を求むるとすれば予は之を都市計畫法第一條前段に求めざるを得ない」[8]と述べている。旧法一条前段とは「本法ニ於テ都市計画ト称スルハ交通、衛生、保安、経済等ニ関シ永久ニ公共ノ安寧ヲ維持シ又ハ福利ヲ増進スル為ノ重要施設ノ計画ニシテ……」の部分であり、筆者はこれを、都市計画は結局は公共性に立ち戻るべきであることを指摘したものと理解したい。

過去二五年近く都市計画法制の議論に加わってきた者として、法改正はその時々の社会問題に対応する形で対症療法的に行われてきた感が強く、この傾向は特に近年顕著であるように感ずる。もちろん課題解決のための対症療法も重要なことであり、それを否定するものではないが、同時に、法制の変更が公共性にもたらす意味に立ち戻り、都市計画の公共性を再考する作業を忘れてはならないと思う。そうした不断の検証こそが、新しく、創造性のある都市計画法制の展開につながるものと信ずるからである。

［註・参考文献］

1 本稿での「都市計画法制」は、都市計画法のみならず、これと密接に関係する都市再生特別措置法や景観法などの関連法、政令、規則および自治体の条例を含む
2 渡辺俊一『比較都市計画序説』三省堂、一九八五年、一八七頁
3 寺尾美子「アメリカ土地利用計画法の発展と財産権の保障」『法学協会雑誌』一九八三年
4 Town and Country Planning Act 1990、七〇条、なお本条はその後何回か改正されているが、本質は変わっていない
5 例えば、古くは神戸市のまちづくり条例、また包括的なものとしては東京都国分寺市のまちづくり条例があげられる
6 渡辺俊一『「都市計画」の誕生』柏書房、一九九三年、二三九－二四〇頁
7 中井検裕「都市計画と公共性」、蓑原敬ほか『都市計画の挑戦』学芸出版社、二〇〇〇年
8 飯沼一省『都市計畫の理論と法制』良書普及会、一九二七年、二一九頁

都市計画の主体と手続

――都市計画の公共観の変遷に着目して

高見沢 実

都市計画の主体の変遷を、都市計画の手続や策定プロセスと関連づけながら論じるのが本節に与えられた役割である。ここでは、都市計画の「公共観」の変容を軸として考察する。ここでいう「公共観」とは、都市計画という公共的な行為に関わるべき主体像と、個々の公共性を構想・構成・実行するための主体間連携やとるべき方法を含む広い概念である。[1] 現行法は一九六八年に制定された。従って、半世紀前の公共観をもとに組み立てられている。行政、なかでも都道府県が中心となり、市町村の意見や利害関係者の意見を聴いて決めるのが都市計画の姿であった。この同じ法律を使いながら、次々と変容していく公共観に対応させるように接ぎ木に接ぎ木を加えてきたのが、現在見る都市計画法の複雑な姿である。

一九六八年当時の公共観は、一条の「目的」に端的に表れている。「この法律は、都市計画の内容及びその決定手続、都市計画制限、都市計画事業その他都市計画に関し必要な事項を定めることにより、都市の健全な発展と秩序ある整備を図り、もつて国土の均衡ある発展と公共の福祉の増進に寄与することを目的とする」。都市計画の主体と責務については「国及び地方公共団体は、都市の整備、開発その他都市計画の適切な遂行に努めなければならない」「都市の住民は、国及び地方公共団体がこの法律の目的を達成するため行なう措置に協力し、良好な都市環境の形成に努めなければならない」（三条）。都市計画の遂行に努めなければならない主体は「国及び地方公共団体」であり、都市の住民は「措置に協力し」「良好な都市環境の形成に努めなければならない」。日本語として明確にはなっていないがどちらかというと「措置に協

keywords　主体　手続　公共観

力」することで「良好な都市環境の形成に努めなければならない」と読める。これは、都市計画の基本理念（二条）の後段が「適正な制限のもとに土地の合理的な利用が図られるべきことを基本理念として定める」ものとされることとも呼応している。民間事業主体については言及がない。五〇年前のこの公共観がどのようなものかを相対化するために、一〇〇年前の旧都市計画法と、比較的近年制定された景観法の公共観をみておく。

一〇〇年前の旧都市計画法は「本法ニ於テ都市計画ト称スルハ交通、衛生、保安、防空、経済等ニ関シ永久ニ公共ノ安寧ヲ維持シ又ハ福利ヲ増進スル為ノ重要施設ノ計画ニシテ市若ハ主務大臣ノ指定スル町村ノ区域内ニ於テ又ハ其ノ区域外ニ亙リ施行スヘキモノヲ謂フ」とされ、大臣が決定の主体となり、政令により事業執行主体を決めて都市計画を実現するなど、国中心の構成である。「必要ト認ムルトキハ関係市町村及都市計画審議会ノ意見ヲ聞キ」といった規定もあるが、あくまで大臣が判断する。こうしてみると、一九六八年法では「国及び地方公共団体」が都市計画遂行の主体とされていること、「都市の住民」が都市計画遂行への「協力」が中心ではあるものの登場していることが大きな変化として読み取れる。

一方、比較的最近の例である景観法（二〇〇四年）を参考にみてみる。「この法律は、我が国の都市、農山漁村等における良好な景観の形成を促進するため、景観計画の策定その他の施策を総合的に講ずることにより、美しく風格のある国土の形成、潤いのある豊かな生活環境の創造及び個性的で活力ある地域社会の実現を図り、もって国民生活の向上並びに国民経済及び地域社会の健全な発展に寄与することを目的とする」。主体に関連した特徴が表れる中段だけみると、都市計画法の「都市の健全な発展と秩序ある整備を図り」に対して景観法では「美しく風格のある国土の形成、潤いのある豊かな生活環境の創造及び個性的で活力ある地域社会の実現を図り」となる。あえていえば前者は都市そのものの発展が目的であり、後者は「豊かな生活環境」や「個性的で活力ある地域社会」の実現を目的にしており、生活者の視点や地域で暮らす人々の思いのようなものが反映された表現である。

都市計画の手続やプロセスは、およそこうした法の目的が決まれば自ずと決まる。今日の「都市計画」がわかりにくいのは、①現行法が五〇年前の公共観にもとづく骨格を有していること、②そこに五〇年の間に時代ごとの新しい公共観が積み重ねられていること、さらに、③都市計画法の中に積み重ねられなかった新たな公共観は別の法律をつくって並走していることにあると考えられる。

本節では一章において①の上に②が積み重なるプロセスを読み解くとともに、③の状態を理解する。続く二章で、読み解いた主体とプロセスの構造をいくつかの面に分けて整理する。最後の三章において、現代的な公共観にもとづく新しい都市計画について手がかりを得る。

1　現行の都市計画法の公共観と手続

・都市計画法の書き換え

現行の都市計画の手続の特徴を理解するには、この法律が制定された一九六八年にさかのぼって「都市計画」に込められた公共観を理解したうえ、その後の社会経済の変化に伴って、どのように都市計画法に手が加えられてきたか、現時点での公共観がどのように法律に反映しているかをみるのが有効だろう。

一九六八年に旧都市計画法が改正された際、それまでは国が中心だった都市計画を運営する主要な主体が都道府県となり、都市計画を立案する場合、関係市町村の意見を聴いて決定することとされた（都市計画法一八条）。実際には、個々の都市計画は「都市計画区域」単位に行われ、その「都市計画区域」は広域というよりいくつかの市町村を一つの区域とする場合が多かったため、都市計画の案をつくるために市民の声を聴くことが重要となり、「市民参加手続」が都市計画法に盛り込まれた。具体的には、市民の意見表明の機会が「公聴会」等によって設けられた（一六条一項）。また、一七条に都市計画の案の縦覧プロセスが書き起こされ、提出された「意見書」は都市計画の審議・決定プロセスにおいて参照されるものとされた。この骨格は現行都市計画法の手続として現在でも見出せるが、その後の変化を以下に見ていく。

一九八〇年に都市計画法と建築基準法を改正して導入された地区計画は、一九六八年法の体系では都市というより地区レベルの環境のコントロールを行えないことが一九七〇年代に大きな課題となり、ドイツの地区詳細計画などが研究されて制度化されたものである。地区レベルのきめ細かな都市計画を行うことから、都市計画法に新たに一六条二項が設けられ、地区計画策定手続が規定された。ここでは当該区域内の地権者等の利害が大きく関わるため、地区計画の案の作成手続は条例で定めるものとした。土地建物に権利をもっていなくてもその地区の利害に関わる住民も多数存在する。また、こうしたプロセスは「地区計画」という狭義の都市計画を決定することであると同時に、当該地区の居住環境を改善したりまちづくりの方向を示す機会にもなりうる。そうした観点から、神戸市や東京都世田谷区ではこの規定を使って「まちづくり条例」を設けることとした。日本の都市計画法制の一つのメルクマールといえる。一つは市町村が都市計画の主体となったこと、二つ目に策定手続を条例で決めると法律に書き込まれたこと、三つ目に「まちづくり」に直結するきめ細かな環境管理が「都市計画」の枠組みに明確に入ってきたこと、さらには住民の意見を聴いて都市計画（の一つの要素）を立案する手続が、これを契機にその後充実していったことである。

一九九三年に新設された「都市計画マスタープラン」（正式名称は「市町村の都市計画に関する基本的な方針」（一八条の二））は、都市計画の手続や策定プロセスというよりも、策定主体として市町村が明確に位置づけられた一つの画期となった。制度的にみると、それまでの市町村は都道府県が遂行する都市計画の事務を、いわば補助的にサポートする役割しか与えられていなかった。しかし一九八〇年代以降、市町村では、自らが主体となって（新しい）都市計画を行う必要性が増していたし、その実力も蓄えられていた。やがてＮＰＯと呼ばれるようになる非営利の新たな主体や、「まちづくり条例」などを通して組織化された地域の担い手なども芽生えつつあった。それまで都市計画を立案しようとなると、国の担当者、都道府県のハード部門の長などが中心となって組織的に業務にあたることが一般的だったものが、このときはじめて、当該市町村のハードのみならず福祉や財政なども含めた関連部署が集まる機会となった。「都市計画の基本的方針」をつくるといっても、都市計画法によって市町村決定となっている「都市計画」はそう多くはない。とはいえ、都市計画マスタープラン策定のために様々な市民意見聴取の必要性が法律で規定され（法一八条の二）、各地でワークショップ等がさかんに行われて、地域課題の発掘や多くの市民の参加が進んだ。

二〇〇二年の都市計画提案制度は、都市計画の提案主体そのものを拡げたという意味で、次のメルクマールといえる。都市計画法「二一条の二」となるこの手続により、一定の要件を満たす様々な主体が都市計画提案の権利をもつこととなった。五〇〇〇㎡以上との要件からは地域住民というよりもディベロッパー主導の提案が多いのも事実である。とはいえ、大規模敷地をもつ都市施設（例えば大学など）が提案したり、地区計画の提案を地域住民主体で行ったり、用途地域の変更を地域住民や地権者が行う場合も多くみられる。この制度をめぐっては二つの論点が重要だろう。まず、提案された「都市計画の良し悪し」をどう決めるかである。もう少し踏み込むと、それまでの都市計画は基本的に行政内部で処理してきたから「良し悪し」の判断基準について公表する必要に迫られなかったが、都市計画提案の良し悪しは、「後出し」ではなく予め「誰が」「どのような基準で」判断するのかをある程度示すことが求められた。例えば横浜市では関連行政担当からなる評価委員会が組織化されて、公開された「評価の指針」に沿って評価される。第二は、市町村の条例で面積の下限と提案主体を決めることができると法律で書き込まれた。二〇一四年時点の調査で二九件の事例があり、「まちづくり協議会」が多く位置づけられている。提案要件面積の下限を下げる事例が一四あり、多くは三〇〇〇㎡としているほか、二〇〇〇㎡、一〇〇〇㎡もある。一〇〇〇㎡の三事例はいずれも生産緑地の場合の下限としている。さらに、住民提案には専門的知識が必要との観点から支援メニューを用意している例が一四ある。また、都市計画提案制度とは別に独自の「まちづくり提案制度」を設けているのが東京都練馬区である。例えば区の景観政策に対する提案などがみられる。[2]

こうして、一五条から二一条にかけての都市計画手続が現在の形で連なることになった。一九六八年法の通し番号の中に継ぎ足されていったため、「第〇条の二」のような新条文が挟み込まれていたり、順番が不自然になっているなど、条文そのものの整理も必要になっている。

・特別区域等における手続

ここまでの規定は基本的に全国一律である。これに対して、二〇〇二年に公布された都市再生特別措置法は、様々な特別規定によって「時間」の短縮のみならず、都市計画体系の中に、ア特別区域の設定、イ特別手続の両方を都市計画法の外側から加えることになった。その背景には、都市の「再生」を強力に進めようとの意図のもと、全国一律ではなくそれにふさわしい特別の場所を特定し、いつ当該都市計画が実現されるか不確定な状況を確実にするための様々な措置を盛り込むことにより、民間エネルギーを最大限活かそうとの意図がある。その後新設された他の法令も含め整理する。

その一つは、都市再生特別措置法による「特別」である。都市再生方針に基づき、緊急に整備すべきゾーンを「都市再生緊急整備地域」として指定することができるようになった。そこでは「都市再生緊急整備協議会」を組織でき、その地域が「特定都市再生緊急整備地域」の場合には、その地域で「整備計画」を策定する際、そこには一部の都市計画の記載が可能となり、特別な手続で時間短縮ができる。具体的には、「整備計画」に都市施設、市街地開発事業に関する都市計画に関する記載が可能（都市計画決定権者の同意が必要）で、その場合は都市計画審議会に付議する期限を記載する。都市計画決定権者はその期限までに都市計画審議会に付議しなければならない。また、事業の施行予定者およびその期間として都市計画に定めるべき事項を記載可能で、記載されている場合はそれらも含めて付議しなければならない、などである。

一方、都市計画法に「都市再生特別地区」が地域地区の一つとして書き加えられ、これに指定されると既存の都市計画はすべて適用除外となる。それにかわり新しい都市計画を提案できるものとされた。提案から六か月以内に判断が求められる。

二つに、国家戦略特別地区等があげられる。国家戦略的な（都市）イノベーションを進めるために制度化された国家戦略特区では、その目的に照らした特別な都市計画が行われる。

国家戦略特区ごとに「国家戦略区域会議」が構成され、そのもとで「国家戦略区域計画」が策定される。実際の検討は、東京都を例にとると事業者も参加する「東京都都市再生分科会」で行われ、都市計画に関しては、関係する都市計画審議会の議を経て、「東京圏区域会議」が国に認定申請を行い、認定されると都市計画決定、変更されたとみなされ「区域計画」の一部となる。

三つに、提案制度による新たな民間提案主体である。二〇一八年の都市再生特別措置法の改正により、それまで大規模な都市再生プロジェクトを行う主体のみとされていた都市計画提案主体に、それに関連した公共公益施設単体の整備・転用を行う際に必要となる都市計画提案を行うことができるものとした。

・都市計画への「協力」

二〇一八年の都市再生特別措置法の改正により、スポンジ化しつつある地方都市の中心部の公共施設再編推進などを担う「都市計画協力団体」が創設され、都市計画法の中に新たに第五章を書き起こして（七五条の六〜一〇）位置づけられた。この団体は都市計画提案主体としても位置づけられており、「〇・五ha以上」の要件も適用しないものとされ、「低未利用土地を利用した身の回りの公共空間の創出など、良好な住環境を維持するための小規模な地区計画等について」の提案が有効であるとされる。[3]

なお、二〇〇二年に都市計画提案制度が都市計画法に導入された際、提案主体に「国土交通省令で定める団体またはこれらに準ずるものとして地方公共団体の条例で定める団体」が想定されていた。都市計画協力団体は後者の性質をもつ具体例と考えられ、条例を経ずに国土交通省令（五七条の六）に示される組織要件を満たす場合に市町村長が指定することができるものとした。都市計画協力団体はスポンジ化する都市再生のためにまちづくりを推進する主体として想定され、今後の運用が待たれる。

2 「新たな公共観」からみる主体と手続

・対象空間の多層化と主体の多元化

主体の変化は、対象空間との関係で二つに整理することができる。第一は、分権化と集中化・特別地区〈=空間の多層化〉である。一九六八年法体系は、いわば全国一律の都市計画を、都市化の進展する国土全体に行い、次第に都市計画の内容も分権化して、市町村へ、さらには地区レベルのまちづくりへと波及・普及したとはいえ、ある意味どこでもその条件を満たせばできるという意味で場所による違いは問わなかった。これに対して、一九九〇年代以降の都市計画は、都市計画法の外部に「都市再生特別措置」等を制度化しながら、「特別地域」「特定地区」を別次元の都市計画フィールドとして浮き上がらせ、特別な主体と手続を規定することにより、「地」としての全国一律型の都市計画に風穴を開けた。

第二は、〈主体の多元化〉と都市計画の広義化である。「都市計画」を決定する主体は最終的には行政である。一九六八年法の創設以来の都市計画は、しばらくの間、第一の進化過程の中で、次第にきめ細かなものになってきた。二〇〇二年の都市計画法の改正、都市再生特別措置法の創設によって都市計画提案制度が制度化されたあと、民間提案によるボトムアップの都市計画が次第に拡大している。二〇一八年に制度化された「都市計画協力団体」もその一つととらえられる。

・時間軸の中に新たな主体を位置づけ

二〇〇二年の都市再生特別措置法で都市計画提案制度が創設された際、提案された都市計画変更を行うかどうかの判断を六か月以内とする規定が書き込まれた。また、特別な場所において、民間提案プロジェクトによる都市計画そのものを地域会議が提案し大臣が認可することをもって都市計画が変更されたとみなす規定も付け加えられ、民間エネルギーと公共性との接点の部分に、迅速な都市計画手続の拡大がはかられてきた。

この流れは同時に、「整備計画」「都市再生計画」等に将来の都市計画事業を事前に書き込むこと、それを特定の期間内に施行することなどにより、抽象的なビジョンにとどまる都市計画マスタープランに実現性・実効性を加える力となってきた。

・動的な都市計画と主体参画プロセス

近年、都市計画をＰＤＣＡサイクル化して動的なものとする工夫が加えられてきた。それ自体は、都市計画を常にup-to-dateしておくための仕組みであるが、これは同時に、ボトムアップの都市計画を取り入れる動的な仕組みへの移行とも関係している。

図1は、左上から左下に向かう従来型の都市計画に対置させて、右下から右上に向かうボトムアップの都市計画を示している。都市計画のＰＤＣＡサイクルは全体として回ることをめざしてきたが、ボトムアップの流れはある意味その都度全体の中に位置づけられて、都市計画が少しずつ変化していく。図の中段の「計画・条例」「目的に適した組織づくりと運営」という中間項をはさむことによって、小さな都市計画ともいえるボトムから中間にかけてのマネジメント型のまちづくりが小さなサイク

ルでも回っている(これら中間に置かれたシカケはさらにトップとの間でサイクルを形成している)。双方向型というより、小さなエンジンを多数抱えた動的な都市計画へと進化しつつある。このような動きはさらに進むと考えられる。

3―新たな公共観にもとづく都市計画へ

冒頭で議論したように、都市計画の手続や策定プロセスは、都市計画法が前提する「公共観」にもとづき定められていると考えられる。さいごに、もし都市計画法を刷新した場合にあらわれるであろう新しい公共観について考えてみる。

図2は、骨格的都市基盤をつくったり団地を開発するなどの、都市が成長していた時代の都市計画を「つくる都市計画」、道路断面をつくりかえて車道を減らし歩道を拡げたり、エリアマネジメント活動等によって古くなった画一的機能を一部転用して低層部のにぎわいをつくりだすなどの都市計画を「つかう都市計画」として時間軸を添えて概念的に示したものである。

そうすると、土地利用や都市施設を配置する青写真型のもので、そこに登場するのは行政主体がメインだったのに対して、「つかう都市計画」の時代にはむしろ行政よりも小回りの利く民間事業者や、地域のことをよく知っているエリアの主体によるマネジメントが適合的である。さらにいえば、そうした時代のマスタープランとは、土地利用や都市施設の「配置」を示す役割よりも、使い方の方向性や、関わる主体、めざすべきアウトカムの内容を示すものに近くなる。そして実際には様々な場所で同時多発的に「タクティカル・アーバニズム」「エリアマネジメント」「地区まちづくり」などの動きがそうしたビジョンを実現するための活動となる。

こうした時代の都市計画マスタープランは、これまでの狭義の「都市計画」を決定したり変更することよりも、一旦定めた都市計画を様々な主体とともに実現するためのモチベーションを駆動するべく、それら主体が動きやすくするシカケをもち(提案制度など)、ボトムアップの流れを促進して常に新陳代謝する、継続的で柔軟なものになる。例えば、「大きい公共性」を扱う都市レベルの都市計画に対して、中間組織等が主体となって行うエリアごとの「小さな公共性」を実現する活動も新たな都市計画と考える公共観をもつものである。これら「小さな公共性」

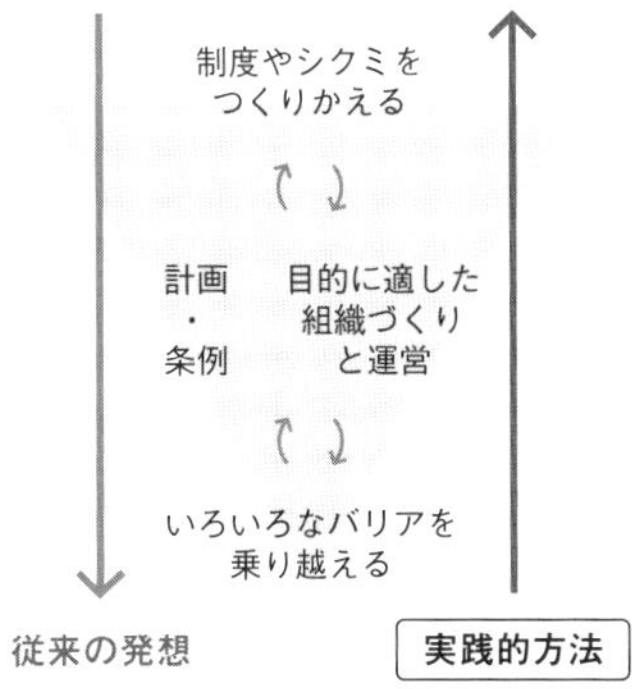

**図1　トップダウンの都市計画から
ボトムアップの都市計画へ**

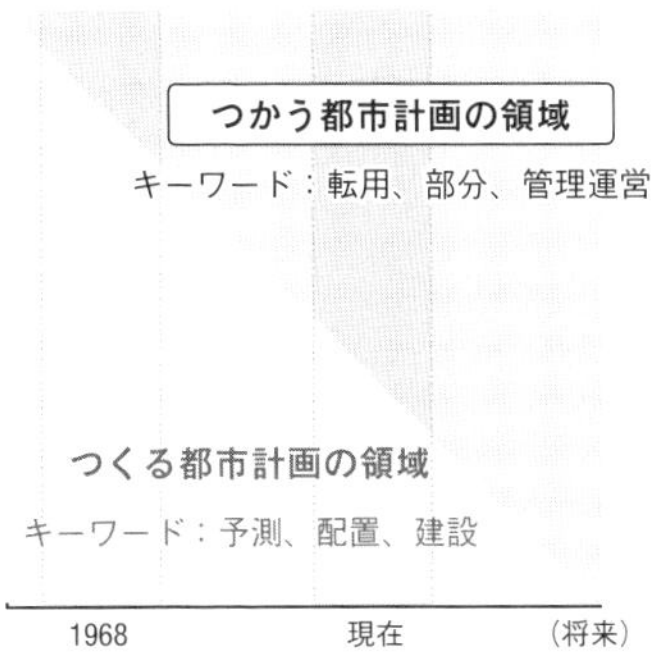

**図2　都市計画の領域の変化は
主体の変化を促す**

を都市計画に位置づける場合、組織を位置づけるのか、計画を介するのか、協定などのツールを活用するのかをはじめ、何が行えるものとするのか、それらを法の中でどのように位置づけるかなどが検討課題となる。

　このスピードの速い現代に今後五〇年間の進化が可能な土台が築けるのか、どの程度築くべきなのか。いずれにしても、五〇年間に降り積もった様々な公共的要素を一度整理し、新たな公共観にもとづく基本法を、目的や主体そのものの更新も含めて組み立てなおすべき時期に来ているのだろう。

［註・参考文献］

1　ここでいう公共観は端的には立法者の価値観をあらわすが、それはその時代の社会の価値観を反映しているという意味では潜在的な国民の価値観ともいえる。また、ここでいう公共観は直接的には都市計画の主体をどう設定するかを扱うが、それは同時に、設定された主体がどのような公共性の実現をどのような役割、プロセスによって担うかにもかかわっている

2　尹荘植・高見沢実「まちづくり条例による都市計画への提案の仕組みに関する研究――都市計画提案制度に関する規定を中心に」『都市計画論文集』四九巻三号、四九五-五〇〇頁、二〇一四年

3　『都市計画運用指針』第一一版、三三五頁

静止画から動画へ
——都市計画をめぐるレイヤーリングの可能性

横張 真

1——都市とリスク

今から約二〇〇年前、中世以来の都市構造が温存されていた街に、産業革命により大量の工場労働者が流入し人口が急増したロンドンでは、二度にわたりコレラの大流行が起き、一万人を越える死者が発生した。こうした疫病の大流行に象徴される都市の衛生環境の悪化が、欧米における一九世紀半ば以降の、上下水道網や公園緑地等の公衆衛生改善のための施設を伴った近代的な都市計画の普及を大きく後押しすることになった。

それから遅れること約半世紀、明治維新を通じ近代国家として社会の再編が進められた日本でも、東京市区改正に象徴される、近代化の一環としての欧米流の都市計画が導入され、一九一九年に旧都市計画法が制定されている。一九一九年といえば、スペイン風邪と称された新型インフルエンザのパンデミックが発生し、日本でも二四〇〇万人が感染、四〇万人が死亡した、ちょうどその時期に当たる。[1] 偶然の一致とは言え、日本においても近代都市計画制度の誕生と感染症の流行が同時期であったことは興味深い。さらに、旧都市計画法制定のわずか四年後に発災した関東大震災に際し、震災復興計画策定の中心人物であった後藤新平が、医学部を卒業し病院長としての勤務経験を持ちつつ「国家衛生原理」を著した人物であったことも、日本における都市計画と公衆衛生の関係を考える上で、注目すべき事実と言えるだろう。世界的に見ても日本にあっても、黎明期の都市計画の最大の課題のひとつは、人口集積がもたらす衛生環境の悪化をいかに改善するかにあったと言える。

そして今、世界は新型コロナウイルス感染症のパンデ

keywords　動画　レイヤーリング　アジャイル

ミックに直面している。武漢、ミラノ、ロンドン、ニューヨーク、サンパウロ、そして東京と、世界を代表する大都市が次々と感染拡大のエピセンターとなるなかで、都市のあり方を抜本的に見直す機運が高まっている。確かに、医学や公衆衛生学の急速な進歩や環境汚染対策の進展を通じ、先進国の都市の多くは、かつてのような劣悪な衛生環境にさらされているわけではない。しかし二〇一八年には、すでに世界の総人口約七四億人の半数以上が都市部に居住し、今世紀半ばには七割近くに達しようとしている。[2] 都市人口の急激な増加は、主にアジアやアフリカの発展途上国で起きつつあるが、これら地域の都市のなかには、一般にスラムと称される低所得者層の居住するエリアをかかえるところも多く、現代にあってもなお、こうしたエリアにあっては、衛生環境の改善が大きな課題となっている。人の移動がグローバル化するなかでは、それが発展途上国のスラムであったとしても、劣悪な衛生環境が放置され、そこをエピセンターに感染症が拡大することは、人類全体にとっての脅威となってしまう。

一方、World Economic Forum（2019）によれば、これだけ世界を震撼させている感染症のパンデミックよりも、気候変動等に伴う様々な自然災害リスクの方が、より深刻かつ発生確率も高いという（図1）。現在のコロナ禍は、これから起きるさらに深刻な脅威の序章に過ぎないというわけだ。しかし、こうした感染症の蔓延や自然災害は一般に、その発生を予測することが非常に困難である。

これからの都市が、待ち受けているであろう甚大かつ不確定なインシデントに際しても、そこに暮らす人々に安全安心を提供し、社会経済活動の継承を保障し続けるためには、都市計画のあり方を抜本的に見直す時期に来ていると言えるのではなかろうか。

2　静止画から動画へ

内閣府により、Society 5.0が提唱されている。Society 1.0が狩猟、2.0が農耕、3.0が工業、4.0が情報をキーワードとした社会であったのに対して、Society 5.0は「ICTを最大限に活用し、サイバー空間とフィジカル空間（現実世界）とを融合させた取組みにより、人々に豊かさをもたらす「超スマート社会」」[4]とされる。IoT等を通じ実在空間の様々な事象をあらわす情報がビッグデータとしてサイバー空間に集積され、それがAI等の技術の活用を通じリアルタイムに分析された後に、実在空間へとフィードバックされる。その結果、例えば車両の自動運転や農業の無人化といったように、少子高齢化によりもたらされる労働人口の質と量の低下を、高度なテクノロジーによってカバーした未来社会が構想されている。内閣府による提唱には、産業界を巻き込みつつ、新たな社会を技術立国としての経済発展と合わせて実現しようとの意図が見て取れる。

こうしたSociety 5.0とされる社会の課題を整理すると、それは二つに大別されるだろう。ひとつは同時多発的かつ大量に発生するデータを、いかに管理するかというデータ・ハンドリングにかかわる課題である。他方は、収集された膨大なデータのなかから、一見すると脈絡がないため論理性が見いだせず、それゆえ構造的に把握することも困難な事象を、いかにリアルタイムに分析・把握するかという、データ解析に関わる課題である。とくに後者の課題に一定の道筋が導かれることは、従来は十分に時間をかけた系統的・構造的理解を通じてはじめて把握できた実在空間における事象が、そうした手続を経

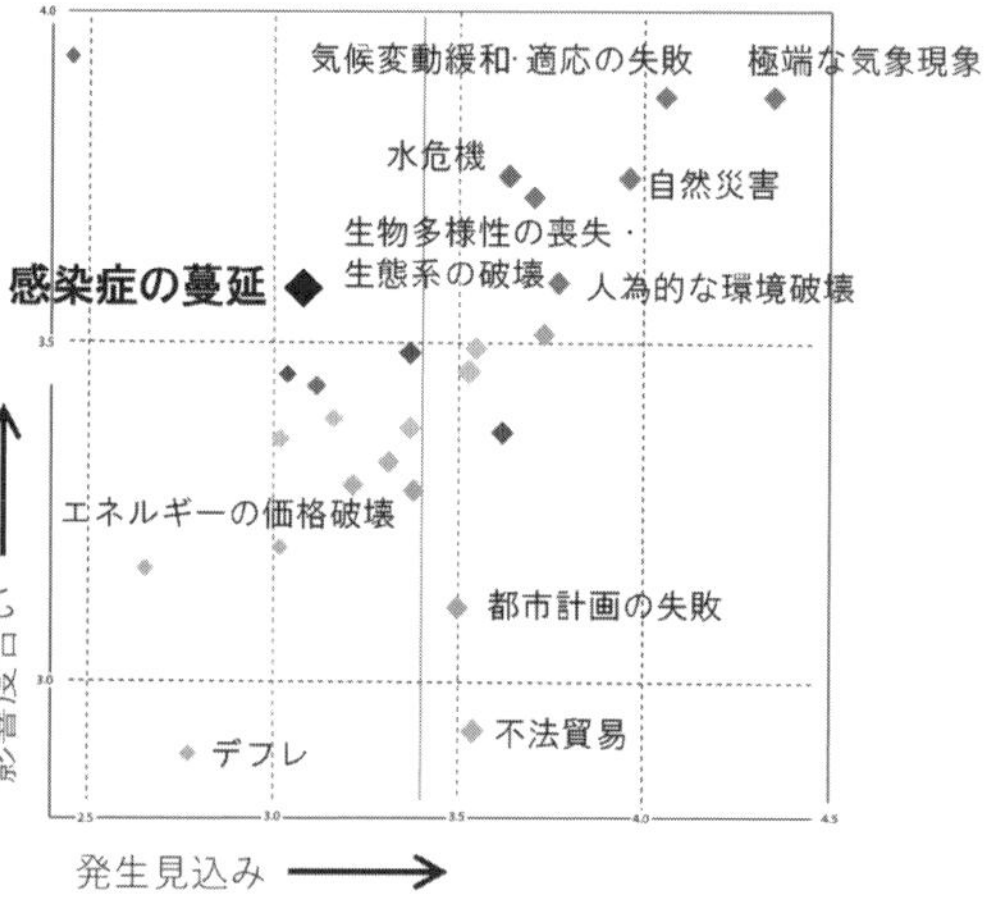

図1　The Global Risk Landscape 2019
（出典：World Economic Forum（2019）にもとづき筆者作成）

ることなくリアルタイムに把握・分析され、その結果が即座に現実社会へとフィードバックできることを意味する。

クロード・モネに代表される印象派の画家たちは、眼前に展開する時々刻々変化する景観を写実的に描写するのではなく、彼らが感知した「印象」をキャンバス上に描くことで、絵画という静止したメディア上に時間の移ろいを表現しようとした。時間とともに変化する景観が、画家による分析を通じ、静止したキャンバス上に表現されたわけである。しかし現代では、動画という技術によって、変化する景観をそのままにデータ化でき、映像メディアを通じ再生できてしまう。再生される映像の質も、より現実に近似したものとなりつつあるどころか、通常の人間の肉眼では捉えられない景観までもが視覚化できるようになった。

静止画から動画へ。Society 5.0がもたらす新たな社会とはつまり、情報技術の革新を背景に、実在空間における様々な事象について、スタティックな把握にもとづく静的な分析・制御から、ダイナミックな把握にもとづくアジャイルな分析・制御への転換が図られた社会なのではないか。こうした社会の有り様は、発生時期もリスクの程度も不確定なインシデントに向き合わざるを得ない、新たな時代の都市計画を強く下支えするものとなるだろう。

3 ― ゾーニングからレイヤーリングへ

二〇世紀の初頭、西欧に端を発した近代都市計画が、計画意図を実現する上で一貫して依ってきた手法のひとつに、ゾーニングがある。空間を区分けし、個々の空間単位を均質な利用に特化させ、それらを集合化することで、都市に必要な機能を満たそうとするのがゾーニングの基本的発想である。区分・純化することで異なる利用間の相剋が回避でき、混乱のない合理的な土地利用にもとづく都市が形成されるというものである。また、ゾーニングの結果としてひとたび固定化された土地利用は、相当な事態が発生しない限りは変更しないことが原則とされる。こうしたゾーニングを基礎とした都市計画のあり方は、「ゾーニング図」という静止画をリファレンスとした、静的な計画のあり方を象徴するものと言える。それはちょうど、レンガを積み上げ、ひとつひとつの壁を固定しながら、機能の異なる部屋を集合させて家屋を建築するようなものであろう。

ところが、そうした都市計画のあり方が、今、曲がり角にさしかかっている。例えば、ドイツの都市・地域計画はこれまで、Fプラン、やBプランの策定にもとづく、近代都市計画の思想を忠実に具現化したリファレンシャルな計画体系として、日本をはじめ各国において範とされてきた。しかしドイツでは今、そうしたリジッドな計画のあり方が、急速に変貌する現代社会に対応しきれないとの反省から、計画体系の抜本的な見直しが検討されようとしている。

感染症の蔓延や気候変動等を背景とした自然災害の増加・深刻化などの不確実性が高いインシデントの頻発は、これまで定数と考えられてきたことが変数になってしまう現象としてとらえることができるだろう。こうした状況の変化に都市や社会が対応していくためには、インシデントの発生に対してアジャイルに対応できる、より柔軟でダイナミックな計画のあり方が志向されよう。家屋にたとえるなら、あたかも襖によって間取りや用途を柔軟に変更できる日本家屋のような計画のあり方が模索され始めている。

時代の要請としての、アジャイルかつ柔軟な新たな計画のあり方のヒントを、レイヤーリングに見出すことはできないだろうか。異なる要素からなるレイヤーを積層させた結果にもとづき対象の評価・計画を考えるレイヤーリングの手続は、ランドスケープ分野にあっては一九六〇年代にIan McHargが提唱したレイヤーケーク・モデルに代表される、古典的とも言える手法である[5]。だが、かつてのレイヤーリングは、あくまで静的なレイヤーの積層であり、積層された結果としての評価や計画についても、時間軸のなかでの変動を許容するものではなかった。一方、ＩｏＴやＡＩの活用を通じた事象の把握と分析は、個々のレイヤーのリアルタイムでの動的な表現を可能にするものであり、それらを積層させる手法についてもまた動的制御が可能になるため、その結果としての評価・計画も、常に動的な表現が可能となる。

例えば、都市計画のなかでも、防災にかかわる計画を考えてみよう。災害時の適切な避難者・避難車両の誘導には、従来の静止画としてのハザードマップにもとづく防災計画よりも、災害の発生状況にかかわるビッグデータのリアルタイムの取得とその解析、現場へのフィードバックにもとづく動画的な計画の方が、はるかに有効だろう。また、そうしたリアルタイムの防災計画は、破堤や土砂崩れ、冠水などの災害発生状況にかかわるデータ以外にも、道路通行や避難場所にかかわる各種データのレイヤーリングをもとに判断されるだろうが、レイヤーリングに際してどのデータをどれだけ重視すべきかは、その時々の災害の深刻度や避難の切迫度等により柔軟に判断されるべきものであろう。このように、レイヤーリングという一見古典的な計画手法が、Society 5.0を構成する情報技術の導入により、都市を動的に制御するための新たな計画手法として再評価され得るのではないだろうか。

また、個々のレイヤーが動的に表現され、レイヤーの積層方法もまた動的であることは、各レイヤー内における個々の要素の関係性のみならず、レイヤー間の関係性もまた動的であり、それゆえ異なる要素間・レイヤー間の境界が可変的となることを意味する。防災計画の策定に際し、従来の静的な計画では、個々の避難所に避難者を誘導する範囲を、ゾーニング図を描くように明確な境界線にもとづき排他的に特定してきたのに対し、動的な計画にあっては、個々の避難所に誘導する範囲は、その時々の発災状況や交通状況、避難所の混雑度等に応じて刻々と変化する、すなわち誘導範囲の境界線が常に変動することが想定される。

新たなテクノロジーを援用したレイヤーリングにもとづく計画手法は、時間軸のなかでつねに境界線が変動する、ファジーな空間にかかわる評価と計画を、その根源的な特性とするものとなる(図2)。

4 — ヒトに引く線、土地に引く線

近代都市計画が根源的な手法のひとつとしてきたゾーニングは、まず線を引く、すなわち各種の土地利用間の境界線を定め、その後、境界線で囲われた内側をコンテンツとしての土地利用で充填していく。そうした発想は、ズームアウトして見れば、都市的土地利用と農的土地利用との明瞭な区分としても表現される。他方、わが国の市街地は歴史上、境界を定めることなく様々なコンテンツが同時多発的に混在して充填され、それらが集積した結果、いつしか都市と呼び得る空間が形成されるといっ

た特徴をもつ。そうした各種要素間の混在は、都市的土地利用と農的土地利用の関係にも認められる。わが国において制度上、「線を引く」ことが明確に目指されたのは、一九六八年の改正都市計画法以降のことである。しかも計画上の是非はともかく、市街地と農地が混在するのが、今も日本の都市の特性のひとつになっている。

では、なぜわが国において、都市的土地利用と農的土地利用の混在が合法的な行為となったのか。都市の外縁部における土地利用を規定する制度のひとつに、農地法(一九五二年)がある。同法は、安定した農業経営を保障すべく、個々の農家が農地を保有する権利を手厚く保護し、農家以外の主体が農地を保有することを厳しく制限してきた。土地(農地)の保有と利用をめぐり、「ヒト」に線を引き、農家と非農家を峻別することで、そのコントロールを目指したものといえる。生産緑地法(一九七四年、一九九二年改正)もまた、農家と認定された主体の意思にもとづき農地の永続性が担保される点において、農地法と同様の発想にもとづく制度と言えるだろう。一方、都市計画法(一九六八年)は「土地」そのものに線を引き、市街化区域と市街化調整区域を峻別することで、土地利用の

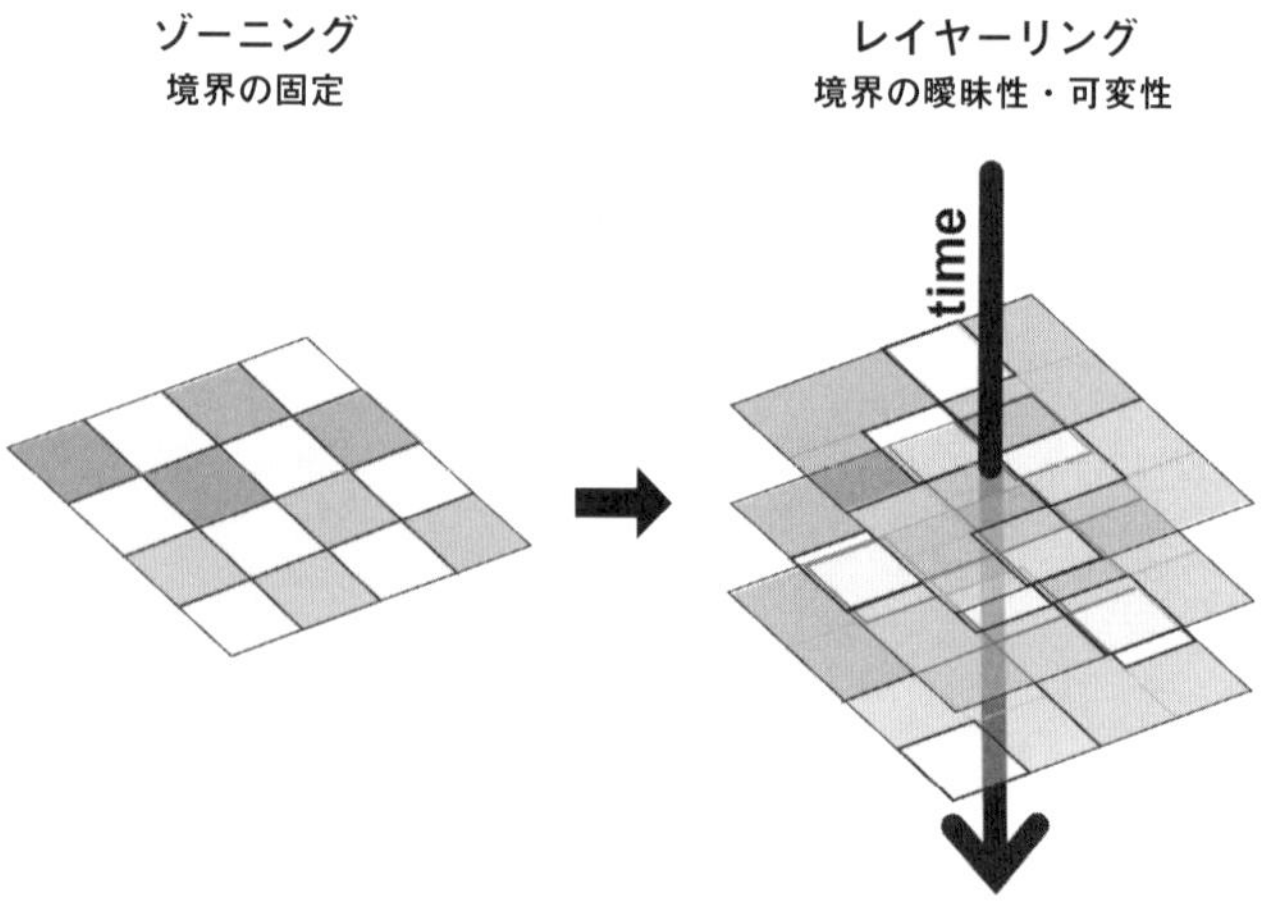

図2　固定的なゾーニングから動的なレイヤーリングへ

コントロールを目指した。つまり、わが国の都市の外縁部では、ヒトに線を引く農地法や生産緑地法と、土地に線を引く都市計画法とがオーバーレイされた結果、市街化区域内といえども農地の保有が手厚く保護され、都市と農村の境界が曖昧な空間が成立する法的根拠が形成されたと解釈できる（図3）。こうした、農地法（＝ヒト）と都市計画法（＝土地）いう異なる論理にもとづくふたつのレイヤーがオーバーレイされ、その結果として生じた矛盾を、生産緑地法の制定によって合法的に処理するといった一連の制度体系は、レイヤーリングを基本としつつ、その結果として生じるファジーな空間の様態を合法的に制御しようとしたものと解釈できる。

確かに、市街地と農地が混在することは、都市計画上積極的に位置づけられてきたわけではない。都市計画制度は本来、土地の所有者の意向によらず、土地利用のあり方を空間的に規定するものである。にもかかわらず生産緑地法は、都市計画上の制度のひとつでありながら、農家が三〇年間にわたって農地としての経営を続けることを条件に、農地に対する課税額の大幅な減免を認めるものである。農家の営農継続の権利を保障するための窮

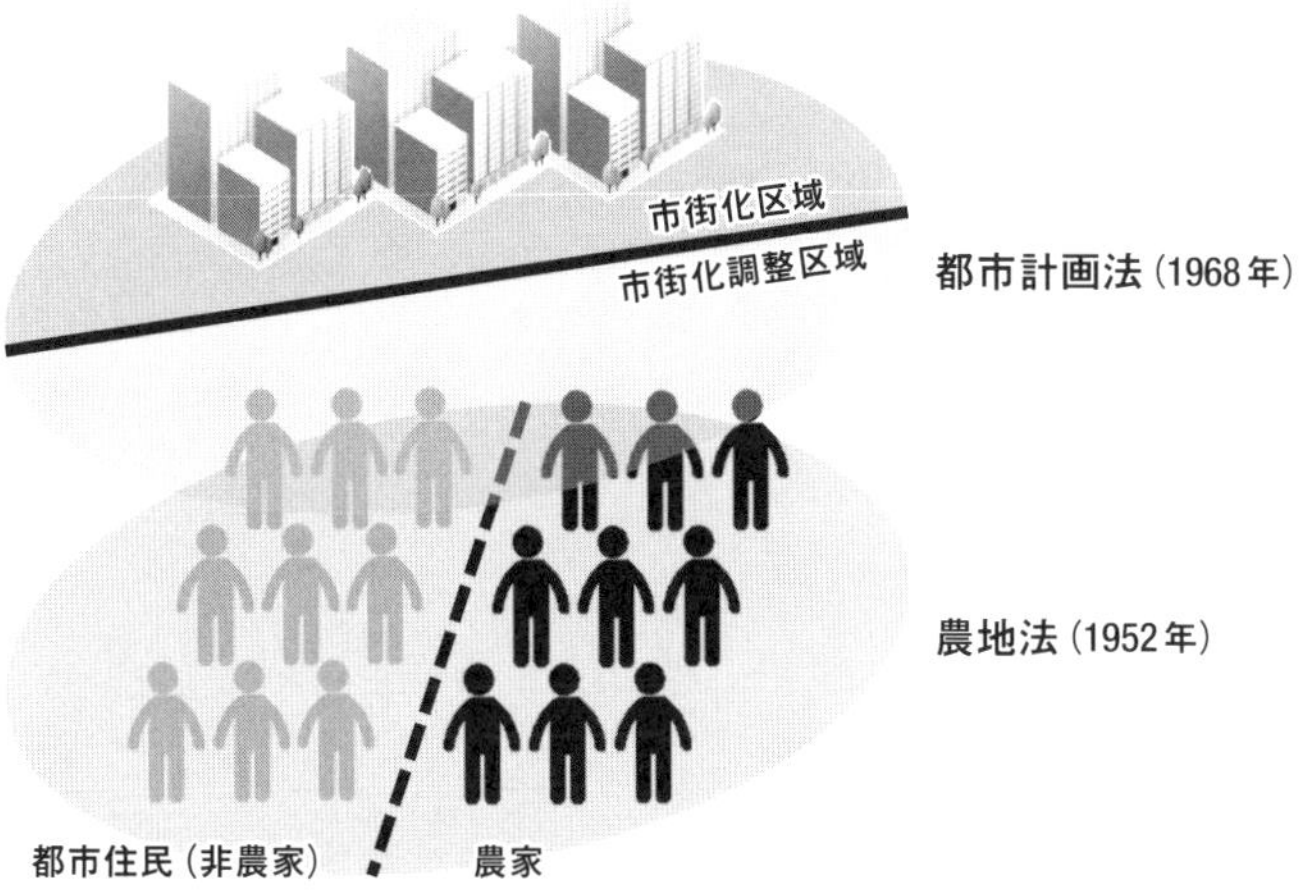

図3　農地法（1952年）と都市計画法（1968年）のオーバーレイ

余の策としての、ヒトの意思にもとづき土地利用を規定する法が、約半世紀にわたり都市計画制度の一環として運用されてきたことは、ともすると制度の矛盾や課題を象徴するものとされがちである。しかし、結果論としての性格が強かったとはいえ、レイヤーリングを基本にファジーな空間の様態を合法的に制御しようとした日本の土地利用計画制度は、今後の都市計画のあり方を考える上で、多くの示唆に富むものと考えられる。

5― 再び動画的な都市形成へ

これまで自然災害がごく稀にしか発生しなかった西欧や北米の都市は、安定基盤の上にインフラを積み上げることにより形成されてきた。一方、日本の都市は、つねに自然災害や火災などの不測の事態に遭遇しては、都度、再建を繰り返してきた。前者は、揺るぎない堅固な構造体を基礎としたロバストネスを旨とした静止画的な都市形成、後者は、壊れても再建できるレジリエンスを旨とした動画的な都市形成と言ってよいだろう。

しかし、明治以降の日本は、西欧からの都市計画にかかわる思想や技術の移入にもとづき、西欧流の「壊れない」都市形成を目指してきた。近代的な土木・建築技術の発展にも支えられ、不測の事態は、安全係数を大きく取った技術により克服できると考えられてきた。もちろん、そうした西欧流の都市形成のあり方は、技術により制御可能な事態を前提とする限りは、きわめて合理的である。現代日本の繁栄の要因のひとつが、明治以来の西欧からの思想や技術の積極的な移入にあり、都市形成もまた同じベクトル上にあったことは、間違いないだろう。

だが、感染症の世界的な蔓延や気候変動に伴う自然災害の多発を前に、世界の都市は今、近代技術では制御困難な事態の発生に対し、静止画的な都市形成には明確な限界があることを認識せざるを得なくなっている。東京をはじめとしたアジアの都市のみならず、西欧や北米の都市までもが、レジリエントな都市のあり方を模索し始めた。動画的な発想によるアジャイルな計画が、二一世紀における都市形成の鍵になろうとしている。ＩｏＴやＡＩといった情報技術の急速な進展により、リアルタイムに変動する各種様態の動的制御が可能になったことは、こうした動画的な発想によるアジャイルな都市形成を、強力にバックアップするものとなる。日本の都市を特徴づけていた動画的な都市形成のあり方が、最新の情報技術の裏付けを得て、世界の都市の将来をうらなうものになりつつある。

　都市では多くの場合、私的に所有された「不動産」としての土地が卓越する。所有と利用の両面において簡単には変動しないことが、土地の資産としての最大のアイデンティティのひとつである。そうした土地を計画する手法が、時間的な変動を前提としたアジャイルさを積極的に位置づけようとすれば、克服すべきハードルがあることは容易に想像できる。情報技術の革新がもたらす新たな都市計画のあり方を社会が受容できるかは、必ずしも保証されるものではない。今後は、基本理念のみならず、政策面や倫理面も含めた、実効性にかかわる慎重な議論を重ねる必要があるだろう。

　しかし、これからの五〇年、一〇〇年の都市計画のあり方を考えるならば、社会の趨勢に呼応した基本理念の革新と、それに対応した実務のストックが必須となるのは間違いない。とくに、地震や津波、気候変動に伴う風水害等の激甚災害や感染症の蔓延等、甚大かつ不確定なインシデントに際しても、人々の暮らしを守り、社会経済活動の継承を保障し得るレジリエントな都市の形成のためには、都市計画の理論と実践の両面における抜本的な見直しが不可欠だろう。レイヤーリングを基調としたアジャイルな空間の動的制御にもとづく新たな都市計画は、五〇年先、一〇〇年先を見据えた際の、ひとつの方向性を示唆しているのではなかろうか。

［註・参考文献］

1 池田一夫・藤谷和正・灘岡陽子・神谷信行・広門雅子・柳川義勢「日本におけるスペインかぜの精密分析」『東京健安研セ年報』五六号、三六九-三七四頁、二〇〇五年

2 「内閣府第五期化学技術基本計画」五三頁、二〇一六年

3 McHarg, I., *Design with Nature* Wiley, p.206, 1969

4 United nations, *World Urbanization prospects 2018*, 2018 (https://population.un.org/wup/)

5 World Economic Forum, *The World Risk report 2019 14th Edition*, 2019 (http://www3.weforum.org/docs/WEF_Global_Risks_Report_2019.pdf)

2

chapter

一〇〇年という時間軸で展望する

本章は、「都市計画法五〇年・一〇〇年記念特集号」(『都市計画』二〇一九年五月)の第一部「都市計画の一世紀を俯瞰する」を構成していた論考、および、二〇一九年一一月に開催された「都市計画法五〇年・一〇〇年記念シンポジウム第三弾　都市計画法を展望する」での講演を主な素材として、それらに共通していた「一〇〇年という時間軸での都市計画法制および都市計画の歴史的理解と展望」という問題意識をさらに展開させた内容となっている。

具体的には、都市計画法制定以来の一〇〇年に及ぶ都市計画の歴史的展開を、⑴都市計画法制に加えて、⑵都市計画技術と⑶都市計画家というレベルで整理する。都市計画法を中心とする都市計画法制は、社会が抱える時代時代の課題に対応してかたちづくられてきたものであるが、その課題の解き方は一種の技術として抽出可能である。その都市計画の技術が社会において価値を持ちうるのは、技術を駆使する人々＝都市計画家がいるからである。つまり、都市計画法制と都市計画技術、都市計画家という三点の設定は、社会技術としての都市計画の歴史的展開を構造的に理解することを意図している。

第1節では、都市計画法制に焦点を当てている。都市計画法は、その制定以来、一九六八年の全面改正のみならず、時代の要請に応じて、繰り返し部分の改正が行われてきた。加えて、都市計画法の周囲には、関連する法律が数多く立法され、都市計画法を中心とする法定都市計画がつくられていった。この節では、都市計画法適用区域の内と外という空間的概念と、都市計画法制の適用範囲の内と外という法体系概念の二つの「内と外」という視点を設定し、都市計画法制の変遷を整理している。そして、主に後者の視点から、法制度の構造として、都市計画法は関連法を紐づける現状の方向でさらに法体系として複雑化していくのか、それとも都市計画法の抜本的見直しにより、法体系そのものを

都市計画・都市計画法制の歴史

変えていくのか、とこれからの改革に向けた本質的な問いかけを行っている。

第2節では、都市計画を法制度ではなく、技術のレベルで議論している。まず現在の都市計画を規定する、一九一九年の旧法における都市計画技術の基本構造（「事業」「規制」「計画」）を確認し、その史的な性格を明確化している。それは微力な「規制」と制度化されなかった「計画」の結果としての「事業」中心の技術と記述されている。一九六八年の新法で施設から土地利用への転換が図られ、「規制」の本格化、「規制」や「事業」の根拠としての「計画」が法定化されたが、こうした経緯で定着した都市計画技術こそが将来に継承すべき遺産であると指摘している。さらに都市計画の拡張を意図して、「政府の都市計画」「企業の都市計画」「NPOの都市計画」に分類し、展望を描くとともに、「学」から「術」、「制度」へという改革の道筋を提示している。

第3節では、都市計画家、つまり都市計画の担い手に着目している。ただし、担い手として、プロフェッション・モデルとパブリック・モデルの二つを設定し、歴史的展開の整理を試みている。戦前期の内務省の出先機関である都市計画地方委員会時代の都市計画技師、戦後の民主化時代の計画士、そして高度経済成長期のコンサルタントやプランナーに至るまで、個別構築技術とは異なる総合的技術の構築、フィジカルプランニングという方法の発展がプロフェッションとしての都市計画家を存立させる中心的課題であったことが示されている。そのうえで、都市計画家観の現在地を二つのモデルの架橋に見出し、都市に対する思考、思想（アーバニズム）という別の軸を持ち込むことで、社会技術としての都市計画と交差する文化運動としての都市計画、サステナブルな都市の担い手を支える法制度への展開を示唆している。

都市計画一〇〇年の経路依存性を受けとめつつ、いかに構造の転換を構想していくのか、いずれの節も今後を見据えた提案を含んでいる。

（中島直人・中島伸）

2 chapter 1 section

都市計画法の一〇〇年の展開過程

中島 伸
藤賀雅人

本節は都市計画法の一〇〇年の展開過程について、法制度の変遷を年表に取りまとめ、考察を試みる。変遷を辿る作業を通じて、①都市計画法が定める計画区域の設定の内側と外側という空間的な概念、②都市計画法の規定の内側と外側という法体系的概念の二点から整理する。

1 — 都市計画法が定めた計画区域の空間的な内外

一九一九年に都市計画法が成立したことで、市区改正条例などで部分的に試みてきた都市改造を全国に展開する(当初は六大都市を念頭に)法定都市計画として定めることができるようになった。まず都市計画法においては、都市の拡大抑制に対応するための都市計画として、都市計画区域を定めたことが、何よりも大きなことであった。国土が一続きの空間である中で、法定都市計画の適用範囲を区域として定めたことにより、計画区域の内と外という空間上の区分が生まれた。法定都市計画では、都市を計画するということが、限定的な範囲において、手段としての「規制」と「事業」を「計画」するものとして位置づけられたのである。都市計画法はこの計画策定の手続を明文化したが、計画に係る内容そのものについては触れず、各都市計画地方委員会で決定するように定めた。これは、当時の内務官僚を中心として技師たちによる都市計画の立案が念頭にあり、こうした技術者が計画策定の主体となる、という前提があったものと考えられる。テクノクラートによる近代都市計画の確立とも呼べるだろう。そして、ここでの官製都市計画は、戦後市民に「まちづくり」として開かれていく流れを辿ることになる。

都市計画区域の設定には、功罪があった。市街地の土地利用計画の範囲を限定し、具体的な建築物の集団規定に関わる条項は市街地建築物法で規定するなど、法制度の役割分担が可能となった。しかし一方で、法定都市計画の対象となる都市施設以外の高速道路などの広域的なインフラ整備との連携は弱く、これらは、都市計画の前提条件的に整理される程度となった。都市計画区域外や都市間の関係を検討する広域計画は都道府県マスタープランの登場まで制度として位置づけられることはなかった。このような国土の空間的・制度上の特徴の中、法定都市計画が実施されていくこととなった。

また、年表にある通り、緑地、景観や歴史といった分野の関連法が、各時代の要請を経て、成立していった。しかし、例えば漁港漁場整備法や食料・農業・農村基本法の農業農村整備事業など、それが主に都市計画区域外で適用される法制度や事業の場合、都市計画法において関連法としての位置づけがなされないことが多いので、この年表には記載されていない。実施にはこうした法制度による都市計画区域周辺での規制や事業も都市計画区域内の計画に影響を与えている。基本事項を法定都市計画で地場固めし、計画内容については多様な都市計画が展開してきた一〇〇年とも換言できるだろう。

2―都市計画法の法体系概念にみる内と外の変遷

次に旧法制定以降、都市計画法がいかに改正され、法体系の内側が変化してきたか見ていきたい。旧法以降の都市計画制度の変遷を示したものが図1の年表である。この年表では、都市計画法に含まれる内容・対応しようとしたテーマを「目的・手続等」「基盤整備・都市施設」「都市開発・都市再生」「市街地環境の保全」「緑地・景観・歴史」「ビジョン・土地利用」の六つに分類・整理している。太字にて都市計画法の改正点、新たに導入した手法・枠組みを記載し、太枠で大きな改正の流れを整理している。これに、特に関連の深い市街地建築物法・建築基準法の改正事項を灰色太字として記載し、その他の関連法については細線・点線枠にて重ねた。なお、「基盤整備・都市施設」には宅地開発を含み、都市公園等は「緑地・景観・歴史」に含めている。

・目的・手続等の整備と関連法の創設

旧都市計画法は都市基盤・都市施設整備を進めるため

に対象とする都市計画区域を定め、客観的な計画決定を行う手続、事業を進める際の建築行為の制限などを位置づけた。規模の大きい「市」を対象に運用が始められたが、その後、全国で人口増加、市街化が進み、「町村」を含むに至った。その他、都市計画税の設定を見直すなど、戦前の改正は手続関係や都市計画法を適用する対象範囲に向けられていた。また、基盤整備として重要な手法であった土地区画整理の関係規定を内包し、基盤整備・都市施設整備の法としての位置づけが強かった。震災や戦災からの復興など、既成市街地整備や土地区画整理事業を実施する法的根拠が十分でない場合は、特別都市計画法を制定し、「事業」を補填し運用されたことも特徴である。

終戦前後は、工業発展に伴う都市拡大が大きな課題と考えられた時期であったため、都市のスプロール化や都市間の関係整備が重要と考えられた。都市計画区域といった一定の範囲と事業のみでは対応できないこうした課題に対し、都市間を計画する地方計画が盛んに検討されたのだが、抜本的な法改正には至らず、戦後も従来の都市計画区域内の対応が主眼であることが踏襲される。

大規模な改正は行われなかったが、終戦から一九五〇年代にかけて都市計画法は行政代執行や費用負担が改正されるなど、各都市が事業実施を進めるための見直しが行われている。他方、一九五四年に土地区画整理法が制定され、基盤整備事業の法的根拠を別に整理したことで、都市計画法が対象範囲・各種計画・事業の決定・手続を役割とすることが改めて明確化されることにもなった。この時期は各種法制定が盛んに行われた時期でもあり、駐車場法・都市公園法など、基盤整備・都市施設に関係する法律も別途整備されている。こうした具体的な空間像を扱う法律が都市計画法の外側に整理されることで、都市に関する法体系が高度化し、また、複雑化していくこととなる。

・抜本改正と地区レベルでの計画

高度経済成長期、建築技術の高度化もあり、一九六〇年代には特定街区制度が創設され、建築物の規制も容積制へとシフトした。都市再開発法の制定・改正によって、都市計画法内に高度利用地区が設けられるなど、開発手法や事業誘導に関係する規定の整備が進んだ。都市計画法の役割・関心も都心エリアに向けられたのである。

都市開発という新たな役割が明確化される中、一九六八年に都市計画法は改正される。新法では線引き制度が設けられ、市街地拡大をコントロールする一定の枠組みが創設され、開発許可も設けられた。その後、地域地区の改定・用途地域の区分変更がなされ、多様化する都市計画区域内の市街地環境への対応策が整理された。

一九八〇年には、都市計画法に地区計画制度が創設され、きめ細やかな規制・施設計画を一体的に計画できることとなり、現行都市計画法の大部分がかたちづくられる。これは、それまで用途地域など建築規制等を基本に市街地環境の整備・保全に対応したのに対し、法定都市計画の範囲において、地区の状況に応じた規制・整備を規定できるとする柔軟な計画づくりを可能とする大きな転換点を意味した。言い換えれば、実態規定を担う建築基準法集団規定との関係も強固になったのである。

・　**地区レベルの計画の多様化と都市ビジョン**

地区計画は、オーダーメイドの市街地計画を想定し導入されたが、実質的には硬直的な運用がなされ、市街地課題に合わせたメニュー分類のもと、運用が行われた。このメニュー分類に対応するかたちで、建築基準法と合わせた都市計画法改正が重ねられていく。また、集落地区計画や再開発地区計画など、関連法の整備・改正とともに都市計画法の改正や地区計画のメニュー化が行われることも少なくなかった。

その後、総合計画等が担ってきた各都市の全体計画をビジョン化する枠組みとして、一九九二年には市町村マスタープランが導入され、二〇〇〇年には区域マスタープランも導入された。これにより、階層的な計画策定が設けられ、都市計画区域を超えた大まかなビジョン形成と都市間調整を行う枠組みが整えられた。一方で、都市の高度化・多様化により、硬直化した法定都市計画の手法では対応できない都市問題が顕在化するにつれ、特別用途地区の多様化など、地域の実情に応じた運用とするための法改正も進められるようになる。

・　**都市再生・マネジメントと都市計画法**

二〇〇二年の都市再生特別措置法施行に合わせ、都市計画提案制度の導入がなされ、二〇一一年には地域地区・都市施設の計画決定権限を基礎自治体に移譲するなど、地方分権が進むとともに、特定の範囲で民間提案による計画立案が可能となり、計画主体の意味合いが拡充する。中でも、開発型の民間提案制度の導入は、公的な都市計画・事業実施だけでは市街地整備が困難である実態が明るみに出たともいえ、公共貢献と容積緩和をセットで運用する方法を一層推し進めた。結果、都心部ではプロジェクト型の整備が進められることとなり、市街地環境の全体像は見えにくいケースも生じている。この他、二〇〇〇年代以降の都市計画法改正は、地区計画の統合・整理、大規模集約施設の立地見直しなど、関連法の改正に伴う枠組み整理・見直しが行われた程度である。

広く法制度の観点でみれば、景観法が制定され、都市の魅力創出が進められることとなり、東日本大震災後には、防災対策として関連法が制定されている。また、エコまち法など、都市環境に関する法律も生まれるなど、都市計画に関係する外の法律はさらに多様化し、都市計画法に直接的な関係がなくとも運用できるものも少なくない。こうした状況から、改めて都市計画法の範囲・役割が問われつつある。

都市の誘導・再整備・マネジメントに関しても、都市再生特別措置法によって枠組み形成が進められており、その範囲は立地適正化計画といった空間的な都市外周部の計画・規制にも至っている。現在の都市計画法は、従来の都市を創る法的位置付け、手続を維持しつつも、多様化する都市環境の要素、転換する都市課題には直接的な役割を持たない状況になりつつあるのである。

3　都市計画法の変遷の特徴と展望

以上都市計画法一〇〇年の変遷について、適用区域の内と外という空間的概念と法制度の適用範囲の内と外という法体系概念から変遷を整理してきた。最後に都市計画法の変遷の特徴、そして論点をいくつか示してみたい。

第一に、年表で「目的・手続」、「ビジョン・土地利用」に分類した事項が、法改正によって周期的に更新が行われてきた点に注目したい。特に近代における都市問題の最重要テーマである都市の拡大の計画的抑制の観点から、都市計画の区域や都市の際をめぐる区域設定の変更の変遷を辿ると、一九六八年の線引き制度導入を第一波とするならば、二〇〇〇年の区域マスタープランの導入を第二波、二〇一四年の立地適正化計画の創設を第三波と捉えられるだろう。こうした区域設定の変更を繰り返し起こる周期的な事象としてみるならば、都市計画制度の変更後にそれらの成果を受けて、改正されていく。各周期間を見ると、四九年、三二年、一四年と改正の周期が短くなっていると捉えることもできる。

第二に、個別の都市計画間の連関について挙げる。計画区域の設定が一九一九年旧法からの系譜として重要と指摘したが、都市外からの広域的な視点に立ち、都市計画法を眺めると、計画区域内での事業ツールは、高度に精緻化されつつあるが、個別の都市計画区域内のみの対応のため、都市間の対応や都市外を含む政策が重要視される際に機能しにくいという課題も見えてくる。きめ細やかな市街地整備は基礎自治体・民間提案などに移行したが、あくまで区域内の市街地再整備である。立地適正化計画をてこ入れとしたコンパクトシティ政策の推進等も隣接自治体との連携なくしては実現が困難である。都市間・計画区域間の連携が次の課題として見えてきている。さらに付言するならば、二〇二〇年現在見舞われているコロナウイルス禍に対応した都市づくりにおいて、都市内部の空間構造の更新だけでなく、都市間移動の問題など広域的な課題が前面に浮上してきているといえる。

第三に、法制度の構造に着目すると、都市計画法は基盤整備・都市施設整備の手続法であり、地域地区や地区計画といった区域や規制を設け、さらに具体的な方策を進める関連法をぶら下げる構造である。そのため、都市計画法だけではなく、関連法との連動の中で都市計画が実施されている。例えば、市街地環境の保全は実態として建築基準法が担っているし、都市空間の魅力を生み出す位置づけにある緑地や景観は、都市緑地法や景観法といった都市計画法の外側でそのコントロールが法的に担保されている。二一世紀に入り、都市計画法の抜本的な法体系の改正の議論が起こったが、その後実現はせず、むしろ、関連法への外部接続をさらに展開させている傾向にあるといえるだろう。

都市計画法を抜本的に見直すのか、都市課題への実態的な対応を関連法に任せ関係を紐付ける法として運用するのか、社会変化が多様で、計画することが難しいが故に、方向性を明確にし、次の一〇〇年（時代）に臨むべきではなかろうか。

	1919	1933	1950
目的・手続等	**旧都市計画法制定** **都市計画の目的** **手続** **都市計画事業と建築制限** **計画決定権限** **主務大臣**	**指定範囲の拡大** **税率変更** **目的に防空追加** 地方自治法（1947）	**行政代執行** **費用負担** **都市計画審議会** 土地収用法（1951）
ビジョン・土地利用	**都市計画区域** 市街地建築物法（1919） 用途地域	専用地区 高度地区 空地地区	**建築基準法**（1950） 国土総合開発法（1950）
基盤整備・都市施設	耕地整理法（1899） 道路法（1919） 特別都市計画法（1923）	**土地区画整理関係の追加** 特別都市計画法（1946） 土地改良法（1949）	首都建設法（1950） 土地区画整理法（1954） 駐車場法（駐車場整備地区）（1954） 下水道法（1958）
都市開発・都市再生			
市街地環境の保全	不良住宅地区改良法（1927）		工業等制限法（1959） 工業立地法（1959） 市街地改造法（1961）
緑地・景観・歴史	風致地区		屋外広告物法（1949） 農地法（1952） 都市公園法（1956）

（太字や灰色文字、太枠、太黒枠、細線・点線枠については、67頁の本文を参照のこと）

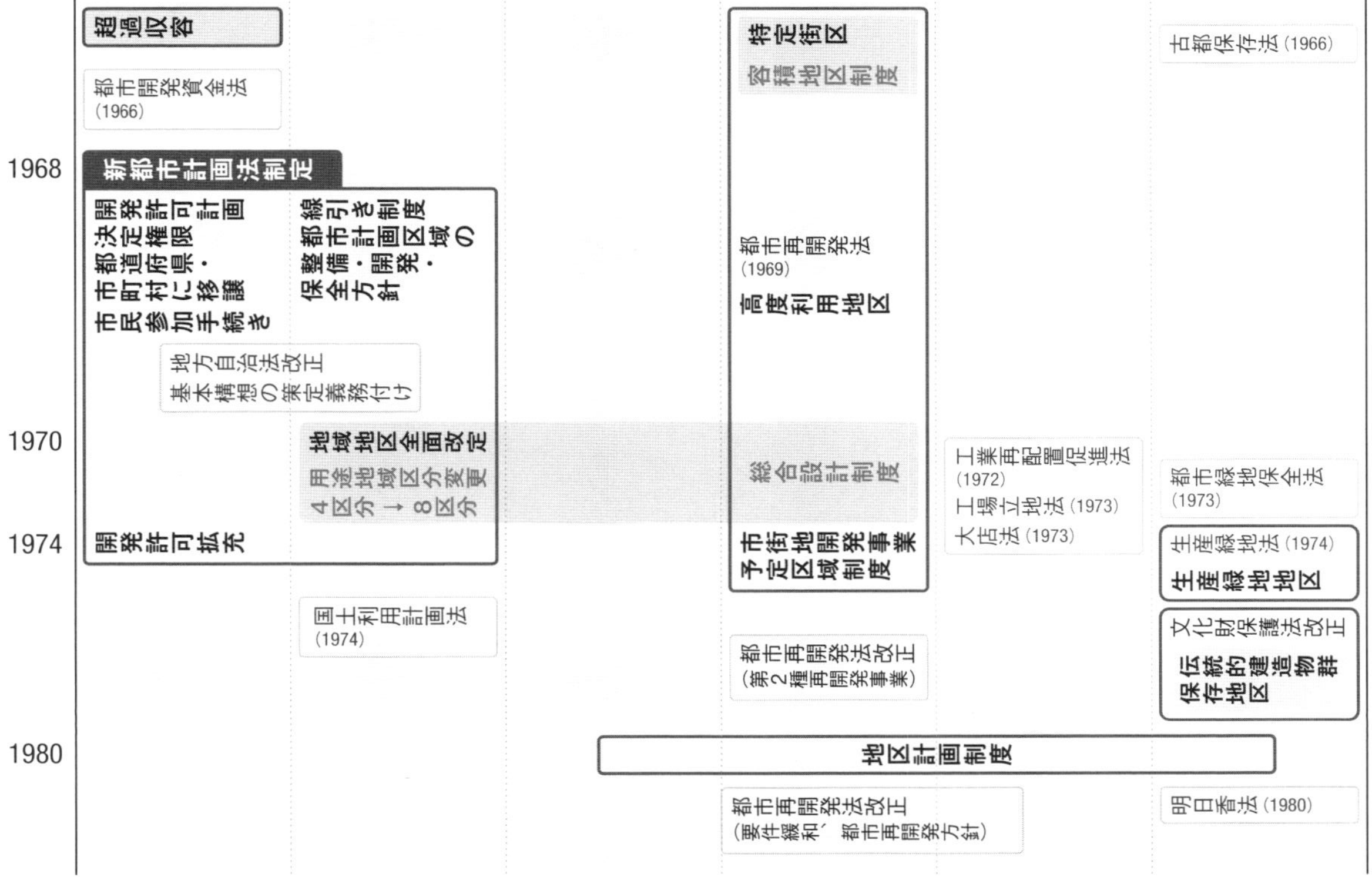
1968
1970
1974
1980
超過収容
都市開発資金法(1966)
新都市計画法制定
開発許可計画
決定権限
都道府県・
市町村に移譲
市民参加手続き
線引き制度
都市計画区域の
整備・開発・
保全方針
地方自治法改正
基本構想の策定義務付け
地域地区全面改定
用途地域区分変更
4区分→8区分
開発許可拡充
国土利用計画法(1974)
特定街区
容積地区制度
都市再開発法(1969)
高度利用地区
総合設計制度
市街地開発事業
予定区域制度
都市再開発法改正
(第2種再開発事業)
地区計画制度
都市再開発法改正
(要件緩和、都市再開発方針)
工業再配置促進法(1972)
工場立地法(1973)
大店法(1973)
古都保存法(1966)
都市緑地保全法(1973)
生産緑地法(1974)
生産緑地地区
文化財保護法改正
伝統的建造物群
保存地区
明日香法(1980)

年	目的・手続等	ビジョン・土地利用	基盤整備・都市施設	都市開発・都市再生	市街地環境の保全	緑地・景観・歴史
1987	土地基本法（1989）		集落地域整備法（1987） **集落地区計画** 道路法改正（立体道路制度） **住宅地高度利用地区計画**	民間都市開発の推進に関する特別措置法（1987） 都市再開発法改正 **再開発地区計画**	**用途別容積型地区計画**	
1992	環境影響評価法（1997） 地方分権一括法（1999） **決定権限 市町村に移譲**	**市町村マスタープラン** 用途地域区分変更 8区分→12区分 形態規制の合理化	被災市街地復興特別措置法（1995）	**街並み誘導型地区計画** **高層住居誘導地区** 中心市街地活性化法（1998） **特別用途地区の多様化** 特例容積率適用区域	密集市街地における防災街区の整備の促進に関する法律（1997）	生産緑地法改正（生産緑地地区指定要件の緩和）
2000		土砂災害防止法（2000） **都市計画区域マスタープラン** **線引き制度の選択制** **準都市計画区域** **特別用途制限地域**				

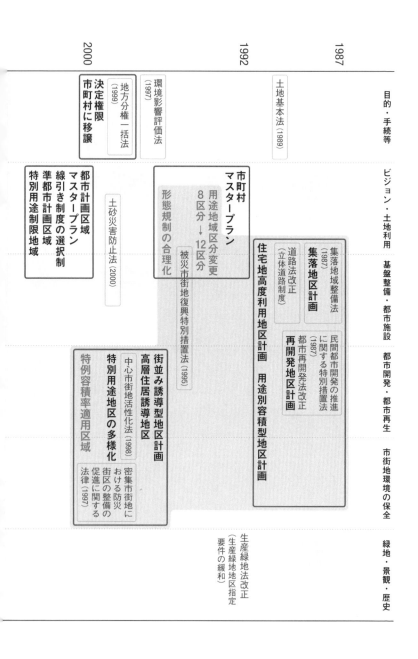

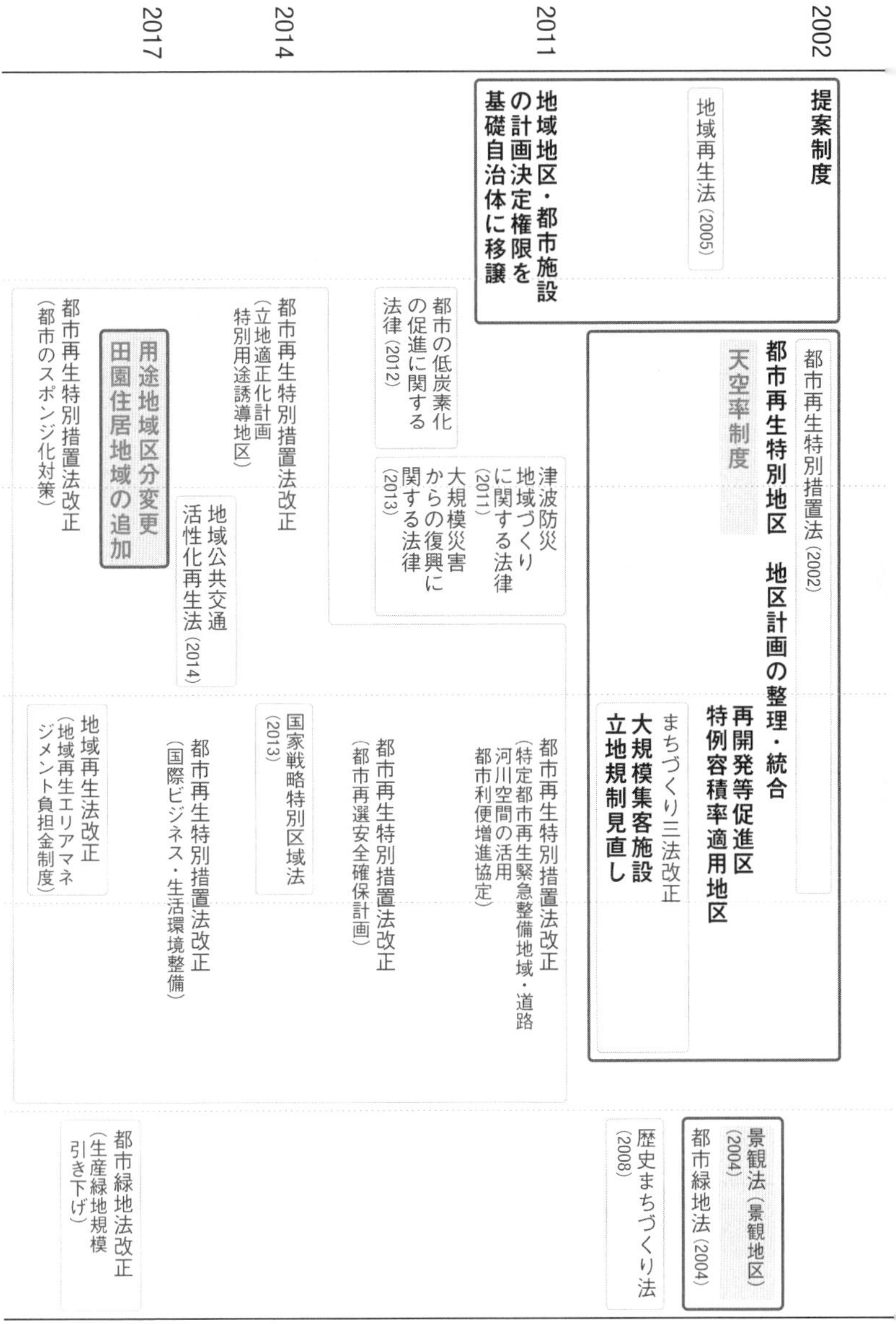
2002
2011
2014
2017
提案制度
地域再生法（2005）
地域地区・都市施設の計画決定権限を基礎自治体に移譲
都市再生特別措置法（2002）
都市再生特別地区　地区計画の整理・統合
天空率制度
再開発等促進区
特例容積率適用地区
まちづくり三法改正
大規模集客施設立地規制見直し
景観法（景観地区）（2004）
都市緑地法（2004）
歴史まちづくり法（2008）
津波防災地域づくりに関する法律（2011）
大規模災害からの復興に関する法律（2013）
都市の低炭素化の促進に関する法律（2012）
都市再生特別措置法改正（特定都市再生緊急整備地域・道路河川空間の活用都市利便増進協定）
都市再生特別措置法改正（都市再選安全確保計画）
国家戦略特別区域法（2013）
都市再生特別措置法改正（立地適正化計画特別用途誘導地区）
地域公共交通活性化再生法（2014）
都市再生特別措置法改正（国際ビジネス・生活環境整備）
用途地域区分変更田園住居地域の追加
都市再生特別措置法改正（都市のスポンジ化対策）
地域再生法改正（地域再生エリアマネジメント負担金制度）
都市緑地法改正（生産緑地規模引き下げ）

2 chapter 2 section

日本都市計画技術の史的検証
——将来展望への理論的基礎作業として

渡辺俊一

1——「技術」としての都市計画[1]

今われわれは、都市計画法一〇〇年という希有な時機に身を置いている。ここで立ち止まり、わが国都市計画の過去の歩みを振りかえり、将来展望のために何をなすべきかを考えてみよう。

そのさい本節では、都市計画の「法制度」ではなく、「技術」に着目する。なぜなら後述のごとく、われわれの先達たちが作り上げてきたのは「都市計画技術」すなわち、第一義的に都市空間を対象とする「物的計画（physical planning）技術」であり、法制度はその実践の手段として位置づけるべきだ、と考えるからである。

また議論の出発点を「旧法体制」（後出）の都市計画技術に向けたい。なぜなら一〇〇年前、都市計画の「法制度」が設計施行されたとき、それを支えるものとして、わが都市計画の「技術」はほぼゼロから生まれたからである。その後、この都市「計画」技術は、土木・建築・造園などの「構築」技術とは一線を画し、固有の対象・方法をもつ社会技術として進化してきた。

そこで本節の前半では、旧法体制における都市計画技術の基本構造と、その進化過程について確認する。そのさい近代都市計画に固有な三つの技術・制度、すなわち「事業」「規制」「計画」を手がかりに史的検証を試みる。

後半では、将来展望への理論的基礎作業として「都市計画」の概念をすこし拡大してみたい。これにより「まちづくり」も含む、現代の多様な主体（政府・企業・NPO）の都市計画活動について、新たな図式を描いてみる。その上で、都市計画技術の基礎学たる都市計画学のあり方について、問題提起をしたいと思うからである。

keywords　都市計画技術　旧法体制　法定都市計画の相対化　物的計画

2—旧法体制の都市計画技術、その後[2]

・旧法体制とは

時代をさかのぼり、一九一〇年代（大正初期）に焦点をあわせる。工業化・都市化の進展により全国の大都市で市街地の無秩序拡大、工場公害などが深刻な社会問題となり、内務省は都市経営・都市政策に本格的にのりだした。東京では、これに先だち「明治の都市計画」といわれる「市区改正」が進められ、既成市街地の道路拡幅・新設など約三〇年の経験をへていた。内務省は一九一八年、欧米近代都市計画から学びつつ、拡大をつづける市街地の総体的コントロールにむけて、市区改正を抜本改定する法制度の設計に着手した。

新しい仕組みは「都市計画」と名づけられたが当時、内務省にも土木・建築界にも「都市計画とは何か」について知る人はほとんどいなかった。翌一九一九年「都市計画法」（旧法）と「市街地建築物法」（物法）が制定された。旧法はその後「一九六八年都市計画法」（新法）にかわるまで半世紀にわたり、わが国都市計画を支配した。以下では旧法とこれを支える組織・人事・技術・思想等のシステムを「旧法体制」とよび、その中での都市計画技術（とその担い手）に焦点をあてて考える。

旧法の「都市計画」とは、要するに「重要施設」の名のもとに多種多様な都市施設の建設予定を、国＝内務省の力で「計画調整」する（計画技術でなく）行政事務であった。調整の主役は内務省のエリート「事務」官僚群であり、それを補うかたちで都市計画技術が必要とされ、担い手として土木・建築・公園（後の造園）という構築系三分野の「技術」官僚群が形成された。かれらは内務省都市計画課と各道府県の都市計画地方委員会（地方委）の事務局を根拠地としつつ、技術開発をほぼゼロからスタートさせた。

・「事業」技術

まず「事業」からみると、旧法は市区改正から重要な手法を引き継いだ。それは、整備すべき主要な都市施設の種類・立地をあらかじめ法的に決定し、その事業用地を確保・収用して建設する事業手法（施設整備事業）であった。この事業手法は以後、対象施設の種類を広げつつ、旧法・新法をつうじて日本都市計画の中核をしめてゆく。

こうして、中央政府が一都市の個別施設を「都市計画」の名によって予め決定するという、世界でも例をみない特殊日本的状況が出現した。

旧法は、あらたに周辺部開発のために「土地区画整理事業」を導入したが、直後の帝都復興事業において、東京・横浜の既成市街地で中心的な事業手法となった。これら施設整備と土地区画整理の二大事業手法は、おもに土木官僚が技術開発をすすめた。結果として、後述のように微力な「規制」との対比において、旧法は「事業中心」といわれる状況となった。

・「規制」技術

旧法は初めて「規制」を制度化したが、それは「土地利用規制」を中心とする近代都市計画とはかなり異なる姿となった。すなわち、旧法は規制の中心である「地域地区制」は制度化したものの、その実質規定はすべて建築法規である物法へ譲ったのだ。

なぜ「規制」は都市計画行政ではなく、建築行政となったのか。その原因はたぶん同法の成立過程において、建築界が欧米近代都市計画の中心をしめた土地利用規制の技術的意義を十分に理解していなかったからだ、と解するほかかない。結果として、地域地区制のキー概念である建築物の「用途」は、建築物の「構造、設備」等と同列に位置づけられ、(計画技術ではなく)構築技術の対象として、法令で精緻化・基準化されていった。

物法を所管したのは、同じ内務省の警保局であった。同局は全国の道府県警察を統轄し、建築行政は「建築警察」として実施された。その建築官僚によって規制技術は、構築技術を中心とする物法の施行令・施行規則などにより、全国画一的・事前確定的(羈束的)な基準・細則として詳細に技術開発され、執行された。

一方、内務省の都市計画部局の建築官僚は、市街地の建築物実態調査をおこない、地域指定の計画決定を担当した。つまり実際の現場では、決定と執行が別々におこなわれており、規制技術の流れは中央から地方への全国画一ルールとして一方通行し、現場からのフィードバックに欠ける、という構造になっていた。

規制技術のこのような姿は、また社会的関心・需要の低さの反映でもあった。運用面では、土地所有者からの反対が強く、住居・商業・工業の用途地域という粗い区分にくわえて、「未指定」という事実上「第四の用途地域」が指定された。市街化の進展をみつつ、のちに適当な用途地域に指定する、という手法である。これは「後追い計画」的であり、「計画の主導性」を尊ぶ近代都市計画の原則に反するともみえる。しかし見方を変えれば、社会技術としてのわが国都市計画には、その程度の力しか社会が与えてくれなかった、と解すべきであろう。

・「計画」技術

都市計画技術の著しい特徴は何らかの形の「プラン」をつくり、それを操作管理する点である。

旧法制定の前後、計画技術の萌芽はあちこちに見られた。市区改正では、道路・公園など事業案件を都市空間に図示し、その相互関係・全体配置を検討した。また、当時の建築学会の大勢は「都市計画」を「大規模な建築設計」ととらえ、設計図を描いた。さらに、旧法体制の設計者・池田宏は「泰西諸国（の）『シティー、プラン』」を明確にイメージしており、用途地域制が「重要施設」の判断基準としての機能をもつべき、とも考えていた。[3] しかし制定された旧法には、「プランの操作管理」という意味での「計画」技術は制度化されなかった。

旧法の運用段階に入ると、技術の担い手である構築系三分野の縦割り行政が問題となり、それらの「総合」手法の必要性が痛感された。飯沼一省（事務官僚）は「綜合制（Comprehensive Plan）」の必要性を訴え、[4] 石川栄耀（土木官僚）は「地域制街路網緑地計画等の上に、『都市構成』なる技術を置く可し」と主張した。[5]「総合化」はその根拠となるプランを必要とするが、そのようなプラン手法はついに技術化・制度化されなかった。

しかし、都市計画決定された施設・地域地区等は「都市計画図」として図示され、これを見れば都市の「事業・規制」全体の空間関係が浮かびあがる仕組みであった。これを計画技術の進化とみることは可能であろう。また、旧法制定直後の帝都復興事業では、各種の区画整理プランが作成され、さらに戦後に入ると、戦災復興事業や他の市街地開発事業でも「設計図」の使用は一般化した。このことは、「事業」が「計画」を生み出していく進化過程として捉えることが可能である。

・旧法体制の技術者

旧法体制の都市計画技術を担ったのは、おもに内務省のエリート技術官僚であり、その実践の場は地方委の事務局であった。都市計画技術は、当初から三分野の縦割りでバラバラに展開され、都市計画技術の中心として必要とされる「総合性」については、実質的には事務官僚により行政事務として処理された。

にもかかわらず、かれらは「都市計画」の名のもと「官僚制プロフェッション」ともいえる高水準の専門家集団を形成した。[6] その集団の裾野はひろく、中央・地方政府の職員、学識経験者などの都市計画・経営関係者を含んだ。集団内では『都市公論』『都市問題』などの専門誌をとおし、また都市研究会・全国都市問題会議・都市計画講習会などの会合によって、中央から地方への都市計画技術の伝播がすすんだ。技術の流れは基準・細則などの形をとる一方通行であり、これは形をかえて現在に至る。

戦後、技術の担い手の点では、内務省解体により「官僚プロフェッション」が崩壊し、地方委事務局も姿を消した。しかし都市計画は、各種の詳細な基準・細則とともに行政事務として生き残った。

・　**史的遺産としての物的計画技術**

以上の旧法体制の都市計画技術について、史的遺産を確認するためには、戦後の新法とその展開をも視野にいれる必要がある。新法では「規制」が本格的に導入され、開発許可・区域区分などが制度化された。その重要な技術的意味は、都市計画の主要な対象が「施設」から「土地利用」へと重点を移した点にある。「building use control」から本格的な「land use control」へ進化したのだ。

「計画」では、プランとしての「(通称)整開保」が新設され、その後「都市再開発方針」「地区計画」「(通称)都市マスタープラン」などが制度化された。これ以外にも法定・非法定の多種多様なプランがつくられ「マスタープランの『多在』『混在』が問題」となるほどであった。[7]

新法の最大のポイントは「事業・規制」の根拠として「計画」を規定したことだ。旧法以来ながく待たれていた「計画の根拠性」原則がようやく導入されたのであり、この点でわが国は近代都市計画の姿を整えたことになる。ここに至るまで、手段たりうる「事業・規制」のコマが出揃ったという状況があり、この時点ではじめて「計画」がそれらの目的として機能する時機が到来した、と解することができる。その意味で進化中の「史的遺産」なのだ。

以上をやや戯画風に要約すると、都市計画技術は、市区改正以来の「頑固な官僚制」と「複雑な法制度」という両親のもと、旧法体制下で「未熟児」として生まれ、正規の教育もうけず、縦割りの現場での体験学習によって苦労のうちに育ち、新法体制下でようやく「一人前」になった姿が浮かびあがってくる。その計画技術は、都市空間を対象とする「物的計画」であり、行政全分野のなかでもユニークな存在として、戦後の各種「計画行政」の先駆ともいえる技術遺産である。

しかし都市計画関係者は、この「物的計画技術」という遺産についてあまり気づいていないようだ。都市計画の術も学も「計画」について突きつめて考えてこなかった。が、われわれが一〇〇年の史的遺産として受け継ぐべきものは、まさにかかる都市計画技術の全体であり、それと密接に絡みついた官僚制・法制度という厳しい制約条件と共に、受けとめて将来へつなげる義務があるのだ。

3 ― 将来展望へ向けて

・「都市計画」概念の拡大

さて、以上をうけて将来を展望するため、以下では都市計画の「活動主体」に注目して考えをすすめよう。旧法の時代と異なり、現代では多種多様な主体が都市計画にかかわり、技術を担っているからだ。本学会員で「まちづくり」に携わる人は多いが、彼らをも巻きこんだ分析枠組みが必要となる。[8]

そこで今までみてきた「都市計画」の概念を、二段階にわけて拡大してみたい。まず第一段階として、法定都市計画の基本的性格について、史的区分ごとに〈主体〉〈対象〉〈方法〉の点から跡づけてみる。

(1) 市区改正では「国〈主体〉による道路・公園等〈対象〉の建設事業〈方法〉」といえそうだ。

(2) 旧法では「国〈主体〉による重要施設〈対象〉の建設計画及び事業〈方法〉」、都市計画の概念であった。

(3) 新法では「中央・地方政府〈主体〉による、土地利用〈対象〉の整備・開発・保全の計画・事業〈方法〉」へと拡大した。

以上は、わが国「法定都市計画」の性格・機能の拡大の歴史である。ここで「法定」の二字をとりさり「都市計画」一般へと概念を拡大してみよう。そのため主体・対象・方法についてもおのおの一般化すると、こうなる。

(4) 「都市計画」とは「各種主体〈主体〉による都市空間

〈対象〉の管理計画（及び事業）〈方法〉」である、と。

以下これを「都市計画」一般の定義と暫定する。[9]

次に第二段階として「主体」について概念を整理する。一般に社会的規模において、一定の利益を求めて、財・サービスを生産・供給する主体を、その活動原理で分類すると、①政府（公益追求の公的主体）、②企業（私益追求の私的主体）、③NPO（市民・住民など公益追求の私的主体）の三主体しか存在しない。[10]

とすると、右の(4)の定義は、この三者が等しく都市計画の活動主体になることを許すものであり、各々

①「政府の都市計画」（法定都市計画を中心とする）、

②「企業の都市計画」（開発業者の都市（再）開発など）、

③「NPOの都市計画」（まちづくりに代表される）、

とよぼう。無論このような整理は、あくまでも理念型であり、現実世界ではいろいろな組み合わせの姿をとっている訳であるが、[11] このように仮説枠組みを設定すると、どのような図式・論点が新たに浮かび上ってくるか。

・ 都市・都市像

「都市」とは、法定都市計画のみならず「政府・企業・NPOの都市計画」の多種多数の主体が（やや誇張して言えば）入り乱れて活動している空間だ、という図式となる。

そこでは、各主体が各々の利益を追求しつつ競合し共存している。活動原理が異なりながら、各々の利益追求のため、その限りにおいて他主体と「協働」する場でもある。協働の手段として都市計画技術が必要とされる場合が、われわれの注目点であり、例えば「協定」などによる「相互規制」の形をとりえる（後述）。

こう見ると、各主体がイメージする「都市像」もまた、多数多様に乱立・競合している図式となる。日本の都市計画は「都市像が不在だ」と批判されるが、それは法定都市計画からの見方にすぎず、現実はむしろ、各主体ごとの多数の都市像が時々刻々、都市空間の中で競いあい・妥協しあっており、どれが勝ち・生き残るかは「社会がどれを受容するか」にかかっている、と解することができる。ゆえにそのような都市像を継続的に議論する公共の場は、都市計画技術の進化にとって極めて重要となる。

・「政府の都市計画」

「政府の都市計画」は法定都市計画を中心とするが、都

市計画法規以外（例えば農振法など）の法令による都市空間の管理計画、つまり非法定都市計画（法的には「都市計画」とは呼ばれないが）がある。また「国（や県等）の都市計画」の他に、市区町村（自治体）が自己の空間管理計画として、法令・条例を用いて行動する「自治体の都市計画」が存在することになる。

法定都市計画が追求する「公益」は、都市インフラ整備（市区改正・旧法）→スプロール防止（新法）→都市経済活性化（一九八〇年代）→コンパクトシティ（二〇一四年中心市街地活性化法）と変遷してきた。が、将来もこのような特定の都市像になるのか、また「国の都市計画」が「公益」の名のもとに「自治体の都市計画」にたいして全国画一の都市像を強いる方式が適切か、等が問われよう。

「都市計画」が法定都市計画以外をも含むということは「法定都市計画の相対化」を意味する。企業やNPOは、特定の利益追求の場合にのみ都市計画活動に参加する自由を有するが、政府は常時参加が原則である。つまり政府は、出入り自由で参入する多種多様な民間主体プレーヤーと同一アリーナで競合・協働するプレーヤーであり、同時にゲーム全体の管理者でもある、という二重の意味で極めて重要な役割を担っている。

ゆえに、「都市計画とはよいものだ」として「人びとが都市計画をリスペクトする」状況、つまり都市計画が社会に受容される状況になって初めて、本当の意味で、都市計画は社会技術としては成立していることになる。ここに「政府の都市計画」の究極の公益が存するのだ。

・**「企業の都市計画」**

伝統的に、都市計画は「私益」追求の企業活動をたんに規制の対象として位置づけてきた。しかし現実の都市建設活動における企業の位置は圧倒的であり、「都市経済活性化」という「公益」が認められてきた。ゆえに「政府やNPOの都市計画」は「企業の都市計画」をむしろ積極的に利用活用し、いかにして「ウィン－ウィン関係」を築けるかを模索する必要があろう。

また「規制緩和」の結果として「企業の都市計画」に私益が生じた場合、企業がそれを全額手に入れてよいかという問題がある。これは近代都市計画が長年議論してきた「開発利益の還元問題」であり、特に現在の都市縮小時代には新たな課題として議論すべき論点である。[12]

・「NPOの都市計画」

まちづくりに代表される「NPOの都市計画」が追求・提供する「公益」は、従来の法定都市計画による都市インフラ整備等とは全く異なる。それは市民・住民等の生活・理念に根ざして発意計画され、未だ「公益」と認識されない新しい財・サービスでありえる。それを社会に認識させるための社会活動も含めて「NPOの都市計画」の技術開発は大きな可能性を秘めている。

「NPOの都市計画」に力を与えるためには、「規制」の主体として積極的に位置づける可能性がある。いま「規制」概念もやや拡大して「ある主体が他主体の発意した行為を自らの計画的判断へむけて規制する力」と規定すると、自治体と対等の立場で「協定」「契約」を結び、公権力さえ「相互規制」することが可能だ、とも考えられる。

・「**自治体の都市計画**」の**現場**

これら「三主体の都市計画」のうち筆者が注目するのは「政府の都市計画」としての「自治体の都市計画」であり、その現場である。

周知の通り、数次にわたる地方分権一括法改正により現在、自治体は法定都市計画の決定権者として大きな力をもっており、またまちづくりに代表される「NPOの都市計画」の有力な対応窓口でもある。そこでの都市計画技術と、それを担う人材が問われるのだ。旧法体制の「官僚プロフェッション」と、その地方委事務局がなくなった現在、自治体の現場では「誰が・いかに」都市計画技術を担っているか、が問われる。

それは、都市計画技術の正規の教育訓練を受けていない職員である。その仕事は、中央からの全国画一ルールである計画基準・事務細則に合わせて、都市計画案件を羈束的に処理する「事務」である。都市計画の専門家としての技術判断は求められない。「行政事務の論理」が「計画技術の論理」に優先し、都市計画は「技術でなく事務」となっている。日本は「プロフェッションなしの都市計画」をおこなう、世界でも特異な国なのだ。[13]

4 — **都市計画学の方向は？**

強固な官僚制の枠内で、なお都市計画という固有の専門的技術・判断をどのように通用させていけるか？ これは、われわれにとっては「制度」の問題である以上に

「技術」の問題であり、技術学としての「都市計画学」の問題だ。ここで本学会の役割が問われることになる。

顧みれば旧法成立期、「学」なしで「術」として成立した都市計画は、いま「学」が盛んであると見えながら「術」の本質への関心はどうなのか？「術」は、そしてその基盤である「学」は「法制度」を導く力をもっているのか？

都市計画技術をさらに発展させるために必要なことは、まず自己基盤の吟味、つまり物的計画技術としての都市計画技術の固有性・体系性を学問的に整理認識し、その上でさらなる進化を目指すことではないか？

現在われわれが共有する基本的な概念・用語・理念・パラダイムは何か？　それらを明確化するための基礎研究（方法論・基礎論・計画論・技術論・価値論など）[14]は十分行われているか？　そしてその延長上に、本格的な職能プロフェッション形成の展望が議論されているか？

本学会は今後、一〇〇年スケールの超長期の波長で、まず「学」を根底から見直し、そして「術」を位置づけ進化させ、さらに「制度」改革へ働きかけていくこと、これを都市計画法一〇〇年を契機に、いかに展開していけるか？　この問いを投げかけて、本稿の結びとしたい。

5 ― （付記）将来展望について

以下では、将来展望について三点を考えてみる。

・計画法

第一は、むろん都市計画法の抜本改革であり、そのポイントは「複雑な法体系をいかに分かりやすいシンプルな内容・形式に改革するか」である。複雑さの原因は三つある。

第一は（東京に代表される）大都市の問題解決等のための全国ルール化にある。結果として多くの中小都市にとって不要な規定が山積みになっている。第二は、都市計画技術に任せるべき事項について、中央政府の法令等で、事前に一律に詳細化・基準化している点である。第三は、法律の構造にかかわる点である。「市区改正→旧法→新法」の流れは、「事業法」としてスタートした市区改正条例に、旧法では「規制法」が加わり、新法では「計画法」が加わった結果、きわめて複雑な構造となっている。都市計画法は本来、計画法であり、その外部に規制法・事業法が連動する全体構造が望ましいのだ。

ゆえに抜本改革という場合、右の三条件の克服が必要となるが、明治以来、未曾有の敗戦によってさえも変化しなかった官僚制・法制度の基本構造が、平時において改革されうるかについて、筆者の見解は悲観的である。

・　**巨大災害復興**

第二は、今後三〇年以内に七〇%以上の確率で発生するとされる「東海トラフ巨大地震」などの巨大災害復興である。一〇年前の「東日本大震災」では復興庁二〇年間の設置となったが、「東海」等はこれとは桁違いの巨大規模ゆえ「復興庁五〇年間」となっても不思議ではない。しかも致命的なことに、同災害により政府の財政破綻が表面化し、国家経済がほぼ完全に崩壊すると想定される点である。つまり以後ほぼ半世紀にわたり、経済的貧困の状況下において「都市計画」と国土・都市復興事業とが同時並行するという異常事態となる。

この文脈での「自治体の都市計画」はどのようになるのか。筆者には想像もつかないが、都市計画法が抜本改革されるとすれば、あるいはこの超未曾有の事態において、国土広域インフラの再建は「国の都市計画」でおこない、その他は各「自治体の都市計画」に完全に一任する、という可能性があるのかもしれない。

・　**AIと都市計画技術**

第三は、AI（Artificial Intelligence）の進展である。問題は「AIはいずれ、物的プランを作成し、その操作管理をするか？　しかも人間よりも優れて？」である。三〇～五〇年の波長で考えると「イエス」と答えざるをえないかと思う。とすると、その時代の都市計画技術者は、何をすべきか？

私見では、AIは優れた提案を出力しても「何故そうなるのか」という説明責任は果たさない。ここに技術者の活躍舞台がある。AIの判断を、社会にむかって批判的に論じる能力、社会の要求に照らして価値的に論じる知的能力、ここに都市計画技術の真の実力が問われることになると思われるのである。

［註・参考文献］

1　本節は下記拙稿（計画論にかんする重要な付論を含む）の加筆修正版である。渡辺俊一「都市計画技術と制度理論――旧法体制の都市計画技術、そして今後は」『都市計画法を展望する――なにを引き

継ぎ、新たに創り出していくか』日本都市計画学会、都市計画法五〇年・一〇〇年記念シンポジウム第三弾、二〇一九年

2 渡辺俊一『「都市計画」の誕生――国際比較からみた日本近代都市計画』一九九三年、柏書房。同「国際的に見たわが国『一九一九年都市計画法体制』――都市計画地方委員会における都市計画技術をめぐって」『都市計画』六八巻三号、二八－三一頁、二〇一九年

3 池田宏「都市計画調査会委員会議事速記録――付特別委員会会議録本編」内務大臣官房都市計画課、日付無、東京市政調査会蔵、一一－一二頁

4 飯沼一省『都市計画の理論と法制』良書普及会、二二七－二二八頁、一九二七年

5 石川栄耀「都市計画再建の要項」『都市計画の基本問題（上）』全国都市問題会議、二一－三〇頁、一九三〇年

6 Watanabe, Shun-ichi J. "The Japanese 1919 City Planning Act System in the World History of Planning: An Overview and Some Hypothetical Propositions on 'Bureaucratic Professionalism'," "Paper presented at the 18th International Planning History Conference, Yokohama, 2018, No. 116.

7 渡辺俊一「市町村マスタープランをめぐる「プラン体系」」『都市計画論文集』二九号、七－一二頁、一九九四年

8 まちづくりに携わる都市計画研究者はきわめて多いにもかかわらず、「都市計画」と「まちづくり」との関係にかんする本格的な理論研究の成果を、筆者は寡聞にして知らない。一層の勉励が望まれる

9 都市計画法における「都市計画」は「法定都市計画」であるが、日本都市計画学会の「都市計画」はこれと異なり、一般概念の「都市計画」であると思われる

10 「私益追求の公的主体」は存在しないので、三主体となる。なお公益・私益の中間にありうる「共益」については、簡便化のため一応無視する

11 さらに理念型として、三者間のハイブリッドもありうる。政府・企業間では公団公社（12参照）、企業・NPO間ではイギリス田園都市会社（私的主体が開発利益を公共還元する）、NPO・政府間ではタウンマネージメント機関（共通の公益のため私的・公的主体が協働する）などはこれに近いのではないか

12 都市拡張時代の開発利益は、都市成長全体の結果、都市計画とは「間接的」に生じたが、都市縮小時代の開発利益は、規制緩和など都市計画により「直接的」に生じるからである。なお、この点では「政府かつ企業の都市計画」である「公団公社の都市計画」についても、「企業として」私益を作りだした場合に、いかにして「政府として」公益へと転化するかが、都市計画の技術・制度として問われることになる

13 渡辺俊一・有田智一「都市計画の制度改革と「都市法学」への期待」『社会科学研究（東京大学社会科学研究所紀要）』六一巻三・四号、一六一－二〇五頁、二〇一〇年

14 都市計画学の研究対象は、物的計画としての都市計画の技術自体であるが、その延長上には次の二点を含む可能性がある。第一に、都市空間を形成する、都市計画技術以外の社会的諸力であり、現実には都市計画技術以上の力を有することが多い。第二に、都市空間（ハード）と関連する、都市の生活・経済・福祉等のソフト面である。これらを研究することにより、都市計画技術を社会的文脈において相対化し、固有の領域性を確かめ、社会技術としての可能性と限界を自己認識することが可能となる。前者の例としては下記参照。石榑督和『戦後東京と闇市　新宿・池袋・渋谷の形成過程と都市組織』鹿島出版会、二〇一六年

都市計画の担い手の一〇〇年、その展開と展望

中島直人

1── 都市計画の担い手としての専門家と社会

都市計画は、社会問題を解決し、社会的価値を生み出すための社会技術の一つであり、中核にはシステム＝制度が存在する。都市計画法を中心に都市計画を議論する前提には、こうした都市計画観がある。しかし技術はその担い手があってはじめて価値を生むものである。都市計画の担い手としては、第一にその技術を駆使できる専門家、プロフェッションが想定される。一方で、社会技術というときの社会とは、単に技術に対する客体、あるいはクライアントではない。社会そのものが問題を解決する力を有すると考えると、その構図は先のプロフェッション・モデルとは異なる、裾野が広いパブリック・モデルとなる。社会を構成する一部の専門家が都市計画を担うのではなく、社会全体に都市計画なるものが浸透している様相である。書籍に例えれば、その著者だけでなく、編集者や出版社、そして読者まで含めて、一つの世界が成立していると捉える構図のことである。本節では都市計画の担い手は誰かという問いを立て、プロフェッションとパブリックの両眼から歴史的な経緯を跡づける。

2── 戦前──都市計画技師を中心とした担い手たち

・法定の都市計画家──都市計画地方委員会技師

旧都市計画法の三条では、都市計画は都市計画委員会の議を経て内務大臣が決定する、四条では都市計画委員会の組織、権限、費用は勅令をもって定めるとされた。一九一九年一一月には都市計画委員会官制が公布され、内務大臣の監督のもと内務省に中央委員会を、都市計画

法適用都市には地方委員会を設置することになった。地方委員会の構成員は、市長、各庁高等官一〇人以内、市会議員議員定数の六分の一以内、関係府県会議員三人以内、市吏員二人以内、学識経験者一〇人以内であった。

都市計画委員会は内務大臣の諮問に対する議決答申機関であったが、独自の事務局を持ち、職員を置くと規定された。地方委員会の事務局は幹事（事務官）、技師、書記、技手で構成された。この事務局は委員会の事務作業を担当するのみならず、委員会の議案、具体の都市計画の立案の一切を担った。職員は内務省の人事であったが、とりわけ事務官と並ぶ高等官であった技師は「技術を司る」とされ、法定都市計画案の作成を中心的に進めた。この地方委員会の技師こそ、日本で最初に生まれた法定の都市計画家であった。大学出たての学士が地方委員会に技手として配属され、実地で都市計画を学ぶ数年を経て、技師に昇進するというかたちで、都市計画の専門家が育成されていった。一九二二年五月の勅令によって、地方委員会は道府県単位で置くことになり、構成員にも変更があった。地方委員会体制は、戦後、地方自治に反するという理由で内務省からの人事が廃され、一九四九年六月の建設省設置法の一部改正により、都市計画委員会自体が都市計画審議会にとって代わられるまで続いた。

・土木、建築、造園と都市計画技術

都市計画地方委員会の定員は、都市計画法適用都市の拡大に合わせて増員されていった。一九三四年時点で事務官一二名、技師七〇名、書記七三名、技手一六八名、一九三八年には事務官二三名、技師八二名、書記一〇六名、技手二五四名となった。このうち、技師や技手は、土木、建築、造園の何れかの教育を受けてきた技術者であった。しかし、彼らは「都市計画というものが土木、建築、公園——或いは法律と技術とするが、岐れてみられようとする[1]」ことに対抗して、都市計画家のアイデンティティの確立に努めた。とりわけ意欲的だったのは、官制公布後の第一期採用技術者の一人、石川栄耀であった。

石川は、望むべく都市計画技師とは、土木、建築、庭園の技師を束ねる、総合化する技術をもった都市構成技師だと考えた。さらに石川は、単に都市構成技師であるだけでなく、文化技師、都市の文化を企画する技術との

総合も求めた。将来的には分化するとしても、草態、つまり現状においては土木、建築、庭園の何れかの技師がこれら一切を兼ねざるを得ないという認識であった。石川は都市構成技術に関して、学術的にアプローチし続けた。著書『都市計画及国土計画──その構想と技術』（一九四一年）では、土地に根差す物的構成要素を布置・整備し、それらを交通機関にて組系する技術であると説いた。

こうした自己認識や議論は、都市計画地方委員会の道府県からの独立性によって成立していた。つまり、道府県での土木課や建築課の事業を外部の超越した立場から調整しうるという位置づけにあった。しかし実態としては、地方委員会の仕事が「塗紙計画」（実現性のない机上のペーパープラン）と揶揄されたように、内務省内では都市計画課は大きな予算権限を持たない新興部局に過ぎず、計画面での形式的総合を確保するに留まっていた。

・**都市計画の担い手たちの広がり**

確かに都市計画技師が都市計画技術の探究の中心であったとはいえ、地方委員会事務局には事務官である幹事がいたし、技師の下には技手や嘱託もいた。例えば石川栄耀のまわりで見てみよう。石川が都市計画名古屋地方委員会に着任した際、都市計画の指導者となったのは幹事の黒谷了太郎であった。東京専門学校専修英語科卒業の黒谷は、語学力を生かして、イギリスの都市計画の権威、レイモンド・アンウィンと文通を行っており、世界の都市計画の最新事情を熟知していた。黒谷は、都市計画家の資質として「専門的知識」と「総合的知識」の両者の必要性を説き、本人は後者に基づく「ゼネラリストとしての都市計画家」であろうとした。[2] また、石川のもとで実際に手を動かし、図面やスケッチを描いていた人たちもいる。東京美術学校卒の金井静二は、その才能を見込まれ、都市計画東京地方委員会嘱託となり、図面描きのスペシャリストとして活躍した。石川の代表的業績である名古屋の組合区画整理の実施を可能としたのは、各組合を渡り歩き、事務を担当した人材の存在である。その一人であった根岸情治は、区画整理の事務整理、折衝・協議の経験を積み、函館復興、京城、東京戦災復興といった現場を都市計画事業家として支えた。

日本の都市計画の担い手は、高等官である都市計画技師を中心としながら、事務官を含む広範な知見を持ったゼネラリストや固有の技術を持ったスペシャリスト、事業化の経験を積んだ人材によって裾野が形成されていた。

では、都市計画のパブリック・モデルはどうであったか。都市計画と市民とをつなぐ役割はメディア＝新聞が担った。当時の新聞社には、日々の報道記事のみならず、都市計画に関する書籍を著す者もいた。佐野利器との共著『現代都市の問題』（一九二一年）を著した大阪毎日新聞の小川市太郎、『都市改造講和』（一九二四年）を著した大阪日日新聞の高梨光司、『都市計画』（一九二六年）を著した東京朝日新聞社会部記者出身の橡内吉胤らである。

なお、こうしたジャーナリストの中でも、橡内吉胤は、単に著作の発表のみならず、都市美協会を創設し、技術ではなく都市芸術、国ではなく市民協同の都市計画を目指した運動を長年にわたり牽引した。故郷・盛岡では、岩手日報を拠点に都市計画の権威として多数の寄稿を行い、市民を組織化し、世論形成に影響を与えた。戦前期において、限定された公論的世界とはいえ、パブリック・モデルに近い状況があったことは特筆すべきである。

3 — 戦後——計画士、コンサルタント、そしてプランナーへ

・都市計画の民主化と都市計画の技術・学術

戦後復興期、社会のあらゆる分野で民主化が叫ばれる中、都市計画も例外ではなかった。戦災復興を遂行するために設立された戦災復興院も、初代総裁に民間人の小林一三を迎え、民間の力、発想を取り入れた復興を目指した。具体的には、従来は接点の少なかった民間の専門家、主に建築家との協働が企画された。計画策定途中でのヒアリング、嘱託制度による土地利用計画案作成、計画図案募集（コンペ）が実施された。建築家たちは焼野原に理想的都市計画を描いてみせた。しかし、実際の都市は権利の集合体であり、タブラ・ラーサではなかった。

都市計画の民主化のもう一つの論点は、都市計画に関する市民の理解を広げることであった。書籍や映画、展覧会などのメディアを駆使した啓蒙普及活動が行われた。都市計画のパブリック・モデルに関心が集まったのである。しかし、法改正の挫折もあり、市民参加制度は用意されず、多くは行政の一方的な掛け声に終わった。

戦前期、大学での都市計画の専門教育・研究は始まっ

ていなかった。そうした中で、内田祥三を中心とした東京帝国大学建築学科にて、都市計画を専門とする初めての教員として育成されたのが高山英華であった。高山は、建築家たちの理想案を、「都市計画の実現を徒に不可能視させて了い、ますます人民と無縁の存在にして了まう」[3]と反省し、都市計画方法論の重要性を強く意識した。

一方で、都市計画の民主化を見据え、民間の都市計画家のための資格の法定化が必要だと主張していた石川栄耀らが中心となり、一九四七年三月に日本計画士会が設立された。その趣旨文には「計画技術が、土木、建築、又は公園緑地の個々の技術の単なる集積でなく、その総合を基礎とする一つの独立した技術であるということは、対社会的にも又関係技術者の間にも十分に認識されていない」[4]という問題意識が綴られていた。計画士会の幹事は、石川の主張に共鳴し、一早く民間都市計画事務所を設立していた秀島乾であった。しかし、実際には都市計画の立案が民間に発注されることは殆どなく、秀島の孤軍奮闘というかたちになり、計画士会は消滅していった。

同じ時期、建設省建築研究所の日笠端らを中心として、数は多くないものの全国各地の大学に散らばっていた都市計画の研究者たちが都市計画研究連絡会を組織し、連携を図るようになった。また石川も、計画士会の設立に続けて、戦前からの持論である都市計画の学術の確立のための学会設立に動いた。両者は都市計画技術の発展という目的で一致し、一九五一年に日本都市計画学会が設立された。学術担当理事となった高山は、学会誌創刊号に「都市計画の方法について」という論文を寄稿し、「計画技術のよりどころ」をしっかりさせるための学術の確立を説いた。ちょうど都市計画地方委員会体制の廃止の時期で、代わりとなる都市計画技術と学術の探究の場が求められたのである。なお設立当初の会員の勤務先は、八割強が国や県、市町村で、民間はわずか二%であった。

・**高度経済成長期における都市計画専門家の養成**

日本都市計画学会は、戦災復興期の計画士会の宿題を引きつぎ、一九五三年にコンサルタント制度研究委員会を設置し、新たな民間の都市計画職能についての検討を行った。この検討は一九五七年の技術士法成立時に生かされることになった。高度経済成長期に入り、住宅地開発、工業開発、再開発などの増加を背景として、都市計画の専門家の育成が社会的要請事項となっていた。一九五九年、都市計画学会は「都市計画研究所ならびに都市計画学科新規設立についての要望」を関係省庁に提出している。都市計画技術者の養成が目下の急務とされた。

こうした社会的要請のもと、一九六二年には、日本で最初の都市計画教育機関として東京大学工学部に都市工学科が設置された。そのカリキュラム作成を高山と共に担当した川上秀光は「都市計画、地域計画は総合的分野である。都市、地域、すなわち人間社会を空間的に画定して、その構造をとらえ、歴史をみて、将来を考える仕事は、都市学、地域学、計画学といいながら多くの学問分野からのアプローチがあって互に影響しながら統一的方法を見出せないでいる。そのような状態においてフィジカルプランニングという方法を明確に出し、この立場で総合を主張することは重要な意味をもつ」[5]と、総合の方法としてのフィジカル・プランニングを強調した。

他大学でも都市計画関連学科・コースの創設、講座の設置や増設が行われた。問題はこうした専門教育の出口として、都市計画の専門職が用意できるかどうかであった。東京大学都市工学科で見てみると、そのもととなった都市計画学科の設立申請書では、卒業生の就職先の八割程度が都道府県や市などの地方自治体であると想定されていた。しかし、実績値はそれを大きく下回った。代わりに民間企業が都市計画の人材を欲したのである。[6]

一九六〇年代を通じて、地方自治法の改正に基づく基本構想策定の義務化、都市計画法の改正、都市再開発法の制定などを背景に、都市計画コンサルタントの職能も、従来の建設・開発計画策定を超えて拡充された。地方自治体に都市計画の専門家がいないこともあり、法のルーチン的運用はともかく、新たな課題を伴う計画立案や調査の仕事は、当初は大学研究室が請け負った。しかし研究者の自立性の観点から受託研究を問題視した大学紛争を契機に、代わりの受け皿として、都市計画専門のコンサルタント事務所が次々と設立されるようになった。一九六七年に個人会員組織として設立された都市計画コンサルタント協議会は、一九七三年には法人会員を基本とする都市計画コンサルタント協会に発展的に改組された。

・「新しいプランナー」像の実践的展開

一九六〇年代以降、都市計画家でも計画士でもなく、プランナーという呼び方が主流となった。当時はまだ法的位置づけがなかったフィジカル・プランの立案に重きを置いたこと、そのモデルが主にアメリカを中心としたプロフェッションであったことに起因するだろう。そして、このプランナーのありかたをめぐって、積極的な議論が交わされた。ここでは、新しいプランナー像を提起し、実践的に探究していった二人の論考に着目しよう。

環境開発センターでの民間プランナー経験の後、一九六八年に横浜市に企画調整室部長として入庁した田村明は、一九七一年、「自治的地域空間の構造化――プランナーの必要性とその活動」[7]という総合的なプランナー論を著している。田村は都市計画法について、「原則法としての総括性を与えられておらず」「計画についての主体性が都市自治体に存在しないうえ、実行面は、バラバラの縦割行政によって遂行される」と批判し、「本来の計画技法も、計画の専門家であるプランナーも生まれてくる余地がない」と担い手の問題に連結させた。既存のプランナーをデザイン派、研究室派、官庁派に分け、いずれも実行力不足の点で厳しくその限界をついた。とりわけ戦前から都市計画の中心的担い手であった官庁派については、「総合的プランナーとして、都市づくりの他の部分に対する実践性を確保していないため、制度の枠の中だけの狭い意識から抜け出ることができないでいるだけであろう。しかし、官庁派の中でも、石川栄耀氏のような先覚者は、都市計画屋は単に色塗り屋や、また物的技術者にとどまらず、むしろ文化技師ともいうべき高次の総合性をもった者であることを強調していた。ただ残念ながら、これまでの制度の枠の中では、そのような総合性を発揮できる職能を与えられていなかったわけで、官庁計画派も、現制度下の被害者であった」と評した。

田村が構想する新しいプランナーとは、「総合の技術者としてのプランナー」であった。「地域に定着し、しかも住民の直接信託を受けた」、住民自治を基盤とする地方自治体が本来は総合性を発揮しうる計画の主体であるとし、基礎医学の研究者に例えられる外部プランナー以上に、健康管理を行う臨床医としての地方自治体プランナーに期待をかけた。つまり、革新自治体・横浜市での田村自身の実践の歴史的位置づけを綴ったのである。

日本都市計画学会の正会員の勤務先は一九七〇年代終わりまでには民間が四割に達した。学会誌では、一九七七年に「民間プランナー論」、翌々年に「続・民間プランナー論」という特集が組まれた。これらの議論も踏まえながら、新たなプランナー像を模索したのが、一九六八年に計画技術研究所を設立し、民間プランナーとして活躍していた林泰義であった。一九八〇年創設の地区計画の制度設計に深く関与した林は、同制度がもたらす計画立案の新たなパラダイムの中で、プランナーの役割の再定義に向かった。「地方の時代、文化的成熟へ向かう流れの中で、プランナーの主流と傍流は、急速に変転し、その役割も住民主体のまちづくりの中で変化する」[8]ことを強く意識した林は、一九八四年に発表した論考「まちづくりプランナーの役割」[9]にて、「住民の一人としてのプランナー」像を提起した。まちづくりには様々な住民が集う「知恵の星雲」が生まれるが、「まちづくりプランナーは、この星雲の中のひとつの星又は星の群である」とした。その根拠として、物的領域でのプランナーの役割を独自の切り口で整理している。行政広域から非行政的狭域へ、環境上のマイナス領域からプラス領域へという課題の変化の中で、多様化するプランナーの役割を組織性と創造性の二点から新たに提示したのである。

なお、「住民自治」による自治体自体の再編の必要性を指摘していた田村は、後に「市民の政府」論へと持論を展開していった。一方で林は、一九九一年、玉川まちづくりハウスを設立し、NPO法、NPOセクターの確立に尽力していった。かたちは違うとはいえ、両者とも住民や市民をめぐる理論と実践において、都市計画のパブリック・モデルを結像させていた点は共通している。

4 ― 現在地──プランナーのアーバニスト的展開

一九九〇年代以降も日本都市計画学会の学会誌ではプランナー論特集が繰り返し組まれた。一九九四年の特集では、「都市づくりに関わるプランナーは、いわゆるフィジカルプランナーとして都市計画や都市開発等に限定された領域を専門とする人々に止まらなくなっている」として、社会・経済システム、生活や文化といった対象、さらには「プランナーと名乗らなくても、都市の未来に対する提案や展望を与えることで、プランナーの仕事に大きな影響を与える人々」の参画などの広がりを見出している。[10]二〇一二年の特集では、コミュニティデザイナー、国際開発、市長、まちづくり支援組織、弁護士、アートディレクターにまで視野を広げた。[11] これらの特集からは、都市計画の担い手の広がりとフィジカル・プランニングという都市計画の専門性との間での葛藤が読み取れる。プランナーの活動領域や多様な分野からの都市計画への参入を肯定する一方で、フィジカル・プランニングを通じた総合的技術に拘り続けること、両者をどう関係付けるか。パブリック・モデルとプロフェッション・モデルとの架橋という課題でもある。

この点は、一九九三年の都市計画家協会設立時の、発起人・伊藤滋の発言が示唆的である。「都市計画というのはもう一つ市民社会に広くしみ込んでいかなければいけない」「都市計画が単なる都市計画技術ではなくて、一つの都市の中につくり出されていく文化とか、非常に成熟した生活というものを刺激していく、そういう装置をつくっていく」「都市計画というのは一種の文化的な価値を創造する運動」だという。[12] 同協会現会長の小林英嗣も「都市計画の専門家、まちづくり活動をしている人、街暮らしの人、街歩きの好きな人など、まちを愛する人ならばどなたでも歓迎します[13]」と呼び掛けている。

これらの発言が示唆するのは、都市計画を社会技術としてだけではなく、文化運動としてとらえる視座である（表1）。このような視座に立った時、一〇〇年の間、探究してきた都市計画のアイデンティティは、総合的技術としてのフィジカル・プランニングだけではなく、文化的存在としての都市への思考、思想（さらに言えば愛情、感性）にもあったことに気づかされる。後者を共有する実践者、つまり、アーバニズムの擁護者、創造者は、プランナーに限らず、社会に幅広く存在している。そのような人々こそ、現在、そして今後の都市計画の担い手であろう。仮にそうした人々をアーバニストと呼ぶとすれば、アーバニストを生み出し続ける都市こそが、本当の意味

表1
社会技術としての都市計画と文化運動としての都市計画

社会技術としての都市計画	
本質	技術と公共性
社会への還元媒介	目的、法制度、空間
担い手像	プロフェッション
文化運動としての都市計画	
本質	思想と共感性
社会への還元媒介	価値、実践活動、場所
担い手像	パブリック

で持続可能で、かつリバブルな都市なのではないか。[14]

法定都市計画家としての都市計画技師から始まった都市計画の担い手が、民間プランナー、地方自治体プランナー、まちづくりプランナーなどを経て、アーバニストへと展開してきた現在、改めてパブリック・モデルに近い世界での都市計画法制度とは何かが問われている。現在の都市計画法は個別実現手法（技術）と手続きを束ねたものである。今後も手法や手続きのアップデートは必要である。しかし、そこに留まらず、文化運動的転回を意識し、アーバニストたちの活動を支える法制度とは何かを考えたい。その一つは都市の文化的価値の尊重を明確に保証する法律であろう。それは都市計画法の役割なのか、それとも都市計画法の上位に、都市文化基本法、ないし都市基本法が必要なのか、そうした都市計画法制度に関する自由な議論を始める好機を逃してはならない。

[注・参考文献]

1 大須賀巌「都市計画技師の死」『都市公論』都市研究会、一七巻八号、一二一－一二六頁、一九三四年

2 堀田典裕『山林都市――黒谷了太郎の思想とその展開』彰国社、二〇一二年

3 高山英華「都市計画の方法について」『都市計画』日本都市計画学会、一号、二一－二五頁、一九五二年

4 「日本計画士会設立」『新建築』新建築社、二二巻五号、三四頁、一九四七年

5 川上秀光「都市工学科の教育」『建築雑誌』日本建築学会、八〇巻九五六号、四八一－四八七頁、一九六五年

6 東京大学都市工学科『都市工学科の二〇年』一九八三年

7 田村明「自治的地域空間の構造化――プランナーの必要性とその活動」『SD』鹿島出版会、二〇－三三頁、一九七一年

8 林泰義「プランナー」『建築知識　別冊ハンディ版3　キーワード50――まちづくりの新しい視点をさぐる用語』建築知識社、九四－九五頁、一九八二年

9 林泰義「まちづくりプランナーの役割」『新都市』都市計画協会、三八巻六号、一〇－一六頁、一九八四年

10 大西隆「特集「都市計画の担い手達――多様と専門」の編集にあたって」『都市計画』日本都市計画学会、一八七号、五頁、一九九四年

11 「都市計画を拓く人たち」『都市計画』日本都市計画学会、二九八号、二〇一二年

12 「討論　日本都市計画家協会――設立の背景と目的」『都市計画家』都市計画家協会、創刊準備号、四－一一頁、一九九三年

13 認定特定非営利活動法人日本都市計画家協会ウェブサイト
https://www.jsurp.jp/

14 中島直人「アーバニズムとアーバニスト――成熟していく都市の循環的な都市デザイン像を求めて」『都市＋デザイン』都市づくりパブリックデザインセンター、三八号、二一－二四頁、二〇二〇年

part

II

都市計画法制の経緯と展望

chapter

3
chapter

線引き制度のこれまでとこれから

本章は、「記念シンポジウム第一弾・社会システムとしての都市計画と土地利用制度」に登壇した執筆者によって論じられている。本シンポジウムでは、一九六八年新都市計画法の主要な改正点の一つであり、スプロールへの対策として当時世界的にみても最先端であった区域区分制度（以下「線引き制度」）に焦点を当てディスカッションを行った。執筆者は、ここでの発表内容をもとに、線引き制度設計時の理念、三大都市圏と地方都市の市街化動向の実態分析を通じた、線引き制度の評価とこれからの課題、関西圏や地方都市における運用と形成された市街地の評価を通じた今後の都市のありかた、近年の立地適正化計画までの流れについて論考をまとめている。

第1節では、線引き制度導入の社会的背景、制度の目的と運用の要点、そして線引き制度の副作用について、制度設計者である国の意図、制度運用者である自治体が置かれた状況と対応、農地所有者や開発業者の反応といった面を包括的にまとめている。

第2節では、線引き制度に関して、少なくとも三大都市圏都市ではその効果は依然発揮されている一方、地方都市では市街化区域内人口密度が今後更に低下する懸念を指摘している。また開発許可制度による市街化調整区域の開発抑制効果は非常に強く有効であることを述べている。土地利用誘導の今後の可能性として、居住誘導区域の密度維持に今後も線引き制度は必要であること、市街化調整区域の計画的土地利用誘導について、住民参加による集落レベルの土地利用計画の策定や調整区域における独自のダウンゾーニングなどの実例を示している。

第3節では、中国地方における線引き都市と非線引き都市の比較から、線引きの有効性を疑問視している。次に線引きの廃止と都市計画区域の再編をセットで行った香川県を分析し、広域的には目指す市街地を実現しつつ、局所的に

都市の拡大・縮小と土地利用制度

は農地転用と開発の集中が発生しており、地区レベルの土地利用規制と誘導の必要性を指摘している。最後に集約型都市構造を目指した場合の人口移動について、エキスパートシステムを用いたシミュレーションを、高松市をモデルに行った結果を考察している。

第4節では都市の広がりに着目した論考を展開している。関西において、地形や鉄道路線などの影響を受けながら市街化がどのように進展したかを概観し、地域の歴史的成り立ちと近代以降の産業構造、自然条件、伝統と新たな生活様式が生み出した地域性などにもとづく「まち」スケールの空間再編と、「まち」の広域ネットワークという大きな構造を行き来しながら計画、調整する仕組みが必要であると結論づけている。

第5節では、立地適正化計画（以下「立適」）の可能性と限界を明らかにしたうえで、今後の線引き制度の方向性を論じている。まず線引き都市については、立適を策定しながらも、市街化調整区域内での開発許可基準が緩いままの自治体も少なからず存在することを指摘している。また非線引き都市では、人口確保を強く目指す結果、市街地の拡散を抑制する土地利用規制を自主的に導入しにくい面を指摘している。最後に、今後の線引き制度の方向性として、都市計画区域内を四区分する再編を提案している。

以上の論考より、都市計画制度の構造転換を考えてみる。都市部における密度維持の観点から、線引きは現在まで効果を有する一方、線引き境界部、非線引き区域や地方都市における開発圧力の局所化や分散化による土地利用の混乱も事実である。整・開・保から実効的な土地利用マネジメントへ発展するためには、都市のフリンジで地域住民が主体的に土地利用計画の実現に携わる仕組みが必要となる。抜本的には、都市計画区域内の区分再編も検討すべきだろう。その際、計画の前提となる都市のまとまり（＝計画単位）の再編も考慮する必要がある。

（桑田 仁）

3 chapter 1 section

線引き制度の制度設計と自治体の運用

柳沢 厚

1—制度導入の社会的背景

線引き制度導入の背景は、学術論文や官庁文書においてつとに語られてきているので改めてここに述べるまでもないとも思われるが、以下の論旨との関連もあり必要最小限のコメントをしておきたい。

最も基本的な背景は、継続的で大規模な大都市地域への人口集中である。戦後から一九六〇年代までは、中学・高校を卒業した子供たちが仕事に就くために陸続として大都市に移動した。その子供たちは一〇年ほどして結婚して所帯を持ち、子供ができ家を必要とする。このことを端的に示しているのが次の図表である。

図1は三大都市圏の転入超過人口の推移である。一九五五年から一九七〇年までの三大都市圏の転入超過人口の合計は、平均して年約五〇万人であった。図2は全国の宅地供給量の推移である。昭和四一（一九六六）年以前のデータはないが同年から昭和五一（一九七六）年までが異常なピークであることがわかる。この一一年間の全国の宅地供給量は平均年約一万八五〇〇ha（多摩ニュータウン六個分に相当）となり、この中の三大都市圏のシェアは不詳であるが年々膨大な宅地が生み出されていたことは間違いない。

この膨大な宅地がどのように造られていったか。当時宅地造成に対する法的規制は未成熟で、一九六一年まではわずかに建築基準法による擁壁の安全基準と私道基準が存するのみであった。同年、宅地造成等規制法が制定され宅地造成工事規制区域（宅地造成に伴う災害危険が想定される区域）内では宅地造成工事が許可対象となり、造成地盤の崩壊等の危険だけはやっと防止できることとなっ

keywords　宅地開発指導要綱　宅地並課税　既存宅地制度　調整区域の錬金術

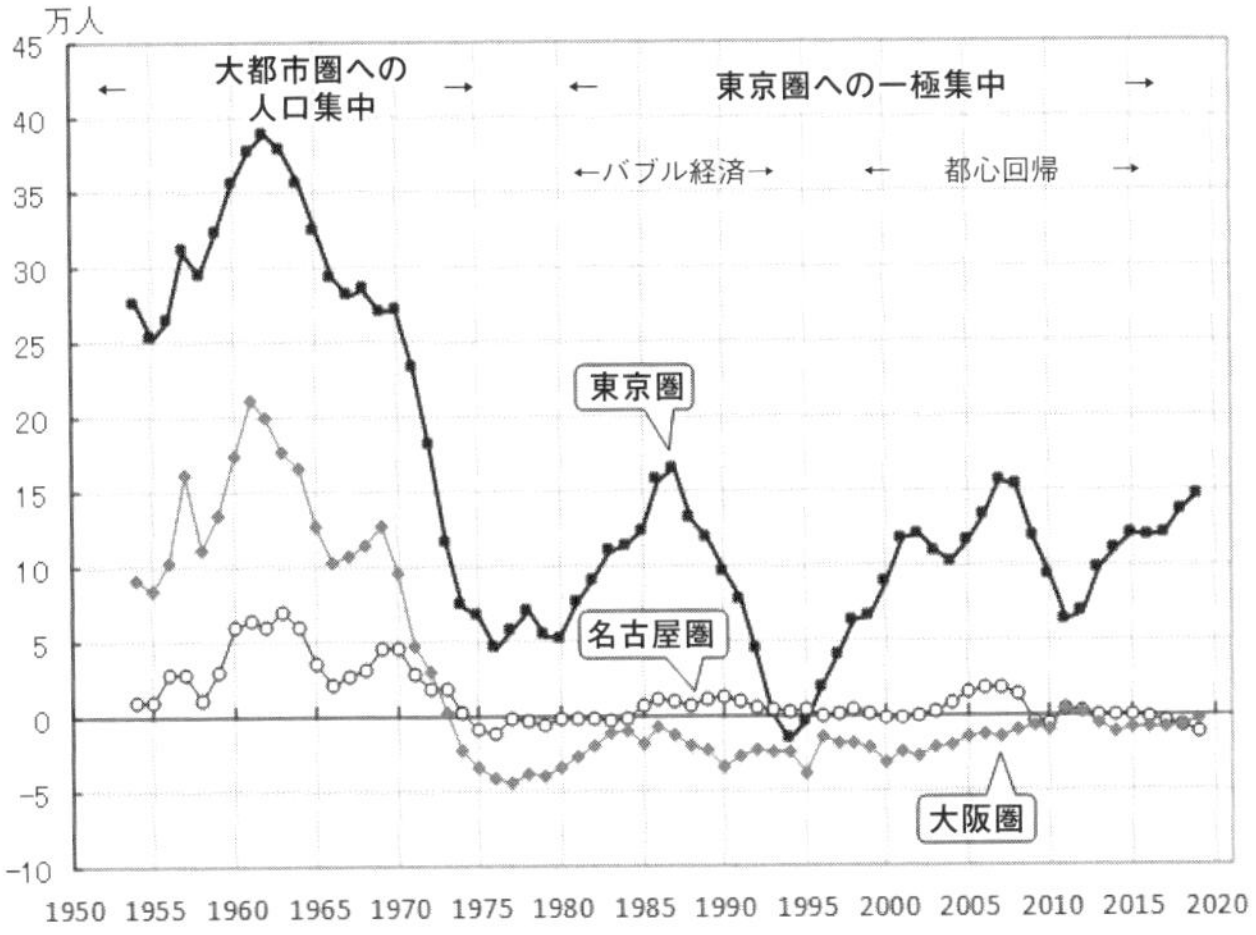

（注）日本人のみ。各圏に含まれる地域は次のとおりである
・東京圏：東京都、神奈川県、埼玉県、千葉県
・名古屋圏：愛知県、岐阜県、三重県
・大阪圏：大阪府、兵庫県、京都府、奈良県
（資料）総務省統計局「住民基本台帳人口移動報告年報」をもとに、本川裕作成

図1　三大都市圏の転入超過人口の推移（社会実情データ図録）

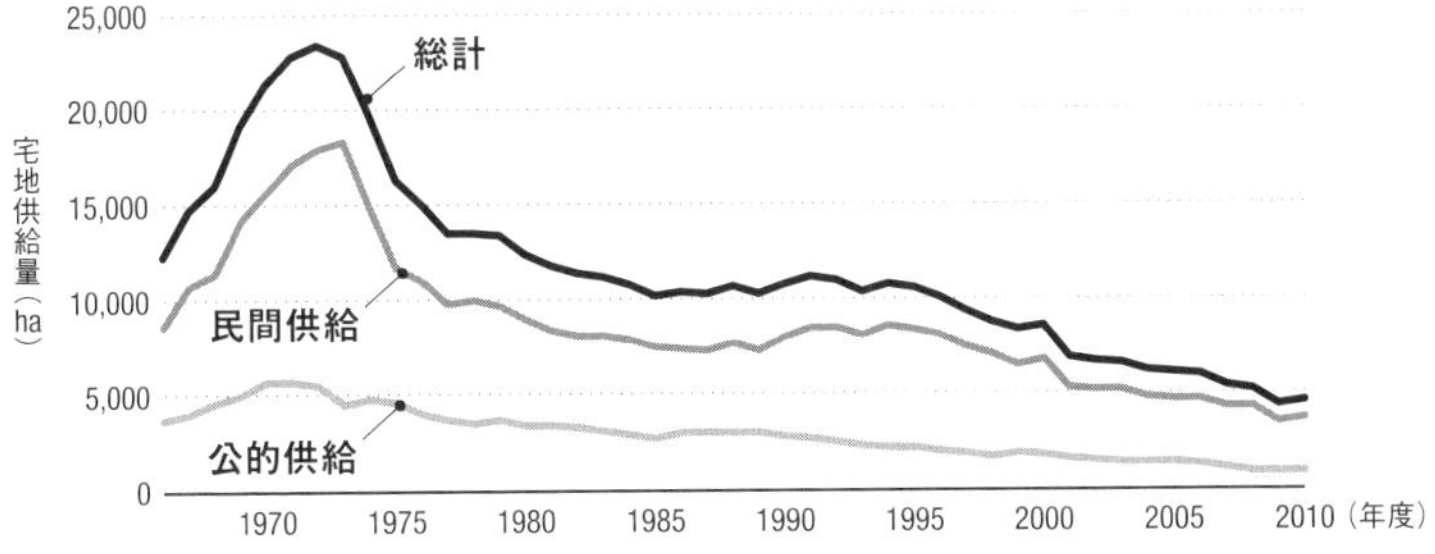

（注）1　公的供給：UR都市機構（旧都市基盤整備公団）、地方公共団体等による供給また、これらの機関の土地区画整理事業を含む
民間供給：民間宅地開発事業者等による供給。また、組合等の土地区画整理事業を含む
2　面積は、住宅の敷地面積に細街路、プレイロット等を加えたもの

図2　全国の宅地供給量の推移（平成23年度 国土交通白書 参考資料編）

た。その三年後に制定された「住宅地造成事業に関する法律」により大規模な住宅地造成事業には、道路整備、排水対策、地盤改良等が義務づけられた。しかし、この義務づけは一ha以上の事業が対象であり、これを下回る規模で事業を繰り返すことによりこの義務づけを回避することができるものであった。

このような法規制の下で膨大な宅地が供給された結果何が生じたか。一つには、道路・公園・排水施設が極めて不十分な住宅市街地が形成され、居住者の日常生活に不便や危険を強いることとなった。特に排水施設の不備は当該市街地の問題にとどまらず、下流域の市街地を浸水等の危険に晒すこととなった。そして、市街地形成から数年を経ると学童人口が増加し、義務教育施設需要が急速に高まったのである。

二つには、右のような状況は地方自治体において大きな政治的課題となり、行政は後追い的な道路・公園・下水道の整備に追われた。不効率な公共投資は多くの自治体で財政逼迫の主要因となり、とりわけ急増する学童受け入れのための小中学校の整備は、自治体財政を苦しめることとなった。

三つには、都市内の土地資源の劣化である。都市内のどの場所を新規宅地として供給するかは需給バランスのみによって決定され、山林や農地が無秩序に蚕食された。その結果、多くの構造的に貴重な山林が失われ、あるいは優良農地の営農環境が損なわれた。

これらの三つの状況に耐えかねて自治体は「宅地開発指導要綱」を発明した。本来であれば強制力を持つ条例の制定が望ましいが、当時の法解釈では国の法律を超えた規制を自治体が条例で定めることは憲法九四条に抵触するとされていた(法律先占論)。そのため、条例に準ずる形で、議会の了承のもとに民間の宅地開発に対して行政指導を行う「宅地開発指導要綱」という形をとった。一九六六年兵庫県川西市が初めて定め、翌年横浜市がそれに続き、以降急速に全国に波及することとなった。

自治体は指導要綱により、開発区域内の道路・公園・排水施設の整備を要請するとともに、義務教育施設用地確保等のための開発負担金を請求した。こうした状況の中で新都市計画法が制定され、線引き制度とそれを支える開発許可制度が導入されたのである。

2― 線引き制度の目的と運用の要点

右のような事情から生まれた線引き制度は、然るべき環境水準を確保した市街地形成を効率的な公共投資によって実現すること、併せて、無秩序な宅地化を適切に誘導して土地資源の劣化を防止することが目的となった。その目的を実現するために、①宅地開発行為等を開発適地に囲い込み、②開発区域内の公共施設整備は事業者に義務づけつつ行政による公共投資を開発適地内に重点的に行い、③開発適地外の宅地開発は開発適地の整備に支障が生じないことを前提に、関連する公共施設整備を事業者負担で行う場合に認める、という考え方をとった（現実はこの通りにはいかない部分が多かったが、考え方としてはこういう方向を目指した）[1]。

この考え方の具体化として、都市内（正確には都市計画区域）を性格が全く異なる二つの区域（市街化区域＝市街化を促進する区域及び市街化調整区域＝市街化を抑制する区域）に区分する「区域区分制度」と、区分されたそれぞれの区域の性格に応じた開発規制を行う「開発許可制度」が、一九六八年の新都市計画法にその主要部分として盛り込まれた。

区域区分制度（一般的には「線引き制度」と呼ばれる）は、それまでの都市計画制限とは一線を画する強力な規制力を持つものである。特に市街地と田園地域とが截然と区分されず連続的に変化している場合がほとんどであるわが国の都市において、一本の線を隔てて一方は開発可もう一方は開発不可とする規制は、前述の諸問題解決のためとはいえ劇薬を処方するのに似ている。にもかかわらずこの劇薬的規制は、法施行から二年余でほとんどの都道府県でスタートすることとなった。国の強力な指導（まだ旧都市計画法の中央集権的なスタイルが継続していた）と自治体の危機意識（財政逼迫と宅地指導要綱による急場凌ぎ）とが相まって、この稀有な行政実務を実現させたのではないかと筆者は考える。

さて、この劇薬的規制を成功させるために、当時の建設省は以下の三つの方針をもって臨んだが、当時の様々な圧力構造の中で、一部は成功し、一部は頓挫し、一部は中途半端な状況で推移することとなった。

・過不足のない市街化区域の設定

増大する宅地開発圧力を市街化区域で受け止め、そこに必要な公共投資を重点投入しようというのが線引き制度の戦略であるので、市街化区域の規模が適切に決定できるか否かは、いわば制度の肝である。

市街化区域の規模（面積Sua）は、産業用地分を除くと、当該都市の将来人口のうち市街化区域に収容すべき人口（Pua）を予測し、その数値を将来の市街化区域の想定人口密度（Dua）で除した値（Sua＝Pua/Dua）となる。そこで、将来の人口と人口密度の予測が問題となる。人口は都道府県ごとにコントロールトータルを設定して市町村配分することで大きな逸脱は避けることができるが、人口密度は極めて個別性が高くこの匙加減いかんで必要な市街化区域面積が大きく増減することになる。

この問題に対し建設省は、一九六九年の都市局長通知[2]において「地域の実情に則しつつ適正な人口密度を想定すること」とし、特に新市街地の人口密度は、土地を高度に利用すべき区域では一〇〇人／ha以上、その他の区域では八〇人／ha以上、土地の利用度が現在低い地域でも少なくとも六〇人／ha以上とすべきとしている。この通知に沿って全国の線引き作業は行われたが、同時に制度化すべきであった市街化区域内農地の宅地並課税の頓挫により、当初線引きでは、市街化区域面積が必要量の三割増しになったと言われている。[3]

宅地並課税は市街化区域内農地の保有コストを高めて早期の宅地化を促すものである。そのねらいは、せっかく公共施設を集中的に整備する区域の中にその公共施設を有効活用しない農地が存在するのは不効率だというだけでなく、（より重要なねらいとして）増大する宅地化圧力を市街化区域で吸収できなければ市街化区域内の地価を不当に高騰させる原因となり、それを回避しようとすれば結局その分大きく市街化区域を確保しなければならないことになるので、それを防止する点にある。

しかし、この制度が頓挫したことにより、市街化区域内農地はいつでも宅地化可能な保有コストの極めて安い土地となり、多くの農家は自己所有農地を市街化区域に入れることを望み、自治体はそれを正当化するために個別性の高い人口密度の予測値を操作せざるをえなかったというのが三割増しの主原因と考えられる。

・**厳格な開発規制の実施**

線引き作業の後は、その線によって区分されたそれぞれの区域の性格に応じた開発規制を厳格に進めることが、戦略具体化にとって欠かせない要点である。すなわち開発許可制度により、市街化区域内では開発行為に対して開発基準を厳格に適用し、市街化調整区域内では本来市街化区域で行われるべき開発行為をもれなく禁止することである。

前者に関しては、開発許可の対象が開発区域面積一〇〇〇㎡以上に限定されるという制約を受けながらも、許可対象となった開発行為に対しては、総じて的確な基準適用がなされた。その結果、開発区域内については道路・排水・災害危険防止等に関しては一定の水準が確保されたと考えられる。[4]

とはいえ、許可対象が一〇〇〇㎡以上とされたことは、前述の市街化区域内に大量の農地が含まれたことと相まって、規制対象とならない小規模開発による乱雑な宅地化を許すこととなった。許可対象は、当初から自治体の判断で三〇〇㎡まで引き下げることはできることとなっていた（一九九三年の政令改正により三大都市圏の一定区域については、一〇〇〇㎡以上が五〇〇㎡以上に引き下げられた）。しかし、市街地の公共施設（特に道路や排水）の水準確保にとってはネットワークが適切に構築されることが肝要であり、単に許可対象を引き下げるだけでは十分な効果が期待できないこと等から、多くの自治体の採用するところとはならなかった。

後者に関しては、劇薬を何とか飲める薬とするために様々な規制緩和措置が法令規定上用意され、あるいは運用上実施された。その結果、本来市街化区域内で行われるべき開発行為の少なくない部分が市街化調整区域で行われることとなった。

法令規定上の緩和措置としては、公益施設（学校・病院・高齢者施設等）や公的主体が建設する施設（官公署や公営住宅等）のための開発行為が開発許可不要とされた影響が大きかった。大規模な病院や高齢者施設、あるいは公営住宅団地、さらには県庁までもが安い土地を求めて市街化調整区域に進出した。その他に一九七四年の法改正で登場した「既存宅地制度」が調整区域内のゲリラ的宅地開発を可能とし、開発許可事務に多大な悪影響を及ぼした（これについては運用上の緩和措置とともに後述）。これらの制度は、いずれも影響が大きかったことから後年の法改正により、公的施設は開発許可対象となり、既存宅地制度は廃止された。

・　**市街化区域への重点的公共投資**

公共投資の範囲を道路、公園、下水道等の都市計画法にいう「公共施設」の整備に限定すれば、線引き実施以降市街化区域内に重点的に投入されたことは間違いない。建設省都市局は昭和五〇（一九七五）年頃から市街地整備のプログラム化を模索し、[5]一九七七年からそれを制度的に支援するための計画（市街地整備基本計画）に対する助成制度をスタートさせている。ただ、この計画は理念的にはすぐれたものであったが、公共投資予算の箇所付は自治体現場で一定のフレキシビリティが求められること等から広く採用されるには至らず、この助成制度は九年間で打ち切られた。

とはいえ、市街地整備に最も大きな役割を果たした土地区画整理事業は住宅地整備ではほぼ一〇〇%市街化区域内で行われており、もう一つの市街地整備の柱である開発許可の方もやや様相が異なる（大規模開発の特例許可により相当量の調整区域内開発が行われた）ものの、住宅地開発に限れば、七割強が市街化区域内で行われている。[6]下水道・公園についてはは直接的なデータは見当たらないが、これらの施設は主に住宅市街地の形成に対応して整備されることから、市街化区域への投資が大半であったと考えて誤りはないと思われる。

当初線引き時点で市街化区域は必要量の三割増しに設定されたことは前述した。そのために市街地整備のための公共投資が市街化区域内に重点的になされても、投資効率としては十分とはいかなかったが、初期の考え方は貫かれたと見てよい。

3　**線引き制度の副作用**

劇薬的な線引き制度は、様々な妥協や取りこぼしを伴いながらも、宅地需要が急増する大都市圏において新たにできる市街地環境の水準確保に一応成功したと見ることができる。しかし、その一方で軽微とは言えない副作用があったと筆者は考えている。

・　**都市近郊農家の生活設計への影響**

最も大きな社会的影響は、都市近郊農家の生活設計を翻弄したことであろう。都市近郊農家の多くは、農業生産だけでなく農地の不動産価値を視野に入れて生活設計をしていた。そこに、一本の線を境に一方は早期の宅地化を促され、もう一方は不動産経営の道が閉ざされるという線引き制度が登場し、農家を戸惑わせることとなり大きな混乱が生じた。

強引とも言えるスピードで線引き作業が終了しその混乱が収束した後も、市街化区域内の農地の取り扱いに関して、宅地並課税の是非をめぐって曲折が繰り返された。それは農家にとっては、農業の安定的な継続が許されるのか、そうではなく早期の宅地化が求められるのかという意味で正に生活設計に直結する問題であった。宅地並課税は一九七二年に制度化されたが自治体による様々な減額措置がなされ、さらに政治的な曲折を経て一九八二年の「長期営農継続農地制度」により事実上棚上げされた[7]が、一九九二年の制度改正で、「三〇年間の営農継続義務（生産緑地地区）」と「宅地並課税の免除」とがセット化され決着をみた（対象は三大都市圏の特定市）。しかし、この決着は見事なまでの妥協の産物であった。都市計画の建前からは「生産緑地地区といえども市街化区域内にある以上市街地形成の一翼を担うものでなければならない」ということになり、生産緑地法では、生産緑地地区は将来において道路・公園や公共的な建築物のための用地に適しているものでなければならないとされた（3条1項）。しかし、多くの市街化区域内農地がそんな条件を満たすわけではなく、この建前通りに生産緑地地区を指定しようとすれば、対象農地は面積的にも場所的にも極めて限定されたものとなってしまう。それでは市街化区域内で農業をしようとする農家側の要求には答えられない。そのため、現実の生産緑地地区指定では、法の建前はそのままに、農家の申出のあった農地を基本とし、法律要件である五〇〇㎡（二〇一七年の法改正で三〇〇㎡）以上のまとまりを有していること等の条件を満たすものを漏れなく救済したのである。その代わり「三〇年間は宅地化を許さない」という条件をつけた。ここには都市計画にとって生命線ともいえる計画論（その場所にその地区を定めることの計画上の必然性）はない。代わりに、農家に対して、三〇年間の宅地化放棄の見返りとして宅地並課税免除を得るか、宅地並課税を甘受して宅地化のフリーハンドを得るかの究極の選択を迫り、本気の農業者にのみ市街化区域内で農業継続を認めることとしたわけである。ところが時が経ち、二〇一五年都市農業振興基本法が制定され、生産緑地ですら本来は宅地化すべきものとの従来の建前が大きく転換され、農地は都市内に必要なものであると宣言されたのである。

一方、市街化調整区域に編入された農地の所有者の中には、「いずれ市街化区域に編入される」と説明されたのに約束が違うと憤慨する人が少なくない。この声は以後の線引き見直しの度ごとに多くの自治体で発せられ、今日でも現場に行けばしばしば聞かされるものである。市街化区域は「一〇年以内に優先的かつ計画的に市街化を図るべき区域」と規定されており、引き続き人口増が見込める都市では、市街化調整区域の一部がいずれ市街化区域に編入されることは十分予測できるので、線引き作業時の地元説明でそのような発言があったとしても決して誤りとは言えない。しかし、市街化区域への編入には、人口の件以外にマクロ的な開発適地性や計画開発の見込みなどの条件をクリアーする必要があり、地元農家と自治体の都市計画担当者との間に認識の乖離が生ずるのは避けられなかったであろう。編入を期待していた農家の落胆と行政への怨嗟の声は小さくなく、前述の調整区域内開発規制の不徹底の遠因ともなっている。

・開発許可行政への皺寄せ

開発許可行政の役割は、市街化区域内の開発には的確に開発基準を遵守させ、市街化調整区域内では例外的なものを除いて開発禁止を徹底することである。こう書くと市街化区域内の開発指導業務がメインであるように見えるが、実態は市街化調整区域内の「例外的」開発の取扱いに大半のエネルギーを割くものとなっている。

その代表的なものが既存宅地制度である。この制度は、市街化調整区域内の開発チャンスの拡大要求に応える形で、前述のとおり一九七四年の法改正で新設されたものであり、次の二要件（要旨）を満たしている土地については、市街化調整区域で禁止されている建築行為が可能とされるものである。

①　市街化区域に隣接または近接している地域で概ね五〇以上の建物が連たんしている地域内の土地

②　市街化調整区域に編入された際すでに宅地であった土地で、その旨許可権者の確認を受けたもの

この二つの要件はいずれも相当に含みの多い表現にな

っている。①では、まず「隣接・近接」である。当初、多くの自治体は市街化区域から五〇〇m以内という運用をしていたが、やがて一〇〇〇mになり、四〇〇〇mとなった自治体もある。次に「連たん」が一義的ではない。一定区域内の建物密度や建物間の離隔距離などで定義しているが、現場泣かせの規定である。②では「宅地」が問題となる。地目が宅地となっていたものは当然として、「山林」となっていても税制では宅地として課税されている場合、ここでは「宅地」となる。その他、履歴が判然としないが以前から宅地状になっている土地などが認められることが少なくない。

この制度により一旦「既存宅地」と認められた土地については、毒を食らわば皿までといっては言い過ぎだが、その土地を分割して多数の宅地として造成することもやむを得ないとの判断から、建築行為だけでなく開発行為も可とすべく、開発禁止規定の特例（平成一八年法改正前の三四条一〇号ロ、現在は三四条一四号）を併せて発動するのが一般的となっている。

以前は建築・開発が不可とされほとんど値が付かなかったような土地が、この含みのある規定により、ある時期からそれが可能な有力な土地資産に変身するということが生ずる。筆者はこれを「調整区域の錬金術」と呼んでいるが、既存宅地以外にも市街化調整区域では多様な錬金術の可能性があり、行政の公平・安定の障害要素となっている。いわゆる宅建業者の一部にはこの部分を主要な業務領域にしている者もいて、錬金術の芽を摘むような制度改正を阻んでいる。既存宅地制度は二〇〇〇年の法改正で廃止されたが、自治体裁量により運用できる別の場所の規定[8]を根拠として、全く同趣旨・同内容の仕組みが多くの自治体で温存されたのは、その勢力の政治力によるものと見て良いであろう。

4 — 線引き制度の今後

二〇一五年には三九の道府県で人口減となり、二〇三五年にはそれが全ての都道府県に及ぶと予測されている。[9]宅地開発の動きは人口の動きより一歩以上遅れて現れるが、今後大幅に減少することは確実である。このような状況の中では、劇薬のような線引き制度の必要性は乏しいと言わなければならない。とすれば線引き制度は、順次廃止すべきなのだろうか。宅地開発のニーズは大幅に減少したとはいえ、いや減少したからこそ、その少ない開発投資を都市内の適切な場所に適切な形で行われるように誘導する必要はないのであろうか。単純に線引きを廃止した場合、少なくない都市で、一方で多くの空き家や空き地が既成市街地内に発生しつつ、他方で都市外周部の農地や緑地を無造作に潰す宅造が散発するという事態が想定される。

線引き制度を選択制とした都市計画法の改正（二〇〇〇年）を受け、既に一〇以上の都市計画区域で線引き制度を廃止している。廃止した多くの都市では特定用途制限区域を定めて廃止後の土地利用誘導を行っている。未線引き都市で用途地域外のエリアにこの区域を採用したとすれば、それは大きな前進である。しかし、線引き制度という難しい行政の実績を積んできた自治体であれば、もう一歩踏み込んだ対応が可能ではないかと思われる。

その好例が長野県安曇野市の「適正な土地利用に関する条例」である。同市では線引きを廃止する一方で、全市域を対象とするきめ細かく、かつ、弾力的な土地利用誘導制度を条例で実現している。すなわち、市内の主要な集積地（合併前町村の中心地等）には用途地域を、それに準ずる集積地には用途地域に準ずる条例区域を、それ以外のエリアには（乱暴にいえば）規制強度の異なる三段階の市街化調整区域的な区域をそれぞれ定め、各区域の性格に応じた土地利用のルールを適用している。さらに、一般ルールでは不可とされる開発であっても、そこに必要なものとして地域社会に受け入れられる場合には、個別的審査を経て可能となる。

安曇野市ほどのきめ細かさはないとしても、このような感覚で都市内の土地利用を誘導していくことが、今後の線引き制度の方向ではないかと思われる。すなわち、都市計画法による実情に沿わない（出刃包丁で刺身を作るような）線引き規制を脱して、それぞれの自治体の実情に添って、乱雑な開発は抑制しつつ必要な開発を適切にリリースする方向である。

多くの自治体がこの方向に向かうには、法改正を待たなければならないが、規制緩和と経済活動優先の現今の政治状況の中では線引き制度を抜本的に変更する法改正案はその全廃論を呼び込み、前記の方向と全く異なるところに向かってしまう恐れがある。そのため、当面は問題意識を持った自治体が個別的に安曇野市に類似するチャレンジを積み重ね、その有効性を示していく方法が有力である。

［註・参考文献］

1 線引き制度と開発許可制度を採用すべきことを答申した宅地審議会第六次答申（一九六七年三月二四日）ではこの考え方を鮮明に打ち出している

2 「都市計画法の施行について」建設省都計発第一〇二号、一九六九年九月一〇日

3 いわゆる当初線引きが一通り終了した昭和四七（一九七二）年度末時点で、市街化区域の全国合計は一一七万haである。市街化区域の理論的な必要量は八〇～九〇万haと言われていた

4 近年の想定外と言われる集中的な降雨により河川堤防の決壊、内水滞留、宅造斜面の崩壊などで住宅地に大規模な被害が及んでおり、果たして「一定の水準が確保された」と言って良いか悩ましいところである。市街化するにふさわしい土地であるか否かの判断に関して、自然災害に対する認識は新しい状況の中でもう一度見直す必要が出てきている

5 「日本の都市（一九七五年度版）」、建設省、一二三四頁

6 国土交通省ウェブサイト（都市計画課「開発許可件数・許可面積」）によれば、当初線引き直後の一九七一年から二〇一九年までを合計すると、市街化区域内が面積で七二・六％を占める

7 市街化区域内の一反歩以上の面積の農地で、その農地所有者が一〇年以上の営農継続を予定し、市町村長の認定を受けたものについては、宅地並課税が免除されるので、宅地並課税制度はほとんど骨抜きとなった

8 都市計画法施行令三六条三号ホ（市街化調整区域内の建築規制の特例規定）および都市計画法三四条一四号（同区域内の開発規制の特例規定）

9 国立社会保障・人口問題研究所「日本の地域別将来推計人口（平成三〇年推計）」

線引き制度の評価と土地利用誘導の可能性

浅野純一郎

1― 線引き制度評価の視点

一九六八年都市計画法によって創設された線引き制度は、東京圏を中心とした大都市圏のスプロール問題への対処が最大の課題とされ[1]、大都市圏の都市に加え地方圏の一定条件にある都市（首都圏整備法、近畿圏整備法及び中部圏開発整備法に規定する都市開発区域、新産業都市の区域、工業整備特別地域、人口一〇万以上の市の区域にある都市）をも含めて、今日まで運用されてきた。都市計画区域を一本の線で市街化区域と市街化調整区域（以下、調整区域）に区分して、強力な規制効力を持つ開発許可制度を背景に将来の空間像を固定化する同手法に関しては、その影響力の大きさや、地域性や個々の空間特性を捨象して全国一律で導入されたことも加わり、批判の観点は多々あるものと考えられる。しかし、同制度の本来の趣旨に照らし、①市街地人口密度の維持または上昇に果たした役割（本書2-1）、②市街地縁辺部におけるスプロール防止に果たした役割（2-2）、の二点を軸に本稿では同制度の評価を試みる。これに加え、今後の土地利用誘導への同制度の可能性についても、①及び②の観点から言及する（3-1及び3-2）。

2― 線引き制度の評価

・市街地人口密度の維持・上昇

市街化区域の設定にあたっては、その規模や密度が規定されており、その規定に沿った運用によって高密度な市街地が維持されてきた。制度当初の昭和四四（一九六九）年の通達[2]では、新市街地の住宅用地の人口密度について、大都市の既成市街地周辺等の高度利用を図る区域は一〇〇人／ha以上、その他の区域は八〇人／ha以上を目標とし、土地利用度が低い地域でも少なくとも六〇人／ha以上と規定されていた。これは昭和六二（一九八七）年や平成八（一九九六）年の通達を通じ一部引き下げられ、平成八年通達では、全国的な人口増加の鈍化傾向を背景に、将来人口密度は四〇人／haを下回らない範囲で都市計画区域ごとに、市街化区域の住宅市街地全域の適切な将来人口密度を想定できる、とされた[3]。これらの数字は、表現は変えられつつも現在の都市計画運用指針に引き継がれている。DIDの定義に通じる一定以上の人口密度区域の連担が都市の本質であると見た場合、線引き制度はこの本質を維持する役割を果たしてきた。その評価は、市街化区域人口密度と市街化区域人口率（都市計画区域における市街化区域人口の割合）を見ることで明らかとなる。

都市計画年報（都市計画協会発行）によれば、国内の全市街化区域を対象とした市街化区域人口密度は、二〇一五年度末で六一・二人／haであり、同じく人口率（線引き都市計画区域内人口における市街化区域人口の割合）は八九・一％である。二〇〇〇年度末時においては、市街化区域人口密度が五八・五人／ha、同人口率が八七・九％であるから、二〇〇〇年以降において両指標は若干上昇したことがわかる。ところが、後述する三大都市圏を除く地方都市一一八市[4]で同様の数値を算出すると、二〇〇〇年度末時の市街化区域人口密度は四六・一人／ha、同人口率は八五・二％、二〇一五年度末時においては、同密度が四六・二人／ha、同人口率は八五・七％でほとんど変化がない（表3、4）。つまり、少なくとも三大都市圏都市は、人口密度と人口率の双方で全体平均よりもさらに高い数値を維持していること、そして集住して住まうという点に関する線引き制度の効果は依然発揮されていることが指摘できよう。それでは、地方都市においてはどうなのか。人口密度の高さや人口分布が地方都市ではそもそも多様である。以下にやや詳しく見てみる。

人口密度を四〇人／haと六〇人／haを基準に三区分、人口率を八〇％の前後で二区分し、これに依る計六区分の領域を用意した上で（表1）、各々の区分に含まれる都市数、平均市街化区域人口密度、平均市街化区域人口率を表2〜4に示した。これらは三つの人口規模都市群に分けた上で、一九七五、二〇〇〇、二〇一五年の三時点で比較している。これらからわかることは、人口規模が

表 2　市街化区域の人口密度及び人口率による該当区分別にみた都市数推移

未満		50万人以上						全都市					
2015年		1975年		2000年		2015年		1975年		2000年		2015年	
都市数	割合（%）	都市数	割合（%）	都市数	割合（%）	都市数	割合（%）	都市数	割合（%）	都市数	割合（%）	都市数	割合（%）
1	9.1	1	7.1	7	50.0	7	50.0	5	4.8	13	11.1	14	11.9
0	-	0	-	0	-	0	-	1	1.0	1	0.9	1	0.8
8	34.1	8	57.1	5	35.7	6	42.9	30	28.6	30	25.6	28	23.7
2	22.7	2	14.3	1	7.1	1	7.1	12	11.4	20	17.1	20	16.9
1	18.2	1	7.1	1	7.1	0	-	20	19.0	25	21.4	31	26.3
2	15.9	2	14.3	0	-	0	-	37	35.2	28	23.9	24	20.3
14	100	14	100	14	100	14	100	105	100	117	100	118	100

表 3　市街化区域の平均人口密度（人/ha）の推移

20万人以上50万人未満				50万人以上				全体			
1975年	2000年	2015年	平均	1975年	2000年	2015年	平均	1975年	2000年	2015年	平均
69.1	71.4	70.5	70.3	63.8	68.5	72.2	70.1	67.3	69.1	72.0	70.2
-	-	-	-	-	-	-	-	65.1	62.9	63.4	63.8
48.8	48.5	48.0	48.4	50.8	50.8	49.3	50.3	49.6	49.1	48.4	49.0
44.6	46.0	44.7	45.2	48.2	49.7	51.8	49.6	46.4	46.1	45.5	45.9
30.8	35.0	34.9	33.6	38.6	38.4	-	38.5	32.5	32.6	31.7	32.2
28.1	33.0	32.8	30.7	30.2	-	-	30.2	28.0	33.4	32.9	31.0
39.7	44.1	43.7	42.6	47.8	58.9	61.0	56.3	41.3	46.1	46.2	44.8

各区分毎に最大年次にグレーハッチング

表 4　市街化区域の平均人口率（%）の推移

20万人以上50万人未満				50万人以上				全体			
1975年	2000年	2015年	平均	1975年	2000年	2015年	平均	1975年	2000年	2015年	平均
93.7	96.7	96.5	95.6	91.4	94.6	94.7	94.5	93.0	95.1	95.0	94.8
-	-	-	-	-	-	-	-	64.6	77.6	77.8	72.5
89.3	88.9	88.9	89.0	94.1	90.4	89.3	91.5	92.4	89.5	88.9	90.3
72.3	75.5	74.4	74.4	72.9	64.6	65.2	68.4	72.6	72.2	72.0	72.2
86.9	85.4	85.9	86.0	93.5	84.7	-	89.5	88.9	88.2	88.6	88.5
66.6	71.0	69.9	68.8	76.9	-	-	76.9	66.7	67.5	68.4	67.4
82.1	84.2	84.1	83.6	89.5	90.9	90.9	90.5	83.7	85.7	85.7	85.0

各区分毎に最大年次にグレーハッチング

人口率	人口密度	人口	20万人未満						20万人以上50万人			
		年代	1975年		2000年		2015年		1975年		2000年	
		分類※	都市数	割合（%）	都市数	割合（%）	都市数	割合（%）	都市数	割合（%）	都市数	割合（%）
高	高	A	0	-	2	3.4	3	5.0	4	9.3	4	9.1
低		B	1	2.1	1	1.7	1	1.7	0	-	0	-
高	中	C	11	22.9	10	16.9	7	11.7	11	25.6	15	34.1
低		D	3	6.3	9	15.3	9	15.0	7	16.3	10	22.7
高	低	E	9	18.8	16	27.1	23	38.3	10	23.3	8	18.2
低		F	24	50.0	21	35.6	17	28.3	11	25.6	7	15.9
合計			48	100	59	100	60	100	43	100	44	100

注）分類記号は表1の分類に基づく

人口率	人口密度	人口	20万人未満			
		年代	1975年	2000年	2015年	平均
高	高	A	-	75.7	73.3	74.2
低		B	65.1	62.9	63.4	63.8
高	中	C	50.1	47.0	46.2	46.9
低		D	48.4	44.9	44.2	44.9
高	低	E	33.5	29.4	29.3	29.9
低		F	27.2	33.7	33.0	31.2
平均			36.0	36.1	35.0	35.4

注）アルファベット記号は、表1の区分の表記に同じ。

表1
人口密度と人口率の領域区分一覧

	人口密度（人/ha）		
	40未満（低）	40〜60（中）	60以上（高）
人口率（%）			
80%以上（高）	E	C	A
80%未満（低）	F	D	B

人口率	人口密度	人口	20万人未満			
		年代	1975年	2000年	2015年	平均
高	高	A	-	100.0	95.0	96.9
低		B	64.6	77.6	77.8	72.5
高	中	C	97.8	88.8	87.7	89.9
低		D	73.2	69.7	71.3	70.8
高	低	E	90.7	92.3	91.1	91.5
低		F	63.6	65.6	67.5	65.6
平均			79.2	78.7	80.3	79.0

注）アルファベット記号は、表1の区分の表記に同じ。

小さい都市ほど人口密度と人口率の値が小さいこと（分散型の都市が多いこと）、二〇〇〇年以降に人口密度が増加したのは五〇万人以上の都市のみで、それ未満の都市では二〇〇〇年以降は減少傾向にあること、人口率は全体平均でみると、二〇一五年にかけて依然上昇していることがわかる。二〇〇〇年以降に平均人口密度の伸びが見られないのは（表3の全体平均欄）、人口増加率が低下したのに対し（対象都市の全市街化区域人口増加率は一九七五～二〇〇〇年間が二七・六％増なのに対し、二〇〇〇～二〇一五年間は三・一％増）、市街化区域面積の拡大幅が微増したためである（全市街化区域面積の伸びは一九七五～二〇〇〇年間は一・九％増なのに対し、二〇〇〇～二〇一五年間は三・〇％増）。これは先述した市街地人口密度要件の段階的緩和を反映したものと見ることもできるが、今後は人口フレーム算定における将来人口目標と実人口の乖離性をより慎重に見なければ、さらなる市街化区域人口密度の低下が進む懸念がある。

・市街地縁辺部のスプロール防止

① 市街化区域編入に関わる問題

市街地縁辺部のスプロール問題は、市街化区域編入に関わる問題と調整区域の開発許可制度に関わる問題の両面がある。前者ではまず飛び地市街化区域の問題を指摘したい。小さな規模の飛び地を認めれば、たとえそれが市街化区域であったとしても、都市全域でみれば分散型開発の推進である。また市街化区域の縁辺部は調整区域への滲み出し開発の懸念があり（特に二〇〇〇年以前は都市計画法四三条一項六号イの規定があった）、飛び地を認めることはこうした調整区域開発の苗床も増やすことに繋がるのである。飛び地市街化区域の設定は線引き当初の昭和四四年通達で、一体の区域でおおむね五〇ha以上の区域を認め、工業適地については二〇ha以上を設置可能としていた。しかし、昭和五五年や平成八年通達を通じて、公共公益施設と一体的かつ計画的に市街地開発を図る区域や既存集落の中心市街地、人口減少や産業停滞への対応が必要な地区では二〇ha以上が可とされる等、段階的[5]に引き下げられてきた経緯がある。滲み出し開発の問題や人口減少時代における飛び地市街化区域の維持の課題[6]

等がすでに指摘されているが、今後、飛び地市街化区域規定の影響をさらに検証する必要がある。

線引き制度の運用は、おおむね一〇年後の人口及び産業の見通しに基づき市街化区域を拡大させる、人口フレーム方式及び産業フレーム方式に依っている。これに関し、昭和四四年通達では、新市街地の市街化区域設定に対し、計画的な開発が実施中またはその見込みが確実な区域を主体とし、いたずらに市街化区域を広く定めることがないように指示していたが、土地区画整理事業（以下、区画整理）等を確実に担保する手法が当初は確立されておらず、基盤未整備の市街化区域が拡大される事態が生じた。これに対し、埼玉県では、編入済みの市街化区域を計画的な市街化が具体化するまで暫定的に用途地域を存置したまま調整区域へ戻す、暫定逆線引き制度を適用する等、独自の取組みが見られた[7]（一九八三年）。国においても一九八二年に基盤整備の見込みによっては、当該都市計画区域の市街地内人口の目標値（人口フレーム）に相当する面積のすべてを具体の市街化区域として設定することを要しないとする、いわゆる人口フレームの保留制度が創設され[8]、これ以降は市街化区域編入と基盤整備が連動するようになった。さらに、平成五年の通達で地区計画と区画整理等各種事業手法との連携強化が打ち出されると、市街化区域編入された新市街地に地区計画が策定される事例が急速に増え、高水準な新市街地が担保されるようになった。このように、線引き制度の運用は市街化区域の計画的拡大という面でシステムそのものが洗練されていったと評価できる。他方で、愛知県等一部の自治体では、計画的市街化の見込みを待って市街化区域編入するのではなく、編入と同時に最も厳しい用途・建ぺい率・容積率制限をかけて無秩序開発を防止しながら基盤整備事業の実施を待つという暫定用途地域制を採用してきた。この場合、結果として基盤整備が実現しなかった地区では、結局スプロール市街地を生み出す結果となったことが報告されている[9]。

② 開発許可制度に関わる問題

以下に開発許可制度の課題を列挙するが、線引き制度自体を廃止した自治体では旧市街化区域縁辺等でバラ建ち開発が頻発し、廃止そのものに否定的な見解が学識関係者には多いと指摘されている[10]。開発許可制度にはその運用に種々の課題はあるものの、同制度による調整区域の開発抑制効果は非常に強く有効であるという基本的見解をまずは明示しておきたい。

開発許可は、原則開発不可とされる調整区域での例外事項が都市計画法（以下、法）三四条で規定されることで運用されてきた（立地基準）。まず、調整区域へのスプロールに影響が大きかった規定要因で改善が見られた制度改正は、許可不要とされてきた学校、社会福祉施設、病院、庁舎等、公益上必要な建築物を開発許可対象としたこと（法二九条一項三号（当時）の廃止、二〇〇六年）と既存宅地確認制度の廃止（二〇〇〇年）であると考えられる。前者について、大規模な公共公益施設の調整区域立地は利用者の郊外シフトに大きく影響していたが、コンパクトシティ施策の推進下で制度改正され、その是正が進んだ。線引き制度は人口増加・都市拡大への要請下で生まれた制度ではあるが、欧米では都市の郊外化は都市縮小現象の一要因として理解されている[11]。この観点からも明らかなように、公共公益施設に対する開発許可制度の改正は、同制度が人口減少下においても引き続き必要とされる制度であることを明快に示唆するだろう。既存宅地確認制度は、線引き時にすでに宅地であった土地を都道府県知事の確認を以て建築許可を免除するものであるが、建築用途や規模の制限が一切なく、この結果、マンションや大規模小売店等、調整区域の土地利用像から逸脱した開発事例が頻発した。改正後（二〇〇六年五月施行）では許可権限を有する自治体が開発審査会提案基準等において独自規定で運用しているが、許可用途等が規定される等、是正が進んだ。

次に現在まで積み残されている課題について概観する。法三四条の基本的な考え方は、属人性や属地性といった一種の既得権益に配慮しながら、開発区域の周辺における市街化を促進するおそれがなく、かつ、市街化区域内において行うことが困難または著しく不適当な開発を認めるというものである。属人性や属地性に依存するため、元々調整区域人口が多い都市では、それだけ開発需要も高くなるという構造的要因を生み出した。また、例えば、属人性規定の典型である農家の次男・三男の分家住宅では、五〇戸連担で敷地間距離五〇ｍの既存集落内で許可する等の運用がなされるが、既存集落は文言規定で境界規定があるわけではないから、その範囲は拡大可能で、また優良農地の転用も可とされてきた。これにより農地の海原に孤立した戸建て住宅が点在するバラ建ち状況が生み出される事態が依然続いている。次に、法三四条では周辺居住者向けの日常生活品販売店等（三四条一号、コンビニエンスストア等が該当）や市街化区域内での建設が困難または不適当とされる休憩所（ドライブイン等が該当）や給油所等（同九号）が規定されているが、これらの立地は当該地域の需要に依っている。従って、需要が高い区域ではこれらの施設を中心としたロードサイド型土地利用が進行することになるが、開発許可制度自体には適切な集積レベルに留める手段がない。特にコンビニエンスストアのような盛衰の変化が激しい施設では、近年、閉鎖店舗への対応が新たな問題[12]として持ち上がっている。他方、調整区域では工場等の産業開発も可能である。産業停滞地域の地域振興を目的に技術先端型の工場の立地を可とする運用事例が見られるが（同一四号）、これもその過度な集積は本来の調整区域の土地利用とはかけ離れたものとなる。[13] これらの課題に見るように、土地利用計画や土地利用ガイドラインが確立されていない調整区域では開発需要が高まった場合のスプロールや外部不経済の発生防止に依然として課題がある。

二〇〇〇年の法改正では既存宅地確認制度（法四三条一項六号（当時））を廃止し、現在の法三四条一一号と一二号条例が創設された。特に前者は前述の法四三条一項六号に代わるものであったが、適用範囲（市街化区域の近接・隣接要件）と許可用途を厳格に規定した場合は、本来の目的である衰退集落維持に資する事例が見られるのに対し、緩慢な規定の場合は新規宅地開発が続発し、著しいスプロールを招く事例も例外ではなくなった。開発許可権限が徐々に市レベルに下りる中で、調整区域のあり方に関わる当該市の意識が問われるようになってきた。また、二〇〇〇年以降、集中豪雨による水害が頻発するに及んで、調整区域の開発に関しても土砂災害や洪水等、災害の発生のおそれのある区域との関連が問われるようになった。

3― 土地利用誘導の今後の可能性
・コンパクトシティに向けた立地適正化計画との連携

線引き都市の立地適正化計画（以下、立適計画）を見ると、居住誘導区域の指定や目標達成人口密度の設定に関して、線引き制度に依存する都市が非常に多いことがわかる。表5に示す三二市の内、[14]立適計画に居住誘導区域指定の考え方として密度要件に関わる記載があるのは一七市であるが（同表A欄）、数値設定に前述した市街化区域指定の最低基準である四〇人／haを位置づける都市が、DIDに言及するものを含めると一一市ある（同グレー表示）。他方、人口密度要件の記載がない一五市においても、基準年人口密度が四〇人／ha以上で、これを目標年でも据え置いている都市が一〇市あることから（八戸、長野、大垣、津、彦根、野洲、姫路、北九州、長崎、熊本）、これらの都市では、記載がないから人口密度要件を考慮していないのではなく、むしろ線引き制度によって一定の密度維持が自明であるから、記載されていないものと考えられる。その証拠に、基準年密度が四〇人／haに足りない本庄や東近江では、目標年人口密度は四〇人／haに設定されており、この数値の維持が目標設定の根拠になっている。このように、居住誘導区域指定には線引き制度に関わる人口密度レベルが前提になっていることがわかる。

目標達成人口密度の設定についても同様である。対象都市の目標年人口密度の設定根拠は（表5のB欄）、三二市中一九市が現状維持を根拠にしている。その他の設定根拠では、四〇人／ha等の特定の数値の維持（四〇人／ha以上の数値を維持することが狙いである）が八市見られ、これらで二七市（八四・四％）を占める。ここで注目されるのは、基準年密度以上の目標値が設定される事例は三市のみであり、この内、本庄と東近江は四〇人／haに満たない現状を四〇人／haに設定するものであるから、線引き制度が求める四〇人／ha以上の値で、密度の上昇を見込んで目標設定するのは、実質的に舞鶴市の一市しかない。要するに、ほとんどの都市は線引き制度で保たれてきた現況密度の維持を志向しているのであり、ここでも線引き制度への依存の強さがわかるのである。[15]居住誘導区域への集約化は規制的手法ではなく誘導的手法によると解説されるところではあるが、改めて開発許可制度を根拠にした線引き制度に居住誘導区域の密度維持が依存している実情を直視する必要がある。こうしたことから、少し誇張して言えば、コンパクトシティへの転換に今後も線引き制度は必須だと考えられる。

・市街化調整区域における計画的土地利用誘導への可能性

調整区域全域を見越した土地利用計画や集落レベルの空間計画に具体的手段を持たない現状にあって、その不備を埋める先駆的事例をいくつか紹介し、今後の可能性を展望する。集落レベルで既存家屋や新規開発との関係を踏まえた環境整備を仔細に計画する事例として、法三四条一二号条例を活用した兵庫県の特別指定区域制度や調整区域地区計画を活用した福岡県久山町の事例を挙げる。兵庫県加古川市では市独自の田園まちづくり制度に基づき、集落単位のまちづくり協議会に将来土地利用計画の策定を促し、これの実施効力を法三四条一二号条例(特別指定区域制度)で担保する取り組みを進めている。[16] 地域衰退の進む市北部の調整区域を対象に、二〇一九年度末時で市提案型の一六地区を含め計三六地区(二〇地区がまちづくり協議会型)で運用されている。特別指定区域では属人性を問わない「新規居住者の住宅区域」等、一〇の区域メニューが用意されており、詳細な集落レベルの土地利用計画を担保している。他方、市域の約九七%が調整区域である久山町では調整区域地区計画を活用した土地利用を推進してきたことで知られる。二〇一九年末時で三二地区の調整区域地区計画が策定され、この内、二六地区は既存集落に設定されたロ型(法一二条の五一項二号ロ)である。つまり、地区計画において当該集落の将来像や空間像を表現し、地区整備計画において地区施設や土地利用を規定した上で実効性を担保している。すでに二〇年近い実績があり、分家住宅にありがちなバラ建ち開発の発生を防止する等、成果を挙げている。[17] いずれも集落レベルのミクロな土地利用計画を住民参加を得て策定した上で、開発許可制度で効力を担保している点に共通点がある。また課題も類似している。一つは集落の環境改善の手段である地区施設(道路や公園等)の予算的措置が決まっておらず、実効性が弱い点。二つ目は計画区域の更新を考えた場合、新規開発の導入量(例えば新規住民の流入数)を厳密に決定する人口フレームに該当する機能がないため、あくまで衰退地域や停滞地域での導入が適当であり、人口増加地域には注意を要する点である。

加古川市や久山町が都市マスタープラン(調整区域の土地利用方針を示す)と集落レベルの計画の二層的体制を採るのに対し、調整区域全域にゾーニング制をひくのが神

居住誘導人口密度			
基準年人口密度	目標年による趨勢人口密度	目標人口密度（目標値）	B. 目標設定の根拠
47.7	38.6	47.7	現状維持
44.3	31.6	44.3	現状維持
33	21	33	現状維持
42	39.6	42	現状維持
34.9	30	40	40 人 /ha の維持
53.1	不明		-
50.8	47.0	48.7	居住誘導区域の人口減少分を約半分に抑制
38.5	未算定	38.5	現状維持
34.9	不明		誘導重点区域内で 80 人 /ha を設定
不明	不明		便利な公共交通沿線で 50 人 /ha 等と設定
62.9	未算定	62.9	現状維持
50.9	50.27	50.9	現状維持
42.7	35.9	42.7	現状維持
43.9	38	40	40 人 /ha の維持
57	未算定	57	現状維持
50	38	50	現状維持
49	43.4	49	現状維持
44	41.1	44	現状維持
40.5	35.7	40.5	現状維持
58.1	55.7	58.1	現状維持
39.8	未算定	40	40 人 /ha
56.8	49.1	60.7	約 60 人 /ha
50	44	50	現状維持
28.6	25.9	28.1	概ね現状維持
52.9	47.9	51.7	概ね現状維持
47.3	不明		合併前区域毎に設定：旧市は 60 人 /ha
130	108	120	120 人 /ha
47.1	34.9	40	40 人 /ha の維持
54	51.5	54	現状維持
69.2	56.4	60	60 人 /ha
60.8	未算定	60.8	現状維持
73.5	65.4	70.5	70 人 /ha の維持

「居住誘導区域人口密度目標値の算定」：鶴岡は「中心住宅地」における数値設定。北九州は居住誘導区域面積 9678ha に対し、道路・公園を除いた 5600ha を正味の面積として算定されている。

表5　線引き地方都市の密度設定要件からみた居住誘導区域関連指標一覧

番号	都市名※1	2015年人口（国勢調査）	A.居住誘導区域指定の考え方における密度要件に関わる記載※2
1	弘前	177,411	都市機能や地域コミュニティの持続的確保の為、人口密度維持を図る区域が居住誘導区域
2	八戸	231,257	なし
3	鶴岡	129,652	なし
4	伊勢崎	208,856	概ね40人/haを確保可能な区域を目安に設定
5	本庄	77,881	なし
6	新潟	810,157	準工業地域ではDID地区
7	長岡	275,133	都市拠点やその周辺で将来も人口密度（40人/ha）を維持できる区域
8	新発田	98,611	なし
9	上越	196,987	拠点性の高い人口集積地域（1980年DID）
10	富山	418,686	都市MPに定める都心地区と公共交通沿線居住推進地区に設定。
11	金沢	465,699	都市MPに定めるまちなか区域や公共交通重要路線等沿線区域等に設定
12	長野	377,474	なし
13	大垣	159,879	なし
14	磐田	167,941	DID地区及び人口密度40人/ha以上の箇所
15	藤枝	143,605	生活サービス機能の持続的確保が可能な区域として人口密度40人/haを目安とする
16	伊豆の国	48,152	生活サービス機能の持続的確保が可能な区域として人口密度40人/haを目安とする
17	豊川	182,436	公共交通利便性が低い区域で40人/haに満たない区域を除外
18	津	279,163	なし
19	彦根	113,679	なし
20	野洲	49,889	なし
21	東近江	114,180	なし
22	舞鶴	83,990	まちなか賑わいゾーンにあって、特に人口減少が予測され、重点的な居住誘導施策が求められる区域
23	姫路	535,626	なし
24	たつの	77,419	目標年次に20人/haを維持していると推測される区域
25	三原	96,194	人口密度の高い市街化区域や用途地域を基本とし、将来人口等の推計の上、人口密度維持の必要のある区域。
26	東広島	192,907	なし
27	北九州	961,286	なし
28	大牟田	117,360	DID区域内で人口密度40人/ha以上の区域等
29	久留米	304,552	将来的にも人口密度40人/ha以上の維持が可能と考えられる区域
30	長崎	429,508	なし
31	熊本	740,822	なし
32	鹿児島	599,814	人口密度を維持していく区域として市街化区域

注）※1：非線引き都市計画区域が有り、そこに居住誘導区域指定のある場合にグレーハッチング。ただし、久留米と鹿児島の「居住誘導区域人口密度目標値の算定」欄は市街化区域内の数値。※2：密度に関し、40人/ha相当とした旨の記載あるいは市街化区域とした記載のあるものにハッチング。

戸市の「人と自然との共生ゾーンの指定等に関する条例」である（一九九六年制定）。同条例によって調整区域は「みどりの聖域」と共生ゾーンに分けられ、後者には五種類の独自土地利用基準を備えた農村用途区域が指定できる。集落レベルの住民参加型土地利用計画の場合、合意形成や発意の機会成就等にハードルが高いことから、この事例が示すゾーニング型土地利用計画のような、全面的なダウンゾーニング型手法がむしろ有効という指摘がある。[18]神戸市条例の場合、ゾーニングの上に住民協議会による里づくり計画が上乗せされる形になり、ゾーニングの存在が里づくり計画の策定を促すインセンティブになっているとされる。その他、農村用途区域指定に対する農政セクターの積極的な関わり（交換分合による区域指定の適正化）、農村用途区域指定と里づくり計画の整合性確保の柔軟さ（里づくり計画への配慮）等、随所に工夫が見られる。

以上、三事例の要旨から法制度の転換を見据えた場合、農地を含めた総合的な土地利用計画の策定が調整区域には必須であって、自治体の成長戦略や住民の求める集落環境の妥当性を人口や産業フレームで総量のチェックを適切に行いながら、開発許可制度で計画を担保するという仕組みが肝要だと考えられる。

［註・参考文献］

1 中出文平「郊外・周縁部の土地利用制度の変遷」『都市計画』三〇三号、八-一一頁、二〇一三年六月

2 「都市計画法の施行について」

3 この経過は1に詳しい

4 二〇一五年末時の人口（国勢調査）が一〇万以上の三大都市圏外に位置する線引き地方都市を対象とした。三大都市圏とは、首都圏整備法による既成市街地と近郊整備地域、近畿圏整備法による既成都市区域と近郊整備区域、中部圏開発整備法による都市整備区域を指す。なお、通時的な比較を行う上で、市町村合併した都市は併合自治体のすべての区域や人口を含めて調整している

5 田中栄二・大村謙二郎「駅新設を伴う区画整理事業区域及び周辺地域の土地利用課題」『都市計画論文集』三七、三四三-三四八頁、二〇〇二年

6 松本卓也・松川寿也・中出文平・樋口秀「地方都市における郊外住宅団地の実態と今後の課題に関する研究」『都市計画論文集』五一巻三号、九五二-九五九頁、二〇一六年

7 今西一男「「埼玉方式」における暫定逆線引きのフォローアップと今後の適用に関する研究」『都市計画論文集』五四巻三号、八九三-九〇〇頁、二〇一九年

8 昭和五七年通達「市街化区域及び市街化調整区域の区域区分制度の運用方針について」

9 白井高行・浅野純一郎「愛知県における暫定用途地域地区内の立地

特性と計画課題に関する研究」『日本建築学会技術報告集』二四巻五七号、八〇七-八一二頁、二〇一八年

10 1による。線引き制度の廃止については、二〇〇〇年の都市計画法改正によって線引き制度が選択制とされた。これ以前にも都城市の例はあったが、改正以後に県庁所在都市の高松市を始め線引き廃止事例が広がった

11 日本建築学会編『都市縮小時代の土地利用計画』学芸出版社、二〇一七年

12 コンビニエンスストア自体の開発は許可されるものの、新規の追加は供給過剰となり閉鎖店舗を生み出すことにつながる。閉鎖店舗の放置が問題になる事例もあり、一部の自治体では用途変更を認める運用をする等している

13 浅野純一郎・藤原郁恵「浜松市の市街化調整区域における工場系立地誘導地区制度に関する研究」『都市計画論文集』四六巻三号、九四三-九四八頁、二〇一一年

14 二〇一八年八月時点で両誘導区域を指定していた線引き地方都市に対する独自アンケート調査の結果等を基とする

15 線引き都市計画区域と非線引き都市計画区域間の違いに着目すると、この傾向は一層明快である。対象都市中で両都市計画区域を併設し、かつ線引きの有無で居住誘導区域の目標年人口密度値を別々に設定するのは、東広島と鹿児島である。例えば、東広島の場合、線引き都市計画区域（区域名は東広島）の旧市では二〇一五年現況値四七・三人／haに対し、目標値は六〇人／ha、同じく旧黒瀬町は現況値四二・九人／haに対し、目標は現状維持とされているが、非線引き都市計画区域（区域名は河内）の旧河内町は現況値一五・八人／haに対し、目標が一九人／ha、同じく旧安芸津町（区域名は安芸津）は現況値二二・五人／haに対し、目標は現状維持となっている。非線引き都市計画区域の用途指定地域は四〇人／haの目標値を設定できないほどの低密度レベルにある。鹿児島も同様である

16 白井高行・浅野純一郎「市街化調整区域における開発許可条例に基づく土地利用マネジメントに関する研究」『日本建築学会技術報告集』二三巻五五号、一〇〇三-一〇〇八頁、二〇一七年

17 浅野純一郎「地区計画による市街化調整区域の土地利用マネジメント手法の検証」『都市計画論文集』四四巻三号、六四三-六四八頁、二〇〇九年

18 和多治「市街化調整区域における地区レベルの土地利用計画に関する研究」『都市計画論文集』三四号、二七七-二八二頁、一九九九年

3
chapter
3
section

地方都市をケースとした線引き制度の変遷と課題

鵤　心治

1 — 地方都市の都市問題

政令指定都市を除く地方中小都市（以下、地方都市）における人口減少、少子高齢化、モータリゼーションの進展、産業衰退は特に顕著であり、市町村合併等に伴う計画単位の再構築の必要性等、持続可能性を問う都市計画が果たすべき役割は、極めて多岐にわたっている。現在、その輻輳した都市問題を丁寧に解きほぐしながら解決していくプロセスが求められている。

　このような地方都市の状況において、都市計画の将来のビジョンは、環境負荷の低減と効率的な財政支出を主な論拠として、持続可能でコンパクトな集約型都市構造を目指す方針が掲げられている。しかし、地方都市の現状では、郊外農地等の宅地化に対する地元要望は根強く、郊外の有効な土地利用管理システムを持ち得ずして規制緩和の方向性が示されることが多い。あわせて、市町村合併が現実化することで、都市の郊外化、広域化が確実に進展している。

　高度成長期の一九六八年の新都市計画法制定時に市街化を制御するために区域区分制度（線引き制度…都市計画区域を「開発を許容する市街化区域」と「抑制する市街化調整区域」に区分する都市計画の基本的制度）が創設された。しかし、人口減少社会下における逆都市化時代[1]においては、線引き制度運用を踏まえた計画的な集約型土地利用を目指す制度や計画技術の整備が急務であろう。これに関しては、二〇一四年に都市再生特別措置法の一部が改正され、医療、福祉施設、商業施設や住居等がまとまって立地し、高齢者をはじめとする住民が公共交通によって、これらの生活利便施設にアクセスできる「コンパクト・プラス・

keywords　区域区分　農地転用　中心市街地空洞化　立地適正化計画

ネットワーク」の考えにもとづき、立地適正化計画（市街化区域をさらに都市機能誘導区域と居住誘導区域に区分して線引きを行う計画）が創設された。しかし、多くの地方自治体で策定を検討しているものの、その手法は試行錯誤的であり都市および地域の実情をいかに勘案するかが求められている。

一方、都市計画を実現していくプロセスや手段は、多様な主体と連携した実践的な計画技術が求められている。地方都市の現場では計画技術に乏しく、市民の意識啓発を含めて参加、協働のまちづくりに関して経験の蓄積段階と言わざるを得ない。市町村マスタープランでのマクロなビジョンはあるものの、地域単位の明確な将来空間像を持ち得ていないことや目指すべき空間像を合意形成を経て共有し、実現させていく計画技術が蓄積されていない。

そこで、本節では、都市計画の基本的な制度である線引き制度に着目して、地方都市の郊外化の実態と課題、および集約型都市構造を目指す上での課題について考えてみる。地方都市のまちづくり手法については、様々な議論があるが、筆者の問題意識は、「広域化、郊外化」の現実と、「コンパクトなまちづくり」というビジョンの両者をどのように捉えるのかという点にある。この一見相反するテーマを検討するにあたって、中心市街地と郊外部を一体的に検討し、都市全体としてのまちづくり手法を提示していく必要があると考えている。

2 — 線引き制度運用と宅地開発および農地転用の関係

まず、線引き制度創設以来、人口一〇万人以上で非線引きのまま現在に至る地方都市（山口市、宇部市）と当初線引きを実施した地方都市を対象にして、郊外部の開発動向の特徴を検討し、それら規制が異なる都市計画区域が隣接する場合の特徴と課題について検討してみる。

まず、非線引き都市、線引き都市を対象にして地方都市の郊外部での開発動向を調べると、DID人口密度の低下とDID面積の拡大が進行しており、市街化が低密度に拡大している。これは用途白地地域内、市街化調整区域内を問わずに同様の傾向を示しており、宅地開発の用途は住宅開発が顕著である。

次に、非線引き都市を素材にして、開発ポテンシャル

（宅地開発のされやすさ）に関する統計解析手法を用いた分析を行った結果、人口密度や都市からの距離、土地利用規制（第一種、第二種低層住居専用地域）、大規模店舗までの距離などの要因が非線引き都市の郊外の開発動向に強く影響を与えている。

以上の開発ポテンシャルのモデル式を線引き都市（防府市）に適用してみると比較的一致した傾向を示し、開発動向が極めて類似していることが指摘できた。つまり、線引き都市の防府市は、非線引き県庁所在都市の山口市の白地地域の開発動向とほぼ一致しており、線引き都市計画の有効性が疑問視されることがわかる。

また、線引き都市の防府市へ適用した開発ポテンシャルの高い地区を詳細に検討すると、「沿道開発タイプ」、「市街化区域近接タイプ」、「密集集落タイプ」の三つのタイプに分類できる。「沿道開発タイプ」は、地区内の広幅員幹線道路沿道の存在が効いていること、「市街化区域近接タイプ」は、市街化区域に隣接して既存宅地が存在していること、「密集集落タイプ」は、漁村集落に見られることがわかる。[2]

それでは、何故、市街化調整区域をもつ線引き都市が非線引き都市と同様に市街地が低密度に拡散しているのか、その原因を農地転用から開発の流れに着目して検討してみる。

まず、非線引き県庁所在都市（山口市）に隣接する線引き都市（防府市）の市街地の低密度拡散傾向の原因は、①整備、開発、保全の方針の見直しで、人口の大幅増加を見込んで市街化区域の拡大設定を行ったが人口は予測を下回り、結果的に市街地の低密度な拡大につながったこと、②もともと明確な人口フレームのない市街化調整区域で、市街化調整区域の規制を緩和する法三四条一一号に基づく開発許可条例（以降、開発条例[3]）により規制緩和されているにもかかわらず人口減少を想定したが、市街化調整区域にも人口が張り付く結果となっていることによるもので、要するに、都市計画区域の将来人口フレームが適切に設定されていないところに課題がある。

次に、開発条例の運用方針をみると、用途や敷地規模を限定したものの市街化区域からの距離と五〇戸連たん距離において、規定されている許可要件範囲では最も緩く設定されている。このため市街化調整区域の大部分で開発が可能となっている。旧法の既存宅地制度と宅地単位で比較すると、開発条例によって出現する宅地は二倍以上に増加している。

この傾向を農地転用からみると、二〇〇二年に開発条例の運用が開始されて以降、農地転用の件数、面積ともに急増している。特に、①農地法五条許可（権利移動を伴う転用）では件数で二倍近く、面積では二から三倍の増加があること、②その用途は、個人や業者による個人住宅や分譲住宅の用途が多い。優良農地周辺部で大規模な農地転用やそれが集積した地区が存在し、今後の住宅団地形成の可能性がある。

さらに、市街化調整区域では開発条例による規制緩和地区でかつ農振白地での農地転用が全体の八割を占めている。その目的も住宅開発の割合が非常に高い。これらは農振農用地周辺でも多く見られ、営農環境や田園景観の保全等の問題が深刻化している[4]。

3― 中心市街地の空洞化実態

以上、述べたように、地方都市郊外部では規制緩和に伴う農地転用と住宅開発が、郊外への低密度の拡散を促した。次に、地方都市の活動に大きな影響を及ぼす商業開発と線引き制度運用の関係に着目して、空洞化の実態についてみてみる。

商業の立地位置と規模の特徴をみると、①非線引き都市では、準工業地域と用途白地地域に三〇〇〇から一〇〇〇〇㎡の複数の商業施設が立地し、中心市街地の商業床面積を超える商業集積地区が形成されている、②線引き都市では、準工業地域と市街化調整区域に三〇〇〇から一〇〇〇〇㎡の複数の商業施設が立地し、合計床面積が一〇〇〇〇㎡以上の商業集積地が形成されている。

二〇〇六年都市計画法の改正により、延床面積が一〇〇〇〇㎡を超える商業施設の用途白地地域での立地規制が行われるようになったが、上記の知見は、線引き都市、非線引き都市に関わらず、面積規模の規制のみでは複数の商業施設の立地による集積を排除することはできず、特定用途制限地域の指定等を合わせて検討することが必要である。

また、消費吸収率を用いて分析すると、非線引き都市の中心市街地では消費吸収率は、大きく減少しており、消費吸収率が一以上の地区が郊外部に拡大し、市全体としては線引き都市をはじめとする他都市から消費を吸収している。一方、線引き都市では、準工業地域と市街化調整区域に商業集積した地区では、消費吸収率が増加しているものの市全体として消費が流出している。[5]

地方都市中心市街地の空洞化問題は、以上のような住宅や商業の郊外立地を大きな要因とするが、中心市街地の駐車場、空き地、空き家、空き店舗等の低未利用地を増加させている。

非線引き都市である宇部市の中心市街地（一四〇ha）では、全域にわたって三〇〇㎡以下の小規模な駐車場が分散しており、それは全宅地面積の二〇％にのぼっている。その多くは専用駐車場、月極駐車場で、来街者の利用する一時預り駐車場は少なく、一度、駐車場として利用された敷地は、土地利用が他用途に転換されにくい。

また、駐車場地権者の意向調査の結果では、地権者の高齢化が進んでおり、敷地の有効活用や高度利用に対する意識は低く、固定資産として保持し続けるため駐車場を経営しているケースが多い。

地権者の年間の駐車場利益から固定資産税と都市計画税を差し引くと、一駐車場あたり平均九六・二万円の利益があり、土地の流動化が行われにくい理由の一つであり、ここに中心市街地空洞化の原因の一端がある。[6]

4 — 線引き制度を廃止するとどうなるのか

以上のように、線引き制度の運用によって開発傾向の質の違いがあるものの、量の問題としては、総じて線引き都市の規制緩和によって非線引き都市と類似性が認められる結果となる。しかし、線引き制度に対する土地利用規制のアンバランス感と農業の持続可能性を背景とした、線引き廃止に関する議論は、全国各地でなされている。そこで、実際に線引きを廃止するとどうなるか、その実態についてみてみる。

二〇〇〇年の都市計画法改正によって線引き制度が選択制に移行した後、香川県香川中央都市計画区域、愛媛県東予広域都市計画区域、熊本県荒尾都市計画区域、和歌山県海南都市計画区域では、線引き制度を廃止し、新たな土地利用コントロールを行っている。特に、香川中央都市計画区域においては、広域的な観点で、線引き制度の廃止のみならず、都市計画区域の再編や新たな土地利用規制（特定用途制限地域指定、風致地区指定、開発許可制度の見直しなど）の抜本的な見直しを行っている。廃止した都市計画区域を対象として、広域的土地利用の動向をみてみる。

香川県は、「土地利用のアンバランスの解消と低密度分散型の住まい方を許容しつつ、まとまりのある都市圏形成を図る」目的で線引きを廃止し、高松市は、山口市に続く二つ目の非線引きの県庁所在都市となった。旧香川中央都市計画区域の線引き廃止前後六年間の行政区域内の農地転用七二七七件、開発許可一二五七件を調査した結果、線引き廃止後に旧市街化調整区域内で宅地として農地転用する件数が前年度と比較して三・五倍、面積で五・一倍と急増し、同様に、一〇〇〇㎡以上の開発件数は九・一倍、面積で六・九倍に急増している。

開発の位置は、旧市街化区域と旧市街化調整区域の境界部分に多く分布しており、幹線道路沿道では大規模な開発が多い。開発用途は、全体としては戸建て住宅が多いが、都市別では、高松市では共同住宅と商業系施設、丸亀市、坂出市では戸建て住宅が顕著である。

広域の視点でみると、線引き廃止とともに都市計画区域の拡大・再編を行った結果、①土地利用規制の地域における格差が是正されたこと、②隣接する市町を含めた広域の土地利用検討を可能にしたこと、③都市計画区域外や周辺町部に都市的土地利用が拡散していた課題に対し、高松市や丸亀市といった母都市へ集積しつつあり、香川県が目指す市街地形成を実現しつつある点で有効である。しかし、局所的には市場主義的に多数の農地転用と開発の集中が発生し、県庁所在都市が非線引きであることが及ぼす影響は大きく、地区レベルの土地利用規制、誘導策が必要である。[7]

これまでの線引き制度の指定は人口一〇万人以上の都市を原則としてきたが、人口一〇万人未満の都市でも都市計画区域の広域指定や隣接都市の人口規模や指定状況に応じて、線引き制度の指定が行われてきた。全国の線引き都市のうち七一・五％を占めている（二〇〇四年三月末時点）。そのような都市で、先行して線引き制度を廃止した荒尾都市計画区域、海南都市計画区域の特徴をみてみる。

まず、人口一〇万人未満線引き都市は、広域都市計画区域によって指定されている場合が多く、地方圏では、高度成長期の工業の発展や人口増加の影響で新産業都市や工業整備特別地域、人口一〇万人以上都市周辺で線引き制度が多く運用されている。そして、線引き制度を廃止した経緯については、荒尾市、海南市の両市ともに第二次産業を中心とした産業都市として発展が期待され、広域的な産業の発展と人口の増加を見込んで線引き制度が運用されてきた。その後、産業の衰退や人口減少により、近年は、住民の線引き制度廃止の意向・要望等が強くなり、廃止に至っている。

線引き制度廃止後は、荒尾市では農地転用が増加し、海南市では、線引き制度廃止直前の法第三四条一一号条例（開発条例）運用時以降から廃止後も旧市街化調整区域における農地転用が増加している。開発行為は、線引き制度廃止前後で大きな変化はなく、両市ともに、旧市街化調整区域において、開発許可対象面積以上の開発は少ない。

つまり、人口一〇万人未満線引き都市では、廃止後に農地転用は増加しているものの、その流れがすぐにまとまった開発につながる状況ではない。同時期に線引き制度を廃止した人口一〇万人以上都市の高松市では、幹線道路沿道や用途地域周辺で増加している開発を規制、誘導していくことが課題であったが、人口一〇万人未満都市では、今後の農業従事者の意向を踏まえながら、地域振興を図り、優良な田園居住を可能とする開発と保全の方策を検討する必要がある。[8]

5　集約型都市構造による人口移動

先述した立地適正化計画では、市街化区域内（非線引きの場合は、用途地域内）に都市機能誘導区域と居住誘導区域を設定し、居住誘導区域の目標人口密度を維持できるように区域外からの移住を誘導する。地方自治体は、居住を誘導するために各種の誘導施策を準備することになっている。さて、この人口移動によってどのような都市構造になるのか、また、どれくらいの人口移動を伴うのか、エキスパートシステムを使ったシミュレーション結果を紹介する。エキスパートシステムは一九八〇年代ぐらいから日本でも使われているシステムであり、専門家の知識を「知識ベース」として整理し、「知識ベース」に基づく「ルール群」を構築し、それらをコンピューターに移植する。そして、ある目的に対してコンピューターに推論させながら結果を導き出すというシステムである。このシステムを使って、立地適正化計画に参考となる各種の行政計画を知識ベース、ルール群として構築しながら、メッシュ単位で人口移動シミュレーションが可能なシステムを試験的に作ってみた（図1）。

対象とした地方自治体は、線引きを廃止した高松市である。高松市の国土利用計画や都市計画マスタープラン、各種の任意計画等からコンパクトシティに関連する記述をすべて抜き出して、カテゴリー別に知識ベースとして整理した。それらを基に、「環境の保全」、「用途地域内への集約」、「公共交通の維持」、「中心市街地の高度利用化」、「住宅地の高密度化」、「幹線道路沿道の市街地環境向上」、「郊外拠点への人口集約」、「既存集落の維持」、「開発ポテンシャル（宅地開発のされやすさ）」等の計画内容について、それぞれルール群として整理し、これらのルールをコンピューターに判断させる。開発ポテンシャルとは、高松市が線引きを廃止したことから、先述の開発傾向を統計的に処理したもので、用途白地地域（旧市街化調整区域）の開発を一切許容しないということではなく、用途白地地域の開発ポテンシャルを一定程度許容することで既存集落のコミュニティ維持を考慮している。この許容バランスの設定は、地域の実情を理解する必要がある。このよ

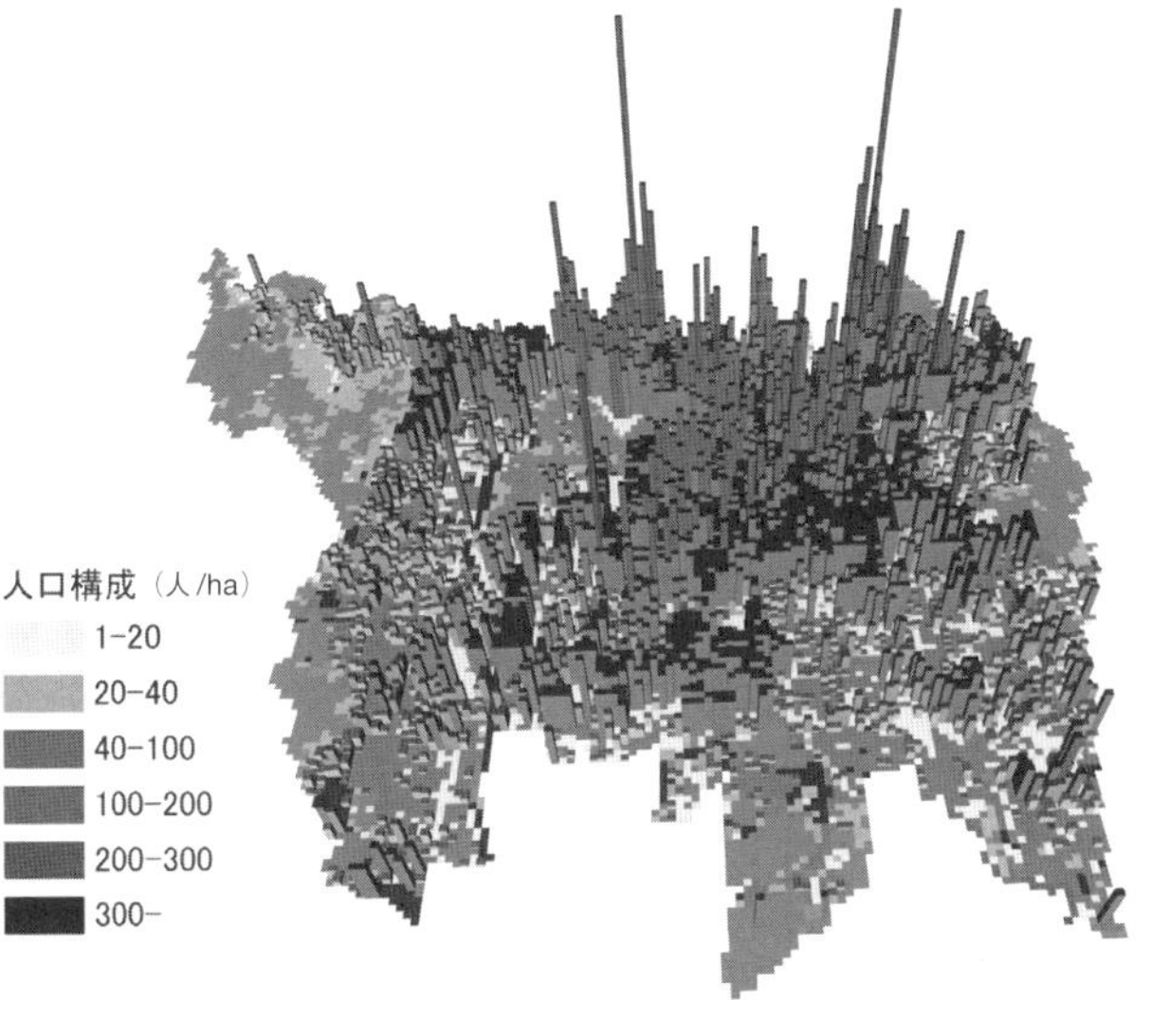

図1　2040年の集約型都市構造シミュレーション結果（高松市）

うな方針でルールに基づいて非可住地の設定、土砂災害危険箇所、災害警戒区域、浸水想定区域等、人口集約する拠点、軸、ゾーンの考え方、目標人口密度、開発ポテンシャル値による開発許容度、郊外拠点の考え方が設定される。

計算結果についてみてみると、趨勢で二〇四〇年の推計人口は二五・八万人、用途地域内の平均人口密度が三〇・一人／haであり、システムを使って人口移動を行うと、二〇四〇年で三・一万人移動することになる。そうすると、用途地域内の平均人口密度は少し上がって三二・九／haとなる。現状の商業地域の平均人口密度は三四・四人／haであるが、それが五〇人／ha程度まで上昇する。この計算結果程度であれば検討に値する範囲の集約・誘導になるのではないかと考えられる[9][10]。

この場合、非可住地で移動対象となる人口が三・一万人であるから、三人世帯とすれば、約一万四〇〇〇世帯程度を移動しなければならないということになる。従って、約一万戸程度の住宅が必要になるわけで、一万戸の住宅をどうするかということが問題となる。例えば、空き家活用であるとか団地再生、市街地再開発事業による高度化というような居住を誘導する施策が必要になる。地方都市では、特に、空き家活用と団地再生が喫緊の課題であると考えられる。一方で、このケースでは、現用途地域外の人口は七二・三%に減少する。これが将来的なコミュニティ維持ということで考えれば適切なのかどうかということの検証も必要である。

以上のように、わが国の土地利用制度の根幹である線引き制度の運用は、各種の課題を抱えながらも人口増加時代の土地利用制御に一定の効果があった。人口減少下の時代では、環境、財政、防災等の観点から、一層集まって居住することの理念を共有するような社会的コンセンサスを得ることが必要であろう。そのためには、一九九二年にわが国で初めて登場した市町村マスタープランの策定理念に立ち返り、形骸化しない新しい協働型の土地利用制度が進展することが望まれる。そして、この場合、住民合意に基づく実現手段が十分に法的に担保されることと合わせて、段階的な計画実現化プログラムが新たに開発され、実装されることが期待される。

［註・参考文献］

1 クラーセンとパーリンクは、都市は時間的経過の中で、成長期は都市化から郊外化へと進み、その後、衰退期となり、逆都市化時代を迎えるとした

2 小林剛士・鵤心治・中園眞人「線引き制度運用からみた地方都市郊外部の開発ポテンシャルに関する研究」『日本建築学会計画系論文集』五九六号、一〇一‐一〇八頁、二〇〇五年

3 市街化調整区域は、原則、開発行為は許容されないが、地方自治体が定める開発許可条例の要件を満たせば、例外的に開発行為を認めることが可能となる

4 鵤心治・井上聡・小林剛士・石村壽浩「農地転用と都市計画法第三四条八号の三による市街化調整区域の開発動向――山口県防府市を事例として」『日本建築学会計画系論文集』六〇四号、七七‐八四頁、二〇〇六年

5 小林剛士・鵤心治・石村壽浩「線引き制度運用からみた地方都市の商業施設立地動向」『日本建築学会計画系論文集』六二六号、八一一‐八一八頁、二〇〇八年

6 鵤心治・中園眞人・柏野慶子・小林剛士「地方都市中心市街地の駐車場敷地の実態と地権者意識に関する研究」『日本建築学会技術報告集』一九号、二七五‐二七八頁、二〇〇四年

7 石村壽浩・鵤心治・中出文平・小林剛士「香川県線引き廃止に伴う土地利用動向に関する研究」『日本建築学会計画系論文集』六〇五号、一〇三‐一一〇頁、二〇〇六年

8 石村壽浩・鵤心治「人口一〇万人未満都市における線引き制度の運用と廃止に関する研究」『日本建築学会計画系論文集』六二一号、八五‐九二頁、二〇〇七年

9 坪井志朗・鵤心治・小林剛士「線引き廃止によるスプロール状況を考慮したコンパクトシティの検討」『日本建築学会計画系論文集』八四巻七五九号、一一四五‐一一五四頁、二〇一九年

10 坪井志朗・鵤心治・小林剛士・宋俊煥「線引き制度廃止都市の郊外部における開発ポテンシャルに関する研究」『日本建築学会計画系論文集』八二巻七四〇号、二六一九‐二六二八頁、二〇一七年

関西の都市のかたちと都市計画
——制度から計画へ

小浦久子

1— 都市のかたち

現行の都市計画法（一九六八年）で規定されている区域区分（以下「線引き」）や地域地区などの土地利用制度は、都市計画の手法であって計画目標ではない。戦後の高度成長期にみられた無秩序な市街化を抑制するという制度の目標は示されているが、この都市計画制度の対象である「都市」とは何か、どのような都市を目指すのかについては、制度を運用する地域で考えることになる。

・制度としての都市

都市計画法では、都市計画とは「都市の健全な発展と秩序ある整備を図るための土地利用、都市施設の整備及び市街地開発事業に関する計画」とされ、その計画対象範囲が都市計画区域である。都市計画区域は「中心の市街地を含み、かつ、自然的及び社会的条件並びに人口、土地利用、交通量その他国土交通省令で定める事項に関する現況及び推移を勘案して、一体の都市として総合的に整備し、開発し、及び保全する必要がある区域」（法第五条）とされる。この「一体の都市」とは何なのか。

一九六〇年代であれば、関西における大阪の中心性は高く、通勤圏は拡大傾向にあった。一体の都市というならば、通勤圏を視野にいれた大阪圏という概念も成り立ったかもしれない。しかし、大阪市は旧法の時代から単独で市域を都市計画区域としている。兵庫県の阪神間都市計画区域は、大阪に通勤する人口の多い郊外型の地域で、尼崎・西宮・芦屋・宝塚・伊丹・川西・猪名川・三田の八市から構成される。それぞれに地域の歴史や産業構造、住宅地特性が異なり、独自の中心が形成されてい

keywords　都市のかたち　市街化　区域区分　地形条件

る。これが一体の都市なのだろうか。また、平成の大合併によって、地勢や生活圏への配慮を欠いたまま、行政の事情により市域が無秩序に拡大したところも多い。その結果、一つの市域に複数の都市計画区域を含むところも発生した。滋賀県では、長浜市、甲賀市が市域に三つの都市計画区域を含む。

「一体の都市」を規定する条件は示されているが、それは都市計画区域の概念であり、この「都市」は制度上の計画単位に過ぎない。では、計画単位の「一体の都市」である広域都市計画区域を構成する自治体は、「一体」として開発調整をしてきただろうか。

都市は、その成り立ちや自然条件により一定の空間や環境のまとまりを示すと考えられる。無秩序な市街地拡大は、こうした都市のあり方を喪失する過程であった。

・日本の都市概念

日本の都市は、都城に始まるとされるが、寺内町や一部の城下町の例外を除き、古代の都以来、都市域を城壁や土塁などで囲むことはなかった。最後の都であった京都は古くから「非囲郭・拠点散在・風景都市としての様相」をもち、持続する中心市街地と周縁後背地が都市京都を支えてきた[1]。京都同様に、日本の都市は周囲の農村から隔離されることはなく、周辺地に対する開放性、連続性ともいえる特質を備えている。

こうした日本の都市においては、道路を計画し建設すること、町割を整備することが都市建設であった。これは、日本の近代都市計画が市区改正に始まり、旧都市計画法が、都市計画とは、「交通、衛生、保安、経済等ニ関シ永久ニ公共ノ安寧ヲ維持シ又ハ福利ヲ増進スル為ノ重要施設ノ計画」としていることにも通じる。都市の骨格をつくることが都市をつくることであり、そこに生活と生業の必要に応じて建物が建てられ、都市が現れる。

戦前の日本の市街地では、まだ都市と都市の間に農地や田園があった。都市のかたちが見えていた。しかし戦後の成長期には、国・自治体・公団・民間デベロッパーなどによる大規模な開発が地域の拠点市街地の周辺で行われた。こうした開発に引きずられてスプロールが進む。市街地は拡張しつつしだいに連担し、都市のかたちが見えなくなる。同時に都市への人口集中による既成市街地の高密度化は生活環境の悪化をもたらした。

一九六八年法の土地利用規制は、無秩序な開発を抑制することを目標としていたが、全国どこでも開発への期待は大きく、開発によりどのような都市を目指すのかが構想されないまま制度運用が進んだ。もともと日本の都市は周辺地への開放性が高く、既成市街地と合わせて一〇年以内に市街化する地域を広く想定することで、過大な市街化区域が設定された。

用途地域指定は土地利用実態の後追いとなり、都市施設の容量に対し、容積率などは歩留まりを前提に高めに設定され、開発促進が基本にあった。

・　**都市を構想する**

都市計画区域における線引きと用途地域指定は、そのときの地域の土地利用の傾向と開発への期待を都市計画図として示すものであって、都市を構想するものではなかった。市街化区域内に多くの農地が含まれていた。しかし大阪圏では七〇年代には転出超過へ転じており、市街化区域において一〇年以内の市街化を広く進めることの必然性を失いつつあった。

市街化区域内の既成市街地においては密集市街地の住環境改善などの課題が顕在化し、一九八〇年、日常的な生活の場として認識される「まち」スケールを計画する地区計画制度が創設された。地域の成り立ちや生活文化・経済活動等の特性にもとづく「まち」スケールのまとまりが計画単位として認識された。しかし地区計画であっても既存制度の枠内での運用であり、集団規定の枠組みを超えるものではなく、「まち」の空間の規模、かたち、配置を設定する計画とはならなかった。

土地利用規制は、集団規定として個別の敷地や開発における建築行為の基準に還元され、都市空間を設定することなく、敷地単位の個別更新によって都市空間が分断されていった。二一世紀に入ると都市再生により都市空間が商品化され、消費されていく。

一九九二年に導入された「市町村の都市計画に関する基本的な方針（以下「都市マス」）」（都市計画法一八条の二）は、市町村が住民と協働で市町村域の計画をつくるという意味において、都市を構想する役割を担うようになってきている。地方分権一括法（一九九九年）により、二〇〇〇年の都計法改正では市町村に多くの都市計画決定権限が移り、本来上位計画である都道府県による「都市計画区域マスタープラン」（都市計画区域の整備、開発及び保全の方針、法第六条の二）の策定において、実態は自治体の都市計画との調整を必要としている。

　このように見てくると、現在、制度としての「都市」には、①都市計画区域である「一体の都市」、②都市マスの計画対象区域である「自治体の行政区域」、③地区計画の対象となる「まちスケールのまとまり」がある。

　線引きは、市街地と市街化を抑制する地域を区分する制度であり、「一体の都市」を計画管理するはずであったが、都市の概念があいまいなまま運用されてきたため、都市と田園の総合的計画にもつながっていない。今後、人口減少や空き地・空き家が発生するなかで、土地利用を再編しつつ都市構造を再構築する必要が出てきている。そのときの都市とはどのようなまとまりなのか。

2　関西の都市

　関西の都市の歴史は長く、前近代には都である京都と商都・大坂で都市文化が興隆する。現在も京都・大阪・神戸の三つの都市がそれぞれに自律しつつ共存することで関西都市圏を形成している。この全く異なる三都市の「都市」のあり方から、これからの関西の土地利用における計画課題と計画単位を考えてみたい。

・地形と都市のかたち

日本の三大都市圏のなかでは、関西は地形の襞が豊かで平地が少ない。核となる三都市についてみると、京都は丹波高地と比良山地につながる三山（東山・北山・西山）に囲まれた盆地にあり、大阪は琵琶湖から瀬戸内海に流れる淀川河口域の低湿地に位置する。古代上町台地の西は海だった。神戸は六甲山系の南の狭い平地に開発された近代港湾都市である。

　この三つの都市の間に関西都市圏の市街地が広がる。宇治川・木津川・桂川が合流する淀川流域に広がる大阪平野は北摂山地、生駒山地、金剛山地、和泉山地に囲まれ、南部の和泉山地の山裾に台地が広がる。生駒山地と笠置山地に挟まれた奈良盆地には古代都市の歴史があり、その南は紀伊山地の深い山々が広がる。

　明治一八（一八八五）年頃の市街地図[2]では、京都・大阪・神戸の市街地が確認でき、そこに都市のかたちが見えていた。戦前まで見えていた都市のかたちは、戦後の高度成長期に消えていく。

六〇年代の関西都市圏の市街化は、鉄道網に沿うように進んだ。阪急宝塚線沿線では住宅地開発が顕著であった。淀川右岸では、阪急・国鉄沿線であたかも山崎街道の宿（山崎…大山崎町・島本町、芥川…高槻市、郡山…茨木市、瀬川…箕面市、昆陽…伊丹市、西宮…西宮市）が拡大するかのように山裾から市街化した。また、左岸では、淀川水運とつながっていた京街道が位置した河岸に近いところから工場立地により市街化した。ここには京阪線が整備されていた。

こうした市街化は一九七〇年の線引きが決定されるころには、圏域を取り囲む山地の山裾まで広がり、三都市の間の市街地が連担し、都市のかたちが識別できなくなった。圏域にある都市計画区域はいずれも山麓まで指定されており、一体の都市は市街地周辺の環境を含む（図1）。

急激な市街化は七〇年代に入ると収まってくる。山地により開発がとまり、その後は、山地の裏側や山麓での大規模な住宅地開発へと展開する。

・関西圏の都市性

山地が近く平地の少ない関西では、一九六八年法に基づく線引きや用途地域の都市計画決定が行われる頃には、大阪平野および京都盆地、六甲山系の南斜面では大阪南部を除き山裾まで市街化していた。

現在のＤＩＤの状況[3]から、府県単位でみても概ね都市圏の状況が把握できると考え、府県別のＤＩＤと都市計画区域との関係から市街地の変化をみた。

国勢調査による五年間のＤＩＤ面積の変化（図2）をみると、滋賀県と和歌山県以外は、一九六五－一九七〇年の拡大をピークに増加率は減少し、一九八〇年からはほとんど増加していない。一九七〇年の線引きによって無秩序な市街地拡張が抑制されたとは言い難く、既に開発圧力の低下が背景にあった。

ＤＩＤの市街化区域面積における割合（二〇一五年）は、京都府・大阪府・兵庫県では八割を超えている（表1）。当初指定から市街化区域面積が大きく変動しておらず、一九七四年には転出超過に陥り、一九八〇年以降はほとんどＤＩＤが増加していない状況からは、線引きに一定の効果を認めるものの、指定時点において、すでに市街化

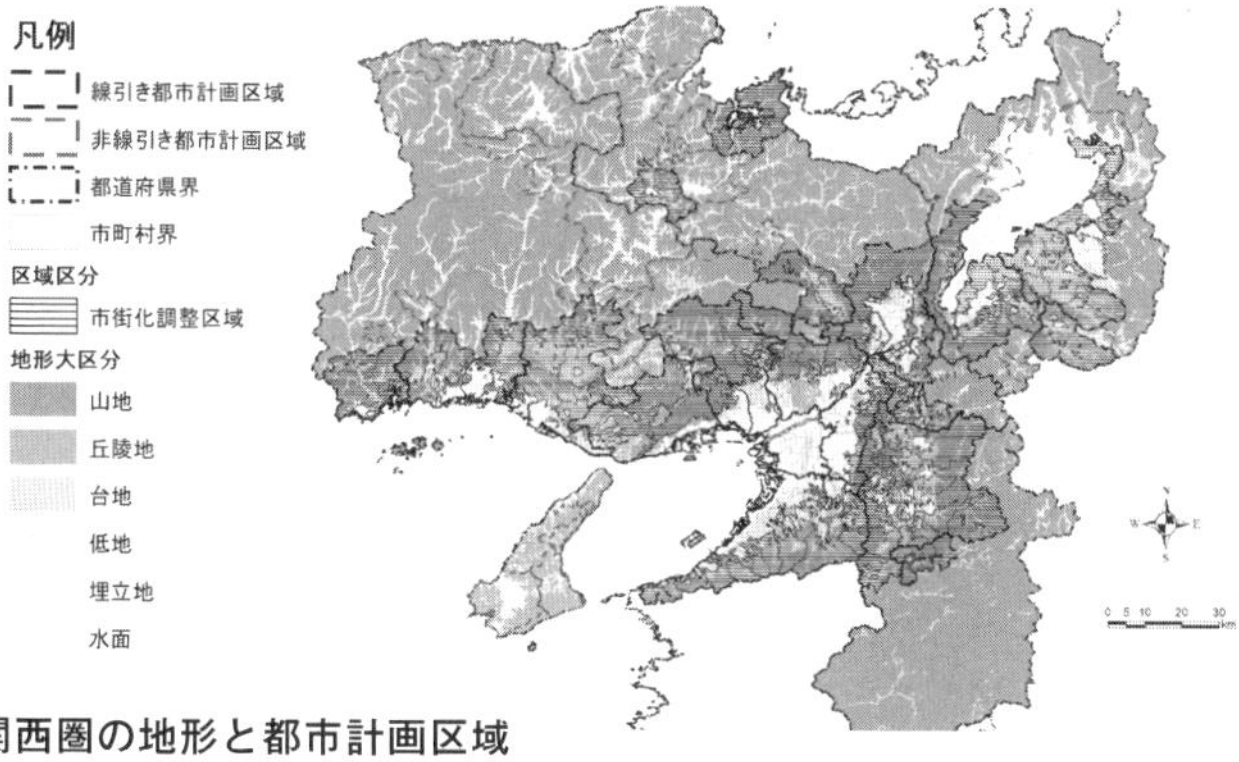

図1　関西圏の地形と都市計画区域

（出典：1/20万土地分類基本調査（地形分類図）滋賀県（1975年）、京都府（1976年）、大阪府（1976年）、兵庫県（1974年）、奈良県（1973年）、和歌山県（1975年）」（国土交通省）（https://nlftp.mlit.go.jp/kokjo/inspect/landclassification/land/l_national_map_20-1.html#prefecture25）から作成）

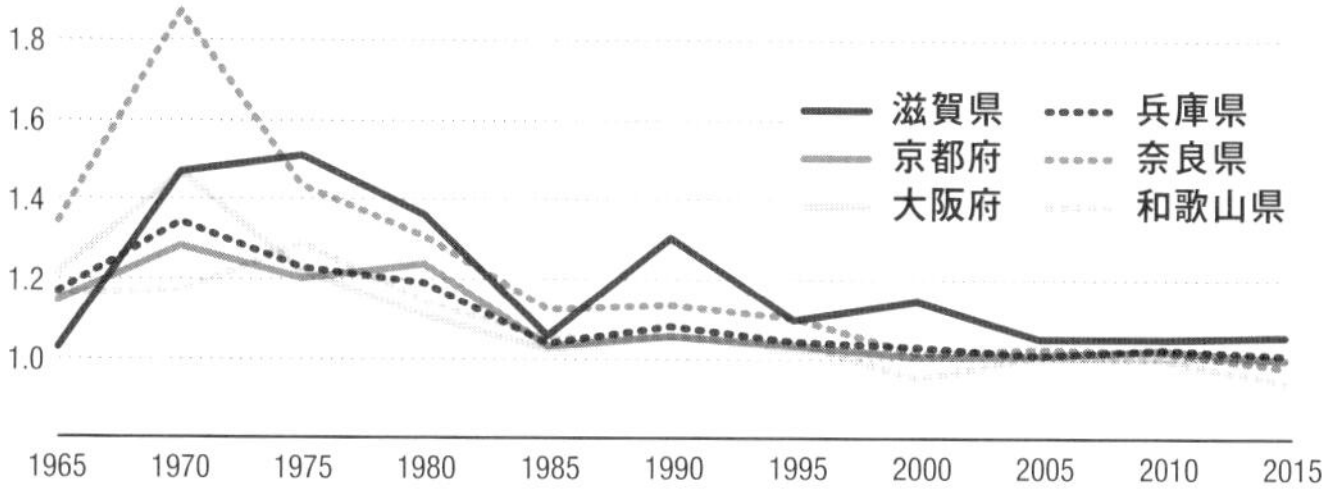

図2　DID面積の5年間増減割合

（出典：「平成27年及び22年国勢調査結果」（e-Stat）を加工して作成）

表1　府県別都市計画とDID

	DID／市街化区域	DID／用途	市街地区域／都市計画区域	都市計画区域／行政区域面積	山地・水面以外／行政区域
滋賀県	0.509	0.474	0.113	0.492	0.375
京都府	0.837	0.816	0.161	0.424	0.308
大阪府	0.947	0.951	0.505	0.995	0.454
兵庫県	0.820	0.778	0.138	0.616	0.416
奈良県	0.660	0.660	0.183	0.314	0.193
和歌山県	1.157	0.559	0.080	0.196	0.189

出典）DID：平成27年度国勢調査結果（e-Stat）、都市計画区域・市街地区域・用途計：国土交通省・平成27年都市計画年報、山地・内水面（地形分類）：国土庁・平成12年国土統計要覧

が進み、急激な市街化は収まりつつあったといえる。山に囲まれる地形条件が市街化の抑止力となり、線引き以上に、歴史的に山の風致と防災の観点からの山麓の保全が、市街地の無秩序な拡大をとめてきた[4]。

京都府・大阪府・兵庫県の行政区域に占める山地の割合は、六八・二％、三七・一％、五七・八％であり、都市計画区域面積の占める割合は、山地と内水面以外の面積と比べて、京都で四割、兵庫で五割増しであり、大阪に至っては二倍となっている。いずれも山地を含めて広く都市計画区域が指定されていることがわかる（図1）。山も含めて「一体の都市」と認識されており、都市の機能や社会経済的連携だけでなく、山を含めた固有の環境が各地域の都市性を特徴づける。

特に京都市と神戸市では山と都市は一体であり、市街化区域は都市計画区域の三一％、三六％に止まる。

・京都・大阪・神戸と間の都市

通勤圏から捉えると、関西は大阪を中心に同心円状に都市圏が拡大したように見えるが、京都・大阪・神戸の自律性は高く、多核都市型である。成り立ちの全く異なる三つの都市の間が、都市圏の住宅需要や産業立地により市街化したのである。しかも、間をつなぐ鉄道は、かつての街道に近く、沿線には前近代から都市性のあった宿や拠点集落があった。

戦後の高度成長期における急激な市街化により連担した間の地域は、住宅地と産業地が入り混じり、一部には農地が残る。あたかも土地利用が断片化した地域のように見えるが、よく見ると、それぞれに拠点性のある複数の市街地から構成されている[5]。駅が核になっていることが多いが、市街地に残る歴史の痕跡にかつての都市性を見ることができる。

こうした市街地は駅前再開発や産業構造の変化に伴う土地利用転換などにより機能更新しながら維持されてきている。もちろん高度成長期に産業立地とともにスプロールした密集市街地もある。生活に必要な機能が集積するセンター地区を持つような大規模な住宅団地開発も市街地のフリンジに点在する。

今、人口減少に伴う都市の縮退が課題となるなかで、三都市の再生とともに、間の市街地の持続可能性が問われる。

・持続可能な地域へ

一九七〇年の線引きのあとも、開発がとまったわけではない。一九七六～二〇一六年の四〇年間の都市フリンジのスプロールを土地利用の変化からみた。[6] 一九七六年には既に急激な市街化は収束しつつあったが、その後の四〇年間で、京都・大阪・神戸の市街地フリンジの山麓部や連担市街地を囲む山の裏側で開発が進んでいる。

一九七六年と二〇一六年のフリンジの土地利用を比較し、[7] 土地利用が進んだところをみると（図3）、六甲山系北側では三木・三田と神戸西部、北摂山系では川西・猪名川、池田・箕面で大規模な住宅団地の開発が見られる。他に、京都南部の工業地化、淀川右岸の摂津での産業立地、淀川左岸の八幡・枚方山麓の住宅地化、また東大阪の生駒山地の山裾近くの農地および大阪南部泉州地域の台地の市街化がある。

淀川より北は大規模な計画的住宅地開発、南は産業立地にともなうスプロールと住宅地開発、奈良盆地にも開発圧力がみられた。

徐々に山裾や湿地が減少し、都市圏の環境が変質している。

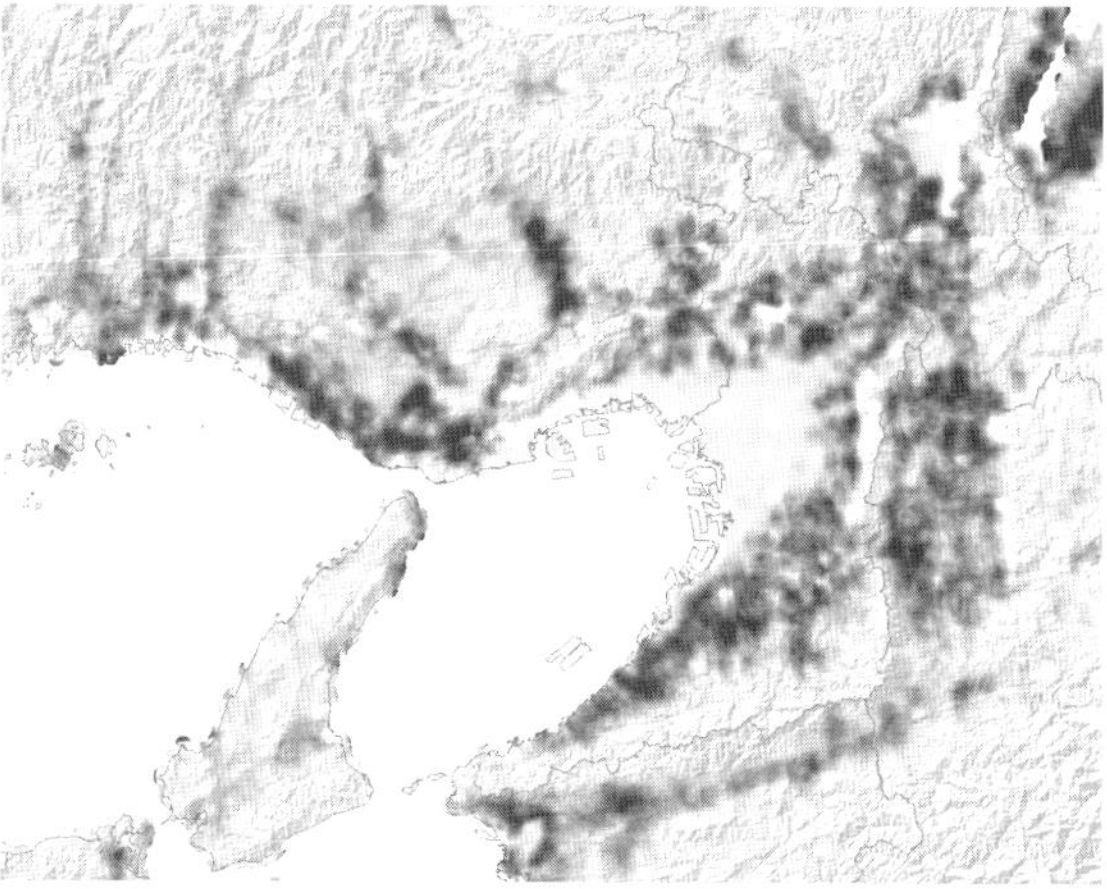

図3　1976～2016年の関西圏の都市フリンジにおける都市化[7]
（出典：「国土数値情報（土地利用細分データ）」（国土交通省）（https://nlftp.mlit.go.jp/ksj/jpgis/datalist/KsjTmplt-L03-b-v1_1.html）を加工して作成）

一方で、既成市街地での空き地や空き家の増加による都市のスポンジ化[8]がいわれ、古い団地やニュータウンの高齢化による空洞化が進む。これまで開発用地であった都市内農地が環境資源と評価されるようになり、都市生活と農地の共存が模索され始めた。土地利用の計画課題が拡張から縮小再編へと移行してきている。これまでとは異なる土地利用制御の仕組みが求められる。

関西の都市は、もともと地形と共存してきた。「一体の都市」の設定において、山地を含む地域環境を都市のまとまりと捉え、都市にとって風致や防災上保全が必要な自然基盤を調整区域に指定してきた。スポンジ化に対しては土地利用を更新する開発で解決するのではなく、開発しないことの選択肢を土地利用の一形態として計画的に位置づけ、市街地の密度や使い方を変えていくことが求められる。

3— 制度から計画へ

一九六八年法の線引き制度は市街化の促進か抑制かの選択をするものであった。関西では、地形が広域スケールでその役割を果たす。そして山地や農地を含む都市における市街地フリンジの大規模開発は、地区計画や開発許可により開発単位ごとに調整が行われた。二〇世紀に形成された関西都市圏は、歴史的市街地の拡張とその間のスプロールと計画開発地が地形の制約のなかでネットワークされる広域構造を示す。この広域構造において関西の多くの自治体が、これからの都市のあり方を構想する都市マスで、拠点ネットワーク構造を選択している。そのなかで神戸市と京都市は「まち」スケールを都市構造の再編や地域づくりの計画単位に位置づけている。[9]

都市は多様なまちのまとまりが公園緑地、道路・交通施設、供給処理などの都市施設によってネットワークされる構造であり、それが広域の地形やエコロジカルな環境単位によって調整されると設定することができる。このとき、人口減少による密度の偏在、産業構造の変化、気候変動による災害との共存、ＳＤＧｓが求める持続可能な地域づくり等、新たな課題に直面するなかで、「まち」「都市」「広域」スケールがインタラクティブに作用しながらつながる計画が求められる。

そうした計画では、線引き制度が土地利用の制御手法として一定の役割をこれからも担うと考えられるものの、

「広域」で市街地をひとまとまりでとらえる線引きではなく、「まち」の土地利用の誘導のための手法となりうるかが問われる。また、地域環境の保全や持続可能な開発の観点からは特定の機能の立地規制も求められる。

　開発による拡大と高度利用が都市の豊かさを実現した時代は、どこでも同じ物差しで都市の活力が測られた。これからは、都市ごとに異なる未来の選択をすることになる。そのためには、制度としての「都市」に代わり、計画対象としての「都市」を構想する必要がある。

［註・参考文献］

1 高橋康夫「京都の文化的景観　調査報告書」第一章第一節、京都市、二〇二〇年

2 「明治前期・関西地誌図集成」柏書房、一九八九年

3 国土地理院ＤＩＤの図（総務省統計、二〇一五年） http://maps.gsi.go.jp/#10/34.723555/135.585022/&base=std&base_grayscale=1&ls=std%7CDID2015&blend=0&disp=11&vs=c1j0h0k0l0u0t0z0r0s0m0f0&d=m（二〇二〇年八月一一日閲覧）

4 旧法からの京都市の広範な山麓の風致地区指定、神戸阪神間の六甲山系と夙川・芦屋川・住吉川でつながる浜が一体になった風致地区指定、および六甲砂防と植林

5 大阪府の都市計画区域再編に関する懇談会「大阪府の都市計画区域のあり方に関する提言」二〇〇二年

6 小浦久子・三橋弘宗「アーバン・フリンジのプランニング」日本建築学会大会都市計画委員会研究協議会資料、三三－三六頁、二〇一九年

7 国土数値情報の土地利用細分データ（一〇〇ｍメッシュ）を用い、傾斜角二〇度までの低地について、近隣の半径一㎞の土地利用データの近傍統計により各メッシュのフリンジ・インデックスを設定する。「森林・水田・畑・果樹園」を「一」、「市街地建物・工場用地」を「〇」として平均値をとった。図2は一九七六年と二〇一六年のフリンジ・インデックスの差分を示す

8 都市の内部において、空き地、空き家等の低未利用の空間が、小さな敷地単位で、時間的・空間的にランダムに、相当程度の分量で発生する現象（国土交通省都市計画基本問題小委員会、二〇一七年）

9 神戸市の「わがまち空間」、京都市の個性的地域形成など、都市を「まち」の構造ととらえる計画の考え方が見られる

chapter 3 section 5

線引き制度から見た立地適正化計画の可能性と限界

野澤千絵

1 — スプロールの防止から立地誘導へ

人口減少や超高齢化、自然災害の多発化・激甚化、空き家問題の深刻化、地球環境問題への対応など、社会状況は都市計画法が制定された時代背景とは大きく変化している。こうした喫緊の問題の解決や新たなニーズに適応しながら、長期的にも持続可能な都市経営の実現に向けた土地利用コントロールの必要性が高まっている。

二〇一四年八月、「コンパクト・プラス・ネットワーク」の観点から、都市全体の構造の転換を目指し、都市再生特別措置法の一部改正により、立地適正化計画（以下、立適）制度が施行された。立適は、都市計画マスタープランの一部と位置づけられ、市町村が都市機能誘導施設・都市機能誘導区域・居住誘導区域を指定することが必須となっている。都市機能誘導施設整備に対する税制・融資等や、誘導区域外における都市機能誘導施設や三戸以上の住宅の建築・開発行為等に対する届出・勧告を通じて緩やかに立地誘導を図る仕組みである。

これまでの線引き制度に加えて、都市機能や住宅の「立地の誘導」という観点が盛り込まれたことは、都市計画の新たな可能性を生み出したと言えよう。

本節では、居住の立地誘導に着目し、線引きの有無から見た立適制度の可能性と限界を明らかにした上で、今後の線引き制度再編の方向性を論じたい。

・立適の策定状況

立適は、二〇二〇年四月一日時点で、都市計画区域を有する一三五二都市[1]（二〇一九年三月末）の三九％にあたる五二二都市で策定済・策定中となっている。

keywords　立地適正化計画　居住誘導手法　線引き制度

こうして多くの都市が立適に取り組む背景には、立適の策定に伴い国の交付金が増額されるため、財政難で少しでも交付金を獲得したいという市町村が多いことも関係している。

線引き状況から立適の策定状況を整理（表1）すると、立適策定済・策定中の区域面積は、市街化区域の七〇％、市街化調整区域の七三％と、線引き区域の七割以上となっている。一方で、非線引き区域は四七％にとどまっている。人口で見ると、立適策定済・策定中の区域内人口（二〇一五年人口）は、市街化区域の全人口の六一％、市街化調整区域の全人口の七〇％をカバーしているが、非線引き区域では五二％にとどまっている。以上より、非線引き区域の方が立適の策定が進んでいないことがわかる。

・　**居住誘導区域の指定タイプ**

以下では、立適策定から六年弱の初動期の状況を整理する。居住誘導区域の指定タイプは、大きく分けて、「引き算型」「コンセプト型」「複合型」があった。

「引き算型」とは、市街化区域や用途地域指定区域から、災害リスクの高いエリア・工業専用地域・生産緑地など

表1　線引きの有無から見た立適の策定状況（2020年4月1日時点）

			都市計画区域			日本全体
			市街化区域	市街化調整区域	非線引き区域	
面積（万ha）	**区域全体**	A	145	382	493	3,780
	立適策定済・策定中の区域	B	101	279	230	609
		B/A	70％	73％	47％	16％
人口（万人）※2015年	**区域全体**	C	8,852	1,095	2,064	12,823
	立適策定済・策定中の区域	D	5,385	762	1,063	7,211
		D/C	61％	70％	52％	56％

出典）国土交通省「都市計画現況調査」、及び「都市モニタリングシート（平成29年度）」に掲載されている2015年の面積・人口をもとに作成

を除外して居住誘導区域を指定するタイプである。「コンセプト型」とは、公共交通からの徒歩圏、人口密度やDIDの維持、健幸都市づくりなどを視点に居住誘導区域を指定するタイプ、「複合型」とは「引き算型」と「コンセプト型」の合わせ技のタイプである。

では、居住誘導区域をどのような範囲としているか見てみると、市街化区域のほとんどを居住誘導区域に指定しているケースもあれば、公共交通からの徒歩圏として居住誘導区域を極端に狭く指定しているケースもあった。つまり、市町村により居住誘導区域の解釈が千差万別という状況になっている。これは、立適策定の動機・目的、人口動態や人口密度の現況、線引きの状況、周辺市町村の土地利用規制の状況など、各市町村の前提条件が異なっていることにも起因している。

次に、居住誘導区域の指定後の立適に関連する施策を見てみると、拠点エリアの都市機能誘導施設や公共空間の整備といったハード整備には大半の市町村が取り組んでいた。こうした取組みは、間接的に拠点エリア周辺への居住の立地誘導の一環と捉えることができる。しかし、市町村が自らの政策として策定・公表し、交付金が投入される以上、居住誘導区域内・外の土地利用規制の見直しや居住誘導区域を対象とした住宅政策の充実など、各市町村の創意工夫のもと、立適の実現に向けた横断的な視点からの居住誘導施策が求められる。

本稿の執筆時点では、具体的な居住誘導施策に取り組む市町村は少ない状況ではあるが、新たな取組みを行う市町村もでてきている。そこで以下では、土地利用コントロールのベースである線引き都市・非線引き都市に分けて、導入すべき居住誘導施策の視点から、立適の可能性と限界を整理する。なお、本稿で紹介する各市町村の取組みは二〇二〇年七月時点までのものである。

2 ― 線引き都市の可能性と限界

線引き都市における立適の可能性は、立適策定を機に、居住誘導区域内・外の用途地域や特別用途地区の見直し・新規指定、市街化調整区域の過度な開発基準の緩和の見直しに取り組むきっかけを提供したという点にある。

ただし、同じ線引き都市であっても、線引きの指定状況によって立適の意義が異なることから、①市域のほとんどが市街化区域の都市、②市街化調整区域に比べて市街化区域面積が少ない都市、③市街化が進まず市街化区域が過大な都市にわけて立適の可能性と限界を述べる。

・**市域のほとんどが市街化区域の都市**

市域のほとんどが市街化区域の都市は、人口密度が高い大都市部にあり、市域をまたいで市街地が連担している場合が多い。そのため、そもそも居住誘導の必要性に乏しいこともあり、居住誘導施策に取り組む市町村はほとんど見られない。[2] 一方で、立適策定前からの公共施設等の整備計画を立適に位置づけるなど、立適策定による交付金の増額を中心的な目的にしていると考えられる市町村も多く見られる。また、同じ市街化区域内で都市計画税を徴収していることもあり、居住誘導区域内と外の位置づけを明確に打ち出せず、居住誘導施策に取り組みにくいという面もある。

こうした中でも、居住誘導区域を中心とした住宅政策を導入している市町村もある。王寺町（奈良県）は、居住誘導区域に限定して、子世帯と町内在住の親世帯が町内に同居・近居するための住宅取得やリフォーム工事の費用の一部補助を行っている。王寺町では、立適を策定した以上、住宅政策としてもその整合性を図る必要があると判断し、こうした居住誘導施策を導入している。

こうした各市町村の居住誘導施策も重要だが、市域のほとんどが市街化区域という市町村は、例えば、東京市部や阪神間など、隣接する市町村と市街化区域が連担していることが多く、一体的な生活圏を形成している。そのため、市町村ごとの論理に依拠して立適に取り組むことの必要性やあり方は再考する必要がある。

・**調整区域に比べて市街化区域面積が少ない都市**

市街化調整区域に比べて市街化区域の面積が少ない都市は、もともとコンパクトな都市構造であるため、市街化調整区域の開発基準を大幅に緩和していない場合には、市街化区域内の市街地の維持・更新への注力が鍵となる。

一方、立適を策定しているにもかかわらず、市街化調整区域の開発基準を大幅に緩和している市町村は、都市政策の方向性が明らかに相反することになるため、立適策定を機に、その見直しが進む可能性がある。

実際に、毛呂山町、春日部市、和歌山市、鹿児島市等では、立適の策定を機に、市街化調整区域の開発基準の緩和条例の指定区域の縮小や廃止を実施した。例えば、和歌山市では、二〇一六年七月、住宅の拡散を防止するため、市街化調整区域の全域で分譲住宅等を認めていた三四一一条例の基準を廃止した。その上で、若年世帯が地価の安い周辺市へ流出することを食い止めながら、将来の生活拠点としての誘導を目指し、駅や小学校（避難所）等、複数の公共公益施設がある区域に限り、分譲住宅等の立地は可能となるよう開発基準を見直した。

しかしながら、筆者らのアンケート調査[2]では、立適策定済で三四一一条例の区域指定をしている自治体の四割程度が指定区域の縮小をする予定はないと回答しており、都市政策の方向性が相反する状況を存置する市町村も見られる。とはいえ、市街化調整区域の生活拠点周辺や農村集落の維持・更新は、今後も必要不可欠であるため、和歌山市のように市街化調整区域も立適の方針に即し、限定的な区域指定による立地誘導が重要である。

二〇二〇年六月、頻発・激甚化する自然災害に対応するため、都市計画法三四条一一号・一二号に基づく指定区域から浸水ハザードエリア等を除外するなど、住宅等の開発許可が厳格化された。これを機に、立適との整合性を図りながら、市街化調整区域の開発基準の大幅な緩和施策の見直しへと向かう可能性もある。

・市街化が進まず市街化区域が過大な都市

線引き後、市街化が進まず、市街化区域が過大に設定された都市では、居住誘導の必要性は高い。しかし、居住誘導区域の指定や立適の届出の仕組みだけでは実効性に乏しいことから、土地利用規制の見直しや住宅政策との合わせ技で、積極的な居住誘導施策が必要となる。

例えば、舞鶴市では、一九六〇年をピークに人口が減少し続け、まちなかを中心に空き家・空き店舗も増加し、人口ピーク期の線引きや用途地域が時代に合わなくなった。そのため、二〇一八年四月、都市計画マスタープランの改定と立適を策定し、土地利用規制の見直しに着手している。具体的には、市街化区域面積の約二七％の用途地域の大幅な見直し（空き家・空き店舗が多いまちなかのダウンゾーニング等）、市街化区域のフリンジ部分で農地が多く残る区域等の逆線引きなどである。また、居住誘導区域のみを対象に、「舞鶴市まちなかエリア空き家情報バンク」や「舞鶴市まちなかエリア定住促進事業」（空き家改修費用や家財道具の撤去費用の補助）など、立適と住宅政策との連携による取り組みを展開している。

3 — 非線引き都市の可能性と限界

非線引き都市は、既に低密にだらだらと市街地が拡散し、そもそも線を引くことが難しいと言われ続けてきた。こうした中で、緩やかな誘導ということで、居住誘導区域の線を引けたことに、立適の可能性を見出すことができる。加えて、立適の策定で開発規制がないに等しい非線引き区域で、市町村が新たな土地利用コントロールや住宅政策を導入するきっかけとなる可能性もある。

非線引き都市における居住誘導区域の設定は、用途地域指定区域をベースに、人口密度や駅からの徒歩圏を中心としている市町村が多い。しかし、非線引き都市の多くが、自家用車での移動が中心のライフスタイルで、公共交通も「網」として発達した状況にはない。また、駅からの徒歩圏や用途地域指定区域は、非線引き都市の中でも、人口密度は比較的高いものの、古くからの市街地が多く、新たな開発余地が少ないことが多い。

そのため、三〇〇〇㎡未満の開発行為は開発許可の対象外という現行の開発許可制度のもとでは、農地以外の利用を厳しく制限された区域を除けば、居住誘導区域内・外での開発規制の差がほぼないに等しい。特に沿道の土地利用規制を適切に行わないため、道路やバイパスが新設されるたびにロードサイドショップや住宅の立地がだらだらと進行し、人口は減少しているにもかかわらず、市街地は未だに広がり続けているケースが多い。

・非線引き都市の土地利用コントロール機能の強化

現在、ほとんどの都市計画権限が市町村に移譲されている中で、特に緩い土地利用規制を長年享受してきた非線引き区域の市町村の中には、新たに土地利用規制をしない方が人口や開発を誘導するには有利と考えるところも少なからず存在している。そのため、市町村が自主的に緩い土地利用規制を見直す方向に向かいにくい。

二〇〇〇年、線引き制度が選択制に移行して以降、人口減少や開発圧力の低下、土地利用規制が緩い隣接・近接市町村への人口流出に歯止めをかけたいということで、新たに線引きを廃止する自治体も増えている。しかし、地方都市で県庁所在地に隣接・近接した非線引き都市では、全体の人口は減少しているからといって開発がおきないわけではなく、仕事や結婚を機に親世帯から独立する際の住宅需要はそれなりにある。

こうした状況を背景に、地価が安い農地等を利用した住宅のバラ建ちが進行し、人口は減少しているにもかかわらず、市街地の拡大に伴う小学校等の後追い的な整備やゴミ収集等の公共サービスに対する公共投資を余儀なくされている。加えて、営農環境やまとまった土地を要する産業誘致などの地域振興にも影響を及ぼしている。

・非線引き都市の災害ハザードエリア

更に、非線引き都市の中で問題なのが、河川の合流点や天井川周辺など、大規模水害時に多大な浸水被害が想定されるようなエリアであっても、道路やバイパスが開通して利便性が高まると、その沿道で開発需要が高まり、そのエリアだけ若い世帯が流入し、局所的に人口が増加しているという点である。そして、こうした郊外に延びる道路沿道エリアは居住誘導区域外であることが多い。

二〇二〇年六月、頻発・激甚化する自然災害に対応するため居住誘導区域から土砂災害系の災害レッドゾーンの除外と共に、居住誘導区域内の防災対策及び安全確保策を定めた防災指針の策定が必要となった。しかし、表1のとおり、そもそも非線引き都市では、全非線引き区域面積の四七％（全口の五四％）しか立適を策定していないことから、今後、非線引き都市における災害リスク対応に大きな格差が生まれることも懸念される。

このように、非線引き都市は、ベースとなる土地利用規制が緩いため、居住誘導区域の線を引いただけでは、居住の立地誘導は困難であることは明らかである。つまり、非線引き都市では、立適を機にした土地利用コントロール機能の強化や住宅政策との連携による居住誘導施策を積極的に講じていくことが求められる。

4 ― 立適を機にした居住誘導施策の現状

こうした中で、非線引き都市において、立適を機にした居住誘導施策に取り組む市町村も見られるようになった。具体的には、①住宅の建築を制限する特別用途制限地域の指定、②立適制度に基づく居住調整区域の導入、③居住誘導区域を中心とした住宅政策の導入である。

①特別用途制限地域は、都市計画法の地域地区だが、

特定用途制限地域を使って新たに土地利用コントロールに取り組む市町村も出現している。例えば、横手市では、無秩序な市街地拡大の抑制を目的に、二〇二〇年四月、特定用途制限地域として「田園保全型地域」を指定し、自己用・分家住宅を除く住宅の建築を制限している。

②居住調整区域は、住宅地のこれ以上の拡大抑制を目的に、立適制度に任意事項として位置づけられたもので、市街化調整区域とみなして開発許可制度（立地基準の適合性も審査される）が適用されるものである。むつ市では、一九八五年をピークに人口が減少していたが、市街地の拡大が続いていたことから、住宅地開発抑制エリアに対して居住調整区域を指定している。

③居住誘導区域を中心とした住宅政策の導入については、例えば、燕市・黒部市・小城市は、市域全体を対象としつつ、居住誘導区域内の住宅取得に加算するという手法を導入している。

しかし、立適創設の初動期とはいえ、居住誘導区域を中心とした住宅政策の導入に取り組む自治体は少ない。特に、人口も世帯数も減少し始めている非線引き都市では、過疎化対策・移住支援として少しでも人口の維持・増加をしたいという意向が強いことから、市街地の拡散抑制に向けた新たな土地利用規制を自主的に導入したり、対象区域を居住誘導区域に絞って住宅取得・改修等の補助を行う制度へと見直す方向には向かいにくい面がある。

5 ─ 立適制度から見た線引き制度の問題点

以上のとおり、立適制度の出現によって、居住の立地を誘導するという施策として第一歩を踏み出したこと、非線引き区域内に居住誘導のための新たな線を引けたこと、一部の市町村ではあるが、線引き・地域地区等の見直しや、立地を加味した税制・補助制度等の住宅政策の展開など、市町村の創意工夫で居住誘導施策が導入されはじめていることには大きな意義がある。

しかし、高度経済成長期に形作られた線引き制度を土台に、特措法という形で立適制度を導入し、土地利用誘導策の上書き・付け足しをするだけでは、住宅の新規立地の誘導として限界が見えているのも事実である。

特に、立適による居住誘導では、線引き制度が抱える構造的な問題を乗り越えることがどうしてもできない点がある。それは、生活圏として一体となっている同じ都市圏の中で、まだら状に線引き・非線引きが混在しており、土地利用規制が不連続となっている点である。

非線引き都市では、たとえ立適を策定しても、各市町村が具体的な居住誘導施策を講じなければ居住誘導の実効性は上がらない。その中で、線引き都市が立適を策定しても、隣接・近接した非線引き都市に開発需要を奪われたくないと、市街化調整区域の規制緩和策の見直しには後ろ向きとなりがちである。それであるなら、時代とともに道路・バイパス等の整備が進展し、開発圧力がそれなりにある非線引き都市には、都道府県が新たに線引きすればよいとも言える。

しかし、低密な非線引き都市に、現行の線引き基準を当てはめると、ほとんどの区域が市街化調整区域となってしまうため、市町村からの抵抗が強く、現行の枠組みの中で新たに線引きすることはほぼ不可能となっている。

今後、立適による居住誘導区域の指定方法やその後の居住誘導施策の実効性をふまえながら、更に一歩進めて、高度経済成長期仕様の線引き制度を、人口減少時代仕様の制度へと再編することが必要な時期になっている。

6―線引き制度の再編案

では、線引き制度をどのように再編すればよいのだろうか。筆者の拙い案だが、今後の検討のたたき台として、全都市計画区域を「市街地区域」「準市街地区域」「居住調整区域」「土地利用管理区域」に再編することを提案（図1）したい。線引き再編では、現行の線引き制度と立適制度を下敷きに、既存の住宅地・集落のまとまり状況・基盤整備状況、公共交通や義務教育施設等へのアクセス性・カバー性、インフラの持続可能性、減災性、産業立地等を加味し、都道府県、あるいは同一都市圏内の市町村による協働体で策定する。

具体的には、「市街地区域」は、市街化区域の居住を維持・更新すべき区域、非線引き区域の居住を維持・更新すべき区域を中心とする。「準市街地区域」は、市街化調整区域の生活拠点・農村集落として持続的に居住を維持・更新すべき区域、非線引き区域の都市拠点・地域拠点や持続的に居住を更新すべき区域を中心とする。

「居住調整区域」は、まとまった農地・森林等を中心に、市街化区域で市街化が進んでおらず居住を誘導しない区域、市街化調整区域の生活拠点や農村集落を除く区域、非線引き区域で持続的に居住を更新すべき区域を除く区域を中心とし、開発許可制度の立地基準と連動させ、原則として住宅の新規立地を抑制する。
「土地利用管理区域」は、災害リスクが高く、かつ避難施設等が未整備、または整備が困難な区域とする。「土地利用管理区域」では、土地利用ビジョンを策定し、開発許可制度の立地基準と連動させ、例えば、相続発生時に、

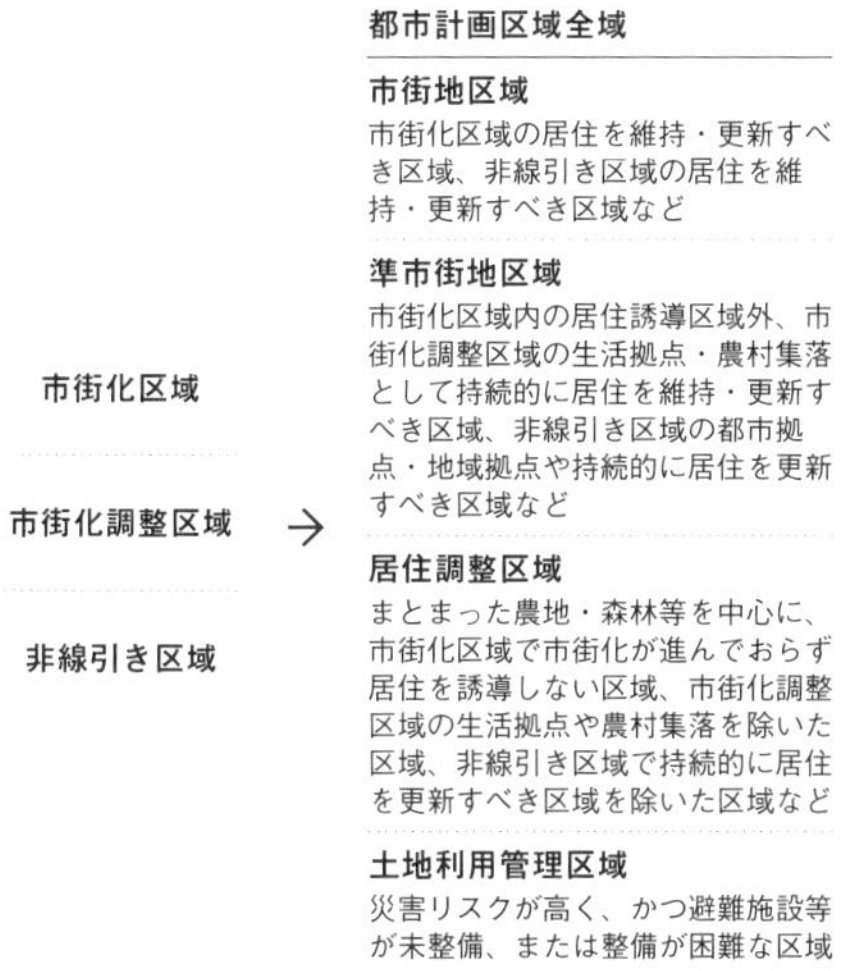

都市計画区域全域
市街化区域
市街化調整区域
非線引き区域
市街地区域
市街化区域の居住を維持・更新すべき区域、非線引き区域の居住を維持・更新すべき区域など
準市街地区域
市街化区域内の居住誘導区域外、市街化調整区域の生活拠点・農村集落として持続的に居住を維持・更新すべき区域、非線引き区域の都市拠点・地域拠点や持続的に居住を更新すべき区域など
居住調整区域
まとまった農地・森林等を中心に、市街化区域で市街化が進んでおらず居住を誘導しない区域、市街化調整区域の生活拠点や農村集落を除いた区域、非線引き区域で持続的に居住を更新すべき区域を除いた区域など
土地利用管理区域
災害リスクが高く、かつ避難施設等が未整備、または整備が困難な区域

図1　線引き制度の再編案のイメージ

解体費助成とその土地の寄附受けを通じたグリーンインフラ化など、土地利用を止めていくことも視野に入れる。これは、人命の安全確保や市町村職員等の災害対応の負担軽減、災害が発生した際の復旧・復興にかかる多額の公的コストの抑制に寄与するものと考えられる。

立適制度の誕生は、市街化区域内に広がる居住誘導区域外というエリアの位置づけ、市街化調整区域の開発基準の緩和のあり方や集落拠点の維持・更新の促進、非線引き区域の土地利用コントロールの強化、都市圏内の土地利用規制の不連続性問題など、線引き制度そのものが持つ問題を浮き上がらせた。これを機に、線引き制度の改革に向けた議論が「再燃」することを期待したい。

［註・参考文献］

1 国土交通省「立地適正化計画の取り組み状況」二〇二〇年四月一日時点、及び「都市計画現況調査（二〇一五年度）」

2 野澤千絵・饗庭伸・讃岐亮・中西正彦・望月春花「立地適正化計画の策定を機にした自治体による立地誘導施策の取り組み実態と課題——立地適正化計画制度創設後の初動期の取り組みに関するアンケート調査の分析」『日本都市計画学会学術研究論文集』五四巻三号、八四〇－八四七頁、二〇一九年

4

chapter

戦略的整備とマネジメントに向けて

都市の計画（プラン）を実現するには、その手段のひとつとして開発事業を行い、都市基盤や空間を積極的に整備する必要がある。市街地の整備・改善が急務でもあったわが国では各種の都市計画事業が展開されてきた。「記念シンポジウム第三弾・都市計画法を展望する」では、法制度の成果を読み解き、引き継ぐべきものと創り出していくべきものについて議論が交わされたが、事業制度とそれによって形成された都市基盤や空間も引き継ぐべき都市計画の成果であることが確認された。本章ではシンポジウムでの論点等も踏まえ、各執筆者が専門や実践者の立場から都市基盤・空間整備の展開と成果を提示し、今後の法制度の要件を論じている。

第1節では、面的に市街地を開発・整備する手段である市街地開発事業について、土地区画整理事業を中心に事業と法制度の関係について考察し、今後の展望を述べている。具体的には、面的な整備事業の概要を述べた後、多用されてきた手法である土地区画整理事業の特質の変遷を、「公」と「民」の関係に着目して示している。そのうえで地域の多様性や持続性向上への対応が求められる等、今後の事業制度に向けて枠組み再構成の必要性が示唆されている。

第2節では、都市計画道路の整備事業について、その成果と課題および今後の展開を示している。まず都市計画道路に関する制度の変遷と整備の成果が示され、そのうえでわが国では都市計画制度の中に計画から事業実施まで一貫した道路整備のシステムが取り込まれていることを特徴として指摘している。そして長期未着手等の問題から道路整備にも空間的・時間的な戦略を持つことの必要性などを指摘しており、道路・街路の空間ストックとしての活用・マネジメントの必要性とそのための合意形成促進技術など、計画制度充実の必要性を説いている。

第3節では、都市公園の整備制度について成果と課題を振り返り、これからの展望を論じて

都市基盤・空間の整備事業と都市計画

いる。まず旧法時代からの公園の概念および収用や計画標準といった整備手段の変遷を述べた後、近年の緑地・公園等に係る計画制度や整備事業手法の展開について実例を挙げて説明している。また公園整備の戦略的再編や、民間の多様な主体の協調による都市公園のマネジメントといった方向性を今後の展望として示している。

第４節では、実践者として実際の都市開発を多く手掛けてきた都市再生機構の実例をもとに、まちづくり実務と法制度の関係を論じている。まず実務の現場においては制度と現実のすり合わせに工夫が必要であるとし、総合化、合意形成、柔軟性を視点として示している。また特に公共の福祉の実現と個人の財産権保護のバランスが常に課題であることを指摘し、合意形成のために関係者の生活再建の視点を常に持ちながら、法制度も時代の変化に柔軟に対応していくことの必要性を述べている。

第５節では、都市の再編が否応なしに迫られる大災害からの復興と都市計画の関係について論じている。まず復興計画の時代的変化について概観した後、阪神・淡路大震災、東日本大震災からの学びや、復興事業の成果をまとめている。そして事前の被害軽減対策の制度整備や、都市計画においても復興も視野に入れた取組みへと拡大することなどを今後の方向性として示している。

以上の論考では、求められる地域環境が高度化・多様化する一方で強力な事業推進が困難な時代に入り、都市基盤・空間の整備も、広い視野に立ち、時間管理の概念を持って戦略的に計画しマネジメントしていかなくてはならないこと、その際には公共と民間の役割再考等、担い手の議論が一層重要性を増すことも忘れてはならないことを含め、都市基盤や空間を都市全体の視点から捉え直し、戦略的に再構築していくことの必要性が共通して提示されている。これらの法制度への反映には現状の都市計画法体系を超える対応が必要とされているといえよう。

（中西正彦・鈴木伸治）

4 chapter 1 section

市街地開発事業と都市計画

岸井隆幸

わが国近代都市計画では「実践である都市づくり」と「都市計画の法制的枠組み」は常に一体不可分であり、相互に影響を及ぼしあってきた。本節では「実践である都市づくり」の中でも、特に「面的に市街地を開発・整備する事業」を取り上げて「実践と法の関係」を考察する。

1―面的整備事業の概要と本節の構成

現在、都市計画法に規定されている「市街地開発事業（面的に市街地を開発・整備する事業）」は、土地区画整理事業・新住宅市街地開発事業・工業団地造成事業・市街地再開発事業・新都市基盤整備事業・住宅街区整備事業・防災街区整備事業の七種類である。もちろん、市街地の面的開発としては「民間企業が一団の土地を任意の契約に基づき買い取って、住宅・宅地の開発・供給を行う事業」もあるが、こうした民間開発事業は一般には都市計画の位置づけを与えられておらず、一定規模に達したときに「開発許可」という手続きで都市計画の網にかかるという仕組みになっている。

この都市計画法に規定された七種類の事業の施行実績（都市計画決定されたもののみの集計）を見ると、土地区画整理事業が五一〇〇地区強、市街地再開発事業が一〇〇〇地区強で双璧となっており、その他の事業はきわめて限られた数しか実施されていない。つまり、わが国の計画的な面的市街地開発は、実質、土地区画整理事業と市街地再開発事業の二つで代表されるといってよい。

後者の市街地再開発事業は基本的には権利変換の手法で土地などの権利を立体的に処理するが、法令目的からくる地区要件もあって、どうしても都市中心部高度利用

keywords　市街地開発事業　土地区画整理事業　市街地再開発事業　都市再生

を目指すような地域での実施が中心となっている。一方、前者の土地区画整理事業はわが国最初の近代都市計画法（一九一九年都市計画法）で導入された極めて汎用性の高い手法で、新市街地から既成市街地まで様々な市街地で幅広く使われている。一九一九年都市計画法に基づいて行われたもの・都市計画決定を伴わない事業（組合施行など）を合わせると、実際に土地区画整理事業実施地区数は一万二〇〇〇強となり、全国ＤＩＤの約三割に相当する約三七万haの区域を整備している。その結果、供用済み・完成済み都市計画道路の約四分の一、開設済み街区公園・近隣公園・地区公園の約半分、供用されている都市計画駅前広場の約三分の一が土地区画整理事業によって生み出されたもので、現在（二〇一七年度末）も全国で八六〇地区、約二万九四〇〇ha（うち公共団体施行が四七七地区、一万九三〇〇ha、組合施行が三〇七地区、八三〇〇ha）と多数の事業が実施中である。

従って本節ではまず歴史もあり、最も多用されている事業である土地区画整理事業を中心に「事業と法制度の関係」について考察し、最後に今一度視野を広げて、今後の展望を整理する。

2 — 市街地を整備する事業の誕生

わが国最初の都市計画基本法は一九一九年に制定されたが、法令に基づく計画的な都市づくりという点では一八八八年の東京市区改正条例に遡ることができる。東京市区改正条例では、東京市区改正委員会が東京市区改正の設計及び毎年度施行すべき事業を議定し、内務大臣に具申する。内務大臣は内閣の認可を受けた後、東京府知事にこれを執行させるという仕組みになっていた。つまり市区改正（今の言葉でいえば都市計画）の制度は「事業という実践」の仕組みとして構築されていたのであり、「公」が計画を示し、「公」が実践する（施設の整備を行う）という内容であったといえよう。

こうした東京市区改正の経験を経て「近代的な都市づくり」は六大都市へ、そして全国へと広がってゆくこととなる。その枠組みを示したのが一九一九年都市計画法であった。この一九一九年都市計画法は全三三条、附則を除けばわずか二六条の簡潔なものであったが、そのうちの約三分の一にあたる八条は土地区画整理事業に関連する規定である。この「土地区画整理事業」は一九一九年都市計画法で初めて都市計画の手法として正式に認知されたものであるが、都市計画法には具体的な手続きを示した規定は存在せず、一八九九年に制定された「耕地整理法」[1]を準用することとなっていた。この状況は、一九二三年と一九四六年の二回の特別都市計画法を経て、一九五四年土地区画整理法が制定されるまで続いている。

では、耕地整理法とはどういう法律であったのか。耕地整理は、明治初期、石川県野々市村、安原村や静岡県浜松、磐田郡などで近代耕地整理の嚆矢となる事業が行われ[2]、明治二〇年代には各地で大流行した。[3]そもそもは土地所有者が共同で行う事業であったが、生産力の向上に繋がるため国がその推進を図ることとなり、一八九九年、「計画区域の土地所有者・面積・地価の三分の二以上の同意があれば不賛成者も含めてその全域に事業を施行することができる」と定めた法律「耕地整理法」が制定された。また、事業の費用は「費用および夫役は規約の定むるところにより参加土地所有者これを負担」するのが原則で、「参加土地所有者費用を完納せざるときは市町村長は整理委員の請求により市町村税徴収の方法に準じてこれを徴収す（中略）参加土地所有者夫役を供給せざるときは整理委員は金額に算出してこれを徴収す、この徴収につきてもまた前項の規定による」とされていた。つまり、「地域の人々が連携して地域の環境を改善しようという取組みであり、受益者からの資金徴収については法に従って行政組織が下支えをする」それが耕地整理の仕組みであった。

江戸期から現代へ移行する間に近郊農村部は順次都市に取り込まれていったが、こうした地域では耕地整理事業による実質的な宅地供給、市街地の先行整備が行われていた。一九三〇年までに「耕地整理事業と称しながら実質的に都市宅地の区画整理」とみなされるものは全国で五四四地区、三万二八六三ha存在したといわれている。[4]

ただ、この耕地整理は一義的には農地の整備であるので、街区の大きさや道路の計画設計論は必ずしも住宅地としてふさわしいものとはいえず、一九一九年都市計画法の制定にあたっては、宅地の整備を本旨とする土地区画整理事業が新たに書き込まれることとなったのである。

3　土地区画整理事業制度の充実
——帝都復興事業

こうして都市計画法制の中に正式に土地区画整理事業

が位置付けられたが、耕地整理法を準用するという仕組みからわかるように、基本的には「土地所有者による土地の共同開発」という性格を有していた。具体的には都市計画法一二条に「都市計画区域内ニ於ケル土地ニ付テハ其ノ宅地トシテノ利用ヲ増進スル為土地区画整理ヲ施行スルコトヲ得、前項ノ土地区画整理ニ関シテハ本法ニ別段ノ定アル場合ヲ除クノ外耕地整理法ヲ準用ス」として耕地整理法を準用して組合などが実施する宅地増進区画整理が位置づけられた。ただ、一方で一三条には「都市計画トシテ内閣ノ認可ヲ受ケタル土地区画整理ハ認可後一年以内ニソノ施行ニ着手スル者ナキ場合ニ於イテハ公共団体ヲシテ都市計画事業トシテ之ヲ施行セシム」として都市計画の認可を受けた事業で認可後一年以内に施行する者がでないときに公共団体が実施する都市計画区画整理が、さらに一六条には「……前項土地（「道路、広場、河川、港湾、公園その他勅令を以って指定する施設に関する都市計画事業にして内閣の認可を受けたるものに必要なる土地」のこと、筆者注）附近ノ土地ニシテ都市計画事業トシテノ建築敷地造成ニ必要ナルモノハ勅令ノ定ムル所ニ依リ之ヲ収用又ハ使用スルコトヲ得」、加えて施行令二一条に「都市計画法第一六条第二項ノ規定ニ依ル収用又ハ使用ハ土地区画整理ヲ施行スル必要アル場合ニ限リ之ヲ為スコトヲ得」として公共施設整備に関連して超過収用をした上で建築敷地造成を行う超過収用区画整理が規定されていた。一九一九年都市計画法は「公」が枠組みを作り、一部面的な市街地整備に関しては原則「民」が実践する、一部については「公」が行うこともある、という立て付けであったといえよう。

この一九一九年都市計画法は全国に都市計画を展開することを目的として制定されたが、制定直後の一九二三年九月一日、大地震が関東地域を襲った。関東大震災である。ここでわが国の都市計画は再び、土地区画整理事業の制度を強化することとなった。一九二三年特別都市計画法（以下「一九二三年特別法」という）の施行である。

全一一条からなるこの法律は「都市計画法」という名がついているが、実質的には帝都復興を実現する土地区画整理事業の手法を強化する土地区画整理特別法と見ることができる。具体的には、法三条で耕地整理法では認められていなかった「建物ある宅地」を土地区画整理事業地区に編入することができるようにした、法四条で組合施行を意識して「借地権者の同意ならびに組合への参加」を規定し、法五条では旧都市計画法一三条の規定と異なり、行政庁・地方公共団体施行に際して都市計画認可後直ちに事業ができるようにするとともに、事業計画や換地計画などについては土地所有者・借地権者の代表による土地区画整理審議会の意見を聞いて行うこととした(そもそも耕地整理には公共団体施行という概念がないため、一九一九年都市計画法の一三条都市計画区画整理については施行方法に関する枠組みが存在していなかった)、法六条では換地の予定地を指定し建物の移転を命じることができるようにし、法八条で減歩が一割を超えるときは超えた分を補償することとしている。こうした従来の耕地整理法準用では実現することが極めて困難な部分を新たに法制度として構成し、この特別法を背景に行政主導で大胆に帝都復興土地区画整理事業が展開され、焼失区域のほとんど全域を復興させることができたのである。

もし、一九一九年に都市計画法が制定されていなければ、あるいはそこに土地区画整理事業が記載されていなければ、関東大震災後の復興の形は大きく異なるものになったと思われる。

4―土地区画整理事業の全国展開
――戦災復興事業

この一九二三年特別法は事業の完成とともに一九四一年に廃止されたが、その後、わが国は戦争へ突入し、最終的には第二次世界大戦の空襲によって多くの都市が破壊されるに至る。第二次世界大戦の戦禍は全国一五〇余りの都市に及び、戦災を受けた都市の復興のために再び一九四六年、特別都市計画法(以下、「一九四六年特別法」という)が制定されることとなった。この法律は全体で二八条からなり、やはりその大半は土地区画整理事業に関する条文であった。一九二三年特別法と比較すると、施行主体は一九二三年特別法では国である部分が多かったが一九四六年特別法では行政庁を想定している(一条)、事業の費用に関して一九二三年特別法は国庫負担を原則としていたが一九四六年特別法では相当の国庫補助をなすこととした(四条)、減歩については一九二三年特別法が一割を越える部分を補償するとしたのに対し一九四六年特別法は一割五分までその割合を広げている(一六条)、また一九二三年特別法で認められていなかった国有地、官の用に供する土地、鉄道用地なども同意なく土地区画整理事業地区に取り込むことができるようにし（五条）、過小宅地対策や借地の規模を適切にするために増換地や換価処分する制度を創設している（七条）。こうした特別都市計画法の施行を受けて戦災復興まちづくりの実践が始まったが、緊縮財政政策を求められたこともあって一九五〇年土地区画整理事業について全面的な規模縮小が行われ、最終的には戦災復興事業として一一二都市、約五八八六万坪が、都市改造事業として三四都市、約二六四八万坪が、他の事業として五都市、約七二万坪が、単独事業として六都市、約二二四万坪が、合計として約八八三〇万坪（約二万九一九〇ha）が実現された。

この二回の特別都市計画法の制定によって耕地整理法や従来の一九一九年都市計画法では不十分であった公共団体による施行の時期、宅地の強制編入、換地予定地、過小宅地の取り扱いなど事業運営上の規定が整理できたとともに、宅地評価、減歩率、換地設計に対する考え方も定式化されていった。一九二三年と一九四六年の特別都市計画法はともに「都市づくりの実践」のための法制度の強化であり、こうした積み重ねによって今日の実践と法制度の関係が生み出されている。

図1　戦災復興土地区画整理事業で実現した仙台のケヤキ並木（筆者撮影）

そして、一九四九年これまで準用してきた耕地整理法が廃止されたことを受けて、ついに一九五四年土地区画整理事業の基本法「土地区画整理法」が制定されることとなる。事業の目的は「公共施設の整備改善及び宅地の利用増進を図るため」と再定義され、同時に「借地権者を事業の構成員として認める」、「土地区画整理審議会制度の創設」、「事業計画・換地計画の縦覧や意見書提出手続きを法定化する」、「立体換地の規定を創設する」などといった事業制度の改善が実現された。

ただ一方で、従来の超過収用区画整理（一九一九年都市計画法一六条の区画整理）は憲法違反の疑義が指摘され、新たな法律には盛り込まれなかった。

5 ― 新たな都市計画法と市街地開発事業の誕生・展開

戦後一〇年を経て、わが国は戦災復興から経済高度成長への道を歩み始める。大量の人々が地方から東京・大阪・名古屋といった大都市圏に流入し、住宅・宅地の需給もひっ迫、郊外部では無秩序な開発が急激に進むこととなった。こうした状況を受けて、一九五五年、土地区画整理事業の新たな施行者となる日本住宅公団が誕生する。この公団は住宅・宅地の大量供給を目的としており、事業前に公団が土地を任意で先買いし、その購入した土地を集合換地し、しかも保留地と一体的に運用することが行われた。公団管理の土地（先買い地と保留地）で計画的な集合住宅地（いわゆる「団地」）や設計意図を明確に持った地区センターを創造するという事業手法（先買い型区画整理）が生み出されたのである。

一方、都市の無秩序な膨張が大きな社会問題となった結果、一九六八年、五〇年ぶりに都市計画法の抜本改正が行われた。この法律では「都市計画とは都市の健全な発展と秩序ある整備を図るための土地利用、都市施設の整備及び市街地開発事業に関する計画（四条）」であると定義され、土地区画整理事業は「市街地開発事業」として都市計画上の位置づけを再度明確にされた。しかも、新たに導入された土地利用規制である「区域区分（線引き）制度」と連携を図ることによって郊外部で広く活用されることとなった。加えて、一九七二年にはこの土地区画整理事業と新住宅市街地開発事業の考え方が融合して「新都市基盤整備法」が、また、土地区画整理法の立体換地の規定から一九六一年市街地改造事業・一九六九年市街地再開発事業・一九七五年「大都市地域における住宅地等の供給の促進に関する特別措置法」(大都市法)の住宅街区整備事業が生まれるなど様々な新しい市街地整備事業制度が生み出されていった。

急激な都市膨張期には「新市街地を大きく早く整備して大量の宅地を供給するための土地区画整理事業」が都市づくりの中心であったが、都市を取り巻く様々な状況が変化するにつれて事業手法の拡充が行われたのである。市街地再開発事業のように市街地の防災性を高めながら土地利用の高度化を図る事業は徐々に増えていったし、土地区画整理事業も「一定水準の都市基盤整備を大規模に実現し、大量に宅地を供給する事業」から姿を変え、大規模工場跡地や国鉄跡地の再開発を実現する事業、中心市街地活性化のための事業、公共施設整備のためというより土地の権利関係を整理し、敷地を整えて土地の有効利用を実現する事業(「敷地整序型」事業と呼ばれる)[5]、密集市街地を安全な市街地へ再生するための事業などへと幅が広がっていった。

6―都市再生と立地適正化計画

わが国の経済は高度成長の後、しばらく安定成長を続けたが、一九九〇年前後不動産投機を背景にしたバブル経済が崩壊、その後は低迷を続けることとなった。公共投資も財源が乏しくなり、二〇〇二年、都市再生特別措置法が制定されて、民間企業の都市開発活動を軸にした「都市再生」の手法が登場する。

一九六八年都市計画法で示された、計画を「公」が立案し「民」と「公」で事業を展開するといった枠組みから、枠組みを「公」が作り「民」が提案・実践するという仕組みが生まれたのである。二〇二〇年一月現在、都市再生緊急整備地域は全国で五二指定されているが、なかでも東京では様々な大規模な再開発が動き出すこととなった。大手町・丸の内・有楽町地区(大丸有地区)では一九八八年から再開発の動きが始まり、容積率移転の手法も活用して東京駅が復原され、駅前広場の整備が実現し、周囲のビルの更新も進んでいる。副都心と呼ばれていた渋谷・新宿・池袋でも再生の動きが活発になり、渋谷ではすでに新しい高層建築物が建ちならぶようになった。

また、一方で人口減少・超高齢社会が現実のものとなり、二〇一四年にはこの都市再生特別措置法の中に「立地適正化計画」が導入されることとなった。高度成長期の爆発的なエネルギーを「制御」することを目的とした体系から、まちづくりを鼓舞し、コンパクト＋ネットワークの都市構造を実現するために「協調」、「誘導」を基調とした体系が創り上げられたのである。ここでは地域活性化のために「公」が「民」と協調する枠組みを整え、「公」自らが管理する施設を再配置する、あるいは「公」の誘導に沿って「民」が具体的に実践するという仕組みを見て取ることができる。

7 今後の市街地整備事業と法制度

こうした大きな都市計画の転換点を迎えて、求められている市街地のあり方、そしてそれを実現する面的な市街地整備手法にも変化が生まれている。「機能純化」を基礎とした「合理的な市街地」にとどまらず「様々なアクティビティが展開される、持続可能で多様性に富んだ市街地」が求められ、市街地整備手法の目的も「空間や機能の確保」から「地域の価値・持続性を高めること」へと変わりつつある。また、事業期間前後の時間的連動や事業区域周辺部との空間的連携などの必要性が強く認識され、エリアマネジメントの取組みを内包した事業の仕組みづくりが求められつつある。

こうした状況の変化を受けて、土地区画整理事業は「施設整備を大規模に展開する」というより権利の調整を主たる目的として行われる「敷地整序型」が増え、建物と一体的に空間計画を立案する複合的な事業へと変わりつつあるし、市街地再開発事業も全面的な権利変換によるスクラップ＆ビルド型の手法から、より柔軟に適用できるように様々な制度改正が行われてきている。さらにはリノベーションまちづくりのように一つ一つ小さな改善を積み重ねて地域を変貌させてゆこうという取り組みも増えてきている。

もちろん、民間の活力に期待できる大きな都市と民間活力になかなか期待できない地方中小都市では自ずと取るべき施策も異なってくるが、いずれにしてもエリアを見渡したトータルな視点から市街地の課題把握を行った上で、担い手の確保とともに「公民連携」でビジョンを共有することが求められる。その上で、多様な手法・取組みを組み合わせて、できることから連鎖的に展開することが求められている。これまで市街地整備を担ってきた市街地開発事業手法も、より一層柔らかい展開（道路空間の再配分と部分的な敷地整序を担うようなリノベーション型の区画整理や高度利用に固執しない柔らかい再開発）を実現する制度改正が必要になると思われる。

「都市づくりの実践」と「都市計画法制度」は、社会の要請の変化に応じてその全体像を少しずつ変え続けてきたが、常に相互に影響を与える一体不可分の関係にあった。また、計画と実践における「公」と「民」の役割分担は徐々に変化してきたが、どういった都市・市街地を目指すべきか、そのために解決すべき問題点は何で、どういう工夫が求められるのか、こうした視点を大切にしながら事業制度、都市計画法制度の設計が行われてきたことには変わりがない。

現在の都市計画の枠組みを提示した一九六八年都市計画法は部分的な修正はあったものの未だ抜本的な改正には至っていない。一方、時限立法として構成された「都市再生」の法制度は継続的に充実され、実際に各地の都市づくりを動かしつつある。二種類の法律を読み解きながら都市づくりを実践しなければならないという状況は事業に参加する人々にとって難解・不可解である。そろそろ今一度全体像を整理する時期が近づいてきている。新たな時代を導いてゆく法制度と実践の枠組みをわかりやすく再構成しなければならない。

［註・参考文献］

1　実際は一九〇九年に大幅改定されている

2　上野英三郎『耕地整理講義』成美堂書店、一四頁、一九〇五年

3　今村奈良臣・佐藤俊朗・志村博康・玉城哲・永田恵十郎・旗手勲『土地改良百年史』平凡社、四二頁、一九七七年

4　小栗忠七『土地区画整理の歴史と法制』巌松堂、一五頁、一九三五年

5　例えば、東京有楽町駅前では二街区を一つにまとめて高度な土地利用を実現した。中央の道路用地は周辺歩道の拡幅に利用、代わりに敷地内通路が設置された

道路整備と都市計画

渡邉浩司

1 本論の背景と趣旨

都市計画道路は、都市の骨格を形成する重要な都市施設であり、わが国の都市計画は、欧米諸都市と比較して圧倒的に不足している都市内の道路整備を主眼とした事業を中心とした制度として始まった。その後、都市内道路整備は、都市計画制度と予算制度の政策的な運用・展開が連携して、わが国の人口増加局面において大きな効果を発揮してきたが、他方近年では、人口減少等の大きな変化を踏まえ、大きな方向転換が進みつつある。

本論では、都市内道路整備に関する都市計画法制度の意義を再確認し、それを踏まえつつ成果と課題を読み解き、今後の展開を考えていきたい。

2 都市内道路整備に関する都市計画制度の歴史的経緯

・旧都市計画法

都市内道路整備に関する都市計画制度等の経緯を整理したものが表1である。

一九一九年に旧都市計画法が制定され、都市計画道路には、計画線を決める都市計画決定、事業化を決める都市計画事業決定という二段階の仕組みが導入されるとともに、市街地建築物法(同年制定)により、建築線制度による建築規制が適用されることとなった。この整備に当たっては、耕地整理法の準用による区画整理事業の活用のほか、受益者負担金や、超過収用といった面を意識した財源確保の手法が位置づけられていた。

また、道路法(同年制定)に基づき、道路構造令とともも

keywords　都市計画道路制度　街路空間利活用　マネジメントのための計画制度

に街路構造令が定められた。これは、最も広い街路である広路二四間（四四m）以上をはじめとする街路の段階構成を定め、歩道を幅員の六分の一ずつ両側に確保する規定を設ける等、先進的な内容のものであり、これに基づき都市内道路の整備が進められた。その後、関東大震災後の震災復興、第二次世界大戦後の戦災復興の際に特別都市計画法が定められ、主として土地区画整理事業により、都市内道路整備が進められ、東京や主要地方都市の駅前広場や代表的な街路が整備された。

復興から高度成長へと移行する中で、一九五四年にガソリン税による道路特定財源制度が創設され、都市内道路を整備する街路事業も、道路整備五か年計画に基づき道路財源を活用して整備が進められることになった。一九五八年に街路構造令は道路構造令に吸収され、自動車交通を担う幹線道路の整備が進められた。

・新都市計画法

戦後の高度成長期に急激な都市への人口・産業の集中が進み、無秩序に市街地が拡大する中で、一九六八年に新都市計画法が制定され、線引き制度の導入、決定権限の都道府県知事等への移譲、住民参加手続きの導入等がなされるとともに、都市計画施設については、事業決定が事業認可に改められ、計画線内の建築規制（五三条制限）も定められて、おおむね現行の都市計画道路に関する制度が整えられた。

その後、都市計画法制度については、地方分権による決定権限の移譲、マスタープランの充実、立体都市計画制度や都市計画提案制度の創設等を経て、また予算面では、軌道系交通や交通結節点、歩行者専用道路等の補助対象の多様化、道路特定財源の廃止、補助金の交付金化等を経て、現在に至っている。さらに近年では、都市再生特別措置法改正により二〇一四年に立地適正化計画制度、二〇二〇年に滞在快適性等向上区域制度が創設され、コンパクト＋ネットワークの都市づくりやウォーカブルなまちなかの形成に向けた取組みが進められている。

大きな流れとしては、国主導から地方主導・住民参画へ、都市拡大に対応した新規道路整備から都市再生に対応した道路再構築へ、モータリゼーションに対応した車中心の幹線道路整備から公共交通と連携した人間中心の街路空間整備へといった変化（場合によっては回帰）が傾向

西暦	法律等	制度内容〈社会事象〉 [事業（予算制度）]　⇒主要事例（供用年）
1982	（予算制度）	[歴史的地区環境整備街路事業] ⇒奈良今井町歴みち事業（1992）
1984	（予算制度）	[シンボルロード整備事業]　⇒小樽運河（1986）
1989	道路法・ 都市計画法等改正	立体道路制度の導入　⇒環状２号線（新虎通り）（2014）
1991		〈バブル崩壊〉
1992	都市計画法改正	MP 強化（市町村の都市計画基本方針導入）
1993		[地域高規格道路]　⇒首都高新宿線・山手通り（2010）
1995		〈阪神淡路大震災〉
1997	（予算制度）	[路面電車走行空間改築事業] ⇒豊橋駅東口延伸事業（1998）、富山ライトレール（2006）
1998	環境影響評価法 改正	環境アクセスの都市計画手続きへの導入 ⇒京奈和自動車道（1999 都市計画決定）
1998	都市局長通達	特殊街路（ハ）路面電車道を追加（0 番） ⇒富山ライトレール（2004 都市計画決定）
1998	（予算制度）	[都市計画道路整備プログラム策定マニュアル]
1999	地方分権一括法	地方分権による自治事務化、計画決定権限移譲
1999	（予算制度）	[新規採択時評価導入]
2000	都市計画法改正	MP 強化（整備、開発及び保全の方針導入） 立体都市計画制度の導入　⇒新横浜駅前広場（2008）
2000	（運用指針）	都市計画運用指針策定（都市計画道路の見直し）
2000	（予算制度）	[交通結節点改善事業]　⇒岡山駅前広場（2010）
2002	都市計画法改正	都市計画提案制度の導入
2004	都市再生特措法改正	[まちづくり交付金創設]　⇒姫路駅前広場（2015）
2006	（運用指針）	都市計画運用指針改定（都市計画道路の見直し）
2008		〈総人口減少に〉
2008	（予算制度）	[都市・地域交通戦略推進事業] ⇒富山地方鉄道市内電車環状線化（2009）
2009	道路整備財特法改正	[道路特定財源の廃止]
2010	（予算制度）	[社会資本整備総合交付金に統合] ⇒京都四条通歩道拡幅（2015）
2011		〈東日本大震災〉
2011	（運用指針）	都市計画運用指針改定（都市計画道路の見直し）
2013	環境影響評価法改正	都市計画の構想段階における手続の導入 ⇒中九州横断道路（2020 都市計画決定）
2014	都市再生特措法改正	立地適正化計画創設（コンパクト＋ネットワーク）
2017	（技術的助言）	都市計画道路見直しの手引き（総論編）
2020	都市再生特措法改正	滞在快適性等向上区域創設（ウォーカブル推進） [まちなかウォーカブル推進事業創設] ⇒熊本市中心市街地（2021 一部供用予定）

表1　都市計画道路制度の変遷

西暦	法律等	制度内容〈社会事象〉 [事業（予算制度）]　⇒主要事例（供用年）
1888	**東京市区改正条例**	道路網及び毎年度の事業を定める 道路予定地内の建築制限導入　⇒内堀通り（1906）
1919	**旧都市計画法・市街地建築物法**	都市計画道路としての都市計画決定（国） 都市計画事業決定（収用可） 都市計画道路内建築制限導入（建築線制度） 耕地整理法準用による土地区画整理事業 受益者負担金制度、超過収用制度等　⇒御堂筋（1937）
1919	**旧道路法**	道路構造令とともに街路構造令制定
1923		〈関東大震災〉
1923	**特別都市計画法**	**[震災復興事業]**　⇒昭和通り（1930）
1933	**街路構造令改正案**	実質的に新道路構造令まで基準として活用
1935	**道路構造令改正案**	実質的に新道路構造令まで基準として活用
1945		〈第二次大戦終戦〉
1946	**特別都市計画法**	**[戦災復興事業]** ⇒渋谷駅駅前広場（1955頃）、広島市平和通り（1965） 勅令「罹災都市における建築物の制限に関する件」（バラック令）
1959	**建築基準法**	バラック令廃止し建築制限導入
1950	**（予算制度）**	**[街路事業開始]**　⇒新御堂筋全通（1969） 環状7号線全通（1985）、環状8号線全通（2006）
1954	**道路整備財源臨時措置法**	道路特定財源制度創設 **[第一次道路整備五か年計画]**
1954	**土地区画整理法**	**[土地区画整理事業]**　⇒高蔵寺NT（1968一部）
1958	**道路法（施行令）**	新道路構造令（街路構造令廃止） **[鉄道高架化開始]**　⇒国鉄中央線高架複々線化（1966）
1964		〈東京オリンピック〉
1968	**新都市計画法**	整備、開発又は保全の方針、線引制度導入 公告縦覧・意見書提出等の住民参加手続き導入 都市計画道路の都市計画決定（県知事、市町村） 都市計画事業認可（収用可） 都市計画道路内建築制限（建築基準法から移行）
1968	**都市再開発法**	**[市街地再開発事業]**　⇒柏駅東口（1973）
1968	**（予算制度）**	**[連続立体交差事業]** ⇒東急東横線連立（1970）、近鉄奈良線連立（1970）
1973		〈オイルショック〉
1974	**（予算制度）**	**[モノレール道整備事業]**　⇒北九州モノレール（1985） **[歩行者専用道整備事業]**　⇒大阪市中の島遊歩道 **[自転車駐車場整備]**
1975	**都市局長通達**	特殊街路（ロ）を都市モノレール専用道等に変更（9番） ⇒北九州モノレール（1976都市計画決定）
1976	**（予算制度）**	**[新交通システム整備事業]**　⇒神戸ポートライナー（1981）

として現れている。

・ 都市計画道路と整備実績

都市内道路の整備には、都市交通の円滑な処理、土地利用制度と連携した都市の骨格形成や市街地の誘導、環境・防災・インフラ収容等の空間形成の効果があり、整備に伴う沿道利用価値向上と都市更新、地価上昇、税収増加、さらには都市全体の利便性向上といった大きな経済的効果をもたらすことになる。

一九六六年からの都市計画道路の整備状況の推移が図1である。旧都市計画法時代末期は、計画延長約四万kmに対し整備済み延長約一万km、整備率約二五%であったが、その後整備延長は着実に増加し、二〇一九年時点で計画延長六・三万km、整備済み延長四・一万km、整備率約六五%となっている。

2― 都市計画道路制度の成果と課題

・ 都市計画道路の制度的特徴

都市計画道路は、都市施設としての道路の将来像を明示しそれを実現するものであり、そのための制度的ツー

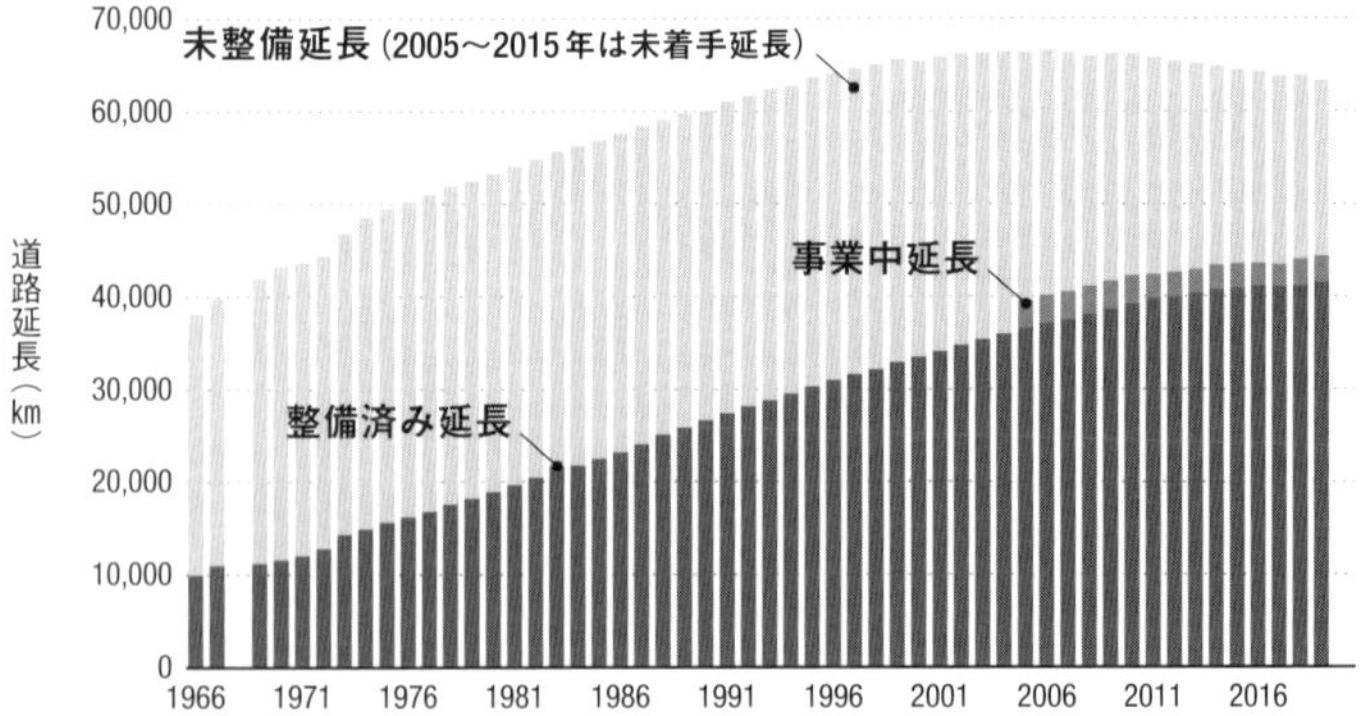

図1　都市計画道路の整備状況

（1966～1970年は都市計画道路全体、1971年以降は幹線道路。出典：（財）都市計画協会『都市計画年報』1962～2017、「国土交通省都市計画現況調査」（https://www.mlit.go.jp/toshi/tosiko/genkyou.html）ほか）

ルが用意されている。都市計画道路の実現までの流れは、図2のように、マスタープラン、計画（計画決定）、整備（事業認可）という三つの段階を経て計画が実現される構造となっているが、この各段階で、将来像の明確化や路線・区域の明確化による計画調整、決定手続を通じた合意形成、都市計画法五三条建築規制による道路空間確保・事業費低減、事業認可（土地収用の適用）による用地取得、都市計画税等の活用による財源確保等の仕組みが用意されている。欧米の都市計画制度が土地利用中心で、道路整備については別の法制度に基づいて事業実施されるのに対し、わが国は、都市計画制度の中に計画から事業実施まで一貫したシステムとして取り込まれていることが特徴的である。

これに加え、線引き制度や市街地整備制度、土地利用関連の諸制度との連携による開発利益還元型の面的市街地整備の誘導や関連する都市基盤への重点投資が組み合わさることにより、都市部の道路整備を計画的かつ円滑に進める大きな力となった。

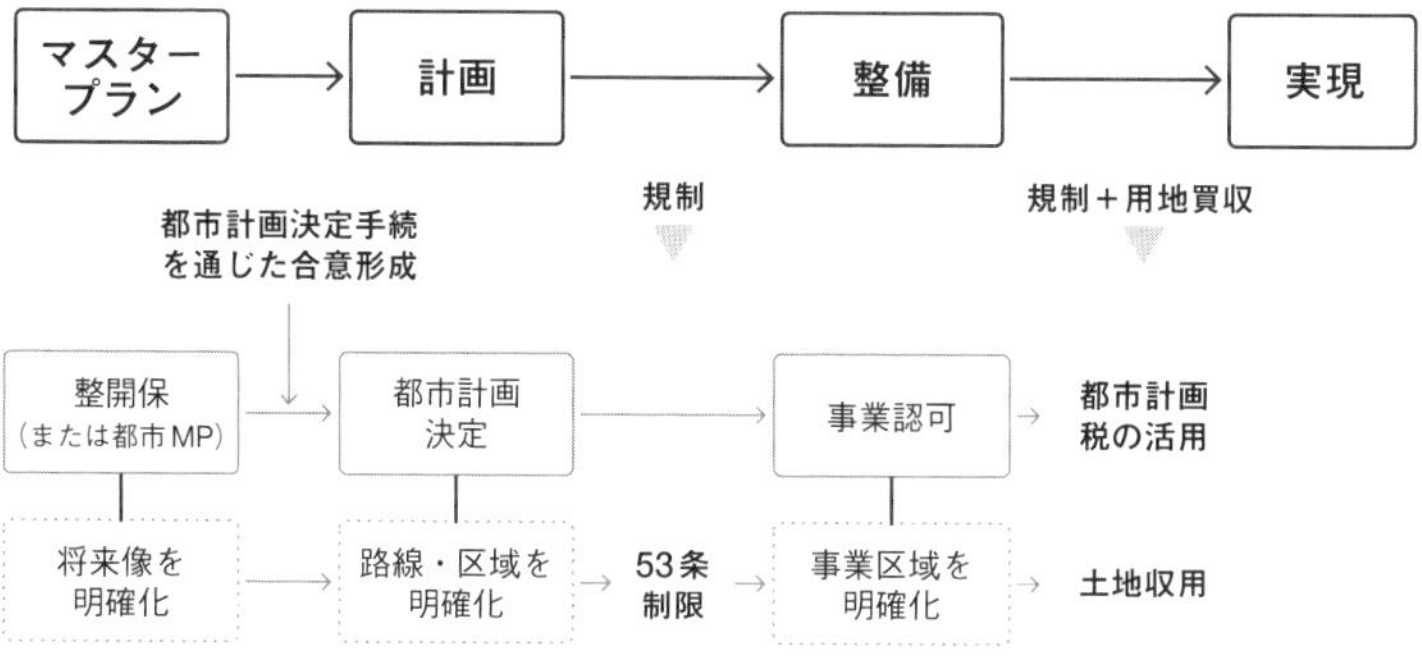

図2　都市計画道路の実現までの流れ

・都市計画道路制度の意義

このような都市計画道路制度の意義は、多くの観点があるが、都市計画運用指針では、以下の三点に整理されている。

① 計画段階における整備に必要な区域の明確化――都市施設の整備に必要な区域をあらかじめ都市計画において明確にすることにより、長期的な視点から計画的な整備を展開することができ、円滑かつ着実な都市施設の整備を図ることができる。

② 土地利用や各都市施設間の計画の調整――都市内における土地利用や、各都市施設相互の計画の調整を図ることにより、総合的、一体的に都市の整備、開発を進めることができる。

③ 住民の合意形成の促進――将来の都市において必要な施設の規模、配置を広く住民に明確に示すとともに、開かれた手続により地域社会の合意形成を図ることができる。

ここでは、この①計画区域の明確化、②土地利用等の計画調整、③合意形成の促進の三つの観点から、成果と残された課題、今後の対応について述べてみたい。

3――計画区域の明確化と長期未着手問題

・これまでの成果と長期未着手の発生要因

これまで述べたように、計画から事業までが一体となった都市計画制度と、道路財源等の予算制度により、我が国の人口や産業の成長局面において、それらを支える都市基盤の形成が図られた。特に、街路構造令や震災・戦災復興事業の遺産として、都市の顔となる広幅員街路が全国の主要都市に整備されたことをはじめとして、都心部の再開発や郊外部の新規開発に伴う道路、バイパスとなる幹線道路等については優先的に整備が行われ、良好なストックが確保されたことは大きな成果といえる。

一方で、密集市街地や中心市街地の縁辺部、郊外部のスプロール市街地等においては都市計画道路整備が進まず、ミッシングリンクや歩道の狭隘な道路がそのまま残され、未整備で安全性や利便性の低い市街地が残ってしまっている。こうした未着手の都市計画道路が多く残されたことにより、計画線内の地権者に対する建築規制が長期化する等の問題が生じ訴訟に発展するなど、いわゆる長期未着手問題が一九九〇年代頃より顕在化してきた。

インフラが圧倒的に不足する中で事業制度を取り込ん

だ都市計画制度を構築して取り組み、整備が完了しないまま人口減少局面を迎えた日本の都市計画の特徴的な問題といえよう。

長期未着手都市計画道路が多く発生した要因として、都市人口が急増する時期に、整備見通しの有無にかかわらず理念的必要性により大規模な計画決定が行われてきたこと、財源不足や地価高騰、合意形成難航等により整備が遅れたこと、計画から整備に至る各段階において時間管理の概念が欠如していたこと、があげられる。

特に時間管理については、大規模な計画決定や整備進捗の遅れを踏まえ、計画の見直し、事業化優先順位の判断、建築規制の見直しという、それぞれの段階における取組みが戦略的に行われる必要があったが、実際にはほとんど行われなかったことが大きな原因となっている。計画見直しについては、制度上は都市計画基礎調査に基づき定期的に行うこととされているが、都市計画道路については、追加・変更が行われるのみで廃止の事例はごく少なく、事業化については、整備プログラムを策定した一部の自治体以外では整備見通しは不明確となっており、建築規制についても、土地利用や事業見通しと連携した運用を行っているのは一部自治体のみであった。

このため、一度決定されると出口が整備しかなく、建築制限と連携しながら空間的時間的戦略を持って効率的な集中投資により早期整備を図ることができなかったといえよう。

・長期未着手問題への対応策

人口が増加し、道路整備が圧倒的に足りない時代は、先行的に大規模に計画決定して建築規制をかけておき、公共事業または民間の開発利益により財源が確保できた段階で整備する仕組みがうまく機能していたが、人口減少時代に入り、公共事業の財源が逼迫し、開発利益も見込めない状況の中では、未整備で機能が発揮されていないことに加え、人口減少等に伴い計画とニーズが乖離し過剰投資となる恐れがあること、建築規制が長期化することにより地権者が個人的損失を被ること等の長期未着手問題が顕在化してきている。

長期未着手問題への対応としては、二〇〇〇年に建設省が都市計画運用指針を策定した際に、都市計画道路について適時適切な見直しを行う必要があることがはじめて位置づけられ、自治体による都市計画道路見直しガイドラインの策定が進められるようになった。その後、数年ごとに国土交通省が運用指針の改定、事例集や手引きの配布を行い、また、行政側が敗訴した判決などもあり、自治体も大規模な廃止を伴う本格的な見直しに取り組むようになってきたところであり、都市計画道路の計画延長も二〇〇六年の約六・六万kmをピークに減少し、二〇一九年時点で計画延長六・三万km、未整備延長は、二〇〇〇年頃まで三万km以上残っていたが、その後二・二万km程度まで大きく減少している。

対応策としては、廃止等を含む計画の見直しの他に、整備プログラムに基づく選択と集中による早期整備、三階建てまで認める等の建築制限の緩和、固定資産税の減免などの代償措置、事業着手時期の公表等による整備見通しの明示等があり[1]、各自治体はこれらを組み合わせることにより、上記の問題に対し、何らかの対応を行うべく取り組んでいるところである。

今後、調査から計画、さらに整備後の施設の管理運営まで含めた都市計画道路のマネジメントシステムが必要と考えられ、調査手法の充実、マスタープランによる将来都市像の見直し、事業見通しを踏まえた適切な計画決定（必要性はあるが事業見通しのない路線はマスタープランを活用）、時間軸や沿道土地利用に合わせた適切な建築規制、柔軟なプログラムに基づく官民連携による戦略的な整備、整備済み都市計画道路が発揮する機能についての都市経営の観点からのマネジメントが必要になると考えられる。

4―土地利用等の計画調整とマネジメントへの転換

・これまでの成果と課題

都市計画道路は、土地利用や各都市施設間の立地の骨格となるものであり、これら相互の調整を図るためにも、広域的な交通を担う幹線道路から、地区内の交通を担う補助幹線道路、街区を構成する区画道路、さらに中心市街地等では歩行者を優先する道路等の都市計画道路の機能を明確にして、その配置を定め、担うべき機能と沿道の土地利用が調和することが重要である。しかしながら、都市計画決定された道路のほとんどは幹線道路で、自動車交通の円滑性確保を主眼として街路が整備されてきた。

新市街地においては、補助幹線道路や区画道路は都市計画決定されずとも、市街地開発事業等の計画の中で計画調整がなされ、地区計画制度等の土地利用規制制度と一体となって都市の骨格形成や市街地の誘導を図り、良好な市街地の形成に効果を発揮してきた。一方で、既成市街地については、補助幹線道路等の生活に密着した道路の整備や歩行者・自転車等の空間確保、沿道のまちづくりや市街地環境との一体的整備が不十分であり、特に、道路の機能の明確化や土地利用との調和が十分に図られていないことから、沿道環境の悪化、通過交通の流入、コミュニティの分断、沿道土地利用の変化、街並みの消失など、まちづくりの観点から負の効果も存在する。

このような問題に対し歩行者環境や景観・歴史的町並みに配慮した計画作成・整備といった運用面・予算面での取組みが行われてきたが、特殊な地域に限定された取組みとなっていることは否めない。

・　**都市内の街路空間ストックの活用・マネジメント**

前述のとおり、都市計画道路制度の最大の成果は、都市内の街路空間ストックであるが、これまで自動車のための空間として使われてきた街路空間を、人口減少局面を迎え、人間中心の空間としてストックを再構築・活用していくことが求められている。

現在の都市計画道路の都市計画決定としては、起点終点、幅員、車線数など、空間形態しか位置付けられていないが、マスタープランのもと、街路の担うべき交通機能、空間機能をより明確に位置付け、それに即して、街路空間の再構築を沿道の土地利用形成と一体となって進めていくことが必要であろう。このためにも、都市再生特別措置法改正により創設された滞在快適性等向上区域制度と、道路法改正により創設された歩行者利便増進道路制度を連携させつつ、街路内のみならず沿道の公共空間、民間敷地も含めた適切なマネジメントを行うことが重要である。また、今回の都市再生特別措置法改正で、都市計画税が整備済み都市計画道路の改修・再構築にも使いやすくなったが、今後さらに都市計画制度を、道路をつくるための制度から、都市を経営するための制度に変えていくことが必要であろう。

5 — 合意形成の促進と新たな計画手法

新都市計画法により導入された住民参加手続は、開かれた手続において地域社会の合意形成を図ることが可能となる画期的な制度であった。この都市計画手続の価値が広く行き渡り、自動車専用道路をはじめ、多くの道路事業において都市計画制度を用いて計画決定の合意形成が進められ、さらに、環境アセスメントの導入や構想段階評価等の手続の充実も図られてきた。また、計画技術の観点でも、交通量調査、将来交通需要推計手法等の調査推計手法や、PI（パブリックインボルブメント）等の合意形成手法の充実が図られてきた。

このように、新規の道路整備に関する成果の一方で、既成市街地において、既に存在している沿道施設や駐車場の状況を踏まえつつ、道路の担う機能を明確化し自動車利用の適正化を図り、沿道土地利用の誘導を図るための合意形成は想像以上に難しく、多くの担当者が苦慮している。このような既成市街地において、街路空間や沿道施設の再編による効果を示し合意形成を図るための計画技術と計画手法が求められており、スマートプランニング等の取組みをより進めていくことが必要であろう。

ビッグデータの活用やAI技術の進展等により、都市計画の調査や計画技術についても大きな変革時期を迎えている。都市内道路の役割も、自動運転やシェアリング、MaaSが普及し活用されることにより、従来の自動車交通を中心とした段階構成に基づく画一的、固定的な機能から、人間を中心とした複合的で柔軟性を持った機能へと大きく変化すると予想される。都市計画道路の制度自体が、リアルタイムで変化するニーズに対応して空間や機能をマネジメントできる制度に変わっていく必要がある。

6―作るための制度からマネジメントするための制度へ

都市計画道路制度は、都市を支える交通機能と空間機能を確保するために街路を作る制度として始まり、時代の変化に応じて多様な要素を取り込み進化してきたが、作るための制度という点で制度の根幹は変わっていない。

今後、持続可能な人間中心の社会を実現するためには、都市経営という観点から、沿道の市街地と都市内道路空間を一体的にとらえるとともに、多様な交通ネットワークを支える貴重な要素として、空間や機能をマネジメントするための計画制度を充実していく必要がある。

COVID-19が社会の変化を加速させる中で、都市のあり方も今後大きく変わっていくことが考えられる。変化に柔軟に対応できる制度構築が必要であろう。

［註・参考文献］

1 固定資産税の減免については、一九七五年の自治省通知に基づき多くの自治体で導入されている。その他の対応策については、東京都が一九八一年に区部都市計画道路整備方針（第一次事業化計画）による早期整備路線の選定・公表や五三条建築制限緩和を先行的に実施し、その後、国が都市計画道路整備プログラム策定マニュアル（一九八三年）や都市計画道路見直しの手引き（総論編二〇一七年、各論編二〇一八年）等を策定し、全国に展開を進める形となっている

・渡辺俊一『日本都市計画の誕生——国際比較から見た日本近代都市計画』柏書房、一九九三年
・矢島隆「街路の計画と整備 一〇〇年の軌跡」『都市計画法制定一〇〇周年記念論集』都市計画協会、二〇一九年
・望月明彦「多様な街路事業」『都市計画法制定一〇〇周年記念論集』都市計画協会、二〇一九年
・神田昌幸「わが国のLRTに関する施策の変遷と制度の発展経緯」、『国際交通安全学会誌』三四巻二号、一二一-一三〇頁、二〇〇九年
・菊池雅彦・矢島隆・神田昌幸「街路構造令改正案を中心とした混合交通の実態と構造令に基づく幅員構成の展開——分離か混在か」『土木学会論文集』D3（土木計画学）、七二巻五号、八八九-九〇一頁、二〇一六年
・渡邉浩司「都市計画道路の長期未着手メカニズムと時間管理の導入」『新都市』都市計画協会、六八巻四-九号、二〇一四年

公園整備と都市計画

舟引敏明

本節では公園整備制度について、旧都市計画法以前の時代、旧法制定から新都市計画法制定までの時代、新法成立後の時代に区分して振り返る。法制度及び事業制度を網羅的に取り上げるため、個々の説明は簡略にならざるを得ないが、現在の都市公園ストックが様々な制度の変遷の下で確保され、その流れが今日に続いていることを想起できるよう、固有の公園名を例示に掲げている。

文中では「公園」という言葉と「都市公園」という言葉を使い分けている。「都市公園」は都市公園法に基づき設置されている公共施設を指し、単体で「公園」という言葉を用いる場合は、「都市公園」以外の一般的な概念としての公園を指していることに留意されたい。

なお、紙面の制約もあり、公園緑地制度の全体像及び緑地保全や緑化制度については『都市計画法一〇〇周年記念論集』を、出典等の詳細については拙著『都市緑地制度論考』及び『都市公園制度論考』を参照されたい。

1 — 旧都市計画法以前の公園

・太政官布達による公園像の提示

日本の公園は一八七三年に始まる。公園に関する太政官布達（当時の法律にあたるもの）は、「古来ノ勝区名人ノ致跡地等是迄群集遊観ノ場所」すなわち古くからの名勝、旧宅、人が遊び集まる場所で、「此等境内除地或ハ公有地ノ類」社寺境内か公有地である土地を、「永ク万人偕楽ノ地トシ、公園ト可被相定」万人の楽しむ地として公園として設置するという趣旨を定めた。その時点ですでに公園的な利用がなされている土地を、まず公園として提示したのである。東京都の上野公園、芝公園や、金沢市兼

keywords　都市公園法　民間事業者　パークマネジメント

六公園、大阪市浜寺公園、高松市栗林公園など江戸期の遺産を活用していることが多いことが特徴的である。

・市区改正条例と日比谷公園

最初の近代都市計画である東京市の市区改正の当初案では、東京一五区に五五か所四〇〇ha余の公園配置が計画されたが、最終的には二二か所二二〇haに留まった。最大のものが本多静六設計の日比谷公園で、日本最初の都市計画に基づく近代公園である。

2 ― 旧都市計画法制定後の公園

・収用を可能とする都市計画事業の創設

一九一九年旧都市計画法で、「道路、広場、河川、港湾、公園其ノ他勅令ヲ以テ指定スル施設ニ関スル都市計画事業ニシテ内閣ノ認可ヲ受ケタルモノニ必要ナル土地ハ之ヲ収用又ハ使用スルコトヲ得」とされ、公園は都市計画の施設として、収用という強制的手段を用いて事業が執行される法的根拠を持つことになった。

・震災復興計画と公園

一九二三年に起きた関東大震災の復興事業において実施された区画整理事業において、区画整理の公共減歩により公園を生み出す手法が誕生し、東京市では隅田公園、浜町公園、錦糸公園の三大公園と、五二の小公園が、横浜市では野毛山公園、がれきの処理場を活用した山下公園等が計画された。また、東京市の三大公園、横浜市の野毛山公園、神奈川公園の二公園は都市計画事業として収用手続を行ったうえで整備された。

・公園の計画標準の創設

市区改正条例、震災復興都市計画において積み上げられてきた公園配置の計画論が、一九三三年「都市計画調査資料及計画標準に関する件」において土地区画整理設計標準に引き継がれ、「公園面積ハ地区面積ノ三パーセント以上ヲ留保シ、児童公園ニ充テ、尚残余アルトキハ之ヲ近隣公園、公園道路ノ類ニ充ツルコト」と定められた。ここに初めて面的な市街地整備における公園確保の必置規定が置かれた。その後一九五四年に土地区画整理法が制定され公園の必置規定が法定化され、今日まで全国で約一万五〇〇〇haの公園が生み出された。

・ **東京緑地計画と防空緑地**

一九三二年、東京都市計画区域及びその周辺の緑地計画の樹立及びその実現に関する事項を調査するため「東京緑地計画協議会」が設けられ、七年の歳月をかけて「東京緑地計画」が決定された。計画を実現するため、一九四〇年の都市計画法の改正により都市施設である「緑地」が都市計画法に記述され、緑地帯の枢要部分である、砧、神代、小金井、舎人、水元、篠崎の六つの大緑地を施設緑地として都市計画決定し、防空緑地事業により整備した。これら二三区周辺部の大きな公園や、名古屋市の五大緑地、大阪府の四大緑地などはこの事業によって整備されたものである。旧法の都市計画事業手法が用いられ、東京市では神代緑地、大阪市では服部緑地、久宝寺緑地などが収用制度を活用して整備された。

・ **戦災復興と公園**

一九四五年一二月に戦災復興計画基本方針が閣議決定された。そこで戦災復興の土地区画整理事業等の指針が出され、公園は市街地面積の一〇%以上の整備が目標とされた。戦災復興事業は予算の縮減、区画整理事業の難航による事業縮小のため、計画決定済みで整備未着手の公園も出たが、最終的に全国一一五都市において完了し、広島市の平和記念公園や河岸緑地、仙台市の勾当台公園や錦町公園など、戦災復興事業を通じて多くの公園が生み出された。また、その後の国有財産の取り扱いの変更により、大阪城公園や名古屋市の名城公園など多くの軍用地跡地が公園に転換された。

・ **都市公園法による都市公園概念の整理**

一九五六年の都市公園法は、それまでの公園という概念を、設置及び管理に関する基準等を定めることにより、営造物である都市公園へと明確化するものであった。法では公園施設という概念を設け、都市公園に設置できる施設を限定するとともに、建築物面積の上限など公園施設の設置基準と、都市公園の配置及び規模に関する技術的基準を設けた。設置基準により、公園に対するイメージを整理し、園路、広場及び各種の都市公園を構成する施設が明確に定義され、さらに建築面積制限によりオープンスペース性が確保される都市公園像が確立された。配置基準では、市町村の住民一人当たり六㎡、市街地の住民一人当たり三㎡という確保目標を示し、その上で児童公園、近隣公園、地区公園、総合公園、運動公園などの種別、標準面積及び誘致距離を定めた。なお、この確保目標は一九九三年の改正で、それぞれ一〇㎡、五㎡と引き上げられ、さらに二〇〇四年改正で、整備目標の決定を地方自治体の緑の基本計画に委ねられた。

3―新都市計画法以後の公園整備

・新都市計画法におけるオープンスペース確保手法

①線引き、緑のマスタープランと緑の基本計画

一九六八年の新都市計画法の市街化区域と市街化調整区域の区域区分（線引き）も、都市のグリーンベルト構想を実現する厳しい土地利用規制制度の創設である。線引きの際に定める『整備、開発又は保全の方針』で、自然環境の保全、公園緑地の整備等に関する方針を定めたものが、一九七七年の建設省通達により制度化された緑のマスタープランである。緑のマスタープランに基づき緑地保全の土地利用規制、都市公園の整備が行われるという現行制度の枠組みと基本的な制度群が確立された。その機能は一九九四年の都市緑地保全法の改正で創設された法定計画である緑の基本計画制度に引き継がれている。

②開発許可制度における公園緑地の必置規定

都市計画法に設けられた開発許可制度では、道路、公園、広場その他の公共の用に供する空地が適切に確保されることなど一定の技術基準に合致することとされ、そのための技術的細目が定められた。面整備におけるシビルミニマム水準を必置規定として設けた点は画期的であった。これにより多くの小公園が生み出された。

一方、シビルミニマム水準にとどまらない優れた宅地開発も現れている。仙台市の泉パークタウンは、多くの緑地や公園道路の確保、地区計画による緑化を義務づけ、地区の価値を高い水準に保つことに成功している。

③市街地開発事業、地区計画制度に伴う都市公園

新法では市街地開発事業も位置づけられた。つくば研究学園都市や、現在の都市再生機構による多摩ニュータウン、港北ニュータウンなどでは、新住事業や区画整理

事業により都市公園を拠点とする公園緑地のネットワーク形成が図られる、先進的な取組みが行われた。

また、地区計画制度も、地区施設や二号施設として位置づけられた公園を生み出す制度の一つである。

・　**都市公園等整備五箇年計画期間以後の都市公園**

①　都市公園等整備緊急措置法による財源確保

一九七二年の都市公園等整備緊急措置法に基づく都市公園等整備五箇年計画制度が設けられた。計画では、児童公園、近隣公園、地区公園を住区基幹公園とまとめて定義し、総合公園、運動公園を都市基幹公園と定義する新たな種別を持ち込んだ。そして、それぞれの種別に対する長期的な確保目標水準を示すとともに、五箇年計画に期間内の整備量と投資額を明示するという方法を用い整備の促進を図った。第一次計画は、総額九〇〇〇億円で約一万六五〇〇haの都市公園を整備することとされ、以下第七次まで続く計画期間中に都市公園のストックは大きく増大し、その中で、様々な社会の要請に応じて多様な都市公園が生み出された。

②　児童公園と運動公園

最初に重点的に進められたのは、自動車交通が普及するに伴い深刻化した児童の安全確保のための児童公園である。その後街区公園と名称変更されたが、住区の最小単位の公園として当初の交通安全の役割を果たしている。

また、競技スポーツの場の整備も都市公園整備の役割の一つで、東京五輪の競技会場となる駒沢公園などの整備から始まり、ユニバーシアード会場の神戸総合運動公園、アジア大会の会場の広島広域公園、また、国民体育大会の会場の多くも都市公園として整備された。サッカーワールドカップでは決勝会場の新横浜公園をはじめその多くの会場が、またラグビーワールドカップ会場も東大阪市の花園中央公園など多くが都市公園である。

③　緩衝緑地と防災公園

高度経済成長期に発生した大気汚染、騒音等の公害防止、コンビナート地帯の災害防止のため、市街地と工場地帯の間に緩衝緑地が必要とされ、当時の公害防止事業団による共同福利施設建設譲渡事業として、京浜、中京、阪神工業地帯や北九州市など多くの都市で設けられた。

災害時の避難地・避難路となる防災公園の確保は、現在でも最重要の政策課題である。最初に進められたのは東京都の江東防災拠点で、江東再開発基本構想(江東防災六拠点構想)に基づき市街地再開発事業と連動して東白髭公園、大島小松川公園、木場公園等の防災公園が整備され、広域避難地となる防災公園の重要な先駆けとなった。一般的な計画論としては関東大震災時の知見をもとに、一時避難地、広域避難地、広域防災拠点という防災公園の計画論が確立し、それに基づき国庫補助予算の重点化などを通じ整備が進められてきている。

一九九五年の阪神・淡路大震災は早朝の発災だったこともあり市街地火災は少数で抑えられたが、それでも神戸市大黒公園で延焼防止機能の発現が見られた。震災後、兵庫県は初めての広域防災拠点となる三木総合防災公園を設けた。また西宮市では津門中央公園を整備したが、これは戦災復興都市計画で決定されたものの未着手のままであった公園を整備したものである。

バブル崩壊後の不良債権処理に関係して、一九九九年防災公園街区整備事業が現都市再生機構の事業として創設された。直接施行規定を活用し、企業の遊休土地等を取得し防災公園と市街地として整備し、整備した防災公園を地方公共団体に引き渡すプロジェクトで、杉並区の日産工場跡地を活用した桃井原っぱ公園、千葉市の製鉄会社用地を活用した蘇我スポーツ公園、神戸市のＪＲ用地を活用したみなとのもり公園(神戸震災復興記念公園)など多くの防災公園が整備された。

また、二〇〇一年政府の都市再生プロジェクト第一次決定で、東京圏の大規模災害に対応するための東京湾臨海部における基幹的広域防災拠点が定められ、国営公園として有明臨海広域防災公園が整備された。公園内には有明の丘基幹的広域防災拠点施設が設けられ、災害時に「災害現地対策本部」が置かれることとされている。

二〇一一年に発生した東日本大震災では津波被害が甚大であった。国土交通省では「東日本大震災からの復興にかかる公園緑地整備に関する技術的指針」をまとめ、津波の力の減衰、漂流物の捕捉などの多重防御の一つや避難地としての機能を発揮するための公園緑地の計画整備の指針が設けられ、それに基づいて野田村十府ケ浦公園、岩沼市千年希望の丘公園、広野町防災緑地など復興公園緑地整備が進められた。

④　大規模国有地等の都市公園への転換
米軍基地跡地、つくば移転跡地、国鉄操車場跡地など大規模土地利用転換の際も公園整備の契機であった。米軍住宅を東京五輪の選手村に転用した跡地の代々木公園、ひたち海浜公園、柏市の柏の葉公園は米軍基地跡地の転用である。つくば移転跡地では目黒区駒場野公園や杉並区蚕糸の森公園、国鉄跡地では京都市の梅小路公園や岡山市の岡山西部総合公園などが整備されている。

⑤　博覧会を契機とした都市公園整備
博覧会も公園整備に大きな役割を果たした。その最大のきっかけは、一九九〇年に開催された国際花と緑の博覧会である。日本で初めてＡＩＰＨ（国際園芸家協会）とＢＩＥ（国際博覧会協会）の承認を得た国際園芸博で、会場は大阪市のごみ処理場跡地を活用した鶴見緑地であった。花博以降の国際レベルでは二〇〇〇年の兵庫県の淡路花舞台公園で淡路花博ジャパンフローラ二〇〇〇、浜松市の浜名湖ガーデンパークで浜名湖花博パシフィックフローラ二〇〇四が開催された。

国内博である全国都市緑化フェアは、一九九〇年の大阪国際花と緑の博覧会の七年前の一九八三年に第一回が開催、二〇二〇年の広島フェアまで三七回を数えている。フェアは新規に設置される都市公園か、新設または再整備が行われたエリアで開催され、レガシーとなる都市公園が開催都市に残されている。例えば第一一回として一九九四年に開催された京都フェアの学研記念公園と梅小路公園にそれぞれ平成を代表する水準の日本庭園が整備された。また二〇〇七年の第二四回船橋フェアのアンデルセン公園も高い評価を得ている。

⑥　国による公園整備
［国営公園］……都市計画の体系の中で導入された公園として国営公園がある。一九六八年の国営武蔵丘陵公園にはじまり、一九七六年の都市公園法改正で、都府県を超える広域レクリエーション需要に応えるため整備されるイ号国営公園と、国家的な記念事業や歴史資産の保存のため整備されるロ号国営公園の基準が定められた。その後全国で一七の国営公園の整備が進められた。イ号では海の中道海浜公園、備北丘陵公園など、ロ号としては昭和記念公園、飛鳥歴史公園、沖縄記念公園などがある。

［国土交通省設置法に基づく公共空地］……国が設置する場合の一つに国土交通省設置法に基づく公共空地がある。従来の国営公園の定義には当てはまらないが、国として整備する必要がある場合に閣議決定に基づき設置されている。東日本大震災からの復興の象徴となる国営追悼・祈念施設（高田松原津波復興祈念公園、石巻南浜復興祈念公園の一部）、アイヌ文化の復興等を促進するための民族共生象徴空間（ウポポイ）、明治一五〇年関連施策として行う明治記念大磯邸園がある。

・民間による公園整備

① 民間による公園施設の整備

太政官布達の時点から公園に料亭、茶店などの民間事業者を包含してきていた。都市公園法はその位置づけを明確にし、都市公園法第五条許可により、公園管理者以外の者が公園管理者の許可を得て公園施設を設けまたは管理することができることとされた。その後も民間事業者参入機会の増加のため、一九九三年には「軽飲食店」から「飲食店」、「簡易宿泊施設」から「宿泊施設」というような公園施設概念の拡大が、また二〇〇三年には、地方公共団体が条例で民間の公園施設を追加できることになった。二〇〇四年改正では、民間と施設共有を前提とする立体公園制度の創設及び設置管理許可の要件緩和が行われた。このように都市公園法は民間事業者の存在を前提として、参入機会を拡大する方向で動いてきた。Ｐａｒｋ・ＰＦＩ制度もこの制度の拡張である。

② 都市計画特許事業による民設公園

新都市計画法で、国の機関、地方公共団体以外の者による都市計画事業制度（都市計画特許事業制度）が創設され、十分な公益性を持つ場合に限り民間事業者が都市計画事業をできることと規定された。これにより民間が設置する都市計画公園という新しい民間活用の枠組みができた。東京では後楽園公園のスタジアム等の整備やホテル整備と併せて行われた芝公園などがその例である。特に大きな政策として行われたものは以下の二つである。

［レクリエーション都市］……一九七〇年に、新全国総合開発計画の一環として「レクリエーション都市整備要綱」が決定された。その計画論は都市公園として管理する公営施設区と民間による都市計画事業によって整備さ

れる民営施設区からなる「都市計画公園地区」などによって構成されるものとされた。この構想のもと、三重県熊野灘、千葉県九十九里、愛媛県南予、山形県奥羽山系、新潟県奥只見の五地区で事業が開始され、一部地区では第三セクター会社も設立されたが、その後の事業は計画通りに進まず、いずれの地区も中途で事業を休止した。

［リゾート構想と公園］……一九八六年にいわゆる民活法が制定、一九八七年六月に総合保養地域整備法（いわゆるリゾート法）が制定され、全国の地方公共団体において公共が関与するリゾート開発が大きな流れとなっていた。その中、民間活力を公園整備に導入するため、都市計画特許公園事業の積極的な活用を図ることとし、「民間事業者に係る都市計画公園等の整備の方針について」が通知され、多くの民間事業者がこの制度を活用した。大分県一村一品クラフト公園におけるサンリオハーモニーランド、山梨県笛吹川フルーツ公園、石川県松任海浜公園などは今日も続いているものの、宮崎県阿波岐原森林公園のシーガイアや呉市天応公園の呉フェニックスパークはいずれも途中で破綻しており、ここでも民間によって公園経営を行うことが難しいことが示された。

③　ＰＦＩ事業等公共セクター業務の民間への開放

一九九八年前後から、それまで公共セクターが実施していた業務に民間事業者の参入機会を拡大する動きが始まった。この動きは一九九九年のＰＦＩ法の制定、指定管理者制度の創設、市場化テストの導入など連続した。

ＰＦＩ法では「民間事業者に行わせることが適切なものについては、できる限りその実施を民間事業者にゆだねるものとする」とされ、都市公園においても導入が進められた。神奈川県の湘南海岸公園の水族館をはじめ、横須賀市長井海の手公園、兵庫県尼崎の森中央緑地、奈良県まほろば健康パークなどがある。

4　今後の展望──パークマネジメントへの展開

二〇一四年に設置された「新たな時代の都市マネジメントに対応した都市公園等のあり方検討会」の報告書において、人口減少化に入ったわが国の現状を見据えたうえで、公園緑地の新しい方向性が示された。

報告では、第一に人口減少社会へ転じた場合の方法論として、公園計画についても緑の基本計画に位置付けたうえで戦略的に再編成することが必要であるとし、拡大・縮小の方向性は当該都市の方向性と地域性によって判断されることを示し、今後の立地適正化計画や公共施設等総合管理計画の策定等を踏まえて、基礎自治体である市町村が主体的に方向性を見出すことを明示した。

第二に、計画論に民間オープンスペースを積極的に位置づけるという点と、地域住民や民間事業者を含めた多様な主体と協調し、周辺のエリアの価値を高めるために都市公園をマネジメントする視点、すなわちパークマネジメントへの展開の方向を示した。

これらは従来の都市計画行政で示されてきた計画論を大きく転換する一方、民間事業者の参画を進めてきたこれまでの流れを引き継ぐ新しいコンセプトである。そしてこれらは、すでに二〇一八年の都市公園法改正で、民間事業者による公園施設整備を進めるＰａｒｋ・ＰＦＩ制度など実現に移され、現実に展開されはじめている。

さらに、二〇二〇年、街路空間においても道路法の改正が行われるなど、ウォーカブルシティへ向けての施策が講じられはじめた。今後の都市公園の計画・整備、そしてパークマネジメントはその文脈の中で捉えられることになる。市民にとっては管理者の区分にかかわらず、公園、街路や河川等の公共空間、そして建築敷地内の公開空地など、使い勝手の良いオープンスペースのネットワークシステムが構築されることが望ましい姿である。そしてそれが中心市街地のにぎわい、さらには経済的活性化につながることが期待される。

［註・参考文献］

- 佐藤昌「日本公園緑地発達史」日本公園緑地協会、一九七七年
- 石川幹子『都市と緑地』岩波書店、二〇〇一年
- 越澤明『復興計画』中公新書、二〇〇五年
- 舟引敏明『都市緑地制度論考』デザインエッグ社、二〇一四年
- 舟引敏明『都市公園制度論考』デザインエッグ社、二〇一八年
- 舟引敏明『「都市計画法制定一〇〇周年記念論集」第Ⅲ部「都市計画における公園緑地法制度の展開」』都市計画法・建築基準法制定一〇〇周年記念事業実行委員会、二〇一九年
- 東京都市づくり公社『東京の都市づくり通史』東京都市づくり公社、二〇一九年

chapter 4
section 4

まちづくり実務と都市計画

中山靖史

1―まちづくり実務からの三つの視点

都市計画は現実の空間を対象にしている。先人の知見や現実に起こっている事象をもとに、あるべき将来の姿を見据え、様々な制度が創設され、改正され、運用されていく。まちづくり実務は様々な場面で都市計画関連法制を活用し、時にはその限界に突き当たる。そのため、まちづくり実務の現場においては、法制度と現実のすり合わせへの工夫が求められる。

独立行政法人都市再生機構（以下、UR）は、その前身の日本住宅公団時代から六五年以上にわたり、すまいづくり・まちづくりの実務を担ってきた組織である。これまでに約一五六万戸の住宅供給、二九二地区・約四万四〇〇〇haのニュータウン開発、そして二八一地区の再開発事業や区画整理事業といった都市再生事業を全国で実施してきている。

本稿においては、一つの主体として多くの事業経験を持つURの歴史と事業例を通じて、まちづくり実務と都市計画関連法制との関係を①総合化、②合意形成、③柔軟性の三つの視点から検討してみたい。

まず「総合化」という視点である。都市計画の理念は、まちを総合的に捉えていこうというものであるが、まちを構成する要素は多岐にわたり、それぞれに法律や制度、行政の担当部署が存在する。まちづくり実務においては、計画自体の総合性、制度の整合性、組織の横断性、行政単位を超えた整合性（以下、これらに向けた動きを総称して「総合化」）が必要となる。また、本稿では具体的には触れないが、まちづくりには空間領域に加え、経済的、社会的、歴史・文化的な側面での総合性も必要となってくる。

keywords　総合化　合意形成　柔軟性

次に「合意形成」という視点である。まちづくり実務においては、用地取得から都市計画決定、権利変換、仮換地指定等に至るまで、地権者等から様々な同意を得ることが事業実現への重要なキーポイントになる。実務上、計画や事業内容を調整しながら同意を得ることを「合意形成」と呼んでいるが、この観点からいえば、都市計画法や各種事業法は公共の福祉の実現と財産権の保全の折り合いをつける手続を、合意形成のツールとして定めているとも言える。

最後に「柔軟性」という視点である。都市計画は国家百年の計[1]と言われる。また、都市計画制限など私権制限も伴うものであるから、おいそれと変更するものでないと考えるべきであろう。しかしながら、時代の変化は時を経るごとに早くなり、このコロナ禍に象徴されるように以前では想像できないような事態も出来している。現実を相手にせざるを得ないまちづくり実務では、「固い」都市計画関連法制を「柔らかく」運用したり解釈したりして、折り合っていく必要がある。それは、場合によっては既成事実の積み重ねにつながり、制度改正に向けた足掛かりとなる。

2 まちづくり実務と総合化

・黎明期における計画の総合化

まちづくりの計画に総合性が求められることは自明のことであるが、日本住宅公団が設立された一九五五年頃は多くのことが体系化されていなかった。膨大な住宅需要に対応するため開発単位も大規模なものになり、それ故に敷地が郊外部で確保されることが多くなると、単純な住宅整備では対応できなくなっていった。例えば一九五七年に完成した光ヶ丘団地（図1・千葉県柏市）は一〇〇〇戸規模の団地であるが、最寄りの駅まで約二・五kmも離れており、農地の中に孤立するような状態であったという。そのため、関連施設の同時整備に係る調査研究が実施された。実際に小学校、保育所、市役所出張所、郵便局、診療所等が整備され、便利な団地として大変な人気を獲得することができた。[2]一九六一年には高蔵寺ニュータウン（愛知県春日井市）の用地買収が開始され、同時に人口計画、地域施設計画、交通計画、地方財政収支予測、緑化計画等について膨大な調査研究がなされている。

こういった一連の研究と試行錯誤は、例えば当時の公団における施設計画の集大成である施設計画基準（一九六二年）に収斂されたり、第二期住宅建設五箇年計画に係る住宅宅地審議会答申において、関連公共公益施設の費用負担に係る提言が盛り込まれるなど、政策への拡がりへとつながっていった。

・行政界を超えた総合計画

南多摩丘陵の乱開発に危機感を覚えた東京都から公団に対し、後の多摩ニュータウンとなる大規模開発の素案づくりの依頼が内々あったのは一九六三年のことであった。[3] 約三〇〇〇haという類をみない大規模マスタープランの作成である。もちろん公団だけの力ではなく、関係行政や都市計画学会などの力を借りて成案になっていった。広域マスタープラン作成の嚆矢である。

多摩NTを始めとして大規模開発が必然であったURにおいては、行政界をまたぐ事業はそれほどめずらしくはない。通常は全体計画を策定し、関係する行政ごとに都市計画決定を行う。ただし、事業に伴い行政界まで変更してしまう事例は珍しいだろう。栃木県の東谷・中島地区（インターパーク宇都宮南）は宇都宮市と上三川町にまたがる約一三八haの土地区画整理事業である。飛地により行政界が複雑に入り組んでいたが、区画整理事業の実施により宅地が二つの行政界にまたがるなど種々の支障をきたす恐れがあったため、事業の施行中に行政界の変更が行われている（図2）。

・行政の縦割りを超える工夫

都市計画そのものは総合的であるが、道路や公園といった構成要素ごとに法律や制度、行政の担当部署が異なり、その縦割りの論理が現場に落ちてくると大変な苦労をする場合がある。

西国分寺駅南口市街地再開発事業（東京都国分寺市）は住宅・都市整備公団（当時）施行の再開発事業である。改札を出て南北自由通路を南に向かうと、再開発で整備した商業ビルを通って駅前広場に到達する（図3）。駅前広場の大部分は隣接する都営住宅の建替事業に伴い整備されたものだが、両者は一体の計画のもとに事業化されている。

現在の感覚では違和感もなく、商業計画上も合理的であるが、この「駅に接していない駅前広場」という当時としては常識外れの計画がかなりの物議を醸していた。結

図1　光ヶ丘団地（出典：UR都市機構資料）

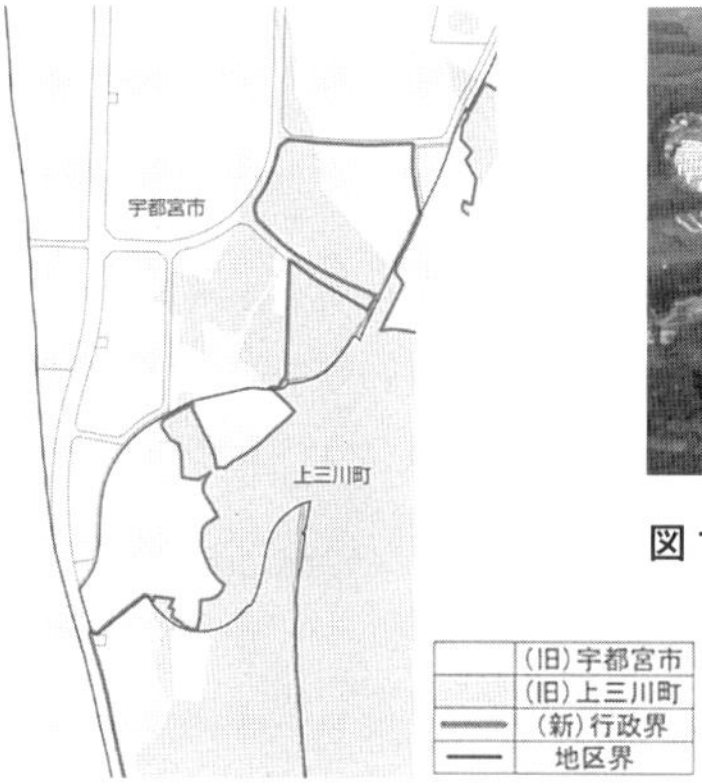

図2　東谷・中島地区行政界変更図
（出典：『東谷・中島土地区画整理事業事業誌』p.25、2008年）

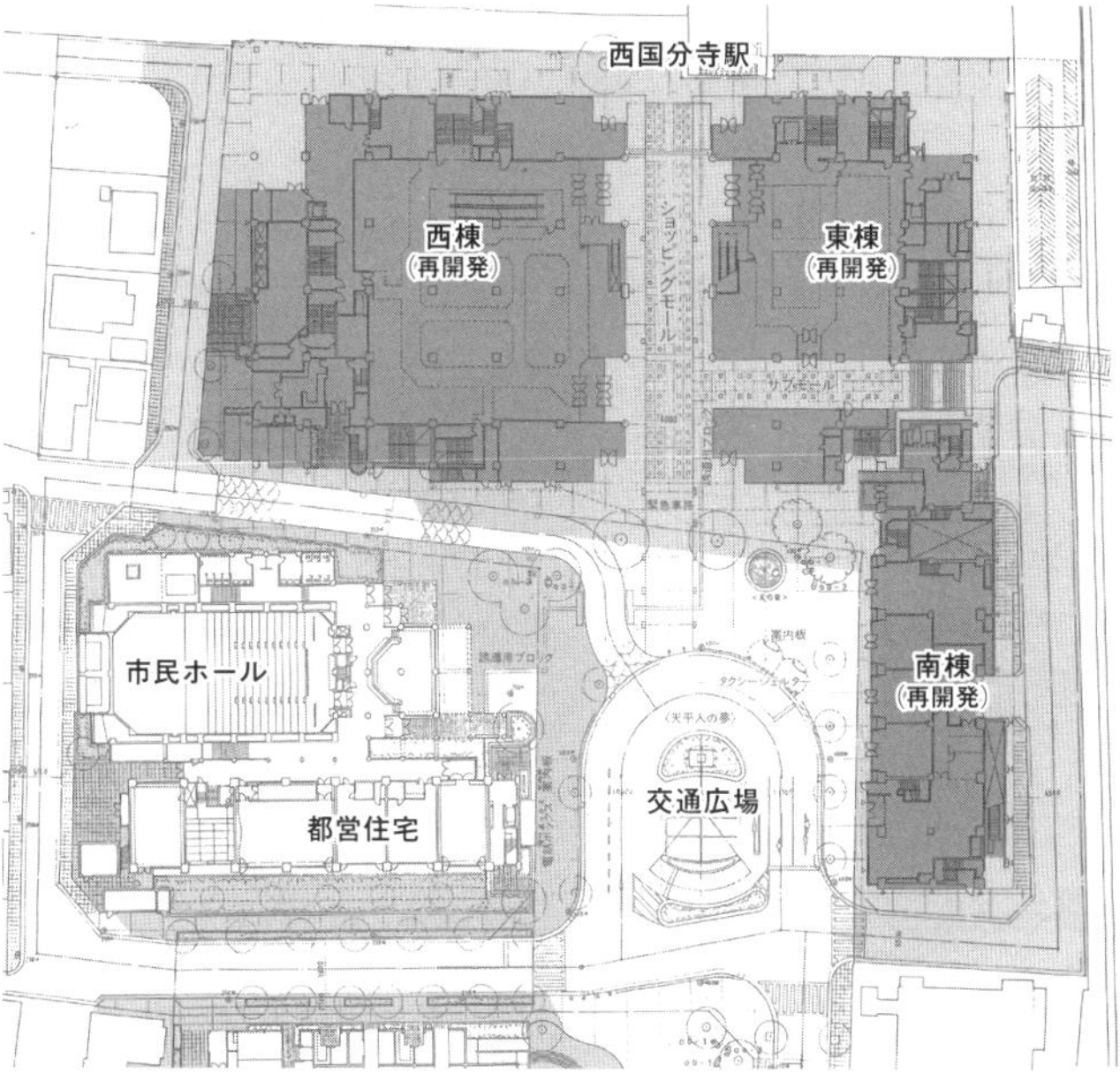

図3　西国分寺駅南口地区配置図
（出典：『西国分寺駅南口地区第一種市街地再開発事業パンフレット』（資料編）p.6）

局、都市計画上は駅前広場ではなく交通広場との整理となったが、そこに至るまでの関係者の苦労は大変なもので、最終的には公団と都と国で相当綿密な調整を行い決着したと聞く。[4] 一要素の論理だけにとらわれず、様々な要素をバランスよく調整するのが現場の役割である。

・ **人間の誤謬を総合的に乗り越える**

都市計画に定められる事項は最終的には人の手を経て世に出てくるため、稀にではあるが間違いが生じる場合もあり、それが事業化の際に顕在化する。その解決には、関係者間のバランスを取る「総合的」な調整力と知恵が求められる。

UR荻窪団地（東京都杉並区）の西端には都市計画道路が指定されている。ところがその一部に都市計画公園が重ねて指定されていたため、団地の建替にあたってこの問題を解く必要があった。道路部局も公園部局もそれぞれの立場と理屈があるため、調整の当初は取り付く島もない状況であった。その後、関係者の努力により、現状の都市計画道路線形を優先した上で、面積を減らさないように敷地内に都市計画公園を付け替え、更に敷地における緑化を手厚くすることで決着を見ている。

3 ― まちづくり実務と合意形成

まちづくりは個々の財産の上に展開される。従って地権者の同意を得ることが必須である。地権者意向の計画への反映、丁寧な説明を積み重ねること等は当然のことであり、種々の生活再建策を講じながら、全員の同意を目指して事業を行うことは大前提である。しかしながら、特に大規模開発や複雑な再開発を行う場合は対象となる権利者の数も多く、全員に納得いただくことができない場合もある。そのため、都市計画関連法制には一定の条件の下に、収用や縦覧といった強制力が付与されている。いわゆる「伝家の宝刀」であるが、決して安易に抜いてはならないし、抜かないで済むに越したことはない。そこで、まちづくり実務としては、その強制力を後ろ盾としながらも様々な工夫を併用して権利者の「生活再建」に力点を置き、事業の円滑な推進を図っている。

・ **先買い方式による土地区画整理事業**

戦後から続く深刻な住宅不足に対応するために一九五

五年に日本住宅公団が設立されたが、大量の住宅建設のためには大量の宅地が必要であった。そのため、当初三か年で約一〇〇〇haの宅地開発目標が設定され、その大部分を担った手法が土地区画整理事業であった。その特徴は、事業化前に任意で用地取得を行う「先買い方式による土地区画整理事業」である。この方式の目的は、施行予定地区内にバラ買いした土地を大規模用地に集約換地することで集合住宅用地を確保することであり、先買用地のキャピタルゲインを高水準の公共施設整備に投資して質の高いまちづくりを実現できるという利点がある。[5]地権者との合意形成促進の観点からは、先買用地を減歩緩和に充てることにより、特に小規模宅地の地主対策として効果があった。また、一定規模の地主にとっては使用収益開始後における建物建設費用に、用地売却代金を充てることができるという利点もあった。

　後に創設される新住宅市街地開発事業は全面買収方式であり、地主は金銭補償を受けるしか選択肢がなく、生活再建の選択肢が限られることもあり、同意が得られずやむを得ず収用を行う場合もあった。そこで土地区画整理事業を併用し、資産を地区内に残して活用する選択肢を増やすことで、円滑な業務推進を図る事例も見られた。

・代替地を活用した事業促進

密集市街地整備においては道路整備を核として不燃化を推進することが効果的である。しかしながら、長年未整備の都市計画道路における用地買収には時間がかかる。街路事業は収用対象事業であるが、それを使わずに円滑な合意形成を行うため、URは近隣での開発事業の一部において、代替地を整備して活用している（図4）。ただし、全員分の代替地を用意できるわけではなく、十数画地程度の場合が多い。しかしながら、生活環境が変化しない近隣での代替地という選択肢を用意したこと自体が、地権者に寄り添う姿勢を体現し、結果として収用を行うことなく、早期の道路整備を実現することができている。

　再開発事業においても同様の工夫がある。狭山駅西口地区市街地再開発事業（埼玉県狭山市）では、近接する市有地での開発を先行させ、再開発区域内の権利者を事前に移転させることで、円滑な事業推進を実現している。

4――まちづくり実務と柔軟性

変化の速度が加速化している現代においては、大規模プロジェクトの将来を見通すことは難しい。当初に全体の計画フレームを規定しながらも、将来変更可能性の確保に係る工夫が必要となる。また、右肩上がりの時代が終わり、それぞれの地区の特性や事情に合わせた工夫も必要となる。都市計画を国家百年の計とするならば、法律等の文言を変更することではなく、その意味するところが変化したと捉えて柔軟に定義することで、根本的な思想を担保しつつ、その時代時代のニーズに対応していくことがまちづくり実務には求められる。

・将来変更可能性を担保する

東雲地区（図5・東京都江東区）は、東京臨海部における大規模工場跡地の土地利用転換プロジェクトである。工場地帯にある約一六haの敷地に約六〇〇〇戸の住宅からなる新たな高層住宅地を出現させるというものであった。開発当時は住宅地として広く認識されていない地域であることに加え、その巨大なボリュームを消化する必要から、一〇年以上かけて戦略的・段階的に開発し、将来変

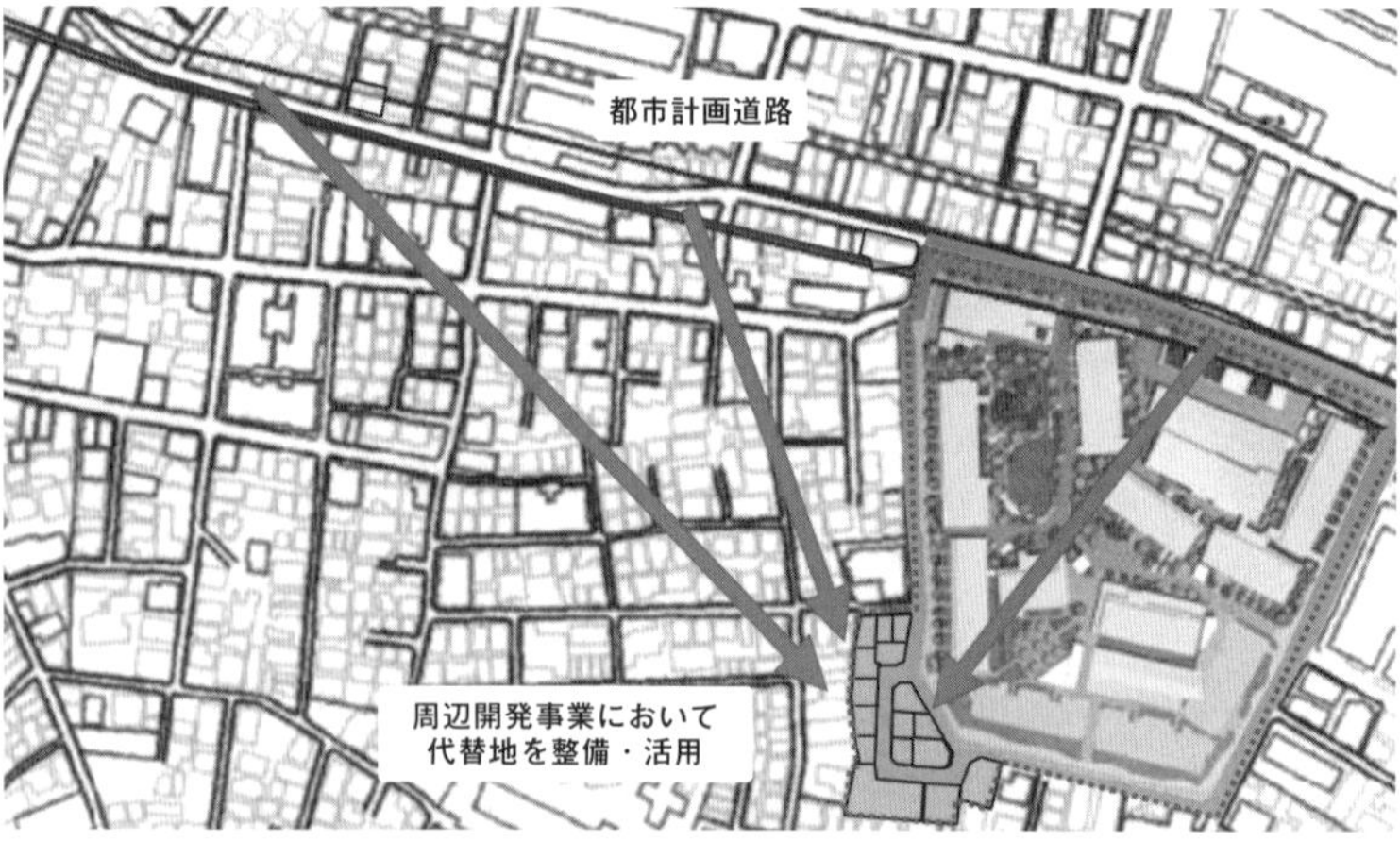

図4　道路整備に係る代替地活用概念図（出典：UR都市機構資料に筆者加筆）

化にも対応できるような計画論が求められていた。

都市計画フレームとしては、通常であれば、再開発等促進区を活用して用途変更と容積増を図るところである。しかしながら、その手続において、企画評価書という詳細な計画を事前に作成する必要があり、容積増等の前提となることから、その変更は容易ではなかった。そこで、当時制度創設された高層住居誘導地区の適用を企図し、制度活用の前提となる近隣商業地域、第二種住居地域への用途地域変更を行うとともに、地区計画の指定や新規都市計画公園の指定により、必要な基盤整備と良好な居住環境を担保することとした。

計画論としては、敷地北東部の街区を当初は用途を限定しない柔軟な土地利用とし、地区計画上は「土地利用転換の進捗や街の成熟化にあわせて、公共・公益施設や都市型住宅等による土地の合理的な利用を図る」地区として、将来の変更可能性を幅広く受け止められるよう工夫している。

・共同化や高度利用といった概念の拡張

芦花公園駅南口地区（東京都世田谷区）は、UR芦花公園

図5　東雲地区（東雲キャナルコート、出典：UR都市機構資料）

団地の建替えと合わせて、駅前整備を行ったUR施行の市街地再開発事業である。この再開発の最大の特徴は、地権者の生活・営業の継続・再建に配慮し、従前の所有形態との違和感を少なくするため、共同化にこだわらず、五つの街区と一三棟からなる分有・分棟型の施設建築物計画としたところである（図6）。また、消化容積率も街区ごとに約一二〇～二八〇％の身の丈再開発となっている。

ここでいう「高度利用」は必ずしも「高密度利用」ではない。当該地区は各停のみ停車の私鉄駅前で、後背地には一中高二〇〇％の指定が拡がる住宅地である。この周辺の街並みや地権者意向に沿った「高度な利用」があって然るべきであろう。また、「共同化」についても権利まで共同化するかどうかは、地区の事情と地権者の意向を考慮すべきではないか。昨今の分譲マンションの管理不全問題を見るにつけ、共同化のあり方について将来を見据えた議論をすべき時期にきていると思料する。権利がいたずらに細分化されない前提で、敷地がきちんと整序され、良好なデザインの街並みが形成されれば、都市再開発法が企図する目的を十分達していると考える。

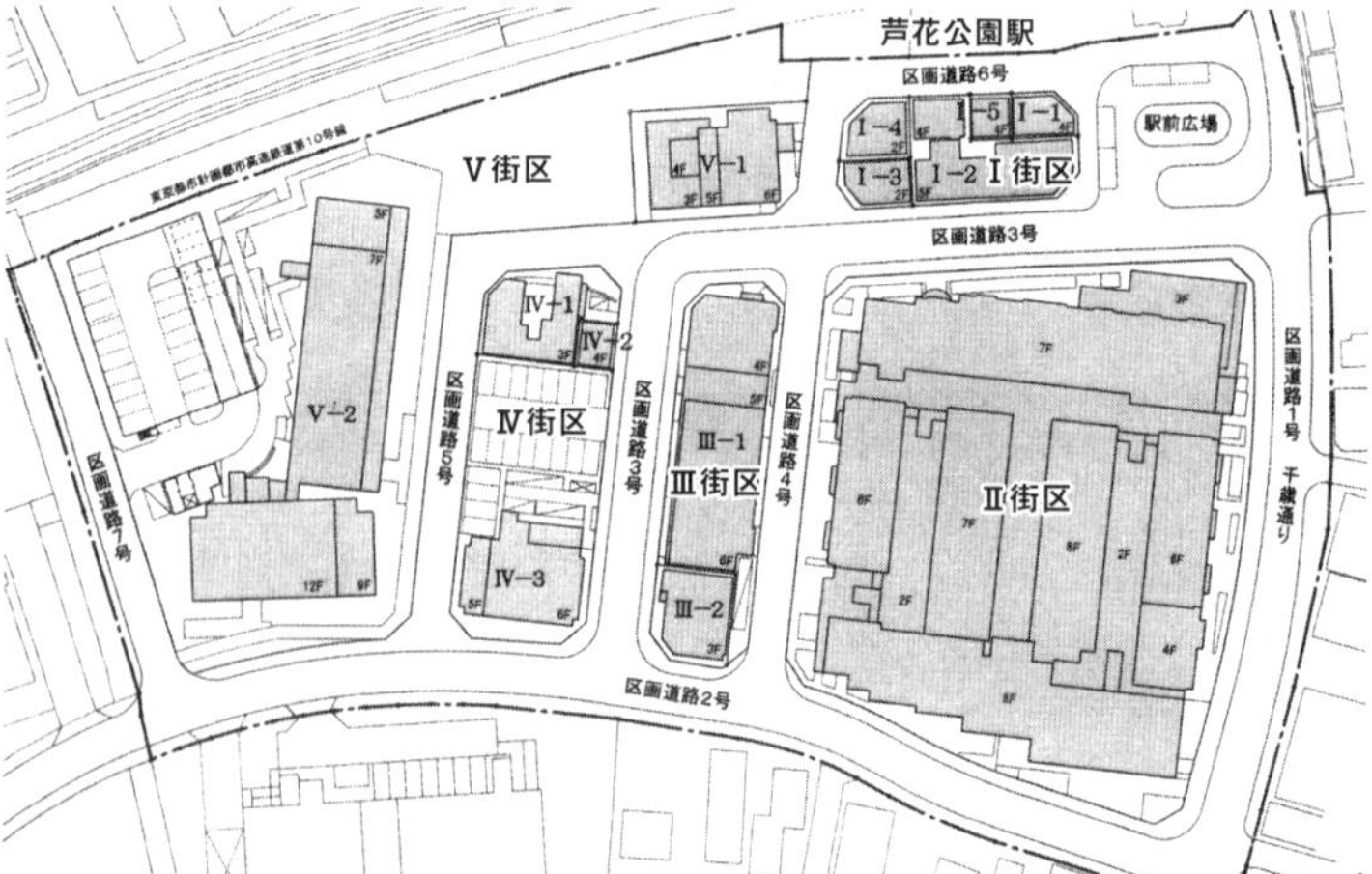

図6　芦花公園駅南口地区配置図

（出典：『芦花公園駅南口地区第一種市街地再開発事業パンフレット』p.6、2005年）

なお、当地区は都市再開発法一一一条特則型の権利変換を行っているため、一棟一敷地の原則がこのような形態に適用されるかについて、相当の議論がなされたと聞いている。現場の実情に合わせて関係者と議論し、都市計画関連法制を使いこなすのもまちづくり実務である。

・公共公益施設の概念の拡張

関連公共公益施設整備制度は、UR等が行うまちづくり事業に関連して必要となる公共公益施設を、URが地方公共団体に代わって整備できる制度である。対象施設は、道路、公園、河川、下水道に加え、駅前広場や自由通路・跨線橋、自転車駐車場などまでに拡がっている。

UR所有地を含む虎ノ門一・二丁目地区市街地再開発事業（東京都港区・組合施行）において、URは駅整備と周辺まちづくりを一体的に進めるための事業調整を担っている。二〇二〇年六月に暫定開業した虎ノ門ヒルズ駅は、当該再開発に関連する公共公益施設整備として、URが事業主体となって整備したものである。これまでは駅施設は原則として鉄道事業者が自らの営業のために整備をするものであったが、都市再生特区等の規制緩和による大規模開発の集積に起因する駅の混雑については、その解消や安全性確保について、開発側でも起因者として一定の責任を持つべき状況になってきている。このような状況を受け、関連公共公益施設の対象範囲を国と調整の上で適切に拡げ、時代の変化に柔軟に対応している。「何が公共公益施設なのか」もまた、時代の変化とともに柔軟に変化させていくべきものであろう。

5 ― これからの都市計画関連法制に求められるもの

これまで見てきたようにまちづくり実務は常に現実に向き合い、その時々の都市計画関連法制をうまく活用しながら対応してきている。先に提示した三つの視点のうち、「合意形成」と「柔軟性」の観点から、これからの都市計画関連法制に求められるものを整理したい。

まずは合意形成の観点から「生活再建策方策の更なる多様化」である。まちづくりは個々の財産を扱わざるを得ない以上、公共の福祉の実現と財産権保護のバランスをどう取るかが都市計画関連法制における永遠の課題である。これまで述べたように、同意を得るにせよ強制力を働かせるにせよ、様々な生活再建策が必要である。経済条件で地権者同意を後押しできる案件が今後ますます少なくなると見込まれる時代にあっては、生活再建方策の更なる多様化がより一層必要となるであろう。

次に柔軟性の観点から「リノベーション（以下、リノベ）をベースとしたまちづくりに対応した動的な計画論・事業論の確立」である。スクラップアンドビルドだけでない方法論として、また、地域の歴史や文化を活かし、新たな価値を創造する方法論としてのリノベの動きに対応していく必要がある。URも福山市伏見町地区（広島県福山市）において、地元の家守会社の連携企業とリノベを組み込んだまちづくりへのチャレンジを始めている。ある物件の底地をURが取得し、建物は当該連携企業が取得してリノベを行い、分散型ホテルの客室として活用を始めたところである（図7）。

リノベをベースとしたまちづくりは、リノベ対象物件が地区内のどの場所で出てくるかはわからないことや、一定の将来像は置くものの、様々な活動を実際に行って検証しながら方向性を見定める必要があるなど、動的な対応をしていくことが求められる。これまでのように

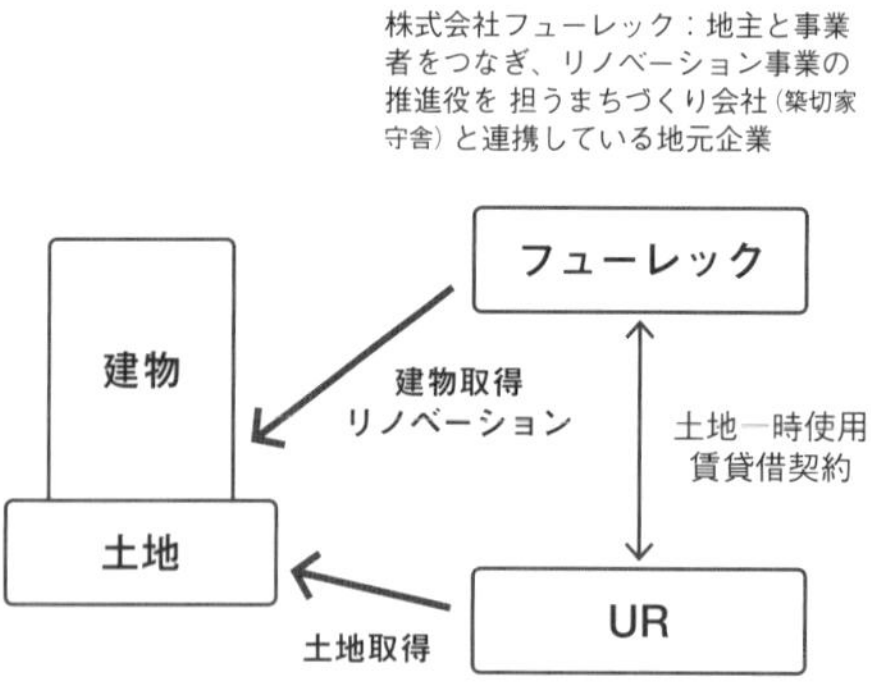

民間リノベーション事業支援の仕組み

リノベーション物件の外観

図7　福山市伏見町地区概要（出典：UR都市機構記者発表資料）

「将来像を固定しそこに向かって直線的に事業を推進」ということが時代に合わなくなる。右肩上がりでない時代の計画論・事業論が求められており、都市計画関連法制もそれに対応していく必要があるだろう。

また、道路、公園、公開空地等の公共的空間を柔軟に使っていくこともリノベをベースにしたまちづくりには必要である。機能確保という従来の観点に加え、人間のアクティビティや居心地の良さ、地域経済活性化といった観点から、公共的空間をつくり変え、管理運営の在り方を変えていくことが重要である。このコロナ禍において屋外空間の重要性が再認識されていること[6]も踏まえ、この動きを加速化すべきであろう。

都市計画は現実のまちを対象にしている以上、どのように実現していくかが重要である。まちづくり実務は現実と向き合い、都市計画関連法制を活用し、工夫し、運用する。都市計画関連法制はそのフィードバックを受け、その思想・制度を変化・改良させていく。この好循環を継承した上で、その中で新しく時代に合ったもの、先取りしたものを生み出し、良好な空間を実現していくことに、まちづくり実務の役割があると考える。

［註・参考文献］

1 渡辺俊一「都市計画と制度理論」『都市計画法五〇年・一〇〇年シンポジウム・第三弾』一〇頁、二〇一九年

2 中島正弘「URと都市計画」『都市計画法制定一〇〇周年記念論集』三三六－三三七頁、二〇一九年

3 日本住宅公団『日本住宅公団史』四一頁、一九八一年

4 まちづくりには夢がある発行発起人会「まちづくりには夢があるキムドンある都市プランナーの足跡」一六六頁、一九九八年

5 梁瀬範彦「ニュータウン開発物語――六十年の技術史」『区画整理』街づくり区画整理協会、九頁、二〇一五年一〇月

6 国土交通省都市局「新型コロナウイルス危機を契機としたまちづくりの方向性（論点整理）」二七－三〇頁、二〇二〇年

・都市再生機構「東谷・中島土地区画整理事業事業誌」二〇〇八年

・住宅・都市整備公団「住都公団のまちづくり技術体系 三 区画整理編」一九九九年

・都市再生機構「狭山市駅西口地区第一種市街地再開発事業事業誌」二〇一二年

・都市再生機構「東雲一丁目地区開発事業誌」二〇一七年

・都市再生機構「芦花公園駅南口地区第一種市街地再開発事業 事業誌」二〇〇八年

・都市再生機構記者発表資料「民間リノベーション事業への支援」https://www.ur-net.go.jp/produce/news/lrmhph000017oy4-att/ur_20191217hukuyama.pdf、二〇一九年

4
chapter
5
section

震災復興と都市計画

牧 紀男

1 ― 復興計画はどのように変化してきたのか

復興計画というと、建築や都市計画の専門家が中心となって作成する「まちの大改造計画」というイメージを持つ人もいる。しかし、それは過去の復興計画に対するイメージであり、阪神・淡路大震災後の災害では、それほど被害を受けていない自治体でも復興計画が策定されるようになっている。[1] そういった自治体では、そもそも、まちの再建・改造ということが復興課題とはならない。復興計画＝都市の改造計画、災害は都市開発を進める好機といったイメージが持たれるのは、まもなく一〇〇周年を迎える関東大震災（一九二三年）、さらには第二次世界大戦後の戦災復興都市計画の影響が大きい。関東大震災の復興では一九一九年に制定された都市計画法の枠組みを利用して東京の改造が行われた。道路の拡幅、区画整理、小学校の建設、橋梁整備等が行われ、近代東京としての基盤整備が行われた。

しかし、復興の進め方や中身を規定する復興計画は時代とともに変化してきている。二〇一三年に大規模災害からの復興に関する法律（以下、復興法）が策定され、少し状況は変わってきているが、自治体が作成する復興計画は、特に法的根拠があって策定されるものではない。復興計画がなくても復興を行う上で何ら問題はなかった。激甚災害指定を受け、国から予算の支援を得て着実に復興を行うというのが阪神・淡路大震災以前の復興事業の姿であった。例えば一九九三年北海道南西沖地震で大きな被害を受けた奥尻町では、直後には復興計画は策定されず、一年以上経過した一九九五年三月に「単に復旧という意味合いの復興ではなく、根本的な意味での復興を

keywords 阪神・淡路大震災 東日本大震災 生活再建 土地利用規制

企図する事業計画を作成する必要があるのではないか」[2]ということで計画が策定された。津波復興事例として東日本大震災の復興においても参考にされたが、当初は復興計画なしで復興が進められた。

東日本大震災の復興のようにまちに壊滅的な被害を与える津波災害では現在も大規模な都市改造をともなう復興が行われるが、計画の内容は昭和三陸津波（一九三三年）以降、ほぼ一〇〇年間変化していない。昭和三陸津波の復興でも、高台移転や堤防、盛土といった手法で、災害に対して安全なまちが建設された。[3]さらに宮城県では条例（「海嘯罹災地建築取締規則」）にもとづきバッファーゾーンの設定も行われている。[4]これは現在の津波の危険がある地域の土地利用を規制するものであり、一九五〇年に制定される建築基準法において新たに設けられた「災害危険区域」[5]を先取りするものである。

自然災害を引き起こす要因としては、津波・高潮・洪水・地震・火災と様々なハザードが存在する。津波・高潮・洪水といった水に関わる災害については堤防をつくって防ぐという対策が土木分野で、地震については建物の耐震性を高める対策が建築分野で行われてきており、都市計画法が主たる対象としてきたのは火災対策であった。災害復興の基本方針は、同じ被害を繰り返さない、安全な街として再建するということである。都市計画法の枠組みにもとづき火災に対して安全な復興土地利用計画が策定される。第二次世界大戦後は、戦災復興の枠組みの中で、戦災を受けた都市は、火災に対して安全な都市として再建されていった。戦災復興・高度成長期は、伊勢湾台風（一九五九年）のような風水害、鳥取県鳥取市（一九五二年）、山形県酒田市（一九七六年）で都市大火が発生したが、幸いなことに地震災害が少ない時期であった。しかし一九六四年に新潟地震が発生している。液状化による被害が注目されたが、住宅を対象とした地震保険制度が創設される契機となった災害でもあり、住宅被害、製油工場からの出火による延焼火災も発生した。都市計画に関連する復興事業としては、用途地区の見直し、土地区画整理事業により再開発、新市街地の開発、[6]また防災建築街区の建設が行われた。

2 阪神・淡路大震災からの復興
――延焼火災に備える

一九九五年一月一七日阪神・淡路大震災が発生した。死者は六四三四人にも上り、延焼火災も発生した。一〇〇〇人を超える死者が発生する地震災害としては福井地震（一九四八年）以来の災害となった。復興についてよく言われることであるが、災害直後は、様々な斬新なアイディアが提案されるが、実際に災害復興に使われるのは災害前に使われていた仕組みである。震災復興の経験から新たな仕組みも生まれてくるが、その仕組みが本格的に活用されるには時間が必要となる。そういった意味で阪神・淡路大震災の復興都市は、戦災復興後の防災・復興都市計画の集大成であり、次の時代に向けた新たな萌芽が生まれる場であった。したがって阪神・淡路大震災の復興を理解するためには、戦災復興都市計画後の取組みを踏まえる必要がある。

戦災復興がほぼ完了し、さらに高度経済成長という社会情勢を反映し、一九六〇年代までの都市復興は、新潟地震（一九六四年）の事例で触れたように都市のハード整備が復興計画の中心であった。一九七〇年代になると都市計画法改正（一九六八年）をふまえ住民参加の流れが生まれてくる。阪神・淡路大震災の復興都市計画の参考にされた一九七五年の酒田大火の復興では、住民説明会・復興ニュースの発行等、住民に対する情報提供が熱心に行われた。迅速に復興を行うことも重視され、出火翌日には建設省（当時）の職員が酒田に到着し、二日後から復興都市計画の検討が開始され、三日後には原案が完成している。住民から様々な意見も提出されたが、一〇か月で仮換地指定が完了している。また、東京では白鬚地区の再開発事業に代表されるような火災に対して安全な都市をつくるためのハードの防災まちづくりの取組みが進められていた。

一九八〇年代になると、被災した人の生活再建が課題となる。三宅島噴火災害（一九八三年）の復興計画で生活再建という記載が見られるようになり、一九九〇年代の雲仙普賢岳噴火（一九九一年）、北海道南西沖地震（一九九三年）においても被災した人の生活再建をどう支援するのかが課題となる。また防災まちづくりにおいては、東京都における防災生活圏構想（一九八〇年から）のように、大規模再開発ではなく、住民主体でまちの防災性能を高めるような防災まちづくりの取組みが進められるようになっていた。[9]阪神・淡路大震災は、こういった状況下で発生した。

阪神・淡路大震災の復興都市計画は酒田大火と同様、建築基準法の建築制限の期限である二か月以内に都市計画決定を行うというペースで行われていく。震災から三日後の一月二〇日には建設省の職員が神戸に来て計画についての打ち合わせが行われている。詳細の計画を作成するためには時間が必要なことから、計画の骨格となる事業区域・幹線道路等を先に決定し、地区内道路等の詳細な計画については住民参加型で決める二段階都市計画と呼ばれる方法で計画の策定が行われた。復興に関わる時間的制約をマネジメントする仕組みとして、阪神・淡路大震災の復興プロセスの中で被災市街地復興特別措置法（一九九五年二月）が制定された。被災市街地復興推進地区を指定することにより二年間の建築制限を行うことが可能となった。阪神・淡路大震災では、建築制限に関わる規定は利用されなかったが、税金に関わる特例措置等が利用された。この仕組みを利用し、東日本大震災では、復興推進地区の指定、都市計画決定という流れで復興都市計画事業が進められた。

復興まちづくりを考えるためには建物被害状況の把握が不可欠であるが、被災自治体では十分な人的資源を確保することができない。阪神・淡路大震災では都市計画学会・建築学会という学術団体が被害地図の作成を行った。東日本大震災でも外部支援により実施され、国土交通省による民間企業に対する委託事業として建物被害調査が実施された。

阪神・淡路大震災で火災等による面的な被害が発生し大きな被害を受けた地域は、図1から明らかなように戦災復興土地区画整理事業が未実施の地域であった。それほど風が強くなかったのであるが、古い建物が密集し、延焼を遮断するような機能を果たす道路が整備されていない地域は、延焼火災により壊滅的な被害を受けた。安全なまちとして再建するためには道路・公園といった基盤整備が必要であり大きな被害を受けた地域では再開発事業、土地区画整理事業による復興が進められていった。一方、基盤整備済の地域、壊滅的な被害を受けていない地域の復興をどうするのかも課題となった。長田区の野田北地区では、同じコミュニティの中で、焼失部分は土地区画整理事業、被災していない住宅が残る部分は地区計画と住宅関連の事業を利用して復興が進められた。表1に被害の大小、基盤整備の有無・被害程度と復興に関わる事業制度を示す。個々の住宅再建は自己責任で行われるのであるが、被災した住宅と住宅再建のための二つのローンを抱えるという二重ローンの問題等、個人の生活再建支援に対する支援がないことが課題となり、生活再建支援法（一九九八年）が制定されることとなる。都市計画制度による復興支援は道路や公園といった都市基盤が未整備の箇所に限られており、都市の基盤整備が進められてきたこともあり阪神・淡路大震災以降に発生した大きな地震災害においても都市計画制度を利用した復興の事例は少なくなっている。

　阪神・淡路大震災以降、その反省をふまえ密集市街地の安全性を高めるための取組みが進められる。都市計画制度としては、防災街区の整備の促進に関する法律が制定され、防災街区整備事業・防災街区地区計画により火災に対して安全なまちの整備が行われる。しかし、阪神・淡路大震災の復興事例からわかるように密集市街地の対策を行う場合、住宅政策との連携が不可欠である。

戦災復興区画整理事業1945年～
（神戸市の土地区画整理事業一覧〈神戸市〉）

震災復興都市計画事業1995年～
（震災復興促進区域・重点復興地域・震災復興都市計画事業地区指定図〈神戸市〉）

図1　神戸の戦災復興都市計画事業と阪神・淡路大震災
（出典：神戸市の2020年の都市計画決定状況をもとに小林郁夫作成）

公園整備や防火規制、延焼遮断帯となる大きな道路整備は都市計画の制度、生活道路の整備や建物の除却は住宅に関わる制度というようにいろいろな仕組み[10]を組み合わせて密集市街地の防災対策は進められていく必要がある。

3　東日本大震災からの学びと今後の防災都市計画——水災に備える

東日本大震災の復興では、津波から安全なまちとして地域を再建するため、防潮堤の整備を行った上で、高台移転を行う場合には防災集団移転促進事業、現地で盛土を行い再建するためには土地区画整理事業により復興が進められた。また、一部の漁業集落においては水産庁の漁業集落防災機能強化事業による高台の整備等も行われた。こういった東日本大震災の取組みは、基本的には過去の災害復興の仕組みを踏襲したものとなっている。雲仙普賢岳噴火災害（一九九一年）の復興では、土石流の危険が高い安中地区の高台は、土地区画整理を利用して盛土を行い建設された。安全な場所に集落を移動させる防災集団移転促進事業は、雲仙の噴火災害や北海道南西沖地震（一九九三年）による津波被害を受けた奥尻島の復興

表1　復興都市計画のための仕組み（筆者作成）

	被害大	被害中
基盤整備済み（接道、公園等）	・**開発ポテンシャル大** 再開発事業（民間） ・**その他** 住宅市街地総合整備事業 （拠点開発型・街なか居住再生型）等	・住宅市街地総合整備事業 （拠点開発型・街なか居住再生型）等
基盤未整備（接道、公園等）	・**開発ポテンシャル大** 再開発事業（公的） ・**その他の地域** 土地区画整理事業、 住宅地区改良事業	・住宅市街地総合整備事業 （密集住宅市街地整備型） ・防災街区整備事業 ・街なみ環境整備事業 ・地区計画等

において実施されているが、震災復興でも利用されている。新潟県中越地震（二〇〇四年）では、土砂災害危険性が高い中山間地域の集落を市街地や中山間部においても安全な場所に移転させるために防災集団移転促進事業を用いて実施している。また水産庁の事業による高台移転も奥尻島の復興で行われている。

災害復興は以前から使われてきた仕組みを利用して進められるものであるが、東日本大震災の復興事業では当初から二つの新しい試みが導入されている。一つは津波復興拠点整備事業という、土地を買収し基盤整備を行うとともに、公共的な建物整備も進めていくことが可能な仕組みである。阪神・淡路大震災の復興では土地区画整理と都市再開発事業により、都市復興が進められた。都市部の場合、保留床を利用した再開発事業が考えられ、東日本大震災の復興においても石巻市等においていくつかの事例が存在するが人口減少が進む地域では都市再開発事業の導入は、難しい。住宅整備を行うものではないが、都市施設を再建する役割を津波防災拠点整備事業が担ったとも考えることができる。

もう一つの新しい試みはシミュレーションを利用した復興土地利用計画策定である。二度と同じ被害を繰り返さないということが復興を考える場合の基本理念であり、震災復興においては建築基準法の改正等による耐震性の強化、耐震性を満たさない建物の耐震化の推進、延焼火災が発生した地域においては土地区画整理等を実施し延焼危険性を下げる、といった対策が実施されてきた。しかし、数値シミュレーションにもとづき復興都市計画を策定するのは初めての試みであり、様々な問題が発生した。ある程度頻繁に発生するL1津波については防潮堤で防ぐ、東日本大震災を引き起こしたような稀に発生するL2津波については、住宅は被災しないようにする、という方針が定められ、津波浸水シミュレーション（L1防潮堤ありの前提）が行われ、その結果にもとづき復興土地利用計画の策定が行われた。数値シミュレーションにもとづき計画を行う場合、シミュレーションの誤差をどう考えるのか、また誤差が存在するシミュレーション結果をどう利用するのかについて、十分に検討を行っておく必要がある。しかし、東日本大震災の復興計画策定においては、シミュレーションにより浸水深さ二m以上の箇所は災害危険区域とするというような判断が災害発生後に行われた。
東日本大震災の復興もふくめ、水ハザードに対する防災対策としての土地利用規制が都市計画上の新たな課題となっている。立地適正化計画の策定においては河川の浸水が想定される地域を居住誘導区域としないことの検討が求められている。現在、河川についても先述のL1、L2という考え方にもとづき洪水ハザードマップの見直しも行われ、一〇〇〇年に一回の降雨時の浸水区域が示されている。しかし、一〇〇〇年に一度の浸水リスクの地域まで居住誘導区域から外すことが必要なのかについては、検討が必要である。また津波については津波防災地域づくりに関する法にもとづき津波警戒区域・特別警戒区域の設定を行うこと、津波防災まちづくり計画の策定を行うことが求められるようになっているが、土地利用が制限される特別警戒区域の指定まで行っている事例は少ない。火災に対する取組みを中心に進められてきた都市計画制度による復興・防災対策であるが、阪神・淡路大震災以降、防火対策のために基盤整備を行う復興事例は減少してきている一方、東日本大震災以降、水災対策が求められるようになってきている。

南海トラフ地震や首都直下地震といった地震災害の発生が懸念され、こういった巨大災害の被害をゼロにすることは困難であり、被災することを前提に災害前から復興についても検討を行う事前復興の取組みが進められている。事前復興は、阪神・淡路大震災後に提案された考え方であり、阪神・淡路大震災後、東京都や静岡県といった以前から防災対策に熱心に取り組んでいた自治体では取組みが行われていたが、全国に広がることはなかった。東日本大震災を受けて、再度、注目されるようになり、南海トラフ地震の被害が想定される地域で取組みが進められるとともに、国土交通省が「復興まちづくりのための事前準備ガイドライン」(二〇一八年)を作成するなどの取組みもあり、多くの自治体で検討が行われるようになっている。事前復興の取組みには、復興手順の確認や事前に復興計画案の策定を行う「事前準備」と、事前に策定した計画を実際に実行していく「被害軽減」の二つの側面があると言われる。現在進められている事前復興の取組みは「事前準備」に関わるもので、建築制限をかけ、被災市街地復興推進地区を定める手順の確認や、「復興イメージトレーニング」と呼ばれる被災したことを前提に行政職員が多様な資源から復興都市計画について検討するような取組みが多い。いくつかの自治体では被災を想定した具体的な計画の策定も行われているが[11]、その計画を災害前に実施する「被害軽減」対策まで進めることについては制度の整備が進んでいない。例えば、防災集団移転促進事業を利用して、今から集落を高台に移すことも考えられるが、災害前に実施する際には自治体の負担が大きい等、様々な課題が存在する。被災した場合には予算がつくが、図2に示すように事前に復興対策を行う取組みについての予算がないということが事前復興が進まない原因となっている。

今後の都市計画においては対象するハザードを水害に拡大していくこと、さらに事前の対策から復興も踏まえた対策へと取組みが拡大していくことが求められている。水害対策に対する土地利用規制を実施する場合に、どのようにリスクレベルを設定するかが課題となる。滋賀県では一〇〇年、一〇〇〇年、二〇〇年に一度といった様々なレベルの浸水想定結果を示した「地先の安全度マップ」が作成されている。現在、都市計画制度が持つ土地利用規制の手段は、災害危険区域の設定と立地適正化計画によ

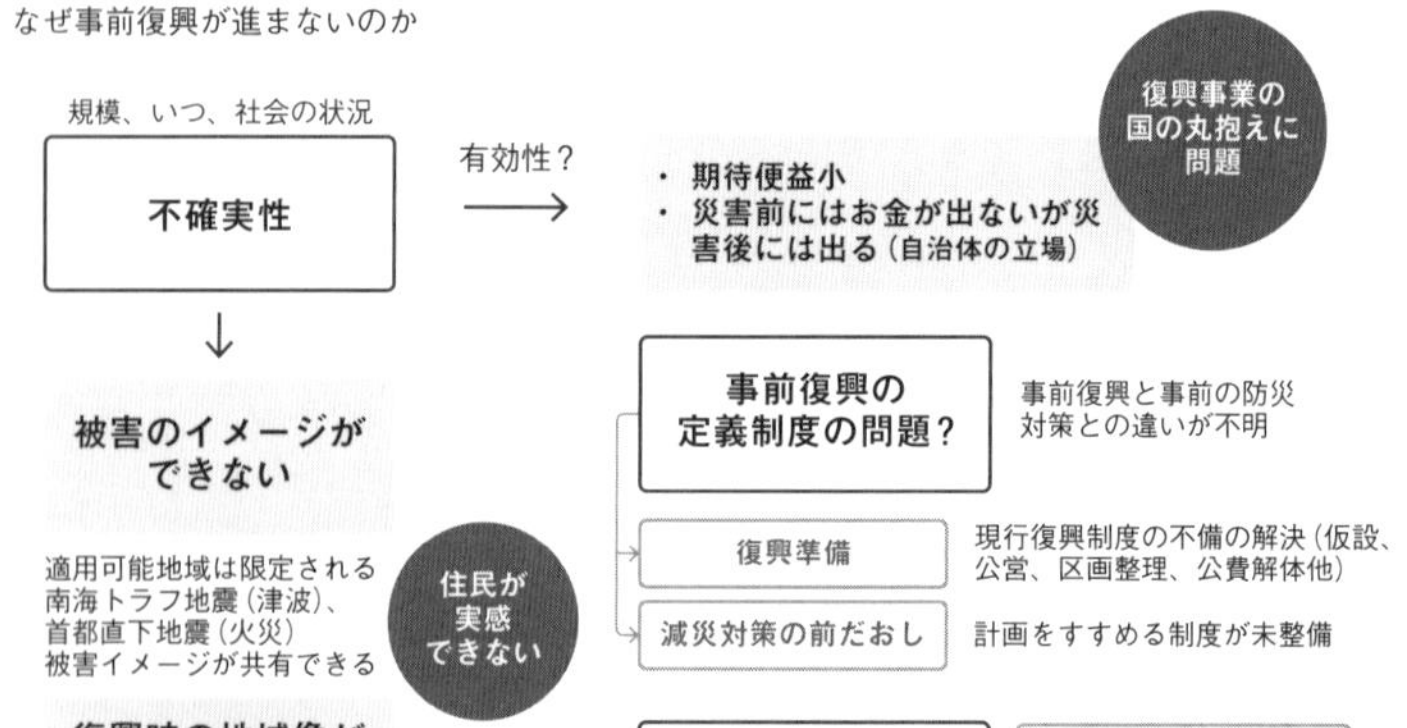

図2　事前復興の取組みについての阻害要因
（出典：ひょうご震災記念21世紀研究機構研究戦略センター、2017年）

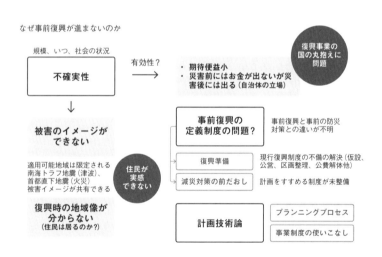

る誘導区域、市街化調整区域の設定がある。京都府の由良川では河川堤防整備ではなく宅地かさ上げによる治水対策も実施されており、そういった地域では計画高水位より低い地域を災害危険区域に指定している。どのレベルのリスクに対してどういった土地利用規制を行うのか、すなわち一〇年に一回の想定で三m以上の浸水深の地域は災害危険区域と設定するのか、といったことを検討していく必要がある。

事前復興については、現在の都市計画運用指針では「マスタープラン」に関する記述の中で都市のコンパクト化、土地利用規制について述べられているが復興に関する記述はない。東京都葛飾区のように都市計画マスタープランの中に「震災復興まちづくり」を位置づけている自治体も存在する。都市防災の枠組みの中で被害を出さないための対策に加え、復興を明確に位置づけ、都市計画マスタープランの中で災害からの事前復興について検討しておくような仕組みを整備する必要がある。

［註・参考文献］

1　高島健太郎、牧紀男「どのような被害でどのような復興計画が策定されるのか？　阪神・淡路大震災から熊本地震の自治体の復興計画」『地域安全学会論文集』地域安全学会、三五巻、二一-二七頁、二〇一九年
2　奥尻町『北海道南西沖地震奥尻町記録書』北海道奥尻町役場、一九八頁、一九九六年
3　牧紀男「明治・昭和三陸津波後の高台移転集落における東日本大震災の被害」『地域安全学会梗概集』地域安全学会、三〇巻、一〇九-一一二頁、二〇一二年
4　『宮城県昭和震嘯誌第五編雑録』二〇三-二〇六頁
5　児玉千絵、窪田亜矢「建築基準法第三九条災害危険区域に着目した土地利用規制制度の理念に関する研究」『都市計画論文集』日本都市計画学会、四八巻、二〇一-二〇六頁、二〇一三年
6　新潟県「新潟地震復興計画」新潟県、四四-五二頁、一九六四年
7　酒田市「酒田市大火の記録と復興への道」酒田市、一九七八年
8　東京都三宅村「阿古地区復興計画基本調査報告書」三宅村、一四二-一四三頁、一九八四年
9　中林一樹「東京の防災まちづくり――これまでとこれから」『造景』建築資料研究社、一四号、四七-五二頁、一九九八年
10　牧紀男『都市と防災 初めて学ぶ 都市計画（第二版）』市ケ谷出版社、二〇一八年
11　ひょうご震災記念21世紀研究機構 研究戦略センター「南海トラフ地震に対する復興グランドデザインと事前復興計画のあり方」ひょうご震災記念21世紀研究機構、一一一頁、二〇一八年

5

chapter

人・空間・時間の枠を超える計画へ

都市計画法においては、都市計画の骨格となる制度（区域区分、地域地区等）を基礎に、この上にきめ細かな地区及び街区を対象とする都市計画が規定され、運用されてきた。代表的な仕組みである地区計画制度（都市計画法十二条の四〜一三）は、一九八〇年の創設以来、地区を対象としたきめ細かな規制誘導と公共施設の一体的計画整備に貢献してきた。その後、一九八八年に再開発地区計画（現再開発等促進区・都市計画法一二条の五・四項の二）、二〇〇二年に都市再生特別地区（都市計画法八条四項）が追加され、地区の計画・整備手法は大きく発展している。こういった地区の計画・整備手法の成果と展開について議論を深めようと試みたのが「記念シンポジウム第四弾・地区の計画とマネジメントを議論する」である。本章では、このシンポジウムの登壇者を中心とした執筆者が、地区の計画・整備手法の到達点を踏まえ、都市機能の更新や再整備を進める上で、今後重要性を増していくと思われるマネジメントを含めた地区の都市再構築手法のこれからを展望する。

第1節では、地区計画制度の創設の背景から現在までの制度の活用状況や成果を踏まえ、事例の蓄積からみえてきた課題として、制度の限界、仕組みの制約、類似制度が追加されてきた中での地区計画の役割の変化について論じる。まとめとして、今後の地区のまちづくりを進めるために必要な制度の方向性を提示する。

第2節では、地区の公共施設の中でも、地区交通の管理と生活道路の整備に焦点を当てて、これまでの制度の限界や課題を整理する。その上で、近年進みつつある生活道路のマネジメント、大規模開発における道路空間整備、人中心の道路活用などの動きについて論じ、今後の地区交通や生活道路整備の方向性を提示する。

第3節では、再開発地区計画制度の立法趣旨や創設時の議論を踏まえ、代表的な活用事例の成果と課題を考察した後、都市再生特別地区へ

地区・街区の計画とマネジメント

の政策展開の実態を概観している。そして、地区の計画・整備手法において、事前確定的な都市計画からの脱却と、多様な主体の協働による都市計画への転換が起きていると指摘している。

第4節でも、特定の地区を対象とする規制緩和型の計画・整備手法に焦点を当て、手法の根底にある計画及び規制の論理を考察している。さらに、一九九〇年代の工場跡地での大規模土地利用転換事例において、マスタープランと特定地区開発の関係をどのように整理・検討したかを振り返りながら、地区の協議型計画手法の発展過程と今後の展望を議論している。

第5節では、近年の地区のまちづくりが、マスタープランの位置づけによらず、エリアの価値を高めるために、エリアをネットワークしていく形に変化していると指摘し、実践されているエリアマネジメントの取り組みをもとに、都市づくりから地域管理・運営さらに地域再生までの一貫した活動が行われていることを概説している。そして、エリアマネジメントを担う多様な主体が展開している信頼と互酬性に基づく協働の重要性と、そのような活動を支援することとの公共性について論じている。

以上の論考は、地区の計画・整備手法において、事前明示型から協議型・提案型の都市計画への転換が進み、さらに手法の対象となる時間軸が建設時から完成後の維持管理まで延びていること、そして、その担い手が、都市計画の決定権者である行政に加え、民間事業者、市民、エリアマネジメント組織等のまちづくり団体へと広がってきたことを示している。この転換はそれまでの右肩上がりの時代における量を満たすためのコントロールから、空間の質を高めていく要請に応えるものであり、開発による影響や利害の対立を緩和する効果を持つものであった。先進的なエリアでの経験が蓄積される中で、主体間の連携、空間の連鎖と質の向上、時間軸を取り入れた総合的な地区の計画・整備手法の再構築が求められている。

（藤井さやか・長谷川隆三）

5
chapter
1
section

地区計画制度の到達点とこれからの展望

佐谷和江

1― 創設の経緯と背景

地区計画制度は、一九八〇年、都市計画法・建築基準法改正により創設された。一九七〇年代の中盤から後半にかけて、当時の建設大臣の諮問機関である建築審議会と都市計画中央審議会が、それぞれ全く別のアプローチから地区計画制度の必要性を検討・答申しており、それらの画期的な合同審議も経て創られたものである。

その背景には大きく二つの課題があった。一つは質の低い市街地が広がり続けていることである。新都市計画法で創設された開発許可制度は市街化区域内では対象規模が小さかったため、いわゆるミニ開発が多数発生した。また、都市施設が未整備のままバラ建ちするスプロール開発を抑止することができていなかった。二つ目は、既成市街地の環境悪化である。狭隘道路や木造賃貸住宅の密集、敷地の細分化による相隣環境問題等が一層深刻となっていた。

これらの課題に対し、都市レベルのマクロ的な視点から行う都市計画と、建築基準法に基づく敷地単位の建築規制だけでは不十分であった。このため、開発許可制度と建築確認制度の中間領域として地区レベルの計画を策定し、民間の開発行為や建築行為を適正に規制、誘導する制度を設けることが必要と考えられた。

また、量的まちづくりから質的まちづくりへの社会的要請もあった。地区の特徴に応じた市街地を形成するためには、居住者等のミクロな視点から、きめ細かな規制を定められる計画制度が必要と考えられた。

keywords　地区計画　計画技術　住民参加　地区まちづくり

2— 地区計画制度の特徴

地区計画制度の特徴は以下の点がある。

第一に、地区レベルの総合的かつ詳細な計画制度となっていることである。従来のまちづくり体系では十分に対応できなかった地区レベルでの総合的な市街地形成をコントロールする計画である。地区を単位として公共施設、建築物、土地利用に関する事項を一体的、総合的に一つの詳細な計画として定めるものである。

第二に、住民参加のまちづくりをめざしていることである。計画策定の段階から地区住民等の意向を十分に反映することを義務づけ、住民参加のまちづくりをめざしている。制度創設時点から、都市計画法一六条二項に「地区計画等の案は、(略)その案に係る区域内の土地の所有者その他政令で定める利害関係を有する者の意見を求めて作成するものとする」ことが定められた。また、その後、一六条三項の地区計画等の申出制度や二一条の二の提案制度などにおいて住民参加の手段が拡充された。

第三に、市町村主体の都市計画制度となっていることである。地区計画は地域と密接なかかわりをもつので、計画の策定及びその実現は、市町村が主体となる。これは地方分権改革が行われる以前では画期的であった。

第四に、計画内容の自由度の高さ(メニュー方式)である。多様な市街地にきめ細かく対応するために、定める内容や実現するための規制手段を、地区の状況に応じて選択できるメニュー方式となっている。

第五に、独自の事業手法を持たないことである。計画実現のための独自の事業手法を有しておらず、個別の開発・建築行為を、地区計画に沿って誘導・規制することによって計画の実現が図られる。

第六に、規制手段が選択できることである。計画内容の担保の手段は非常に弾力的で、一般的には、地区整備計画を定め、届出・勧告という法に基づく行政指導で計画内容を担保する。また、地区計画の目標と方針のみを定め、まちづくりの総合的な指針に留めることもできる。一方、届出・勧告だけでは計画の目的を達しえないと認められる場合には、建築条例等を定め、建築基準法上の制限とすることができる。

3— 地区計画制度の体系と変遷

創設された当初は、地区計画の基本形「一般型」だけだ

図１　地区計画制度の体系

表１　地区計画制度の主な変遷

年	内容
1980	地区計画制度の創設
1987	集落地区計画の創設
1988	再開発地区計画制度の創設
1989	立体道路制度の創設
1990	用途別容積型地区計画・住宅地高度利用型地区計画の創設
1992	誘導容積制度・容積の適正配分制度の創設、地権者による地区計画の策定の要請制度の創設、地区計画が定められる区域の拡大
1995	街並み誘導型地区計画の創設
1996	沿道地区計画の創設
1997	防災街区整備地区計画の創設
1998	市街化調整区域での地区計画を定められる区域の拡大
2000	申し出制度による住民参加の充実、地区計画が定められる土地の区域要件の簡素化
2002	再開発地区計画、住宅地高度利用地区計画の廃止、高度利用型地区計画の創設、地区整備計画の決定の要請制度の廃止、用途制限緩和制度の創設
2004	地区計画の規制を強化する景観法や都市緑地法に基づく条例制度の創設
2006	開発整備促進区の創設
2008	歴史的風致維持向上地区計画の創設

ったが、度重なる制度の拡充が行われ、現在の体系は図1のとおりである。

また、主な変遷は表1のとおりで、二〇〇二年に大きな整理・合理化が行われたことがわかる。

4―地区計画の成果

・制度として普及・定着

二〇一七年三月末時点で、策定地区数は地区計画全体で約七五〇〇地区（表2）、市街化区域面積の約一〇％で策定されている（表3）。また、用途地域のある市町村の七割弱（表4）で策定されており、都市計画制度として普及・定着している。

・市町村の体系的都市計画の推進と個別問題への対応

都市計画コンサルタントの立場からすると、地区計画の目標・方針を検討する際には、都市計画マスタープランの記述と齟齬がないようにするし、逆に都市計画マスタープランの検討においては、既定の地区計画との整合や、今後の地区計画の指針となるよう意識している。自治体職員ももちろん地区計画と都市計画マスタープランの関係性に関心が高く、体系的に都市計画を推進するツールである。

一方、個別問題の解決策としても利用されている。例えば何らかの理由で都市計画変更を行う際は、地区計画とセットで変更し、規制強化と緩和のバランスを取る。また、マンションの高さ問題が起こった時に、一棟目は建築されるが、二棟めをつくらないように計画を定め、問題を収めている地区がある。このように何らかの問題の解決策や、全面解決に至らなくても対応策として、地区計画は成果を上げている。

・計画技術の向上

地区計画は計画内容の自由度が高いので、市町村によって様々な工夫が行われ、計画技術の向上に役立っている。例えば、「広島市都心住居地域地区計画」（一九八七年、図2）は、三〇〇％の容積率を二〇〇％に一旦落とし、住宅供給や敷地面積規模を要件に三〇〇％を許容する内容である。地区面積が三四五haと大きく、サブ用途地域的に使っている。現在の誘導容積型や用途別容積型の仕組

表２　地区計画の策定実績

	都市数	地区数	面積（ha）	地区整備計画の面積（ha）	再開発等促進区の面積（ha）
地区計画	797	7,375	162,052.7	144,574.5	3,314.2
防災街区整備地区計画	8	28	1700.8	1555.4	
歴史的風致維持向上地区計画	2	2	4.0	4.0	
沿道地区計画	3	49	646.0		
集落地区計画	14	15	591.4	437.8	
合計	-	7,469	164,994.9	146,571.7	3,314.2

出典）表２～４は国土交通省「平成29年都市計画現況調査」2017年３月末時点数値から作成

表３　市街化区域面積等に占める割合

	面積（ha）	地区計画等策定面積（ha）	割合	地区整備計画策定面積（ha）	割合
都市計画区域面積	10,230,088	164,995	1.6％	146,572	1.4％
市街化区域＋調整区域面積	5,241,464	164,995	3.1％	146,572	2.8％
市街化区域面積	1,456,896	164,995	11.3％	146,572	10.1％

表４　策定した地方自治体の割合

	市町村数	地区計画策定都市数	割合
都市計画区域のある市町村数	1,352	797	58.9％
用途地域のある市町村数	1,189	797	67.0％

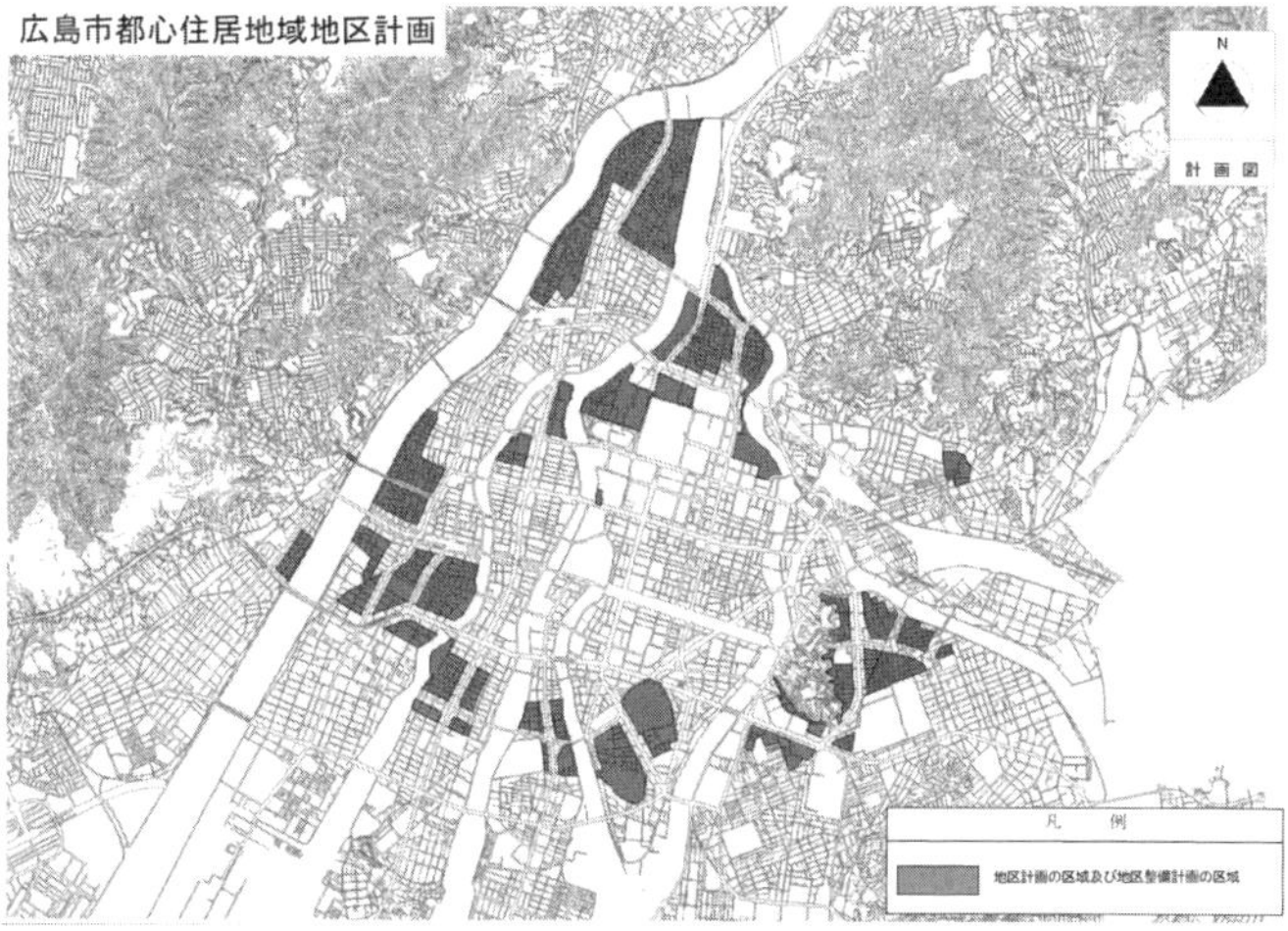

図2　広島市都心住居地域地区計画計画図（出典：広島市2005年告示）

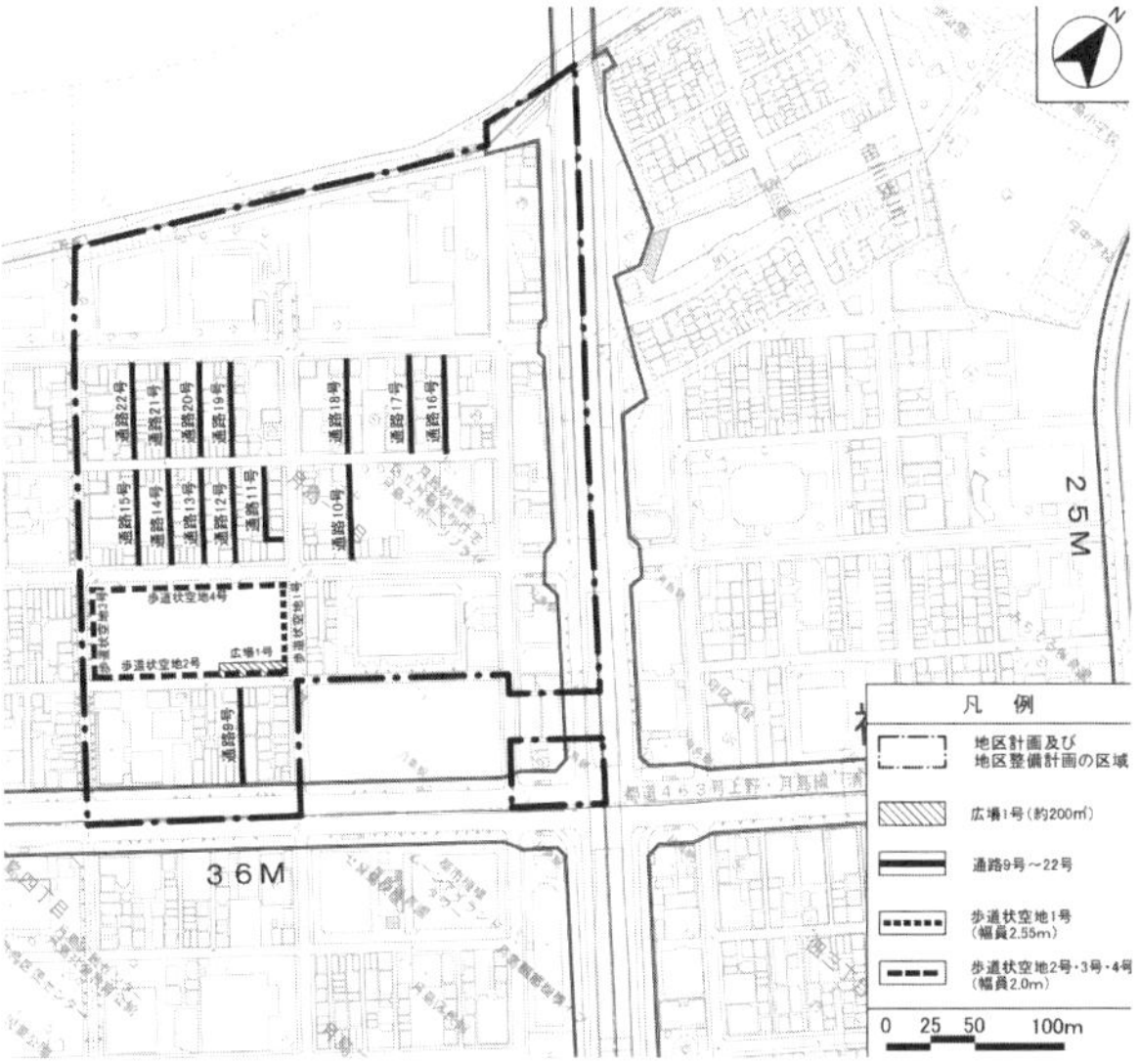

図3　東京都中央区月島一丁目地区地区計画計画図（出典：東京都中央区1997年告示）

みを国に先駆けて創出したりしており、大きな影響を与えた。

また、「東京都中央区月島一丁目地区地区計画」(一九九七年、図3)は、通常では更新できない路地沿いの老朽化した木造建築物を、街並み誘導型+工区区分型一団地認定で個別建替えできるように規制を整えた内容である。この地区計画が狭隘道路問題を改めて浮き彫りにし、その後の三項道路指定に関する制度整備や連担建築物設計制度の創設に影響を与えている。なお、当該地区は現在は三項道路指定+街並み誘導型+用途別容積型という組み合わせに変わっている。

・住民参加の仕組みの創出と発展

地区計画が住民参加の仕組みの発端となった例は多数あるが、その一つがまちづくり条例である。神戸市や世田谷区が先行して制定したように、都市計画法一六条二項で策定を義務づけられた内容にプラスして、まちづくり団体の認定や支援、独自の計画制度の内容や運用などを含んでいる。住民に対して計画案の作成権限の移譲を明確にしたことは画期的であった。その後多くの自治体で類似の内容の条例が制定されている。

条例に規定された独自の計画制度は、地区計画に継承するか二本立てで運用することを前提としていたが、その後、横浜市地域まちづくり推進条例や川崎市地区まちづくり育成条例など、地区計画とは切り離した地区のルール制度を規定する条例も生まれている。

二つ目が協議会方式である。密集地区での協議会と概ね同じ時期に、組織体として継続的に議論する方式が生まれた。それまでの教室型の説明会から、ロの字型で熟議を行うようになった。組織体をつくることは地区計画が発端ではないが、前述の条例で明文化された権限移譲と相まって住民参加の仕組みのさきがけとなっている。

三点目はコンサルタント派遣である。これも前述の権限移譲と関係しており、行政主導ではなく、住民が計画づくりの主体であることを中立の立場のコンサルタントを派遣することで明示している。コンサルタント派遣は、マンション管理などに拡充している自治体もある。また、例えば保育園をめぐる地区の対立のような地区のルールづくりには直接関係ない内容での例もある。

・**届出勧告による裁量への慣れ**

地区計画の規制内容は、数値化されていないものも多く、運用に際しては、自治体ごとに判断し、処理を行う。例えば「外構は生垣を原則とする」とした場合、適用除外の条件や生垣の高さ・配置等について別途、運用基準等を設けている。規制内容を詳細化することも考えられるが、趣旨を実現するにはいろいろなバリエーションが考えられるので詳細化することが必ずしも適切でない場合もある。

市町村の都市計画分野での裁量については、八〇年代や九〇年代に地区計画で経験を積み、その後の地方分権改革で一定程度、定着したと言える。さらに二〇〇四年の景観法の届出・勧告制度や都市開発諸制度の活用時の基準づくりに波及している。

5―地区計画の課題

・**地区施設の充実が実現できなかった**

地区計画は、特徴のところで述べたように、地区を単位として公共施設、建築物、土地利用に関する事項を一体的、総合的に一つの詳細な計画として定めるものである。しかし、すべての地区が地区施設を定めているわけではないし、定めている地区は、土地区画整理事業や開発許可制度によってつくられた道路を位置づけている例が多い。既成市街地では地区施設の充実を目指したものは少なく、定めたとしても実現手法が限られているため、実際に整備された例はさらに少ない。

この間、前述の中央区のように自治体による創意工夫や、誘導容積型や防災街区整備地区計画の創設等、基盤整備を推進すべく努力は重ねられてきた。一方、街並み誘導型のように道路拡幅の意欲を低下させる制度もつくられた。この結果、制度創設時の課題の一つであった既成市街地の環境悪化については解消に至っていない。

・**市街地環境の質の低下を抑止できなかった**

もう一つの課題であったミニ開発やスプロール開発による市街地環境の質の低下は、地区計画導入によっても抑止できなかった。これは地区計画の課題というより、都市計画全体の課題と言える。しかし、創設時に地区計画の策定義務化等の仕組みを内包していれば違った結果になったかもしれない。

その後、用途地域の中で敷地面積の最低限度を定められるようになったが、これも導入が義務化されてはいないので、ミニ開発の抑止にはつながっていない。

また、スプロール開発については、基盤未整備のバラ立ち的な開発に加え、スポット的な開発許可による開発も含めて、市街地が密度低く広がることになった。これに対する抑制の仕組みとして立地適正化計画が創設されたが、DID面積は二〇一五時点では依然増加傾向にあり、コンパクトシティの実現に至っていない。

・地区の個性を生み出す市街地像の形成が十分でない

地区の個性を生み出す市街地像の形成については、良好な低層住宅地や歴史的な町並みの維持・形成には寄与しているものの、一般的な市街地においては用途や高さなどについての規制内容に幅があるため、明確な市街地像を形成するには至っていない。

また、地区計画で高さ制限をした場合であっても、地区によっては都市開発諸制度の活用で規制を緩和することが可能であり、地区計画の策定が安定した市街地像に必ずしもつながっていない。

自治体によっては、規制の根拠の説明を簡略化するため、規制値を自治体で一律にしている場合があり、地区の特性を活かしきれていないこともある。

・策定地区の連担が市街地の連続性につながらない

地区計画はあくまでも地区内の計画であるため、規制強化型と緩和型が隣り合わせて策定される場合もある。市街地の段階的な連続性をコントロールするのは都市計画マスタープランであり、これに基づいて地区計画が定められるなら、調和のある連続的な市街地が実現されるはずだがそうはなっていない。

これは、都市計画マスタープランが市街地の段階的な連続性をめざしていないか、めざしていても具体的な表現に欠けているからだと考える。

この結果、都市計画マスタープランや地区計画を策定しても低層市街地に高層建築物が突如計画され、相隣紛争が起こってしまう。このような事態の蓄積が、自治体や住民の計画への疑念や、信頼低下を招いている。

・合意形成や情報提供のダブルスタンダード

行政発意の地区計画と、住民発意の地区計画において、合意形成の手続に大きな差がある。行政発意の場合、都市計画法の一六条、一七条に基づく手続を行ったことで、意見書が提出されたとしても合意形成ができたとする場合がある。一方、住民発意の場合は、計画案を行政に出す段階で、都市計画提案制度の三分の二〜一〇〇%の同意が求められる。

また、住民発意の場合は、アンケート等により推進者が利害関係者に情報を提供するプッシュ型の情報発信を行い、かつ意見表明の機会を設定しているが、行政発意の場合は利害関係者が能動的に情報を取得しなければならないプル型の情報発信に留まることもある。地区計画は権利制限を伴うため利害関係者に認知してもらう必要があるが、行政発意と住民発意では認知度に差が出る情報提供方法となっている。

行政発意と住民発意において、合意形成や情報提供の差を小さくしていくことが課題と考える。

6 — これからの展望

地区計画は制度として一定程度普及・定着したが、策定面積割合は小さく、当初期待されたような市街地環境の質の低下を抑止できないでいる。しかし、策定面積が増えれば現在の都市問題を解決できるかと言えば、設計理念が人口増加の下での拡大する市街地の整序や、土地の高度利用促進にあるため、多くは期待できない。

では、これからの地区のまちづくりはどうあればいいか。ここでは緩和型と規制強化型に分けて展望したい。

・緩和型はあり方や使い方を問い直す

緩和型とは、既定の都市計画で定めた用途や容積率、斜線制限等の緩和をインセンティブとして地区整備を推進するタイプである。「基本的な使い方」、「特例的な活用」、「地区計画等」それぞれに何らかの緩和が含まれている。例えば、一般型であっても用途緩和や、市街化調整区域等における開発許可の特例がある。都市計画規定の緩和は、民間活力を引き出す行政にとっての武器であるが、そのあり方や使い方を問い直す必要があると考える。

このうち容積率緩和は、大都市圏においては開発を契機とした地区の価値向上につながっており、今後も有効だと思われる。武器を使いこなすスキルは、東京都の「新しい都市づくりのための都市開発諸制度活用方針」等にみられるように官民協働で高めているが、今後も蓄積を活かしたり、地区の特性に応じて機動的にスキルを生み出したりすることが期待できる。ただし再開発等促進区は、高度利用地区や特定街区、総合設計、都市再生特別地区等と類似性が高く、整理・統合によって民間にとってより魅力的な制度とすることが望まれる。

他方、地方都市では高容積は事業費増大、リスク増加となるだけで、緩和が武器になっておらず、今後も現況が変わるとは考えにくい。また、用途緩和についても、活用までのハードルが高く民間の刺激剤とはなりにくい。

人口・世帯が減少する今後は、地区の利害関係者が地区整備の必要性や公益性をそれぞれの立場から理解し、実現に向けて資源を集結させることが求められる。このためには、例えば、用途や容積率、斜線制限等の緩和項目ごとに整理・統合することによってわかりやすくし、導入検討時の障壁を低くすることが考えられる。また、プロセスの簡略化等によって活用障壁も低くして、計画策定時に投入する資源をできるだけ実現段階に回すことも必要ではないだろうか。

・**規制強化型は総合的な地区まちづくりのツールへ**

規制強化型は、土地区画整理事業等による新市街地では形成される環境の質を担保するために、既成市街地では環境の質を維持するために策定された。

当初の目的を達成した地区でも、その後の時代状況の変化で、例えば、周辺より売買価格が高く空き家が発生して高齢化が進行したり、用途限定によって生活利便性が低下したりする場合もある。また、住民発意型は策定段階では地区の一体感が高まるが、建築協定と違って住民が運用に関わらないため、認知度や地区に対する誇りは経年に伴い低下する。地区計画だけでは暮らしやすさ、住みやすさが担保されない状況にある。

都市整備分野の地区まちづくりは、地区計画を最終ゴール（の一つ）としてきたが、今後は、総合的な地区まちづくりのツールの一つとして地区計画を位置づける体系の組み直しが必要だろう。

先行例が前述の「横浜市地域まちづくり推進条例」である。グループ登録や組織認定を経て、プランやルールを地域が作成し、市が認定する。プラン・ルールは認定組織が運営主体となる。ルールでは、地区計画や建築協定で定められるもの以外にも、商店の営業時間や防犯灯を兼ねた玄関灯の設置等も定められる。

二〇〇五年に制定され、二〇一八年度末までにプランは一九地区、ルールも一九地区で認定されている。直近で作成された七地区では、防災まちづくりが三地区、住環境維持や安全・安心を目的としたものが四地区となっている。グループ登録数は七八で、ルールづくり、事業検討、プランづくり、地域交通、地域の安全など生活環境改善等と、多岐にわたっている。

制度や事例を紹介する研修では、庁内の都市整備部署に加え、地域振興や福祉保健部署の行政職員、指定管理である地域包括ケアの拠点施設やコミュニティセンターの職員も参加しているそうである。

このように、地区のまちづくり組織がプラン・ルールの作成から運営までを担い、行政が中間組織も含めて、分野横断的に支援していくことが、現状の地区まちづくりに必要と思う。多くの自治体で、体系の組み直しが進むことを期待したい。

［註・参考文献］

・横浜市「地域まちづくり推進状況報告書・評価書・見解書」二〇二〇年

5
chapter

2
section

ようやく「マネジメント」の時代に入った地区交通と生活道路整備

久保田 尚

1―地区の道路と交通

一九七〇年代後半、都市計画分野で地区レベルの計画に焦点が当てられたのとほぼ軌を一にして、交通分野においても地区への関心が高まった。[1] 地区交通あるいは地区道路といった用語が登場したのもこの頃と思われる。

ただ、都市計画分野においては、全国共通の計画標準に基づく都市計画に対して、地区の独自性を発揮できる計画論として地区レベルの計画が注目され、地区計画制度に結び付いたのに対して、交通分野における地区の意味や位置づけが実は大きく異なっており、結果として、その後の成り行きにも大きな違いが生じることとなった。

地区道路はいうまでもなく道路の一種であり、道路法及びそれに基づく政令である道路構造令によって整備や管理が行われる。また、道路の上での行いについては、道路交通法の適用を受ける。実は、道路法にも道路交通法にも地区という概念は存在しない。地区道路に相当するものとして、道路構造令における四種四級道路などが該当するとはいえるが、あくまでも道路の種級の一種を指すにすぎず、幹線道路との本質的相違はない。さらに道路交通法では、道路を分類して扱いを変えるという概念がそもそも存在しない。法的に唯一位置づけられているのは、地区計画における地区施設としての道路であり、「主として街区内の居住者等の利用に供される道路」と定義されている。これを除けば、一般的には、地区交通、地区道路という概念は、法的な位置づけがあるわけではなく、計画論の中で用いられるようになったという経緯がある。当時、すでにブキャナン・レポートの和訳出版[2]から一〇年以上が経過し、Environmental Areaの訳とし

keywords　生活道路　通学路総合交通安全マネジメント　交通影響評価　人中心

ての居住環境地区という用語が専門家の間で定着していたことも、地区交通という概念が注目され始めた背景として忘れることはできないだろう。

結果として、地区交通という概念が計画論や教科書などで定着する一方で、実際の「地区」の現場においては、道路管理者と交通管理者（公安委員会）による普遍的な管理思想が変わることはなかった。すなわち、地区道路を含むすべての道路は、車両の円滑で安全な通行のため、平面的にも縦断的にも極力まっすぐに作るべきであり、ましてや道路上で通行以外の機能を展開することなどありえない、という考え方が徹底してきたといえる。

結果として、まちづくり側が志向する新しい交通の考え方や、地区レベルの交通マネジメントの展開が、交通以外の他分野に比べて大きく遅れてきたことは否めない。

実はその当時、ブキャナン・レポートの影響を受けた居住環境整備事業（一九七五年）や、ゾーンシステムの日本版を目指した総合都市交通施設整備事業（一九七七年）が創設され、一部で大きな成果が挙げられたという展開も見られたのではあったが、全国的な普及にはいたらなかった。

その後、地区交通は、主に交通安全の分野で様々な模索が繰り返されてきた。一九八〇年には、コミュニティ道路が大阪市に登場し、全国に展開された。歩車道境界を蛇行させたりジグザグにしたりするこの道路は、「車道はなるべくまっすぐに作る」という道路設計の常識に挑戦した画期的なものだったといえる。

一九九六年には、コミュニティ・ゾーンという新たな制度が創設された。[3] 交通安全分野において、地区という概念を初めて本格的に導入したものであるとともに、道路対策と交通規制をセットにしたという点でも極めて重要な取組みであった。ゾーンの全ての入口交差点に最高速度三〇㎞の区域規制標識を立てるとともに、ゾーン内に一方通行規制などを適宜導入する。それと同時に、ハンプやコミュニティ道路などの道路対策を合わせて実施するものである（図1）。

一九八〇年代から始まった欧州のZone30を模範として始まったコミュニティ・ゾーンは、社会実験などの住民参加プロセスも取り入れたものであり、わが国の交通安全対策の歴史の中でも特筆すべきものである。

大きな期待とともに始まったコミュニティ・ゾーンは、

いくつかの好事例を生み出しはしたものの、残念ながら全国的な普及には至らなかった。ハンプ（凸部）をはじめとして道路をまっすぐでないものにすることについて、市民だけでなく、自治体の道路担当者もまだ受容する準備が整っていなかったことが最大の要因と思われる。二〇〇一年に道路構造令が改正されハンプ等が正式に認知された後も、状況が大きく変わることはなかった。必要な生活道路には「凸部を設置し、又は車道に狭窄部若しくは屈曲部を設けるものとする」（三一条の二）と定められたものの、設計基準が定められたわけではない。速度抑制などに効果があることはわかっていても、仮に自治体が独自のハンプを設置して万一事故が起こってしまった場合、管理瑕疵を問われる恐れがあるとして、自治体担当者の多くが敢えて設置を避けていたのである。

2 ようやく始まった生活道路・通学路の本格整備

風向きが大きく変わったのは、二〇一六年に、国土交通省が、「凸部、狭窄部及び屈曲部の設置に関する技術基準」を定めたことである[4]（図2）。生活道路の歩行者等の事故がなかなか減少しない中、そのような道路対策の必要性が改めて確認された結果である。この技術基準において、特にハンプに関して詳細な設計基準が定められたことにより、自治体も、いわば安心してこれらの、「道路をまっすぐでなくする」対策を導入できる条件が整ったといえる。

現在では、二〇一二年から始まった交通規制対策であるゾーン30と、ハンプなど新たな道路対策を連携する動きが定着しつつある[5]。

なお、近年では、地区道路を生活道路と呼ぶことが一般的になっており、本節においてもこれからは生活道路という用語を用いることとする。

ここで、生活道路のなかでも通学路に特化した「通学路総合交通安全マネジメント」について紹介することにしたい。通学路総合交通安全マネジメントの基本コンセプトは「通学路 Vision Zero」である。すなわち、通学路での子どもの重大事故をゼロにするためのビジョンであり、生活道路対策を本格化させるためのきっかけとして、まず通学路から取り組むことを提唱している。

学校関係者、住民、警察、道路管理者、及び専門家に

図1　コミュニティ・ゾーン

（出典：警察庁・建設省監修、（財）全日本交通安全協会・（財）国土開発技術研究センター発行「コミュニティ・ゾーンで安心のあるまちづくり」1996年）

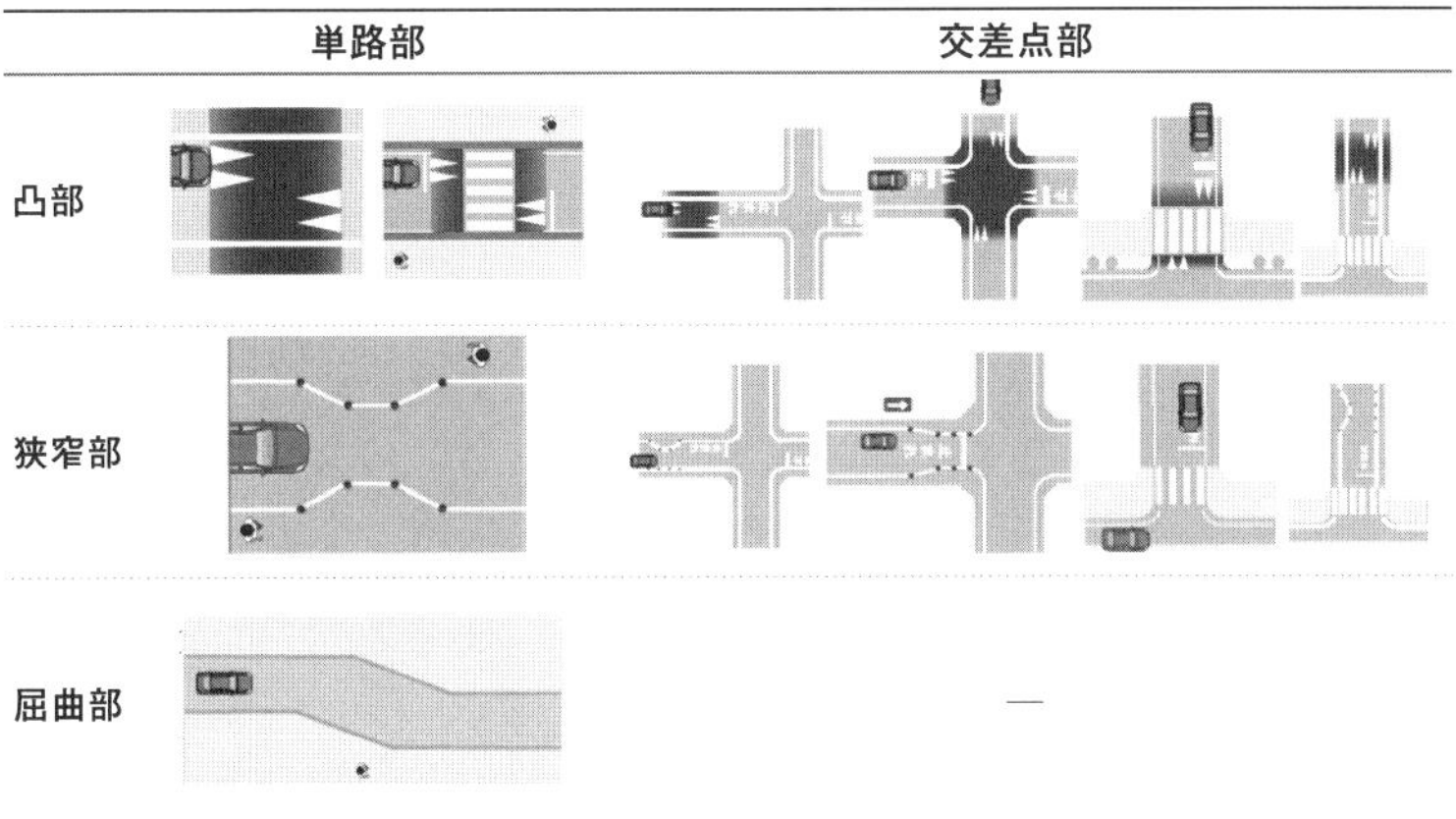

図2　凸部、狭窄部及び屈曲部の設置に関する技術基準[4]

（出典：2016年4月1日施行、国土交通省道路局）

よるワークショップにより、実施する対策を議論していくこととなる。新潟市日和山小学校の例では（図3）、三回のワークショップの結果、通学時間の特定路線の通行止めやゾーン30といった交通規制とともに、ライジングボラードやスムース歩道などの道路対策が導入されるに至った（図4）。とりわけライジングボラードは、生活道路の本質にかかわる重要な意味を内包していると考えている。生活道路を含むすべての道路は、不特定多数の全ての車両が利用できるものとされてきた。いわゆる「天下の公道」である。その結果、地区に関係のない抜け道利用者であっても、「天下の公道を走って何が悪いか」とばかりに無遠慮に危険な走行をする場合すら見られる。その生活道路にライジングボラードを設置することは、「街路は『天下の公道』であるからすべての人（歩行者）の通行は保障する。しかしクルマについては、地区の環境や安全を保つという目的のもとに、流入を選択的なものとすることを許容する」[6]という新しい「天下の公道」の考え方を、物理的に表現していると言えるのである。

　このほかにも、スムース横断歩道やハンプなどを導入する事例が増えつつあり、「まっすぐでない」道路によっ

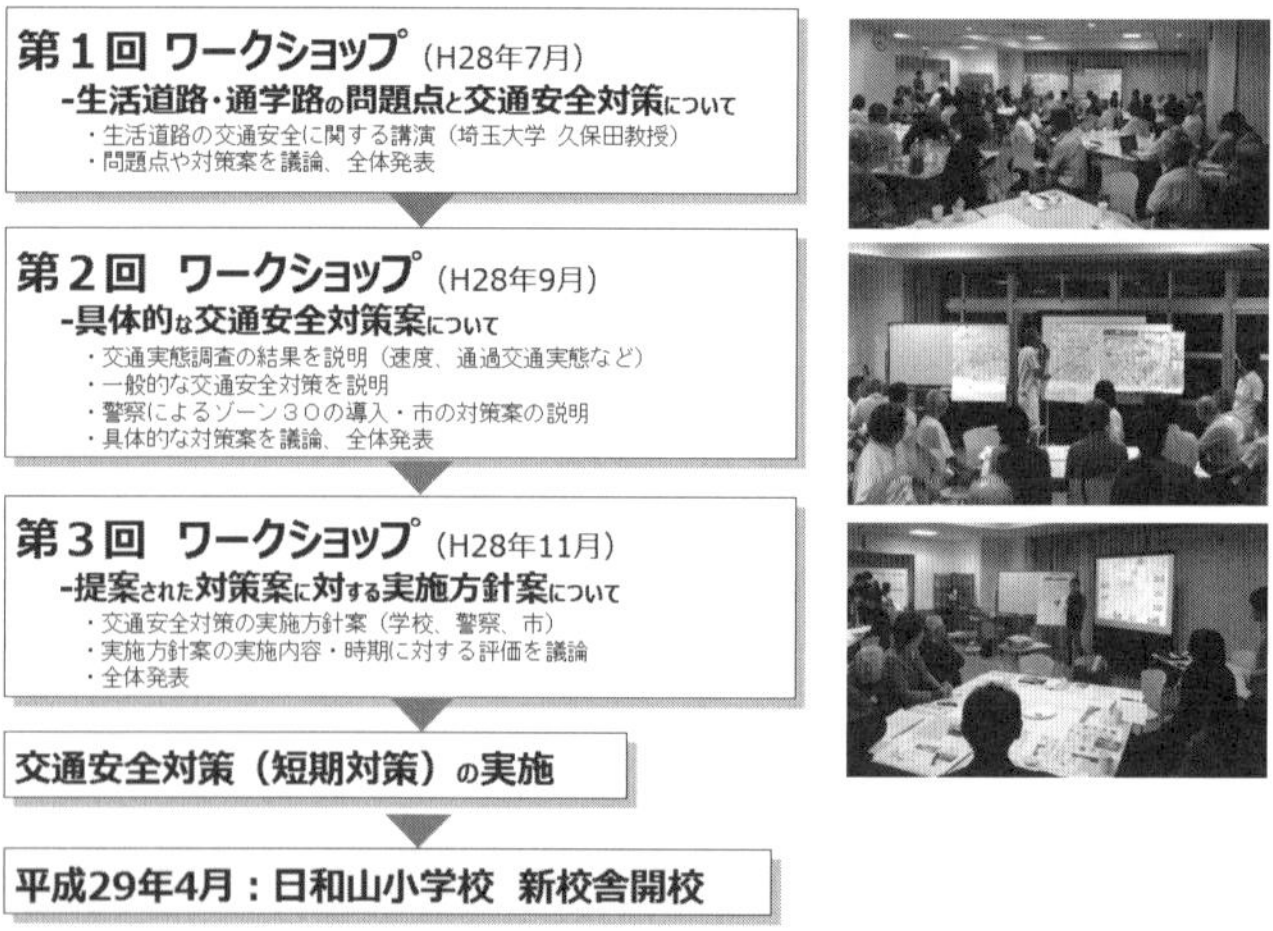
第１回　ワークショップ（H28年7月）
-生活道路・通学路の問題点と交通安全対策について
・生活道路の交通安全に関する講演（埼玉大学 久保田教授）
・問題点や対策案を議論、全体発表
第２回　ワークショップ（H28年9月）
-具体的な交通安全対策案について
・交通実態調査の結果を説明（速度、通過交通実態など）
・一般的な交通安全対策を説明
・警察によるゾーン３０の導入・市の対策案の説明
・具体的な対策案を議論、全体発表
第３回　ワークショップ（H28年11月）
-提案された対策案に対する実施方針案について
・交通安全対策の実施方針案（学校、警察、市）
・実施方針案の実施内容・時期に対する評価を議論
・全体発表
交通安全対策（短期対策）の実施
平成29年4月：日和山小学校　新校舎開校

図３　通学路総合交通安全マネジメントの例（新潟市日和山小学校）

て子どもを始めとする歩行者の安全が守れるという認識が定着しつつある。[7] 地区交通の分野でも、ようやく本格的なマネジメントの時代を迎えたと言えよう。

通学路総合交通安全マネジメントについて、まず、毎日危険な思いをしている子どもたち自身に問題解決の可能性を知ってもらうことを目的として、漫画スタイルの手引きも作成されている[8]（図5）。

3 — 大規模開発と交通

地区レベルの計画と交通との関係として、大規模開発地区における交通影響評価（交通インパクトスタディ）というテーマも重要である。都心部の再開発などに伴う集中交通量や必要駐車場台数などを事前に推定して必要な対応を講じることにより、周辺への交通影響を最小限度にとどめようとするものである。ただ、この問題は、開発自体は地区レベルと言える一方で、交通影響は周辺一帯の幹線道路を含む道路網全体に及ぶ可能性がある問題であり、交通側から見ると、地区レベルの道路問題というより、道路ネットワーク問題であるといえる。従って、大規模開発の案件については、周辺エリアの道路網計画

図4　通学路総合交通安全マネジメントの成果

上：ライジングボラード（新潟市日和山小学校）

下：スムース横断歩道（浦添市港川小学校）

図5　通学路Vision Zeroの手引き

（出典：国際交通安全学会、2019年）[8]

と整合していることが本来求められる。

開発の構想段階を「上流」、街びらき直前を「下流」と呼ぶことがある。大規模開発と交通との整合を図るための仕組みは、上流から下流まで、いくつか用意されている。下流に近いものとしては、付置義務駐車場制度や大規模小売店舗立地法、さらに、重要物流道路を対象として二〇二〇年から始まった道路アセスメント制度が存在する。これらは、建物の用途や面積によって講ずべき対応が決まるものである。一方、それらが決まる前の上流段階において開発とインフラとのバランスを図るための取り組みとして実施されているのが「大規模開発地区関連交通計画検討マニュアル」に基づく予測評価とそれに基づく交通計画の立案である。確かにこれによって、開発の計画初期段階において、道路や駐車場、さらに公共交通等を総合的に検討することができる。

ただ、東京都心など一部を除き、道路インフラがもともと十分とは言えない都市がいまだに多く、そのような都市で大規模開発構想が立ち上がった場合、道路インフラとの整合を図るために相当な努力を強いられる場合が少なくない。

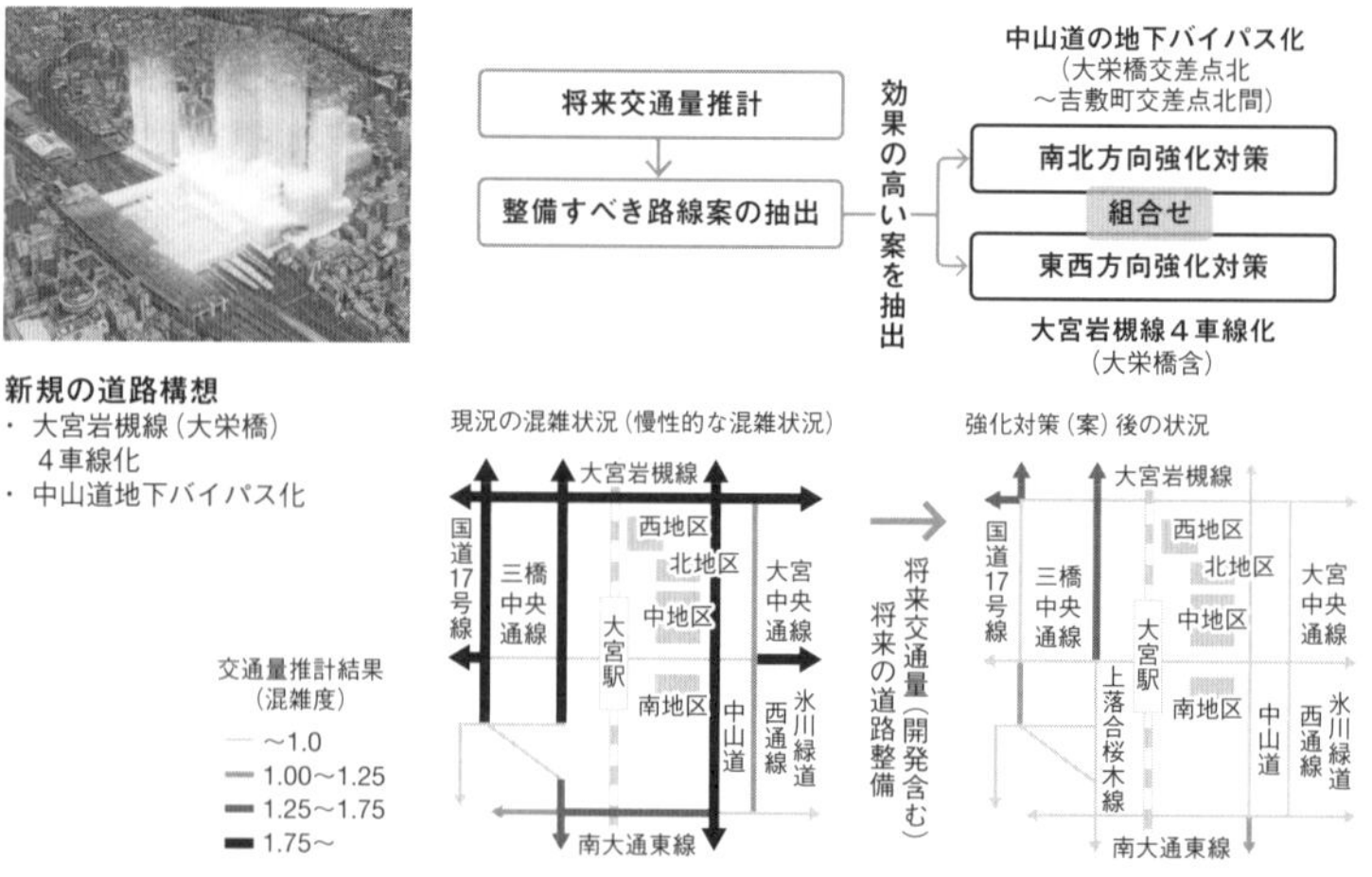

図6　さいたま市・大宮駅グランドセントラルステーション化構想と道路構想
（出典：大宮GCSプラン2020（案）より作成）

図6は、さいたま市大宮駅で検討されている大宮駅グランドセントラルステーション化構想である。過去に再開発の都市計画が廃止されるなど、大規模更新が著しく遅れてきた東口を一新しようとするものである。しかしながら、この地区を支える道路は二車線の旧中山道しかなく、このままでは周辺道路が麻痺しかねない。そこで、中山道の地下バイパスなどの道路計画を検討することとなった。ただ、道路整備には相当の年数を要することから、道路整備と並んで、フリンジ駐車場や物流共同化などの交通需要マネジメントにも取り組むこととなった。

本来的には、開発計画と道路ネットワーク計画が、最上流の段階で整合しているべきといえるが、現実的にそれが困難な場合には、交通マネジメントの取組みが不可避であることを示す事例といえよう。

4― 道路の空間機能重視とその評価手法

生活道路におけるいわばパラダイムシフトについて先に述べたが、都心部の歩行空間に関しても同様の動きが急激に進展してきた。近年、特区制度を利用したオープンカフェの取り組みや、ウォーカブルシティの取り組みなどが進められてきたが、その成果を踏まえ、二〇二〇年になり、歩行者利便増進道路が道路法の中に位置づけられるに至った。車両を中心とする通行機能を中心に考えられてきたわが国の道路が、空間機能を本格的に活用しようとする動きであるといえる。

実は、こうした試みは今に始まったことではない。一九七〇年代には、歩行者空間の計画や設計に関する関心が高まり、数多くの書籍の翻訳も行われた。各地で多くの取組みが試みられたものの、曜日を限った交通規制、いわゆる歩行者天国を除くと、本格的な歩行空間が実現した例は極めて稀であった。当時の道路整備水準は現在とは比べ物にならないほど低く、その「貴重な」道路を歩行者や通行機能以外に明け渡す余裕がなかったことがその一つの理由であろう。しばしば指摘されるように、ゆっくり歩いたり佇んだりすることの大切さを重視する価値観への転換も見逃すことはできない。

こうした取組みを進めるための技術も格段に進歩している。車両を通行止めにしたり車線を削減したりした場合の周辺道路ネットワークへの影響を、交通シミュレーションによって事前にほぼ正確に予測することが可能となっている。さらに、本格実施の前に社会実験を行うことも今や常識となっている。世界的に見ても、こうした合理的な取組みを行っている国は少ない。周辺への影響をきちんと考慮する姿勢が定着していることは、きわめて責任感のある取組み方であると言えよう。

ところで、こうした整備を進めることの効果を評価する手法については、残念ながらまだまだ発展の途上にある。定量的評価を得意とする交通分野ではあるが、質の評価については課題を残しているのである。アンケート調査に頼ることが少なくないが、信頼性やランダム性の

通常

歩行者天国

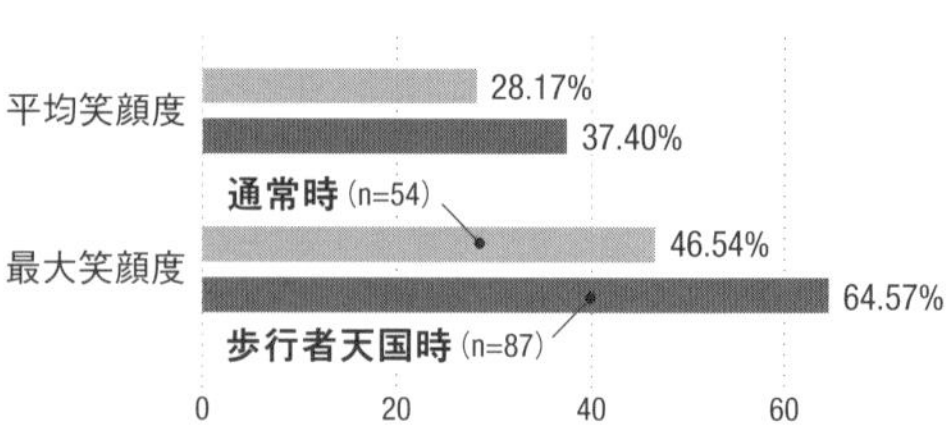

図7　「笑顔」による歩行空間評価
（出典：佐藤・星野・小嶋・久保田、2014年）[10]

点で問題が残る。今後は、ビッグデータを活用した様々な試みが行われることが期待される。

そうした取組みの一つを最後に紹介しておこう。「笑顔」による評価である。[9] チャールズ・ダーウィンによれば、「表情は学習や文化によらず、遺伝する」[11]ものであり、歩行空間に存在する人の表情を観測し、その笑顔度を計量することにより、普遍的で信頼度の高い評価が可能になることが期待される。

5 — 地区交通のこれから

各種デバイスの実用化や分析手法の進展により、歩行者の安全性や快適性を重視した地区交通を本格的に考える土台ができつつある。都市計画道路網や土地利用等と整合した総合的な地区交通計画を制定するための準備が、ようやくわが国にも到来したと言えよう。

例えば、都市マスの地区別構想を議論する際、地区レベルの交通に関しては、「安全で快適な交通の実現」といった抽象的表現で終わりがちであったが、今後は、人と車の空間の使い分けなどについての実質的な対応策が議論され、実現していくことが強く期待される。

［註・参考文献］

1　新谷洋二他「市街地における地区交通計画のあり方」日交研シリーズA、一九七六年

2　イギリス運輸省編、八十島義之助・井上孝訳『都市の自動車交通―イギリスのブキャナン・レポート』鹿島出版会、一九六五年

3　警察庁交通局・建設省都市局、道路局監修、交通工学研究会『コミュニティ・ゾーン形成マニュアル』丸善、一九九六年

4　国土技術政策総合研究所「「凸部、狭窄部及び屈曲部の設置に関する技術基準」に関する技術資料」二〇一七年

5　交通工学研究会『改訂 生活道路のゾーン対策マニュアル』丸善、二〇一七年

6　久保田尚「公共空間としての街路」『岩波講座　都市の再生を考える七 公共空間としての都市』岩波書店、二〇〇四年

7　国際交通安全学会「通学路総合交通安全マネジメントガイドライン（案）」（同学会ウェブサイトで公開）、二〇一八年

8　国際交通安全学会「つくるあんぜん通学路Vision Zero」（同学会ウェブサイトで公開）、二〇一九年

9　Kojima, A., Fudamoto, T., Okuma, M., Kubota, H., Smile And Behavior - New Evaluation Method For Pedestrian Environment, *Asian Transport Studies*, Vol.3 (No.4), pp.487-499, 2015

10　佐藤学・星野優希・小嶋文・久保田尚「歩行者の表情・しぐさに着目した歩行空間の評価手法に関する研究」土木学会論文集七〇巻五号、I八八九-九〇五頁、二〇一四年

11　ダーウィン『人及び動物の表情について』岩波文庫、一九九一年

再開発地区計画制度と民間都市開発[1]

原田保夫

1— 民間都市開発を取り上げて

そもそも民間都市開発とはどのようなものなのか、確定的な定義といったものがあるわけではないが、「民間事業者によって行われる、個別の開発・建築行為とは違い一定程度のまとまりがあるもの」というのが常識的な捉え方であろう。このような意味における民間都市開発は、それまでは、法的強制力によることが必要な場合に限って都市計画制度上の位置づけが与えられてきた。例えば、民間事業者が、土地区画整理事業あるいは市街地再開発事業として都市開発を実施する場合である。言葉を換えれば、法的強制力を必要としない場合には、開発・建築規制の対象となることは格別、特別の扱いはされてこなかったということである。こうした中で、再開発（都市開発は、大きくは、新たな市街地の形成につながる「新規開発」と、既にでき上がった市街地の改変につながる「再開発」とに分けられる）に限ったことではあるが、強制力を要しないものも含め民間都市開発一般に、初めて本格的に一定程度の位置づけを施したのが再開発地区計画制度ということができる。[2]任意の再開発をも対象とすることにより、誘導ツールとしての役割を期待されることになるのである。

以下で述べるように、再開発地区計画制度[3]は、制度それ自体の画期性はむろんのこと、その後の都市づくりへの貢献、さらには政策展開に与えた影響において特筆すべきものである。

2— 再開発地区計画制度の狙い——民間主導による土地利用転換を促す初めての仕組み

再開発地区計画制度は、産業構造の変化に伴って発生

keywords　民間主導の都市計画　規制緩和と開発者負担　都市再生の先駆け

している大規模遊休地等、例えば工場跡地、旧国鉄跡地などの計画的な土地利用転換を促す仕組みとして、一九八八年に創設されたものである。

大規模遊休地等の計画的な土地利用転換に係る都市開発の一般的な特徴として、①区域内と周辺地域を結ぶ道路、流入人口を処理できるような広場などが不足していること、②現状はその多くが工業系用途地域に指定されて容積率は低く用途も限定された地域となっていること、③大規模であるために一挙に開発を行うことは難しく段階的なそれにならざるを得ないこと、などがある。こうした特徴を有する開発に対して、既存制度[4]で対応できないわけではないにしろ、それには限界があり、より的確な対応を図るための仕組みとして創設されたのが、再開発地区計画制度である。

再開発地区計画は、都市計画法上は、地区計画等の一つとして位置づけられ、他の地区計画等と共通する内容[5]を持つ一方で、対象とする都市開発の特徴を反映して、それらにはない独自の手法を備えている。即ち、①身の回り施設（地区施設）以外に、それよりも受益範囲の広い公共施設も定めること[6]、②用途地域等による一般規制の強化だけでなく、緩和した内容を定めることができること[7]、③地権者等が計画の策定を要請できることなど[8]である。さらに、法令上の明確な根拠があるわけではないが、これら手法的特色からの派生的な効果として、公共施設の整備に関する負担を民間事業者に求めることができるというのも、大きな特色となっている。

こうした純粋な都市計画上の要請に加えて、再開発地区計画制度の創設の背景としては、一九八〇年代後半のバブル期における都市計画規制に対する批判的なムードを指摘しなければならない。元々、わが国の都市計画規制に関する批判的な言辞として、それが「緩くて硬直的」であるということがある。「緩い」とは、欧米諸国との比較において、規制が「緩い」という意味であり、「硬直的」というのは、状況変化に応じた機動的な規制の見直しが行われないということである。この時期、都市開発を推進するという観点からは、「緩い」ことよりも、「硬直的」であることが特に問題とされた。根幹的な都市計画である線引きや用途地域の制度・運用の見直しの必要性が盛んに提起されていた。再開発地区計画制度は、「硬直的」な都市計画、特に用途地域の制度・運用の改善に貢献することが強く期待されたということである。

民間都市開発の推進ということでは、こうした都市計画法制の動きに先行する形で、一九八七年に、民間都市開発への資金支援をするための民間都市開発の推進に関する特別措置法（民都法）が制定されている。そこでは、おそらく法律上は初めてであろう民間都市開発の定義[9]がなされている。この時期、都市計画を担う再開発地区計画制度と資金面を担う民都法とが両輪となって、民間都市開発を誘導する仕組みが整ったということになる。

3　再開発地区計画制度の実践——容積率緩和と開発者負担の連動で大きな成果

まず、再開発地区計画の策定実績を見ると、制度創設後約三〇年を経て、再開発等促進区も含め、二六六地区、約三九七六haとなっている。これを同じくプロジェクト対応型都市計画である高度利用地区・特定街区[10]と比較すると、高度利用地区とのそれでは、地区数では約二割程度であるものの、決定総面積では約二倍となっており、特定街区とでは、地区数では約二・四倍、決定総面積では約二二・五倍となっている。これからすれば、プロジェクト対応型都市計画としては先行して制度化されていた高度利用地区・特定街区だけでは、2で挙げたような特徴を有する都市開発には対応が難しいということで出来上がった再開発地区計画制度が、それなりには所期の目的は達成していることがみてとれる。

民間都市開発の誘導を目指す再開発地区計画に関し、事業者の立場で、その内容への実践的な関心を極論すれば、容積率の緩和がどの程度となるかということ、その緩和との関連での基盤整備に関する開発者負担をどこまで求められるかということ、この二つに尽きるといっていいであろう。容積率は、開発可能床面積に直結することにおいて、その容積率は基盤整備の現状・見通しにかかっていることにおいて、この二つは、それぞれに事業の成否を決するものである。

容積率の緩和の仕組み自体は、特定街区、総合設計などそれまでにも例があり、珍しいものではない。それらとの違いは、従来のものが、どちらかと言えば、建築計画を評価の対象とするものであったのに対し、再開発地区計画制度は、それだけでなく道路等の基盤整備計画をも評価の対象としたことである。それを象徴するのが、いわゆる二号施設を計画内容としたことである。基盤整備計画をも緩和の程度の評価に反映させることで、そうでない場合と比べれば、より大きな緩和が実現することになる。汐留地区（東京都港区）においては、従前の容積率四〇〇％の三倍の一二〇〇％に緩和されているのは、その例であろう。さらに、容積率との関連では、再開発地区計画の区域は、一般的には、特定街区などのそれよりも広くとられていることもあって、例えば永田町二丁目地区（東京都千代田区）のように、区域を区分して、保存すべき既存建築物があるエリアは低めの、そうでないエリアは高めの容積率を設定するといった、メリハリの利いた容積配分も可能である。

再開発地区計画においては、多くの地区で、地区施設だけでなく、二号施設も含めて事業者の負担において、その整備が行われている。例えば、長町七丁目西地区（仙台市）では、幅員一六ｍ・延長二四〇ｍ及び幅員一二ｍ・延長二〇〇ｍの二本の道路が事業者によって整備されている。もちろん、基盤整備に関する負担論と基盤整備の状況に応じた容積率設定のあり方とは区別して考えるべきではある。他方で、公共施設の整備のあり方に関しては、本来的に誰の負担で整備がなされるべきかということだけでなく、いつ整備されるかという時期的なことも重要な要素であり、例えば、地方公共団体が本来的に整備すべきであるものであっても、早期の整備を事業者が望む場合には、その事業者が代わって整備を行うということも認め得ることである。こうした考え方を反映して、再開発地区計画においては、本来的には区別されるべき「負担論」と「容積率設定のあり方」とが結び付けられて、容積率の緩和は、民間事業者において行う基盤整備の見返り的な性格を帯びるものとなっていることは否定しがたいところである。長町七丁目西地区においても、一〇〇％前後の緩和が行われているし、先に述べた汐留地区の容積率の緩和も、事業者の負担とセットとなっている。ただ、これは、例外的なものではあろうが、若葉駅前富士見地区（埼玉県鶴ヶ島市）のように、幅員一三ｍ・総延長四一〇ｍの道路の整備を事業者の負担で行いながら、容積率の緩和がされていないという事例もあるにはある。

容積率の緩和が、基盤整備に関する負担との関係において見返り的な性格をもつものである以上、都市計画上、両者のバランスの妥当性に関し合理的な説明が求められるのは当然である。容積率の緩和の程度にしても基盤整備に関する負担にしても、法令において、その基準となる考え方が示されているわけではないので、この点は、すべて地方公共団体の運用に任されることになる。東京都においては、容積率の緩和の具体的基準、開発者負担の考え方、事業者の関与を含めた策定プロセスなどを示した、かなり詳細な運用基準を策定して、それを公表しているところである。しかしながら、すべての地方公共団体において、東京都並みの運用基準が整備されているとも考えられないので、国の立場で、客観性・透明性が確保された中で運用がなされるための必要最小限のルールは定めるべきであろう。

基盤整備に関連して、再開発地区計画が誘導のための計画であることとの結果として、土地利用の最終的な姿の実現にある程度の時間を要するのは致し方ないとしても、二号施設などの公共施設の整備がなされないまま長期間放置されている状況（例えば、環状二号線新橋・虎ノ門地区（東京都港区）や都心東地区（群馬県高崎市）などに見られる）に関しては、何がしかの改善は必要であろう。[11]

4 — 再開発地区計画制度への評価とその後の政策展開——都市再生への先駆的取組み

再開発地区計画は、①都市づくりにおいて、行政主体が担う役割がすべてではないことに着目し、民間主体の積極的な働きを受け止める仕組みを導入したこと、②「アクション・プラン型都市計画」として、民間主体による開発を望ましい方向に能動的にコントロールを行うという点で、それ以前の、開発・建築圧力に対して、受動的にコントロールを行うというゾーニング都市計画とは一線を画したものであること、③状況の変化の中で、開発可能性が変化していくという、いわば時間軸を即地的な都市計画制度に取り入れたことなど、形式はともかくも、実質的には従来の都市計画の域を超えるものであった。このような手法的な画期性が現場ニーズとも合致したが故に、実践において、大きな役割を果たしてきたといえる。

他方で、再開発地区計画制度には、手法上のユニークさにもかかわらず、眼前の課題をクリアするための対症療法という域にとどまっており、そこに将来を見据えた理念を見いだすのは困難であるとの指摘がある。単なる規制緩和のツールでしかないとの批判は、その極端なものである。さらに、地区計画等のカテゴリとしたことで、手法的にも中途半端な仕組みではないかという批判もあるであろう。当時叫ばれていた「スーパー都市計画」[12]の実現を期待する声があったのも事実である。

しかしながら、そのような批判にもかかわらず、再開発地区計画制度こそ、従来の都市計画あるいは都市計画法制の考え方を大きく変えることにつながる先駆け的なものであるとの評価は可能である。具体的には、次のようなことである。

今後の都市計画はどのようなものであるべきか、筆者なりの見解を述べると、次の三点に要約できる。

一つは、都市計画は行政が専ら担うべきものであるという考え方を捨て、市民、事業者など多様な主体の協働により決められるべきものであること。

二つには、規制に関し、事前にその内容が確定的に明示されなければならないとすることから脱却しなければならないこと。

三つには、「ビジョン」において確固としたものであると同時に、それを実現するための「手法」においては柔軟なものであること。

この三点が、本節の冒頭で述べた再開発地区計画制度の特徴と重なっていることは明らかであろう。とはいえ、再開発地区計画制度は、あくまで都市計画あるいは都市計画法制の考え方の転換のきっかけであったに過ぎないことに変わりはない。

そうした中で、二〇〇二年に制定されたのが、都市再生特別措置法（特措法）である。特措法は、過去の急激な都市化に起因した二〇世紀の負の遺産の存在、さらには情報化、少子高齢化、国際化などの近年の社会経済情勢の変化への対応の遅れといった状況の中で、これまでのような都市の拡張への対応に追われるのではなく、都市の中へと目を向け直し、二一世紀にふさわしい魅力と活力に満ち溢れた都市へと再生を図るための戦略的対応を図ろうとするものである。大げさに言えば、災害からの復興以外では初めて、国家として、都市づくりの方向性を明確にしたということができる。本来地方公共団体の権限に属する都市計画に関し、その権限を否定しない範囲で、国が実質的に都市計画を主導するのは画期的なことである。再開発地区計画が、形式も実質も市町村において決められるのとは対照をなしている。民間都市開発に関連する主な特例措置として、都市再生特別地区と計画提案とがある。

都市再生特別地区は、用途規制、容積率規制など用途地域の指定によって定まる多くの規制を一つの計画で一括して緩和しようとするものである。再開発地区計画も、一般規制の緩和ということでは共通するが、都市再生特別地区は、緩和項目をさらに広げ[13]、都市計画としての位置づけも、地区計画等の一種類というのではなく、用途地域と並ぶ独立のものとしている。これにより、本節中でも触れた、再開発地区計画制度の創設時に議論されながらも結局は実現しなかった「スーパー都市計画」に近いものが実現したといえる。都市再生特別地区の実績は、地区数九八地区、決定総面積約二一五haである。

計画提案制度[14]は、民間事業者が、一定の要件の下に、都市開発の際に必要な都市計画の決定・変更の提案をすることができるとするものである。提案に対して、都市計画決定権者に一定期間内での応答義務が課されているので、事業者の都市計画への関与への途を広げたということで、その意義には大きなものがある。事業者の意向の反映ということでは、再開発地区計画の要請制度と比較して、「要請」と「提案」のニュアンスの違いでわかるように、事業者の主体的関与の程度をさらに進めたものである。総じて、特措法は、手法的にも、再開発地区計画制度の更なる深化を図ったものといえる。

特措法に関し批判的な見方があるとすれば、それが新法であることもあって、既存の制度を大きく超えたような体裁はとっているものの、特措法によって、都市計画法制本体がどこまで変わったにかは疑問を呈さざるを得ないということであろう。つまり、既存の都市計画法制の枠内に取り込むのに無難なものだけを取り込み、それ以外のもの、例えば都市再生整備計画や各種の協定などは都市計画の外に位置づけているということである。さらには、同法が掲げる、都市における情報化、国際化、少子高齢化等への対応に直接関わるような具体の措置は乏しいとの見方もある。

再開発地区計画と特措法の双方とも、それらは、主として民間都市開発に係る都市計画の実体的側面に着目して、特例措置を定めるものである。これに対し、その後の注目すべき動きとして国家戦略特別区域法（特区法）があり、同法は、民間都市開発に係る都市計画の手続き的側面に着目するものである。特区法自体は、広範な内容を持つものであるが、都市計画との関連では、国家戦略特別区域に係る都市計画の決定・変更に関し、都市計画決定権者を含む関係者の協議で策定した計画が内閣総理大臣の認定を受ければ、当該都市計画の決定・変更があったものとみなすというものである。民間都市開発を誘導するという観点からは、国の主導性を一層明確にするとともに、事業推進上は欠かせない手続きのスピード・アップを実現したということにおいて、その意義は都市再生法に勝るとも劣らないと言えるものであろう。

5 ─ 今後の政策展開に期待して

都市計画制度・運用の見直しの歴史は、「緩くて硬直的」な都市計画の改善を目指そうとする営みの積み重ねであったといっても過言ではない。それまでどちらかといえば、「緩い」ことの克服に力点をおいてきた制度・運用の見直しの流れの中で、初めて本格的に「硬直的」であることの克服に挑戦しようとした取組みであったこと、そこに再開発地区計画制度の画期性があったということができる。

他方で、民間都市開発の誘導という立場を離れて言えば、「硬直的」であることのそれと同じように、「緩い」ことの克服も重要である。叫ばれて久しい欧米並みの都市計画の確立は、元々は、その意味であったのであり、地区計画は、そうした流れに位置づけられるものである。今後は、「緩い」ことからの脱却をも目指さなければならない。民間都市開発の誘導という観点からみても、「硬直的」であることの克服とセットではあるが、「緩い」ことの対極としての「厳しい」規制は、街の価値を高めるということにおいては積極的に捉えられるべきものである。

さらに指摘しなければならないのは、今後の人口減少社会にあって、「都市開発」という概念の再把握の必要性である。民都法における定義を象徴として、ここまでの記述でわかるように、都市開発という場合、それが、「一定規模以上」と「公共施設の整備」、さらには「新しさ」、これらの要素を備えていることが、それとなく前提になっている。再開発地区計画制度やそれに連なる仕組みが、誘導ツールとして有効であるのも、都市開発がこのようなものと把握されているからでもある。他方で、「都市のスポンジ化」対策を念頭におけば、「一定規模以上」だとか「公共施設の整備」だとか、あるいは「新しさ」といったことがさほど重要な意味をもつとは思われない。「規模の小さなもの」であっても、「宅地内のこと」であっても、あるいは「既にあるもの」であっても、それらを適切にマネジメントしていくことが求められているというべきである。そうであれば、「都市開発」という言葉を使うことの当否はおくとしても、新たに「都市開発」をどう捉え直すべきか、それにふさわしい誘導ツールとはどのようなものであるべきか、今後の大きな検討課題であろう。

［註・参考文献］

1 本節は、当然ながら意見にわたる部分は、筆者の個人的見解であることをあらかじめお断りしておく

2 再開発地区計画制度に関する立法経緯等を詳しく解説したものとして、原田保夫「再開発地区計画制度の創設について」『新都市』七巻四月号、三〇 - 三六頁、二〇一七年、があり、本節は、その内容を参考としている

3 本制度は、二〇〇二年に、地区計画の内容の一部としての再開発等促進区制度に衣替えされており、それに伴う若干の内容変更はあるが、これによって、その根幹が変わったわけではないので、本節では、この名称を使用するともに、内容的には創設当時の規定を前提に記述することとする

4 例えば、プロジェクト対応のための都市計画として、高度利用地区、特定街区などである。しかしながら、高度利用地区に関しては、法定事業としての市街地再開発事業の前提たる都市計画としての役割が定着していること、特定街区に関しては、局所的な開発には使えても、広範囲な段階開発には使えないことなどの問題があった

5 地区計画と同様、①身の回り公共施設と建築物の一体的整備に関する計画を定めることができること、②計画内容について、地区の特性に応じて、法令で規定されたメニューの中から取捨選択できるものであること、③建築規制に関しては、用途地域等による一般規制を強化した内容を定めるものであること、④計画内容の一般的な担保手段として届出・勧告制が採用されていることに加え、必要に応じて計画内容の建築条例化により強制力を付与することができること、などの特徴を併せ持っている

6 当時の条項から「二号施設」（その後の改正により、現在は「一号施設」）といわれるもので、身近な施設である地区施設及び都市全体の根幹的施設である都市計画施設以外のものとされている

7 緩和項目としては、用途規制、容積率規制、建ぺい率規制及び高さ規制に限られている

8 土地所有者等は、一定の要件の下に、協定を締結し、それに基づき、市町村に対し、再開発地区計画の決定・変更を要請できるとするものである

9 民都法は、民間事業者が行う、次のいずれかに該当するものを民間都市開発事業としている。この定義は、その後、都市再生法など他法令でも援用されている

・建築物及び敷地の整備に関する事業のうち公共施設の整備を伴

うものであって、一定規模以上のもの

・認可を受けて行う都市計画で定まった施設の整備に関する事業

10 この二つの都市計画に関しては、4を参照

11 3に関しては、全国地区計画推進協議会発行「平成二七年度地区計画行政研究会報告書「市街地の類型に対応した地区計画の活用事例」について」二〇一六年、及び森田賢・中井検裕「東京都区部における再開発地区計画の容積率設定に関する一考察」『都市計画論文集』三五巻、三六七-三七二頁、二〇〇〇年、を参考にしている

12 極端には都市計画の存在を否定する意図で「スーパー都市計画」と称する向きもあったが、普通には、既存の都市計画を白紙にして、プロジェクトの内容に即して規制を定める都市計画という意味で、この言葉が使われていた

13 再開発地区計画における緩和項目に加えて、建築面積規制、壁面位置規制及び日影規制を緩和できる

14 計画提案制度は、都市計画法においても、一般的な制度として導入されており、都市再生法による提案制度は、その特例という位置づけとなっている

「地」のゾーニング規制と「図」の再開発プロジェクト

明石達生

1― 特定地区狙い撃ちの規制緩和は正当か?

東京の都心地域をはじめ、一九八〇年代後半に始まる大都市中心部の改造は、民間事業者が主導する大規模再開発の積み重ねによって行われてきた。そして、これらをリードしてきた行政側の政策ツールは、特定の地区を狙い撃ちで行われる都市計画の規制緩和であった。

市街地は、民間の所有地に建つ民間の建築物によって形成される。建築物の形態、つまり容積率や高さなどは、都市計画が指定する規制値の制限を受ける。規制を受ける側からすれば、自らの土地にかけられる規制値が合理的なものでなければ、納得するのは難しい。周囲の土地と見比べて、自分の土地と同じような場所の規制値が大きく違って、自分の土地よりも有利に見えたら、おかしい、不公平だと思うだろう。ましてや、特定の地区だけを狙い撃ちに突出した規制緩和が行われ、それが特定の開発事業者に大きな収益をもたらすビジネスのためだと知ったら、そうした行政をフェアではないと思うだろう。

特定の事業地区だけを特別扱いする規制緩和型の都市計画行政は、なぜ受け入れられてきたのか。本稿は、ここから出発して、大規模再開発に対応した都市計画制度の発展の経緯を論じてみたい。

2― 計画の論理と規制の論理

都市計画は、都市を良くすることを目指すという、ポジティブな発想に立った営為である。これに対して、都市計画の実現手段を担う建築規制は、公権力で国民に規制を課すことを正当化する独自の原理があり、それは他者に及ぼす負の影響の抑制といった、迷惑抑止型のネガ

keywords　条件付き都市計画　再開発地区計画　提案制度　都市再生特別地区

ティブな発想に立っている。そして、私人の権利を公権力が補償なしに制限することから、「最低限の基準」に過ぎないという理屈を立てている。ポジティブな計画に対して、実現手段はネガティブの抑止という、目的と手段の不一致。この不一致が、日本の都市計画制度の限界であると同時に、様々な工夫を生んできた。

本稿の主題は、この「様々な工夫」に関連するものであるが、その根本には、都市の環境や利便を現状より優れた状態に改善しようとするポジティブな発想と、建物の存在や利用が外部に及ぼす悪い影響だけを規制するというネガティブな発想とは、まったく相異なる論理に立つものだという認識がある。これを「計画の論理」と「規制の論理」の違いと呼んで、押さえておきたい。

用途地域制度を出発点に、具体的に説明しよう。

用途地域は、都市計画法と建築基準法の両方にまたがった制度である。二つの法律は、異なる目的に基づいて、役割を分担している。用途地域は都市計画法の手続で指定されるが、その効力は建築物に作用する規制なので、規制内容の具体的な記述は建築基準法が担っている。建築物の設計書は事前に建築確認を要するが、これに必要な技術的基準はひととおり建築基準法にまとめられており、設計者は建築基準法だけを読めばよい。

建築基準法の目的は、建築物が備えるべき最低限の基準を義務づけることである。その基準は単体規定と集団規定に大別されるが、このうち集団規定は、建物が集団をなして建つからこそ必要となる基準であり、建築物が周囲に及ぼす負の影響、つまり迷惑（Nuisance）を抑制することが趣旨である。周囲への迷惑とは、騒音、振動、悪臭、粉塵、発火、爆発、有毒、非衛生といった公害系の迷惑だけでなく、人の出入り、物品の搬出入、日影の排出、視覚的な不快感といった街の日常的環境に及ぼす負の要素をも含むものである。

単体規定の基準は工学的な技術基準であるから、建築物の構法などによる違いはあるものの、場所による差異はなく、全国一律の基準である。これに対して集団規定の方は、同じ街の中であっても、どの場所に建築物が立地するかによって指示内容が異なる。その理由は、それぞれの「土地柄」（その土地を取り巻く地域の状態）によって規制の目的や要求水準が異なるからである。例えば、閑静な住宅地という土地柄であれば騒音を発する用途は禁止されるべきであるし、賑わいがほしい商業地であればある程度の音が出る活動は許容されなければならない。工業地であれば、工作機械や大型トラックや引火性溶剤を使うことが許されなければ生業が成り立たない。

建物の用途、高さ、容積率などの規制値が場所によって異なること自体に違和感を覚えることはないと思うが、改めて考えてみると、これは結構興味深い。建築物に要求される「最低限の基準」というものが、一様でなく、場所によって異なるのだ。

3―スポットゾーニングはよくないこと

ところで、どの場所がどの「土地柄」なのかということを、建築基準法の範疇で決めることには、無理がある。土地柄は、一律客観的に判定できるものではなく、現状の物理的状況に加えて、将来のあるべき街の姿という政策判断の要素がどうしても入り、そうした政策判断を含めて財産権に制約を課すためには、住民参加と呼ばれる社会的意思決定のプロセスを必要とするからだ。そこで、土地柄の類型を規定するゾーニングを地図上に指定するという行為は都市計画法の手続規定に委ねる。そのプロセスを経て定まった土地柄の類型を受けて、建築物が備えるべき「最低限の基準」の内容は建築基準法が担う。二法の役割分担は、このような関係になっている。

こうしてみると、都市計画の役割は、本来は誰の土地でも同じであったはずの土地利用の権利行使の範囲に、違いを付けることである、と言うことができる。都市の機能は、場所が違えば土地利用が違うという秩序があることで成立する。公平・不公平という単純な言い方をすれば、土地の財産権に一種の不公平を創り出し、それを社会に是認させることが都市計画行政の役割だということもできよう。

しかし、都市計画といえども、手続を踏みさえすれば、どんなに不自然な土地利用規制であっても地図上に指定できると考えるのは、行き過ぎであろう。専門用語で「スポットゾーニング」と呼ばれる指定方式は、都市計画のよくない運用の例とされてきたが、なぜならそれは、特定の建築敷地だけを突出して周囲とは不釣合な規制値を特別に指定するため、法規制の適用として、あからさまに公平を欠くものとなっているからである。

本来はよくないはずのスポットゾーニングに相当する

都市計画の規制緩和が、どうして正当化されたのか？　それを語る前に、用途地域・容積率の指定に関する原則を確認しておきたい。

4— 用途地域の見直しプロセス

用途地域の指定の原則と言っても、我々の世代は新規に指定することは少なく、既に指定されている規制の見直しが仕事である。既存の市街地を造り直していくために、規制内容を的確にアップデートすること。現代の世代の実践的な都市計画学には、いわば「変更のための都市計画理論」が重要なのだと思う。

では、用途地域・容積率の見直しは、どうやって行うのが正当な道なのか？　その答えは、意外かもしれないが、「定期的かつ機械的」に行うことが望ましい、というものである。そこには一見、街をよくしようというポジティブな意志が入らないかのように見える。

なぜそうなのだろうか？

一般に社会的規制の適用においては、「公平性」という視点が重要とされる。用途地域の規制は、同じ地域内に属する各々の敷地同士が、お互いに守りあうべきルールとして、土地利用の権利行使の範囲を受け入れるという性格を持つものであるから、「同様の条件の敷地ならば同様の規制が適用される」ということによって、公平性の視点が確保される。公平というからには、同じ規制が適用される場所の範囲が面積的にある程度広い必要があるし、境界設定が恣意的でなく、土地柄の状況が同じとみなせる地域に対しては同じ規制となる必要がある。

ところで、土地柄とは「その土地を取り巻く地域の状態」であるから、時を経れば変化することがある。土地柄が変化したのなら対応して用途地域の指定もアップデートをする必要があるが、そのタイミングについても「公平性」の視点が必要になる。

では、どのタイミングで見直すことが適当なのか？

都市計画法六条には、都市計画基礎調査の定期的な実施に関する規定がある。これは、都市の現況と将来推計についての調査で、概ね五年ごとに都市計画区域全域を対象に行う。主要な都市ではかなり詳細な土地利用現況がデータ化されており、近年はＧＩＳデータになっている。定期的かつ広域一斉に行うことから、タイミングの公平性については都市計画基礎調査が出発点となる。

次に、規制内容の公平性については、「用途地域の見直し基準」という文書を作成し、これを諮問機関である都市計画審議会の議に付した上で、変更するべき箇所と変更後の指定内容を洗い出す作業が基本となる。この作業が「機械的」であることが、公平性の根拠となる。そのため、見直し基準の記載は、詳細かつ具体的であることが望ましい。恣意的な裁量が最小限になれば、それが公平の根拠になるからである。当然のことだが、地主や議員からの陳情や要求があった土地だけをリストにし、それらに限って見直し可否を判定するような行政では、公平でもフェアでもない。陳情があろうがなかろうが、都市の全域を過不足なく基準に従ってスクリーニングすることが、公平な適用を担保する。

しかし、それだけで都市がよくなるはずがない。

5―マスタープランと地区計画

そこで登場するのが、マスタープランである。ここでのマスタープランとは、いわゆる整・開・保や都市マスだけに限らず、都市の将来像について都市計画審議会の審議を経た文書などを含む広義の意味である。ただし、用途地域の見直しに影響する文書であるから、見直し基準の記載の中で文書名が特定できる必要がある。

マスタープランを登場させる趣旨は、機械的な作業の中に意志的な政策を反映させるためである。土地利用にメリハリがつかなければ、都市の機能は成り立たない。そこで、公式に定められた政策文書を見直し作業に組み込むことで、「特定の地区に対する特別扱い」を公正に処理しようとするものである。例えば、マスタープランで「副都心」と位置づけられた地域には、他の地域とは異なる特別の地位を与え、メリハリのついた規制値を適用することに正当性を付与する。ネガティブな「規制の論理」にポジティブな「計画の論理」を持ち込むテクニックの一つである。

もう一つ、特定の地区の側から見直しのタイミングを操作するテクニックがある。これには八〇年代以降、地区計画が上手に活用されてきた。つまり、地区計画を決定することに地域のコンセンサスが熟したタイミングを用いて、都市計画の整合を図ることを根拠に、用途地域・容積率の変更も併せて一体的に行うという方法である。地区計画策定のコンセンサスが未成熟な地域ではこれは適用できないから、他の地域とは異なることの根拠となり、随時のタイミングが正当化される。

ただし、後述するように、タイミングの機動性に関しては、二〇〇〇年の法改正で「都市計画の提案制度」が創設されたことにより、格段に対応がしやすくなった。

6 ― マスタープランが障害となったことがある

恵比寿ガーデンプレイスは、開業が九四年であるが、工場跡地の再開発計画の検討は八〇年代半ばには本格化していた。そして、この検討プロセスで出てきた論点が、後の再開発地区計画制度の創設を含め、民間主導の都市改造に多大な影響を与えるものとなった。その意味で、都市計画の歴史においてエポックメイキングなプロジェクトであったと言える。

恵比寿駅は、山手線で渋谷の一つ南の駅である。渋谷は副都心と位置づけられているが、恵比寿にそのような位置づけはなく、工場の敷地は工業地域・二〇〇%が指定されていた。至極当然の状況だ。そして、この跡地を利用して業務機能を含む高密度複合用途開発を行うには、開発事業者の事業プランを前提に、工業地域・二〇〇%を商業系の高い容積率に変更しなければならない。勿論、なぜ変更するのかについては、都市計画上の合理的な説明が求められる。そのため、山手線を越えて分断している市街地をつなげる新たな道路を整備し、動く歩道付きの歩行者デッキで駅と開発地を直結させ、「土地柄」そのものを大きく変える再開発のプランが作られた。

ここで障害となったのが、都心・副都心を位置づけたマスタープランの存在であった。都の担当者の指摘は、「渋谷と大崎は副都心ですが、恵比寿は上位計画に何の位置づけもありません。つまり「心」ではないと解釈されます。なのに、どうしてこんなに大掛かりな再開発を前提に、用途地域・容積率を変更できるのでしょうか？都市計画上、説明がつきません」というものであった。

現在から見て、「恵比寿ガーデンプレイスの大規模開発を認めたのは間違いだった」と言う専門家は、誰もいないだろう。しかし、上記の担当者の発言も、八〇年代半ばより以前に我々が学校で教わってきた都市計画の理屈に照らせば、至極妥当で、これも間違ったことではない。

都市に大きな影響を与える大規模な開発を行う場所は、都市整備の長期的な観点に立ち、都市全体との計画的な整合性を持つべきであり、都市計画の諸規制を大幅に変更してまでやるのならば、マスタープランに位置づけてから行うべきである、と。

　こうして、敵はマスタープランになった。そして、古い正統派の都市計画論を打破する必要が生じた。その後の現実の歴史展開を見れば明らかなように、東京という都市のアップグレードは、当時の東京都長期計画には何の位置づけもない地点における大規模再開発がリードした。もしも、上位計画との整合が下位の事業を支配するといったヒエラルキー型計画論に行政が凝り固まっていたならば、マスタープランが東京を殺していただろう。再開発地区計画制度の誕生の目的は、従来の計画論が陥っていたこの論理的行き詰まりをブレークスルーすることだった。

7―「地」の都市計画と「図」の都市計画

「地と図」という言葉を用いるのは、地図の漢字を分けたのではない。絵画におけるキャンバスを地、主題を図という比喩に準えたものである。元からの市街地の中に、地の文脈とは無関係に、夢の都市開発の計画図が突出して描かれる状態を言う。恵比寿ガーデンプレイスがそうであったように、地の都市計画が用途地域であるとすると、都市計画制度が解くべき命題は、図の都市計画をいかにして実現に導くかということであった。

　それまでからあった高度利用地区、特定街区、総合設計といった制度は、「容積率の割増し」という言葉に表れているように、地の指定容積率を前提にして、一・二倍とかプラス二〇〇%とか、地の規制値に若干の修正を加えるという考え方に立っていた。度重なる規制緩和の外圧の中で若干の修正が大幅な修正に変わってはいったが、根本的には地の都市計画をベースラインとしている。必要とされたのは、地にとらわれずに図を実現する制度であった。

　再開発地区計画制度の新しさは、地と図の分離、すなわち用途地域と地区計画を分離し、独立の都市計画として扱ったことである。このため、用途地域を変更せず、用途地域の規制も存置したまま、それとは無関係に別個の規制値を持つ地区計画のレイヤーを重ねがけする。プロジェクトの「図」に対応する詳細計画として、高い容積率だけでなく、新たに整備するべきインフラの計画や建築物に付加される規制も盛り込む。近い原型に特定街区があるが、建物だけでなく基盤整備の計画も含めて拡張し、突破口を開く。「地」の都市計画に対する「図」の都市計画。ヒエラルキー型都市計画に対するプロジェクト主義の都市計画。上位計画整合型のアプローチに対する計画アセスメント型のアプローチ、といったキーフレーズがこの制度の新しさを象徴している。

天王洲アイル、晴海トリトン、品川インターシティ、六本木ヒルズ、東京ミッドタウン。再開発地区計画制度を利用して次々と誕生した新しい都市の拠点は、いずれもマスタープランから導き出されたものではない。

8― 目指すは都市計画の「サンパチ認定」

再開発地区計画が拠って立とうとした論理は、マスタープラン型の全体計画が部分を規定するスタイルに対して、アセスメント型のアプローチによって部分計画が独立して有益性を示すスタイルである。検討の過程で、伝統的な計画論を重んじる先生方からは、パッチワーク、モグラ叩きと批判された。それに対抗する言葉は「条件付き都市計画」というフレーズであったが、十分に完成された方法論を持っていたわけではなかった。我々は若かったから、重鎮と論争になれば「古い」のひと言で片付けてきたが、技術的には未だに完成を見ていない。

当時、目指していたことのアウトラインは、運用通達と手引書に概ね書いた。けれども、それらには書かなかったが、やるべきことのイメージを私がパッと掴めたのは、上司だった柳沢厚さんに「都市計画のサンパチ認定をつくるんだよ」と言われた時である。

サンパチ認定とは、建築基準法三八条を指す。この条項は、性能規定化の法改正をした時に一時消滅してその後復活したが、法令が予想しない特殊な構造方法や建築材料を用いる設計とする場合、高度な技術審査を経て国土交通大臣が一件ずつ認定して認めるという規定である。そして、これに準ずる方式を都市計画の世界に導入しようというビジョンである。

この発想は、アセスメントに近い。つまり、プロジェクトが外部にもたらすマイナスの負荷を科学的に予測した上で、対処方法とその緩和効果を示す。それだけでなく、プロジェクトを実行することで生まれるプラスの公益的効果も計量的に、あるいは類似例によって示す。そして、その調書は事業者が自らの負担と責任において作成し、これを第三者機関が審査する。この調書は「企画評価書」という名称で一部実現し、運用を重ねてきている。この名称は大先輩の蓑原敬さんが「プランニング・ブリーフ」の翻訳から発案したものである。

企画評価書は、事業者の責任で提出され、その中には新たに整備するインフラ施設や建築計画の概要も記載されている。官民の協定にはしていないが、事業者が提出した文書であるため、事実上の約束事となり、「土地柄」を変えるのに必要なインフラが事業者の負担で整備されることになる。その担保は、用途地域の指定容積率を超えるには特定行政庁の認定を受けなければならないという最終手続が残っていることから、計画どおりの整備の確実性が確認されなければ建築確認へ進めない。この一連の仕組みを「条件付き都市計画」と呼び、特定地区を狙い撃ちにした規制緩和を正当化する根拠のひとつとなっている。

9—都市再生特別地区

しかし、このような野心的な制度設計も、実際の運用が積み重ねられる中で、次第に現実との齟齬が見えて来た。そのひとつは、緩和容積率に事実上の上限値が生じたことである。前述のとおり、再開発地区計画は容積率に制度上の上限を設けず、企画評価書の一件審査というアセスメント的方式での運用を想定していたが、技術的な未成熟のために自治体の現場では緩和後の容積率の正当性を自ら支える必要が生じ、説明責任のために独自に運用基準を策定せざるを得なくなった。それらの運用基準は、開発計画における公共貢献の項目に応じた割増し容積率の積み上げ方式が主となり、中には積み上げ後の上限値を設ける自治体もあった。そして、用途地域の指定容積率にとらわれないはずの地区計画の容積率の値に事実上のキャップが生じてしまった。また、特定行政庁が最終的な認定を行う仕組みは、不確定要素が残ることの不安が事業者側にやりにくさの感覚を生んだ。

都市再生特別地区は、こうした問題をブレークスルーするために、新しい法律に基づく新しい制度の創設によって現場の運用を一新する必要から誕生した。政界では小泉政権が誕生し、従来の「国土の均衡ある発展」政策を転換する動きの中で都市再生本部が設置され、この制度が都市再生特別措置法の柱の一つとなった。その結果、東京都が真っ先に新制度の運用方針を公表したが、その内容は、①事業者の創意工夫を最大限に発揮するため事業者提案を基本とする、②特別な審査検討体制により手続を迅速に処理する、③一律的な基準によらず一件ごとに個別審査を実施する、というものである。再開発地区計画の創設時の目論みが、一〇年余の時を経て、自治体行政の最前線で適用されるに至ったのである。

10 — 都市計画の提案制度

さて、話題は戻るが、特定地区の規制変更のタイミングに関する機動性と公平性の両立について、明確な解を提供する制度が、都市再生特別地区の創設に伴って導入された。「都市計画の提案制度」である。

都市計画の提案制度とは、行政自身ではなく、民間の側が行政に対して、都市計画の決定・変更を遅滞なく行うことを提起することができる法定手続のことである。具体的には、法定手続に基づいて、土地所有者や事業者等から具体的な場所の規制内容を変更することの提案(「計画提案」という)が提出されると、都市計画決定権者の自治体には、これを採用するか却下するかの応答義務が発生する。どちらの場合も、都市計画審議会の意見を聞く必要があり、却下する場合は理由を付して回答する必要がある。重要なことは、この制度の創設によって、タイミングの公平性の問題が解決されたことである。

さらに重要なことは、従来、法律上は行政にしかなかった都市計画変更の「発議権」が、民間の側にも開放されたことである。特定地区の都市計画変更は、行政が発議しなければならず、行政の側に説明責任が生じるからこそ、公平性や大義名分といったことが必要となり、それが特定地区だけを都市の全体計画とは切り離して随時に規制変更を発案することの障害となっていた。提案制度が法定化されたことで、計画提案が提出されればその可否を遅滞なく判断する義務が行政側に発生することで、都市計画の運用の機動性が高まるとともに、そのことは、行政の発案に対する「住民参加」の枠を超えて、都市計画制度の民主化をさらに一歩進めることになった。

地区計画とエリアマネジメント
――コントロールからマネジメントへ

小林重敬

1―マスタープラン型まちづくりからエリアネットワーク型まちづくりへ

・都市のコントロールからエリアのマネジメントへ

これからの都市づくりは、都市のコントロールを中心としたものから都市のマネジメントを中心としたものに移行すると考えられる。ただし都市のマネジメントは都市全体のマネジメント、すなわちタウンマネジメントではなく、都市の一部のエリアのマネジメント、すなわちエリアマネジメントから始まると考えられ、そのエリアマネジメントについて考察する。

グローバル化の掛け声が強い今日では、マーケットの力によるデベロップメントが中心的に展開され、その位置づけをマスタープランによってきたと考える。しかしこれからはローカルな力によるマネジメントが重要になってきており、必ずしもマスタープランの位置づけのみではないエリアの選択が行われなければいけないと考える。その際、これまでの単なる「コミュニティの力」のみではグローバル化に対応する力にはなり得ず、改めて「ローカルな力」を発揮する「エリア」を関係者でマネジメントする「エリアマネジメント」が重要になると考える。

その内実は、グローバル化による産業化が世界全体を覆う時代に、地の力、バナキュラーな力がバランスよく、ネットワーク化されて展開される必要があるということである。バナキュラーな力は「小さな共同体」が持つ「部分」、エリアによる固有の価値に基づくものであり、ネットワーク化されることにより、部分の総和にとどまらない、質的に異なるものを都市に生み出すことになると考える。

・「近代化」、「民主化」そして「市場化」

少し前までは、都市づくりは、「公」、中でも「国」による「コントロール」の力によりすすめてゆくこととされていた。

そのような政策のあり方は、「近代化」を急ぐ、すなわち開発（デベロップメント）により都市づくりを急ぐ際の一つの道筋であったと考える。しかし「近代化」は必ずそれに伴って「民主化」が進み、都市づくりへの「市民参加」が要請されてくる。すなわち「コミュニテイ」の力が都市づくりに加わることとなる。「地区計画」などはその流れの中で制度化されたものと考えられる。

さらに近年では「近代化」、「民主化」とは異なる「市場化」の力が都市づくりに強く作用している。すなわちマーケットの力が、コントロールの力、コミュニテイの力に加わって都市づくりに関与してくることになった。

もともとマーケットの力が都市づくりに作用していることはきわめて一般的なことであったが、二つの作用が働いてマーケットの力が都市づくりの表舞台に出てくることになる。一つは都市づくりにおけるコミュニテイの力との軋轢であり、もう一つはグローバル化の中でのグローバルなマーケットの力が都市づくりに大きく作用してきたことである。

そのために、近年の都市計画法の改正は、政策の形成と実現のメカニズムを、幾つかの段階を経て大きく変えてくることとなった。

第一の変化は、マーケットの力を都市づくりに積極的に吸収してゆく動きであり、「規制緩和」がその中心的なフレーズとなる。第二の変化はコントロールの力の中の変化として表れ、地方分権化によって変化してきたものであり、地元の「参加」が、すなわち「地元の力」が中心的なフレーズである。そして両者をうまく合体した「再開発地区計画」制度が開発には多用されるようになる。その結果、「再開発地区計画」制度が表舞台に登場して、地元で求められている機能や施設を実現する仕組みが多用されてきた。ただし、ここで言う「地元の力」は「コミュニティの力」、「地の力」では必ずしもない。

・「エリア」から始まるまちづくり

これからのまちづくりを考えると、グローバル化による産業化が世界全体を覆う時代に、「地の力」、バナキュラーな力がグローバル化とバランスが取れるように展開される必要がある。バナキュラーな力は「小さな共同体」が持つ固有の価値に基づくものである。小さな共同体が持つ、それぞれ固有の価値を基に、時に偶発的なコミュニケーションやつながりが生まれ、全体の社会が覆われるような共同性が獲得できることが期待されると考える。従って「地の力」は、いわゆる地元とは必ずしも同義ではない。

具体的なまちづくりに引き付けて説明すると、マスタープランに位置付けられた「エリア」を対象としてきた「マスタープラン」型によるまちづくりから、むしろ、まちづくりが動く「エリア」から事業を始めて、そこからネットワークがつながる「エリア」に事業を展開してゆく「ネットワーク」型に変化してくると考える。

さらに具体的な事業に関係づけて表現すると「リノベーション」や「公共施設活用」が、今日、まちづくりの核となってきているし、それらを単発の事業とするのではなく、ネットワーク化して、「エリア」の再生、まちなか再生につなげる事業に展開できる場合に意味を持つようになっていると説明できる。

ところで、デベロップメントとコントロールの時代はローカルな力、民の力は「孤立」しており、民の力は法令などによってコントロールされていた。マネジメントの時代になると、民が主体となり、ローカルな力は、人的信頼にとどまらず一定のルールに基づく信頼関係とエリアの関係者がわたくしと同じ思いで活動するはずという考えである互酬性のちからにより絆を結び、まちづくりにかかわることとなる。一言でいえば社会関係資本を形成し、エリア単位でエリアマネジメント組織として関係者間の協調的な活動を促し、エリアのマネジメントを行うことである。

・**地区計画とコントロール→**
地区計画とマネジメント→エリアマネジメント

エリアに注目してまちづくりの仕組みの変遷を見ると、公のコントロールを中心とした地区計画制度がエリアに対するまちづくり制度として生まれたが、民はあくまでもコントロールされる客体であった。確かに地区計画が生まれる前には建築協定制度があり、民が主体となって運営されていたが、時間の経過とともに、後で述べるエリアマネジメントの仕組みが持っている信頼と互酬性を失っていった。かつ全員同意の条件のもとに、継続を半ば前提とした制度であったために、逆に関係者により一定期間後廃止される事例が多発することとなった。

　これまで記述した制度などの関係を以下に示す。

地区計画
- 民間の受動性
- 民間の行為を整序する
- 空間の利用目的を明確化

都市再生特区、再開発地区計画
- 民間と行政のネゴシエーション
- ネゴシエーションにより地元が求める機能をエリアに

エリアマネジメント
- 民間の能動性
- エリアの民間が組織をつくり活動
- 時代が要請する機能をエリアへ

図1
エリア（地区）に関わる制度（仕組み）の類型

2 ― エリアマネジメントは民の絆と連携からはじまる

・エリアにおける民の全員同意をもとに、公がコントロールする形での関係が地区計画制度であった。一方、エリアマネジメント活動は、エリアの地権者、事業者、住民などが絆を結んで、民が自ら、一定のビジョンとルールをつくり、それをもとにエリアの価値を高める活動を連携して展開するものである。民の間の絆を中心として、互酬性と信頼に基づく活動がエリアマネジメントである（図1）。その本来の仕組みは、わが国において二〇一八年に成立した「地域再生エリアマネジメント負担金制度」に見るように、全員同意を前提とせず、一定数合意のもとにエリア全体の関係者に資金提供などで強制力が働く制度でもあった。もちろん活動が実績を伴わない場合には、一定期間後終了する制度でもある。

　民の地域価値を高めるためのエリアマネジメント活動の実際を見ると、その内容はいくつかの類型に分かれる。第一にエリアの課題を解決することである。第二にエリアの資源を活用することである。さらに第三に新たな社会動向にエリアとして対応してゆくことである。

エリアマネジメント活動の多くは短期間で目に見えて成果を上げるものではないので、民の絆の中心には信頼と互酬性が必要であり、そのような絆は別の言葉で言えば、社会関係資本（Social Capital）といわれているものである。またここで言う信頼は、人的信頼にとどまらず、一定のルールをガイドラインという形で結びあったという背景を持ったシステム的信頼である。それはまた、関係者の一部がエリアから移動することがあっても、エリア内の信頼関係は継承されるという意味でもシステム的信頼関係であるといえる。また互酬性はエリアの民の一人ひとりが自らエリアのために活動するが、それはエリアの多くの方々が地域価値を高めるという同じ思いを持ち行動するという関係が絆を基にできていることからくるものである。互酬性を平易に表現すると「わたくしはエリアのこれからを考え活動するが、エリアの他の関係者もきっとそれと同じ思いで活動してくれる」という関係をエリア内で生み出すものである。

・エリアの価値を民の絆（ネットワーク）によって高める仕組み

エリアマネジメントは、まちの価値を官民連携で高める仕組みであるが、そもそもはエリアの価値を民の絆（ネットワーク）によって高める仕組みである。エリアの価値を高めることはエリアの関係者にプラスになるだけではなく、行政にとっても税収増などにより恩恵を受けるものである。

その仕組みの代表事例が、絆があることによってエリア内の様々な連続性が確保されている事例である。連続性ある空間がつくられることによってエリア内の活動が魅力的で、かつエリア全体をカバーするものになり、かつソフトな仕組みによって関係する民が一定の受益を受けるとともに、エリアとしても街のマネジメントの面で成果を得ることができる仕組みである。

このような仕組みとしていくつかの事例を挙げることができる。第一は、エリア内の関係者の絆があることを活かした、ガイドラインやルールによって連続性を持った空間整備が実現することである。いわば次元の高いハードな空間整備を民の連携で実現する事例である。それに対して第二の事例は絆を活かして、駅周辺など車が集中することが好ましくない場所に、絆をもとにエリアで駐車場を共同利用することにより駐車場台数を軽減し、それに伴って駐車場整備費も軽減できるなどという、信頼をもとに互酬性の世界を実現していることと考えることもできる。

さらに、互酬性の世界はエリアマネジメントエリア関係者に、個々に負担していたものをエリアで協働して負担することにより、コストを軽減するという日常的なコストの軽減にもつながることがわかっている。

・**民の絆によってハード面の空間形成を連続させる仕組み**

民の絆によってエリアの価値を高める事例として、空地の連続性の確保、緑空間の連続性の確保で実現する事例が日本にも多い。その典型事例が空地の連続性を確保し、その連続空間をエリアの魅力的な空間として位置付けてエリアマネジメント活動を集中的に展開している事例である。東京の大丸有地区仲通りの空間整備とそこでのエリアマネジメント活動がある。丸の内仲通りは大丸有地区を東西に貫く区道であり、近年では大手町まで延伸されて、エリアマネジメント活動が展開される中心的な通りとなっている。区道は中心の七m車道部と両側に一mの歩道部があるが、歩道部分はそれに加えて民地から提供されて六mの部分が両側にあり魅力的な空間構成となっている。

さらに沿道の建物が再開発される際に、ガイドラインにそって仲通り側に公開空地やアトリウムを配しており、年を追うごとに空間として魅力を増している。そのような空間が、様々なイベント空間として活用されており、近年では道路部も使った社会実験が繰り返され、道路部と歩道部全体を全体として使ってオープンカフェなどが展開されている(図2)。

3—民によるソフトな仕組みで互酬性の世界を実現する

駐車場の整備は開発につきものであるが、開発地内にルール通りに駐車場を個々の開発で整備することがエリアにとって好ましくない場合、エリア内の民の連携を多として駐車場整備のソフトな仕組みを公が実現する事例

日比谷通り沿いの景観
仲通りの賑わい

図2　エリアマネジメントによる大丸有地区仲通りの空間整備
（出典：「大手町・丸の内・有楽町まちづくりガイドライン」2014年より作成）

である。第一は駅周辺など車が集中することが好ましくない場所に大きな駐車場を設置しなくて済むなどの仕組みである。具体的には駅周辺で大規模開発を行うと、開発床面積に応じて駐車場の設置義務が発生するし、また駅周辺であれば商業床開発となり、さらに駐車場設置義務が上増しされ、それが駅周辺の個々の商業ビル、業務ビルに課される。しかしそれらがすべてルール通りに実現すると駐車場は多くの場合、過剰に設置されることになり、駅周辺に車を集中させる好ましくない結果を招くことになる。そこでエリアで民が絆を結んでエリアマネジメント活動を展開している場合に駐車場の円滑な共同利用が可能となると判断され、その整備すべき駐車場台数を低減できる条例を地元自治体が策定することになる。そのような事例として横浜市、東京渋谷区などの事例がある。

4―　エリアマネジメントに関する補論

エリアマネジメントに関して述べるべき内容はまだ多くあるが、紙幅も限界があるので要点をいくつか指摘して、後日を期したいと考える。

・まちの価値を公民連携で高める
エリアマネジメント

エリアマネジメントは民間による活動という認識が、我が国では一般的であるが、エリアマネジメントが大きな効果を発揮するのは、公がエリアを整備するために税金を投じ、それを民が生かす形で活動し、エリアを活性化する仕組みにおいてである。

エリアマネジメント活動は「新しい公共」を担い、公がこれまで担ってきた「大公共」とは異なる側面で公共性を発揮する活動である。しかもこれからの日本の都市を考えると、ディベロップメント・「開発」のみで再生してゆくことは難しく、マネジメント・「運営管理」をあらかじめ考慮してまちを再生してゆくことが重要になってきている。

従って公が担ってきた開発に対応する役割とコントロールという役割に加えて、エリアの単位で絆を結んだ民と連携してまちを再生してゆくことも公の重要な役割になると考える。

すなわち、ディベロップメント・「開発」が中心の時代には、公は都市全体を考え民の開発に対応して都市の基盤を整備するという「大公共」の役割を中心的に担ってきた。しかし、マネジメント・「運営管理」も重視しなければならない時代には、エリアを絞って公共投資を行い、その公共投資が確実に活かされるように、民によるエリアマネジメント活動によって「小公共」を実現することが重要である。そのことを逆の視点から述べれば、対象とするエリアの民がエリアマネジメント活動によって積極的にまちの価値を高めようとしているエリアを中心に公共投資する時代に移行しなければならないと考える。それには結果的に公共投資が、エリア価値の上昇により、公の税収に好影響を生み出すものであると考える必要がある。それは、アメリカなどのＢＩＤとＴＩＦの関係に対応している。

・エリアマネジメントに関わる
都市づくり制度を考える際の基本的な事項

タウンマネジメント（都市管理運営）とは「行政区域の中心区域を対象とすることで、都市全体を空間的・時間的に適切に制御し、持続可能な都市活動の実現を図ること」であり、エリアマネジメント（地域管理運営）とは「地域関係者の日常活動に関わる、より小規模な地区を具体的に制御し、持続可能な活動空間として整備し活用すること」である。それは「「民」による地域管理運営」を「地域主体による管理運営」手法として法的に位置づけることである。

また、タウンマネジメントが都市全体を対象として公物管理運営が主な目的とされているのに対して、「地域の管理運営」、「地域空間の管理運営」は地域を単位とする環境管理運営である。環境管理運営では、何を管理するかが重要ではなく、その管理運営の「目的」が重視される。また目的を実現するために、これまでの計画、規制、事業制度とは異なる様々な代替手法（ガイドライン、地域ルール、協議、契約などの制御手法）が重視される仕組みである。

さらに、「地域空間」の管理運営を前提とすると、管理運営の責務を担う主体を土地所有者に固定せず、「地域空間」を誰に管理運営させるか、誰にどこまでの管理運営の負担を担わせるのが社会的に効率的であり、また公正であるかを検討する必要がある。そのためには、土地所有者以外の地域の関係者を含んだ管理運営主体を制度的に位置づける必要がある。

・「地域の管理運営」に関するルールに実効性を与える方法を考える

「地域の管理運営に関する基本的合意に基づいて、地域の管理運営にたずさわるエリアの関係主体で構成する私的団体に行政権限の行使をゆだねる仕組み」を作れないか、「地域の管理運営に関するルールに実効性を与える方法」はないかという議論が必要となる。

そのためには「枠組み法」としての都市計画法制の可能性を追求する必要があるかもしれない。すなわち、地域の維持管理運営に関するルールに実効性を与える方法として「枠組み法化」が考えられないかということである。「枠組み法化」とは、土地利用に関する都市計画法制の主眼を、都市計画の目的や目標及び決定手続き並びに都市計画としてかならず具備しなければならない最低限または標準的な内容を一般指針として定めることに限定し、その限りでは、市町村の都市計画決定に対しては一定の制約などを及ぼすことを意図する一方、土地利用の制限等の詳細については、各市町村による地域の実情に応じた仕組みなどに委ねるという制度に転換するということを意味する。

「枠組み法」の基本的仕組みは「シンプルな国家法」と「豊かで柔軟な地域法」である。すなわち、「枠組み法」は「シンプルな国家法」が全体を大きく支え、その枠組みの中で「豊かで柔軟な地域法」が位置付けられる仕組みである。

「国家法」はバージョンアップに時間がかかるが、「地域法」は相対的にバージョンアップが容易である。そのことによって、今の都市計画法のように都市計画の内容をメニュー化して固定化するのではなく、自由度の高い制度として組み立てることができるのではないか。

「枠組み法化」は小林等が国分寺市のまちづくり条例案策定時に景観法等を拠り所として議論された考え方で、その後、行政法学者らによって理論化され、その成果が『都市計画法制の枠組み化』としてまとめられている。

［註・参考文献］

1 小林重敬「次の時代の都市づくりへ向けて」土木学会『土木学会誌』二〇〇一年一〇月号

2 小林重敬「都市化、グローバル化、ローカル化と都市づくりの仕組み」『欧米のまちづくり・都市計画制度』ぎょうせい、二〇〇四年

3 小林重敬編著『エリアマネジメント』学芸出版社、二〇〇五年

4 新たな担い手によるエリアマネジメントと担い手地域管理のあり方検討委員会「新たな担い手によるエリアマネジメントと担い手地域管理のあり方について」二〇〇七年

5 小林重敬「大丸有地区のまちづくりの経緯と支えた仕組み」都市計画協会『新都市』六四巻三号、二〇一〇年

6 小林重敬「社会関係資本としてのエリアマネジメント」『ジュリスト』一四二九号、二〇一一年九月

7 小林重敬「都市を「つくる」時代から「育てる」時代への移行と公民連携」都市計画協会『新都市』六七巻四号、二〇一三年

8 小林重敬編著『最新エリアマネジメント』学芸出版社、二〇一五年

9 『都市計画法制の枠組み化――制度と理論』土地総合研究所、二〇一六年

10 小林重敬＋森記念財団編著『まちの価値を高めるエリアマネジメント』学芸出版社、二〇一八年

11 小林重敬「成長型都市の時代から成熟型都市への移行と都市計画制度」都市計画協会『新都市』七四巻二号、二〇二〇年

12 小林重敬＋森記念財団編著『エリアマネジメント――効果と財源』学芸出版社、二〇二〇年

III

part

都市計画の基本構造と近未来の課題

chapter

6
chapter

プランとその実現手法を再考する

都市計画は、社会システムとそれを支える技術として認識されており（序章・第2章参照）、その構造をなすものが計画（プラン）とそれを実現する制限や事業などの手法である。これは都市計画法においても目的・定義のなかで表現されている（法一条・四条）。現在の都市計画の課題は、この基本的な構造に深くかかわるのではないかという問題関心から、都市計画制度の議論を深めようと試みたのが、「記念シンポジウム第五弾・都市計画の基本構造を議論する」である。本章では、このシンポジウムの登壇者が各専門の立場から都市計画の課題を提示し、課題に対応するための計画の意義、計画と手法との関係、都市計画の技術体系について論じている。

第1節では、土地利用コントロールという観点から、「集約型都市構造」へと転換するための課題を提示している。具体的には、集約的都市構造と立地適正化計画の意味を確認したうえで、土地利用の量と質の変化に関する課題、低未利用地化を伴うことなく密度が低下していることへの課題、そして、持続可能な都市として「生活の質」を高めるための課題を提示している。そして、これらの課題に対応するために明確な意図や市街地像を示したプランの必要性が示唆されている。

第2節では、都市計画マスタープランの課題の変化を実務家の立場から指摘し、今後の都市計画に求められるマスタープランに必要な要素を提示している。例えば、都市が獲得する価値の明示、変化や不確実性を受け止められる可変性、随時政策変更を可能にする検証可能性、ローカル性の重視、アクション及び実験的試行性の重視、多様な主体のコミットメントなどであり、これらをマスタープランに包含する可能性を実務的観点から検討している。

第3節では、地球環境・都市環境の改善という観点から、ヒートアイランド現象と災害の変化にみられる都市と農地・農村との関係を素材

都市計画の基本構造

として都市計画の基本構造を浮き彫りにし、現行の都市計画の計画と手段に欠如している視点を補足している。その一つは、都市的土地利用だけでなく、農地や森林の機能を正確に捉えて一体的に検討する視点、いま一つは、地域ごとのエビデンスに基づき土地の価値を議論し、環境を享受し、維持する視点である。

第4節では、交通技術の進化という観点から、都市計画における技術の進化を概観したうえで、交通における新技術の歴史的変遷とその影響を示し、プランに基づく手法の展開において調査と技術の意義を述べている。そして、新技術を用いたこれからの都市計画のあり方として現実空間（フィジカル空間）とICT技術によってつくり出された仮想空間の展開について検討し、フィジカル空間とサイバー空間をマネジメントする新しい都市モデルを提案し、都市計画技術体系の方向性を示している。

第5節では、「計画」とその実現のための「手法」の先に、計画対象の枠組みの再構築を位置づけ、一元的な主体が包括的に都市部と農村部をマネジメントする土地利用への転換を提起している。そして、単一の都市圏を越え周辺の市町村を含めたシティ・リージョンを対象に、市民自治に基づく「都市・地域空間計画」のもと、適度な「密度」、ローカルな「モビリティ」、距離を克服する「テレワーク」をマネジメントする「ポスト大都市」像を示唆している。

以上の論考は、都市計画の構造をなす計画や手法、そしてこれらの技術体系の転換を要請するものである。それは、社会情勢や自然環境が変化したとしても状況に応じて公共の福祉に寄与するという都市計画の意義は失われてはならないからである。とりわけ、その転換にあたっては、情報や技術、これに基づくエビデンス、地域との整合や理解、市民の自治が踏まえられなければならず、現状の都市計画法ないし都市計画の領域や範囲を超える計画や手法のあり方が求められていることを確認することができる。

（内海麻利・中西正彦）

6 chapter 1 section

集約型都市構造におけるプランと技術体系のあり方

中出文平

1 — 集約型都市構造を論じるにあたって

本節では、人口増加時代、特に大都市圏の人口急増に対応するべく制定された新都市計画法の枠組みが、人口減少下の都市計画として、都市縮小も視野に入れた土地利用計画、制度、すなわち集約型都市構造への転換に対応するための課題を俯瞰したい。本節では、特に人口減少下での都市計画の対応、集約型都市構造への転換が喫緊の課題である地方都市を中心に論じる。また、ここでは、当面、現行の都市計画、土地利用計画制度の枠組みが踏襲されざるを得ないという前提で話を進めることにする。

都市計画法が公布・施行された当時を宮沢美智雄氏は「この当時、昭和三〇年代後半から四〇年代の初めは、全国的な都市爆発が始まった時期で、その都市爆発にどう対応するかという議論であり、地価上昇がものすごい勢いで始まって、政府全体として土地対策が問題であり、それを進めるのに、土地利用の計画がなければ対策が進まない」と振り返っている。[1] 当時の社会経済情勢は、現在とは全く異なるにも拘わらず、大きな枠組みはそのままで、細かな追加、修正が永年、継続的にされてきたわけである。

まず、人口減少について基本的なことを示しておきたい。第一に、わが国全体の人口は国勢調査ベースで、二〇一〇年がピークであるが、地方圏では二〇〇〇年であり、この時点で地方圏の道県で人口増であるのは僅かに過ぎない。[2] つまり、地方圏では既に大半が一〇年以上、人口減少下の都市計画を模索してきたことになる。第二に、人口が減少に転じたとはいえ、世帯数は減少してい

keywords 集約型都市構造 密度 区域区分制度 立地適正化計画

ない点である。全国ベースで、一九七〇年の二六八五万世帯から二〇一五年には五三三三万世帯に増えており、最近五年間で世帯数が減少した県は僅か五県である。一九七〇年には三人もしくは四人世帯が四三%、五人以上世帯が二八%という構成であったが、二〇一五年には一人もしくは二人世帯が六三%を超え、三人もしくは四人世帯は三割を占めるに過ぎない。つまり、三世代居住や家族世帯が前提であった時代から、一人、二人世帯が中心になったということである。

　こうした点から、コンパクトな都市の必要性、集約型都市構造が求められる背景を、単に都市での人口減少として見るのではなく、都市の本質的な性格である「密度高く居住する」という質をいかに失ってきたかという視点を持つことが大事であり、この視点から、現行土地利用計画制度が、どう対応すべきか、あるいは対応し得るものなのかを議論したい。

2— 密度高く居住することを巡って

昭和の合併により、市部人口が都市的地域を示し得なくなったことを受けて一九六〇年の国勢調査で設定された人口集中地区（DID）は、一九七〇年以降の拡大によって、人口密度を急激に低下させた（図1）。

　従来保持されていた地方都市での高密な都市構造が急激に失われていく状況を、我々は既に報告している。[3]

　人口密度は、地区の宅地化率、可住地率、他用途混在率、共同住宅率、平均敷地面積、平均世帯人員に拠る。宅地化が進めば密度は上がるが、特に地方の郊外の場合、区画整理地区の保留地の宅地化が進まないことなどから、宅地化の停滞が顕著である。もともと、大都市圏と比べて地方圏のDID人口密度が低いのは、平均敷地面積が広いことが要因として大きい。さらには共同住宅の混入が少ないこともある。一方、他用途の混在が少ないことは密度を上げる要因だが、郊外住宅地の場合、大都市圏でも地方圏でも大きな差異はない。

　既に、川上秀光先生は一九八〇年頃の一連の研究で、[4,5]一九七〇年以降にDID化した市街地はそれ以前のDIDとは大きく異なった性格を有すること、すなわち、市街地内に宅地と残存農地が混在して、密度が低い段階で頭打ちになることを指摘している。

　一方、近年では前述のように世帯人員が大きく減少しており、特に郊外住宅地では空き地、空き家の大量発生には至らなくとも、高齢化だけでなく世帯分離による人口密度低下（世帯数は維持しながら）が顕著である。[6][7]

もう一つ、密度低下に関わる状況を示しておこう。一九九〇年から二〇一五年にＤＩＤが消滅した自治体は全国で一三三存在する。このうち都市計画区域もしくは準都市計画区域を持つ自治体は一二八に上る。特に、最近二回の国勢調査で四七の自治体でＤＩＤが消滅している。以前はかなりの密度で集積していた市街地が密度低下により希薄になっていることがわかる。

これらのことが都市計画とどう関わるのだろうか。新法施行時（一九六九年）の都市局長通達[8]では、前年一一月に出された都市計画中央審議会答申第一号[9]で示された「新市街地の規模は、……（中略）。この場合、住宅地の人口密度については、大都市の既成市街地の周辺等の土地を高度に利用すべき区域にあっては一〇〇人／ha以上とすることが適当であり、その他の区域にあってはこれを八〇人／ha以上とすることを目標とし、土地の利用度が現在低い地域であっても少なくとも六〇人／ha以上とすることとすべきである」を目途とすることとしている。

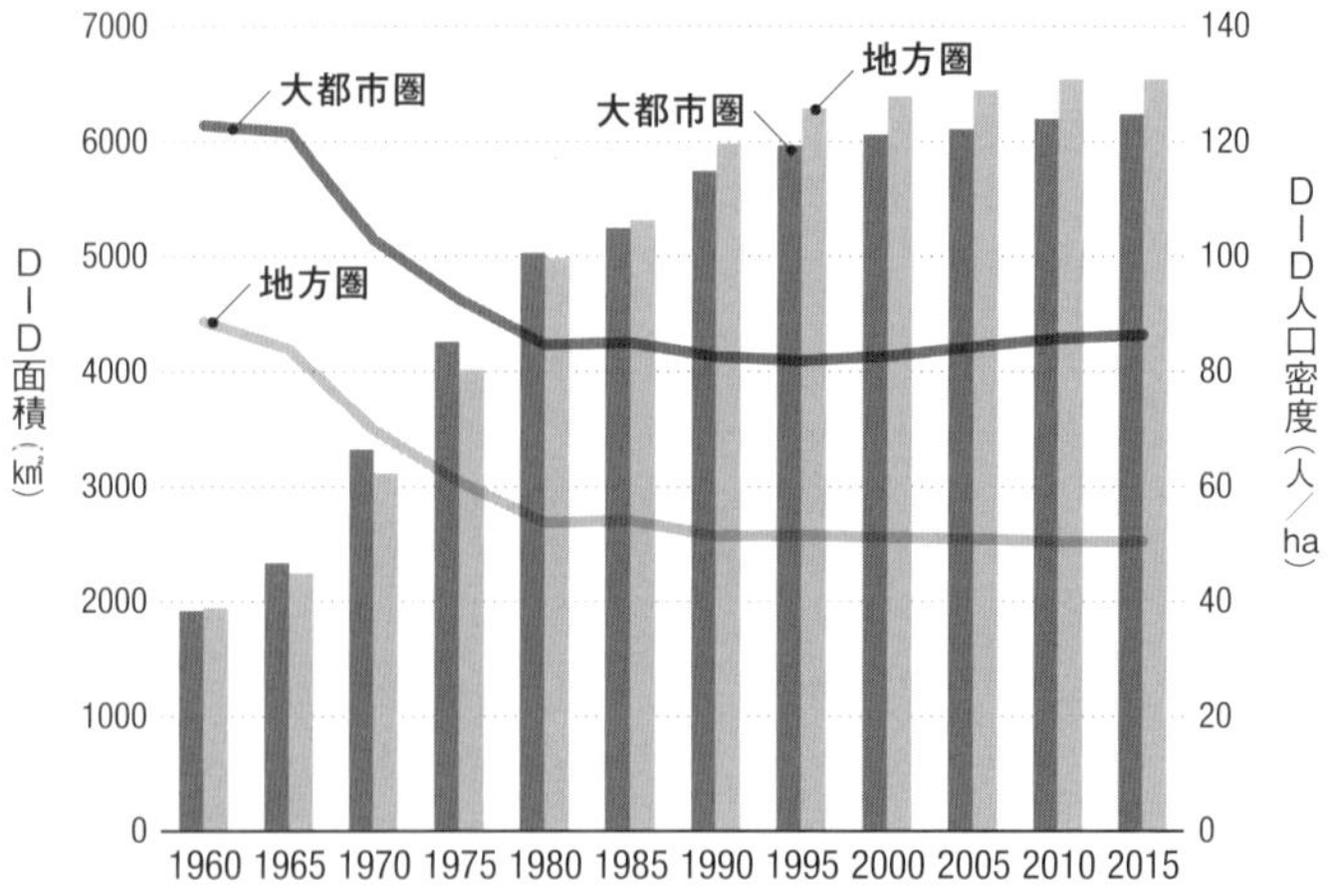

図１　DID面積とDID人口密度

その後、一九八七年通達を経て一九九六年通達では、「市街化区域の市街地形成をめぐる状況は、経済社会情勢の変化を反映して、都市計画法施行以来一貫して世帯当たりの人員が減少する傾向にあること、居住水準の向上やライフスタイルの多様化に伴い住宅一戸当たりの床面積が増大してきていること等大きく変化している」として、例外として将来人口密度の想定を下げることを認めた。[10][11] ただし、下限値は既成市街地の指定要件である四〇人／haを下回らないこととしている。[12]

しかしながら、市街地には人口が集積し様々な機能も集積していることを前提に考えられてきた社会基盤施設（道路、上下水道等）、公共施設（教育文化、社会福祉等）、公共交通といった公共投資に関して、都市的土地利用（住宅地自体も含めて）が周辺部に薄く拡散することで、非効率化を招くだけでなく、環境やエネルギー等に対する悪影響も懸念されることも考えておかなければならない。

3 目指すべき都市像としての集約型都市構造とは

二〇〇六年に国が集約型都市構造を打ち出した数年後、筆者はこの目指すべき都市像を実現するための論点を提示した。[13] 第一に、人口減少社会とはいっても、「無秩序な市街化」は進むのではないか。それに付随して「無秩序な市街化」の何を問題視し、都市計画は関与しなければならないのかである。第二に、では人口減少社会を迎えて実際に土地利用の制御手法はどうあるべきなのかである。そして第三に、目指すべき都市像を達成するに際して、いかに土地利用計画と施設整備計画（都市施設、市街地開発事業）が連携していくかがこれから重要であろうということである。

第一、第二の論点については、市街化区域と市街化調整区域の区域区分制度が、二〇〇〇年の都市計画法改正で選択制になったことに対して、人口減少下で廃止に向かうことの是非に関わる。区域区分制度は、前述した市街化区域設定の密度要件が存在するように、線引き都市の人口密度構造を、用途地域設定に関して何の基準値もない非線引き都市と比べれば、市街地が薄く広がらないように留める点で、それなりの効果を有しており、維持を前提とすべきであると考える。

そして、一九六九年の新法施行時に、都市計画法施行

令八条が新市街地として「市街化区域に含めるべきでない」条件として示した

イ　当該都市計画区域における市街化の動向並びに鉄道、道路、河川及び用排水施設の整備の見通し等を勘案して市街化することが不適当な土地の区域（未整備な区域）

ロ　溢水、湛水、津波、高潮等による災害の発生のおそれのある土地の区域（危ない区域）

ハ　優良な集団農地その他長期にわたり農用地として保存すべき土地の区域（良い農地）

ニ　すぐれた自然の風景を維持し、都市の環境を保持し、水源を涵養し、土砂の流出を防備する等のため保存すべき土地の区域（良い林地）

を厳密に適用することが肝要であると述べた。都市人口が増加した時期では都市化の圧力を受け止めることが最優先とされ、これらの条件が御座なりにされた局面が頻出したが、人口減少社会の中で「集約型都市構造」を実現するためには、原点に戻る好機であり、これにより第三の論点についても、社会資本整備の持続可能性を担保しながら、質の高い市街地を形成していくことが可能であると示した。

人口増加時には、将来人口を既成市街地に収容しきれないため、溢れ出した人口を収容するために新市街地として市街化区域編入を進めてきたが、人口減少時代には、既成市街地に将来人口を収容できるため、市街化区域を拡大する必要がなく、むしろ逆線引きを検討するなど必要な市街地の規模、広がりを吟味できるからである。

4―新たに考慮すべき点として登場した立地適正化計画

二〇一四年に都市再生特別措置法等の一部を改正する法律が施行されて立地適正化計画が制度運用され、前項で示した内容に加えて新たに考慮すべき点となった。この時に改訂された都市計画運用指針第七版（以下、「運用指針第七版」）は、Ⅲ-1都市計画の意義で「都市が抱える課題に対応するためには、特に人口が減少に転じ、地域によっては新たな建築行為等が行われにくくなっていることを踏まえれば……（中略）……規制と誘導策とを一体として講じていくことが重要である」とし、具体的には「今後は、立地適正化計画をはじめとする誘導策と都市計画法に基づく土地利用規制や開発許可を一体的に運用し、これまで以上に『広義の都市計画制度』による都市づくりを進めていくことが求められる」と示している。

居住誘導区域については、③留意すべき事項に「今後、人口減少が見込まれる都市においては、現在の市街化区域全域をそのまま居住誘導区域として設定するべきではなく、また、原則として新たな開発予定地を居住誘導区域として設定すべきではない」と明記されている。前項を受けて目指すべき都市像を考える際に、立地適正化計画は万能ではないが、一つの拠り所となり道筋を示すものであるといえる。

また、居住誘導区域の設定について運用指針第七版では、都市再生特別措置法により含まないとされている区域に、含めることについて慎重に判断することが望ましい区域を加えて示したに過ぎなかったが、第一〇版では、災害リスク等を総合的に判断して居住を誘導することが適当ではないと判断される場合に原則として含まないこととすべき区域を示している。これらは、前項で示した都市計画法施行令八条で示された四要件に等しい。

こうしたことから、市街化区域およびそれを吟味して展開する居住誘導区域の設定は、都市的土地利用を前提とする区域の縮小を視野に入れて検討することが求められる。具体的には居住誘導区域は引き算の区域設定であり、市街化区域から、災害危険、残存農地・自然地、基盤未整備、公共交通不便の区域を除外して、設定することがふさわしい。一方、都市機能誘導区域は足し算の区域設定が想定され、既存の高度集積地に計画的施設誘導、密度維持・上昇を図る区域を加えることが考えられる。

5 — 人口減少下での土地利用制度を考える

もう一度、前々項で示した目指すべき都市像としての集約型都市構造についての論点に関連して、人口減少下での土地利用制度を考えるための論点を示す。

第一に、人口増加期（高度成長期だけでなく）と比べて、土地利用転換の量と質が変化しており、これへの対応が必要な点である。つまり、総量としては以前ほどの転換量ではなく、この場合、区域区分制度で用いている人口フレーム方式といった一括管理の手法が馴染まなくなっており、同質的な空間で区分した計画単位での対応が望まれることになる。

第二に、市街地は薄く拡散してきただけでなく、必ずしも低未利用地化を伴うことなく密度低下している点である。つまり、これからは適切な規模・塊で都市的土地利用をする区域として将来市街地を想定し、その範囲内で種々の機能を展開し、維持・管理を行うことが必要となるということである。

第三に、一方で、持続可能な都市として「生活の質」を高めるための開発を許容することも一定程度必要となる点である。計画的でなおかつ限定的な開発を想定し、立地と規模を勘案した器を相応分だけ用意することが求められることになる。

これらの点から、立地適正化計画は前述のように、一つの拠り所となり道筋を示すものとなり得る。市街化区域内に居住誘導区域を指定して居住の集約の方向性を示すことがまず肝要となる。[14]

この前提として、器としての市街化区域を適切に設定することが必要である。人口減少に転じながらも市街化区域を拡大させている地方都市が少なくない。[15]現状の人口フレーム方式の下で、人口減少下でも市街化区域を拡大するには、①将来人口の推計を過大に見積もる、②可住地人口密度を減少させる、③非可住地の定義を変更する、という手法があるが、いずれの手法を用いたとしても、区域の実情と異なることや低密で散漫な市街地を形成する懸念が大きいという問題がある。

また、立地適正化計画によって集約型都市構造を目指す一方で、市街化調整区域では、開発の拡散に寄与する開発許可制度、例えば三四一一条例、の運用を継続している自治体が数多くある。[16]近年、立地適正化計画の策定と合わせて開発許可条例を見直している自治体も散見されるが、まさに立地適正化計画と整合した既存の土地利用制度の運用が必要となる。

立地適正化計画自体については、二〇二〇年四月現在で三二六都市が計画を作成・公表しているが、この中には、国の示す除外基準以外の市街化区域（非線引き都市の場合用途地域）をほぼ全て居住誘導区域としている都市も少なくない。これでは居住の集約をいかに図ろうとするのかという将来戦略が全く見えない。さらには、計画作成に際して将来人口推計が不可欠であるが、運用指針で国立社会保障・人口問題研究所の将来推計人口の値を採用すべきとされているにも拘わらず、人口ビジョンの推計値を用いている自治体が散見され、[17] 器として必要な市街地の想定に歪みを生じさせている場合がある。

本来は、人口減少下であっても、居住の誘導を図り一定の人口密度の維持を図ること、これによって医療・福祉・商業などの生活サービス、公共交通、公共施設を持続可能な形で享受できるようにすることが必要である。これは、自治体が将来的にどういった都市構造を目指すのか、持続的に維持する市街地をどう考えるのかを市民に明確に提示することである。

現行の土地利用制度──例えば区域区分制度と立地適正化計画での区域の設定──は、的確に運用すれば集約型都市構造実現のための有力な手段であるが、明確な意図を持たずに運用することは、将来に禍根を残すことになる。

6─ 空間の質を踏まえた議論の必要性

人口減少が進行し、密度減少のみならず、いずれ市街地の縮退に進むことが想定されるとしても、新たな都市的土地利用の需要を全く容認しないということはあり得ない。前項で指摘したように、持続可能な都市として「生活の質」を高めるための開発を許容することも一定程度必要だからである。高速交通体系からみて至便の立地条件（IC周辺等）での工業や流通、公共交通の好利用条件の地区（郊外中心や基幹集落等）での住宅供給などは、持続可能な地域の形成のためには必要な場合があろう。であるからこそ、計画的でなおかつ限定的な開発を想定し、立地と規模を勘案した器を相応分だけ用意することが求められることになる。

このためには、合理的な判断の下での「選択と集中」が図られるべきである。立地適正化計画はマスタープランの性質を持つものとされており、[18] 都市全体の包括的な計画として作成されなければならず、補助金目当ての刹那的な計画、市民への説明が困難であるとして安易に区域を設定する計画であってはならない。

現行制度では、区域区分にしろ立地適正化計画にしろ、目標値として密度が重視されている。実際、立地適正化計画では、居住誘導区域の人口密度の将来目標値が設定されている場合が多い。しかしながら、目標人口密度で居住誘導区域を維持するには、市街化区域内の将来人口推計値を超える事例も散見される。市街化調整区域の人口や周辺自治体の人口を取り込まなければ達成できないことになるが、これは決して持続可能な都市像ではない。都市圏として、農村集落や周辺自治体の存立基盤を脅かすことが前提になるからである。

さらには、今後、市街地の密度を議論する際には、目標像に対する絶対値の多寡だけではなく、空間の質を踏まえた議論を進めることが必要となる。例えば、市街化区域内農地や市街化区域内の樹林地については、これまで宅地化が前提であったが、今後、市街地内に農地や林地が存在することを、積極的に高い「空間の質」と位置づけるならば、計画的に維持する農地・林地を非可住地に加えることも考えるべきであろう。

こういったことから、各自治体は「一定の密度の維持」とは何か、維持すべき市街地とはどういった質の市街地かについて熟慮することが必要であり、杓子定規な密度設定や将来を見据えたとは考えられない設定は厳に避けなければならない。そして、その内容を計画に反映することが求められることになる。

最後にこれらを踏まえて、今後の都市計画制度の方向を展望したい。区域区分制度は創設時には無秩序な市街地拡大を制御するために生み出されたものであったが、人口減少時代には、拡大圧力がなくなったもしくは弱まったから必要ないとするよりも、市街地の枠組みを限定するという集約型都市構造を実現する強力な手段として評価するべきであろう。ただし、市街地拡大を前提としないならば農林調整の必要性は薄いことから、人口フレーム方式にこだわらず、また、密度設定も「生活の質」の確保・向上を担保することを旨に柔軟に設定できるように変えていくべきであろう。その上で既に述べたことだが、土地利用計画と施設整備計画が連動することが、財源が限られる中で種々の都市施設について新設ではなく維持・管理が主流となる今後、ますます重要になろう。

［註・参考文献］
1 宮沢美智雄「線引き制度の成立経過（上）」『土地住宅問題』土地住宅問題研究センター、五月号、二九頁、一九八五年
2 大都市圏を東京都、埼玉県、千葉県、神奈川県、大阪府、京都府、兵庫県、愛知県、三重県の一都二府六県とし、それ以外を地方圏として集計
3 野本明里他「地方線引き都市の市街化区域内の人口密度構造に関する研究」『都市計画論文集』五三巻三号、一〇〇七－一〇一三頁、

4 二〇一八年
5 川上秀光「地方中心都市における密度構造の変容（密度と環境に関する研究その二）」『都市計画論文集』一五巻、七三-七八頁、一九八〇年
6 川上秀光他「人口集中地区（DID）と市街地の形成（密度と環境に関する研究その四）」『都市計画論文集』一七巻、一三-一八頁、一九八二年
7 松本卓也他「地方都市における郊外住宅団地の実態と今後の課題に関する研究」『都市計画論文集』五一巻三号、九五二-九五九頁、二〇一六年
8 間野喬博他「一九七〇年代に形成された住宅地の生活環境とその変化に関する研究」『都市計画論文集』五四巻三号、四一三-四二〇頁、二〇一九年
9 建設省都市局長通達「都市計画法の施行について」一九六九年九月
10 「市街化区域市街化調整区域の設定並びに市街化区域の整備の方策に関する答申出さる」『新都市』二三巻二号、三七-四二頁、一九六九年
11 詳細は、8を参照されたい。また、通達の経緯は示されていないが、都市計画運用指針第一〇版（二〇二〇年六月）（以下、「運用指針第一〇版」）二三-二四頁に、通達を踏襲した現在の考え方が示されている
12 中出文平「郊外・周縁部の土地利用制度の変遷」『都市計画』三〇三号、八-一一頁、二〇一三年
13 都市計画法施行規則八条で、既成市街地として市街化区域を定める基準として、人口密度が四〇人／ha以上で人口が三〇〇〇以上である区域としている
14 中出文平「土地利用計画制度を巡る現状と課題」『新都市』六四巻二号、一五-一八頁、二〇一〇年
15 運用指針第一〇版においても、Ⅲ 都市計画制度運用にあたっての基本的考え方で、Ⅲ-2の3 都市の将来像を実現するための適切な都市計画の選択で「区域区分を行っている市町村においては、市街化区域の市街化調整区域への編入という強力なコントロール手法、用途地域における特別用途地区の設定という土地利用規制のほかに、立地適正化計画を作成してインセンティブを講じるという緩やかなコントロール手法が選択できる。」と指摘している
16 田之上貴紀他「人口減少フレーム下での区域区分定期見直しの実態とあり方に関する研究」『都市計画論文集』五〇巻三号、九八六-九九一頁、二〇一五年
17 齋藤勇貴他「立地適正化計画策定都市での開発許可制度の方針と運用に関する研究」『都市計画論文集』五三巻三号、一一二三-一一二九頁、二〇一八年
18 まち・ひと・しごと創生法（二〇一四年）の制定を受けて、各自治体が地方人口ビジョンを策定しているが、多くの場合、人口増減に関わる部分、自然増減に関しては出生率、社会増減に関しては人口移動（転出入）を現状と比べてかなり緩く設定しており、社人研推計より人口減が極端に抑えられた推計となっている
19 運用指針第一〇版 Ⅳ-1-3 立地適正化計画6 他の計画との関係で示されている

都市経営時代の都市計画のプランとプロセス

高鍋 剛

1 — これまでの都市計画・マスタープラン

一九九二年都市計画法の改正により、法一八条の二として「市町村の都市計画に関する基本的な方針」（都市計画マスタープラン）の規定が追加され、策定にあたっては、「住民の意見を反映させるために必要な措置を講ずること（同二項）」とされた。この改正で都市計画の計画主体として市町村の位置づけと、都市計画への市民参加が規定され、現在の都市計画のスタート地点となった。そしてこの改正から現在までの三〇年弱の間に、都市計画マスタープランは全国に定着し、二回目の改訂を行っている自治体も少なくない。

さてこの制度ができた当時、バブル経済は崩壊したとは言え、人口は増加し経済的にも当面成長が続き、都市も拡大を続けることが期待されていた。このような時代背景において都市計画マスタープランが前提としていた考え方として次の三点があると考える。

一つ目は予測可能性である。これまでの都市計画は都道府県が定める整備、開発及び保全の方針（整開保）に定められる区域区分の方針に象徴的なように、計画フレームが計画の基本となっている。このフレームは将来人口の推計と産業の推計を元に、必要な市街地規模を設定するものであるが、将来の人口や産業の成長がある程度予測可能であることが前提となっている。

二つ目は事前確定性である。都市計画マスタープランは概ね二〇年程度の長期を見通した事前確定的なビジョンとして策定されてきた。都市の様態は年単位で急激に変わることはなく、一定の持続性を持ちながら緩やかに変化するという考え方が背景にあるからである。

keywords　プレイス・ベースト　多様な主体　都市経営　都市の評価

三つ目は空間中心性である。計画フレームにより市街地のエリアを確定し、それに基づきゾーニングを示す。そして土地利用方針に基づき、個別都市計画の見直しを行う。そして、道路鉄道等の都市施設に関する方針が同時に示され、将来土地利用を実現するために都市構造としての施設整備の方針が示された。

二〇一九年、時代は令和に移行した。振り返ると平成は経済、社会、政治ともに混迷の時代だった。このような社会状況の変化を踏まえて、近年実務の現場でもマスタープランのあり方について再検討がされ始めている。現在の都市が抱える課題や方向性を考えると、これまでのような都市計画制度とマスタープランではツールとして不十分との認識があり、マスタープラン改定のプロポーザルでも、新しい都市計画・マスタープランのあり方を求めることが増えてきた。以下ではこれからのマスタープランに求められるものについて考察してみたい。

2 — マスタープランは必要か？

・社会状況に対応できなくなったマスタープラン

二〇一七年九月、認定NPO法人日本都市計画家協会が主催するシンポジウムが開催された。タイトルは「マスタープランは必要か？」である。このシンポジウムは筆者と東京大学の小泉秀樹、村山顕人により企画したもので、プランナー、行政職員、デベロッパー、大学教員、学生、まちづくり活動家など多様な主体が参加した。

問題意識は、本格的な人口減少社会に突入しマスタープランのあり方を根本的に考え直す点にあり、今後の方向性を考える上で念頭に置いたのは、アメリカの計画に現れつつあった「プレイス・ベースト」という考え方である。そしてこの概念を基本に、これからのマスタープランを作成する上でのポイントを以下の四つに整理した。

①　協働のフレームワーク――都市は公共政策のみならず、市民・事者の活用や事業によって実現する。そのため戦略の立案には常に多様な主体の協働が必要であり、そのフレームワークの構築が重要という考え方。

②　プレイス・ベースト――課題や政策は地域により異なるため、各地域課題を抽出しステークホルダーの声を徹底して拾い、分析するプランニングアプローチ。

③　アクション・オリエンテッド——多様な主体のローカルなアクションを受容する考え方。都市の将来を全て予測することはできないという認識のもと、個別アクションを促していくことを是とする考え方。

④　分野横断性——これからの時代は生活者目線で、生活のクオリティを上げるための総合的な戦略が必要。特に都市計画と医療福祉の横断的戦略立案などが重要になる。

このシンポジウムでは、事前アンケートと会場での意見交換によりマスタープランの問題点について多様な観点から意見を頂いた（図1）。例えば、①ビジョンが曖昧であり関係主体に共有されにくいこと、②時代の早い変化に対応できる柔軟性がないこと、③財政面や実行主体、規制手段などの裏付けによる実効性が担保されていないこと、④策定プロセスにおいて住民や事業者の参加が不十分であり、かつ主体性を喚起していないこと、などである。

MPへの期待［ビジョン性］
- 行政のまちづくり関連施策の指針
- 動く事業がより良い存在になる方向づけ

↓

MPの内容

①現状は？
- 規制・事業が先行し、MPは現状追認型
- 明快な目標像がない
- 社会の動きのスピードに合わない
- 内容が抽象的・専門的で分かりにくい

②どのようなMPが必要とされているのか？
- 細かい計画でなく大雑把な戦略
- 予定調和的な計画でなく動態的な計画
- マイナーチェンジを繰り返すMPへ

③持つべき機能は？
- 旺盛な活動をコントロールする機能
- 活動を創出する機能
- 「やってみよう」を位置づける
- マイクロ・スケールのプランニング

↓

人口減少時代ならではのMPの悩み
- 都市の適正規模化⇔都市間競争
- 都市の縮小に対応した計画のあり方
- 人口減少・低密度化・低機能化するエリアのビジョン

都市計画全般［総合性・広域性］
- MPだけでなく都市計画そのものが岐路
- まちを「つくり」「なおし」「そだてる」環境が必要
- 安全安心、環境、福祉など身近な課題からかけ離れている

実現手段（規制・事業）［実効性］
- 財政難で事業がない
- 開発・建築行為の規制誘導につながらない
- 民間開発事業との整合性なし
- MPの法的拘束力がない
- 優先順位、実現のプロセスがない
- 評価システムの 不在

だれの計画か？［主体性・共有性］
- 行政計画で、民間事業者や社会の多様な主体の共通ビジョンになっていない
- 首長・行政上層部、議会に左右される
- 自治体のプランニングの自由の確保
- 市民アウトリーチ不足

MPのつくり方の問題
- 策定自体が目的化
- 学識経験者やコンサルタントにも問題
- 皆「コンパクト・シティ＋ネットワーク」

図1　都市計画マスタープランの課題に関する意見（事前アンケート）

・従来の都市計画と近年の動きをつなげるプレイス・ベースト・プランニング

「プレイス・ベースト」のプレイスは「場」を意味するが、「場」とは多様な価値に基づいた社会的意思や活動を形成する「機会」と空間的に様々な人が集える「場所」の複合した概念と言えよう。そして、近年各地で取り組まれているプレイスメイキングは公共的空間に「場」としての意味を持たせる試みであるが、これに対し、プレイス・ベースト・プランニング（Place Based Planning and Design）は、点的なプレイスメイキングの試みを地域全体で位置づけなおし、コミュニティの社会的包括性や持続可能性を高める方法である。[1]

実際にこの考え方はアメリカ中西部で急激な産業衰退を経験したフリント、ヤングスタウンなどでプランニング理論として活用された。これらの都市では、産業の急激な衰退と人口減少、治安の悪化により、個々の地域単位の再生が求められていた。そのため、コミュニティ単位でのアウトリーチや数多くのワークショップを重ね、地域ごとの場の評価を行い、都市全体のプランニングを行っている。

また、ニューヨーク市ではプラザプログラムによりオープンスペースの少ない都心部で、簡易な社会実験を繰り返すことにより、ニーズを確認した上で常設のプラザを順次整備する取り組みを実践している。この取組みはマスタープランに基づくものではないが、特定のエリアをきめ細かく評価し、丁寧な実験を経て都市に実装するというミクロかつ実効的手法で、「場」の価値に注目した方法論である。

ところで近年の都市づくりに関する潮流の一つに、個々の「場」を再生していくボトムアップなアプローチがある。先に上げたプレイスメイキングの他にも、長期的戦略に基づき仮設的実践や社会実験を指すタクティカル・アーバニズムなどは、一つ一つは小さな事業だが確実にその「場」の質を転換し、新たな意味と価値を付与する手法である。また、特定地区を対象に、区域内のステークホルダーが主体となってエリアの価値を向上させるエリアマネジメントも、全国的に定着した。

ところで、このような動きは行政都市計画とは無縁であった。厳密に言えば、これらの事業も許認可の関係では協働とも言えるが、行政計画上はこれらの事業が位置づけられてはいない。この現状を示したのが次図である（図2）。村山は都市計画をめぐる状況を、「確実性を志向」「不確実性を受容」という軸と、「フォーマル」「インフォーマル」の二軸で整理した。これによると、従来の都市計画は第一象限にあり、一方で近年の場の再生のインフォーマルな動きが第三象限にあり、両者には大きな乖離があると説明する。そして、個々の「地域」をきめ細かく見つめ、再生していくプレイス・ベースト・プランニングは、「確実性と不確実性を織り込んだフォーマルな計画体系」として再整理されるのではないかとした。

まとめると、従来のマスタープランには時代の変化に伴いビジョン性、柔軟性、参加プロセスなどの課題が生じた。一方、先のシンポジウムに象徴的なように都市づくりに多様な主体が関与し始め、これまでにはなかった手法で実践し始めているということである。つまり、行政が主体となり責任を取るという時代は終わり、官・民・市民の共通目標としての都市計画（マスタープラン）、協働実践の場としての都市と「場」の創造が求められる時代になったと言える。

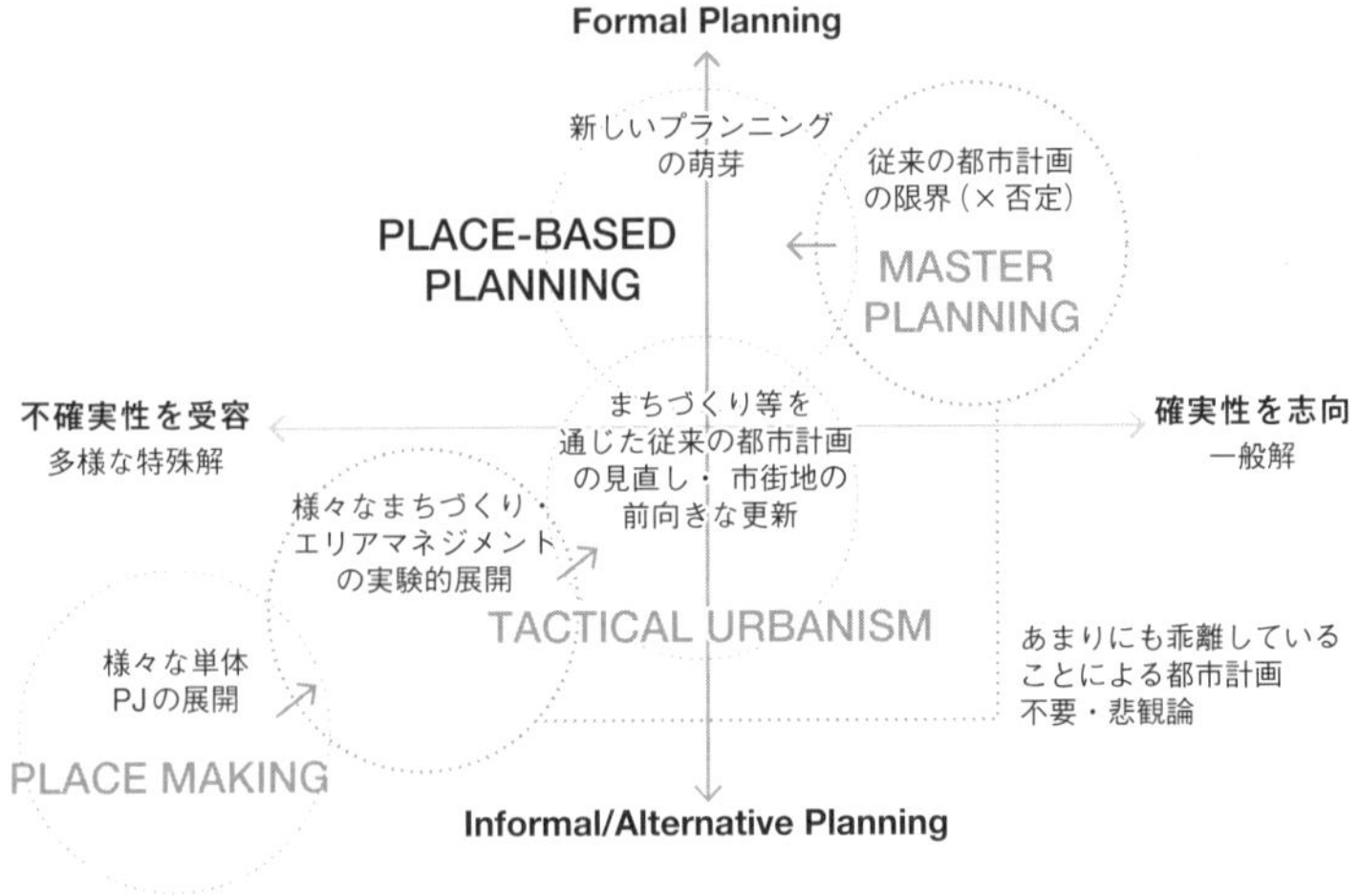

図2　これからの都市計画のフレーム概念

（出典：村山顕人「時間的不確実性を包含する都市のプランニング」
2015年日本建築学会大会 都市計画部門研究協議会資料）

3 都市の価値を高める都市計画の時代へ

・成熟時代の都市経営

さて、都市マスタープランが、「官・民・市民の共通目標」であり、都市が「協働の実践の場」となるためには、どうすればいいか。ここでは、行政運営のあり方を都市経営の観点から考えてみよう。従来の都市経営の概念は、自治体が不動産事業により直接税収を生むというイメージであったが、現代では人口減少に伴い税収も減る一方、民生費やインフラ維持費は増大することが前提となり、行政はこれまでのような積極的な投資はしにくい。

このような状況に対し諸富は、人口減少時代の都市経営が必要であるとし、そのためにはまず①財源の確保と、②非物的なものへの投資が必要としている。①については、ドイツの公的エネルギー供給事業主体であるシュタットベルケを例にあげ、行政が出資して公共サービス・公共インフラの維持管理を半公的な事業体にするスキームにより行政の直接の支出減と新たな財源確保を提案している。②については、これまで行政は社会資本（道路、上下水道などのハードインフラ）に投資を行い都市経済を循環させていたが、今後は人（人的資本）、人間関係（社会関係資本）、自然（自然資本）に投資をすることで、地域経済の成長を促し、ひいては市民の幸福と福祉を向上させていくことが重要であると論じている。[2]

言い方を変えると、諸富は、これまでのような社会資本への直接投資によって土地（不動産）の価値（税収）を上げるという方法ではなく、都市をマネジメントする主体として組織や人材に投資をし、結果的に地域経済を再生し、雇用も生み、都市の活力に繋げると言っているのだろう。つまりこれからの都市経営は不動産価値のみではなく、都市の総合的な「価値」を高めていくことと言うこともできるのではないか。

・都市の価値を高めていく取り組みが重要に

では、都市の価値を高めていくとはどういうことか。国内各地に展開したエリアマネジメントの動きは、特定地区の範囲で官民市民の連携により地域の価値を高めていく行為ということができる。より具体的には不動産価格や物件の賃料を維持または上昇させることはもちろん、災害時にも対応できるシステムの構築、環境への配慮などを通じたエコロジカルなまちづくりの実現、地域を活かしたイベントや商品開発などを通じた地域独自の文化の創出、これらを通じた地域のブランドの構築、あるいはブランド力を高めていくことである。

一方多くの企業活動も、都市をフィールドとする、あるいは都市の一部そのものを構築する動きがますます顕在化してきた。このようなビジネスの新潮流も、それが実現される都市の価値（評価）を左右するという意味で、公共政策と今や一体不可分である。その意味で「官民連携」がもはや理念ではなく、双方の利益を最大化する実を持った方法論になったということでもある。

・プロジェクトの評価から都市を評価する時代へ

もう一つの流れは、都市の評価である。個々のビルやプロジェクト単位でその物件のクオリティを評価するシステムは二〇〇〇年頃から始まり、わが国ではCASBEE（国土交通省）による建築物の品質評価、海外ではアメリカのLEED（USGBC、GBCI）による建築や都市の環境性能評価や、ランドスケープを評価するSITES、人々の健康とウェルネスに焦点を合わせた建築や街区の環境性能評価WELLなど、様々な評価システムができている。LEEDは国内でも認証事例が既に多数あり、世界一五〇か国以上が参加するグローバルな認証システムである。

一方、このような不動産事業の投資についても近年流れが変わりつつある。二〇一五年九月の国連によるSDGsの採択、同年一二月のパリ協定採択、同じく同年日本のGPIF（年金積立金管理運用独立行政法人）による国連の責任投資の原則への署名が転換点であった。平松によれば、GPIFの署名は、資産運用会社や不動産投資家たちがESG配慮型投資スタイルに従うことになったことを意味するという。また、このような状況に対し、都市も街も企業や個人に選択される時代になったとし、最終的に選ばれるのは多様性や社会関係資本が豊かな都市、快適に働ける職場や生活環境の良い都市、そして何らかの「困難」を抱えた人を受け容れる社会的包摂力が高い都市ではないかとしている。[3] さらに、このような認証システムの良さは、世界共通言語として客観的な相対評価が可能となる面と、評価結果によって「足りないもの」、つまり次の政策課題が明確になることだという。

このような認証システムは単体のビルから徐々にその

評価エリアの単位を広げつつある。LEEDを運営するGBCIは、地域や都市そのものを評価するデジタルプラットフォームとして「Arc」を開発した。

Arcは、エネルギー、水、廃棄物、交通、ヒューマンイクスピアリエンスという五つのKPIについて世界中から収集するデータベースにより評価を行う仕組みである（図3）。その評点はデータ入力をするたびに更新され、それに応じて認証ランクもリアルタイムで表示される。つまり、「現在の成績」を起点にして新たに設定する目標に向かう進捗を可視化し、達成度が高い項目と改善が必要な項目を関係者全員が共有できるシステムとなっている。いずれこの仕組みを、開発事業者や投資家はもちろん、自治体も活用可能にし、データについてもGBCIが独自に収集するデータの他、利用者によるデータの追加も可能とし、インタラクティブな評価システムにするという。さらに、評価項目の五番目「ヒューマンイクスピアリエンス」はつまりQOLであるが、これを評価軸としているところは大きなチャレンジである。

Webベースのデジタルプラットフォーム
建物や都市のデータを収集、分析、ベンチマークを可能にするツール

Arc
A Platform for Performance-Based Green Building

5カテゴリ＋建物8,街14指標	評価指標（建物/インテリア）	評価指標（街/自治体）
エネルギー Energy 33 points	温室効果ガス直接排出量＋エネルギー起源間接排出量→CO_2換算（ton/日・人 & ton/日・m^2）現状scope1のみ	①温室効果ガス排出量　※CO_2換算（ton/年・人）
水 Water 15 points	上水使用量（L/日・人&L/日・m^2）	②生活用水使用量（L/年・人）
廃棄物 Waste 8 points	固形廃棄物の発生量（ton/日・人）＋固形廃棄物の分別率（%）	③行政が処理する固形廃棄物発生量（ton/年・人） ④行政が処理する固形廃棄物の分別率（%）
交通 Transportation 14 points	個人の1日当たり通勤（片道）に伴うGHG排出量→CO_2換算（ton/日・人）	⑤個人の1日当たり自動車走行距離（km/日・人）
ひと Human Experience 20 points	入居者の快適性（50%） CO_2濃度（平均ppm）（25%） TVOC濃度（平均$\mu g/m^3$, 500 $\mu g/m^3$）（25%）	教育　⑥25歳以上の高校卒業者の割合（%） ⑦25歳以上の学士の割合（%） 公平性　⑧世帯収入に占める家賃割合中央値（%） ⑨ジニ係数（0～1） 繁栄度　⑩世帯収入の中央値（円/年） ⑪16歳以上の失業率（%） 健康と安全　⑫空気質指標（AQI）の中央値（0～500） ⑬大気汚染注意報発令日（0～365） ⑭凶悪犯罪率（数/人・年）

図3　Arcの5つの評価項
（出典：平松宏城「with&afterコロナ時代の都市像と都市計画を探る」NPO日本都市計画家協会資料2020年）

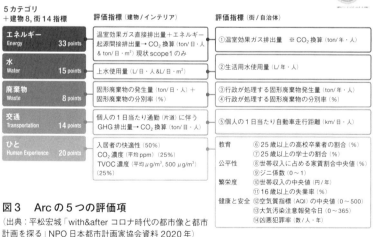

4―未来と主体に開かれたマスタープランへ

これまで検討した内容を踏まえ、これからの都市計画・マスタープランに求めたい性質を五点に整理した。①実現する価値が明確な計画、②地域単位を重視した計画、③政策の見直しを容易にする検証可能性の高い計画、④社会の変化に柔軟に対応しプロジェクトの試行錯誤も許容する計画、⑤多様な主体がコミットして作成された計画、である。このうち①と②は計画の内容に関する性質、③と④は計画の運用に関する性質、⑤は策定プロセスに関する性質である。ではこのような計画を実現していくための策定プロセスやポイントを考えてみよう。

まずプロセスについてである。これまでの多くの自治体は概ね二〜三年の策定期間により、行政が市民と専門家を参画させ計画案を作成するのが一般的であり、個別地区の事業計画などを除きこの中に事業者（企業）が参加することはあまりなかった。交通、不動産、医療福祉、商業など市民の都市生活を支える様々な分野の事業者や、部門別の特化した専門性と地域性密着性の高いＮＰＯ、都市文化の創出に寄与するクリエイター、都市の現状分析や政策評価指標の作成を担うＩＴ関係の専門家やデータサイエンティストなど、様々な主体がコミットすることが重要である。もちろんそれぞれに得意分野や期待される役割も異なることから、彼らが一堂に会して議論するのではなく、テーマごとの分科会などの検討チームビルディングも必要になる。そしてこのプロセス自体が①の実現する価値の明確化にもつながるだろう。これを実践するためには策定プロセスも長くする必要があるし、当然ながら策定予算の見直しも必要になる。

次に計画運用面を念頭においたプランニングである。検証性が高く見直すべきポイントや時期が明確な計画ができると行政としても運用しやすく、説明もしやすい。そのためには都市のモニタリング指標を設定する必要がある。先に紹介した「Ａｒｃ」など社会的に試行される評価システムを取り入れていく他、国が公開するオープンデータや評価指標（例えば国土交通省が公表している「都市モニタリングシート」は全国の自治体について三〇〇の指標データを統合し公開している）を活用し、カスタマイズすることも考えられる。重要なことは、実現すべき価値が指標化されていること、指標とするデータが常に入手可能であること、他都市との相対評価もできることなどであろう。

また、これまで人口フレームを中心的指標としてきた都市計画（とりわけ線引きなど）の運用システム自体も見直す必要があるし、国は計画に有用なデータの整備と公開を引き続き強化すべきと考える。

最後に計画の内容に関する事項であるが、①実現する価値の明確化、②地域単位の重視はいずれも改めて検討すべき事項である。これまでの都市計画は都市全体のハードの実現に価値が置かれていた感があるが、ライフスタイルや価値観多様化への対応、多様な立場の人を許容する社会的包摂性重視の傾向、地域単位での環境配慮の必要性など、獲得すべき価値はより身近な生活や環境にシフトしつつある。また、住民や企業が中心となったローカルプロジェクトの推進もますます重要になっている。近年のマスタープラン改定の現場では、全体構想はあまり修正せず地域別構想を本格的に見直すとともに、公共事業ではなく民主導あるいは官民連携型の事業を積極的に計画に位置づける取組みも出てきている。つまり、身近な地域において都市計画が実現する価値や達成すべき事項を明確にするということである。その際にプレイス・ベースト・プランニングは理念としてもプランニングツールとしても活用できるだろう。

このようにこれからのプランニングは、策定プロセスの中で多様な主体の参加による全体計画・事業を検討する流れと、地域レベルの計画・事業を検討する流れが並行して進み、実現すべき都市全体レベルの価値、地域レベルの価値を明確化し、策定に関わった主体はその後の事業の担い手にもなっていくプロセスとすることが考えられる。そして、都市計画が計画を策定して終わるのではなく、策定プロセス自体がまちづくりの担い手を育成し、本当に必要な事業を構想するインキュベートの場になっていくことが望ましいと考える。

［註・参考文献］
1　小泉秀樹「マスタープランは必要か？――日本型のプレイス・ベースト・プランニングを考える」二〇一七年日本都市計画家協会主催・シンポジウム資料
2　諸富徹『人口減少時代の都市――成熟型のまちづくりへ』中公新書、二〇二〇年
3　平松宏城「ＳＤＧｓの時代に、都市と街の見えない価値を可視化する評価システム」日本建築学会大会都市計画部門研究協議会、二〇一九年

自然環境・災害の変化・現状と都市計画の基本構造

村上暁信

1 ― 緑地計画における手段の目的化

都市の緑は良好な景観の形成、アメニティの向上、レクリエーション機会の提供、地球温暖化の防止、ヒートアイランド現象の緩和、生物多様性の保全、防災機能の向上など、様々な点で都市環境を改善させることが期待されている。実に多様な機能の発揮が期待されているため、「様々な機能を発揮してくれるのだから都市にたくさんの緑を創出することが望ましい」と考えられている。ここで既に目的と手段が入れ替わっているのだが、このすり替えに目が向けられることはほとんどない。

緑地計画の体系では、市町村が都市緑地法に基づく「緑の基本計画（緑地の保全及び緑化の推進に関する基本計画）」を策定して、緑地の保全及び緑化の推進を総合的に計画する。緑の基本計画では緑地の保全及び緑化の目標を定めて、目標に向けた施策を示すことになっている。市町村は緑の基本計画に基づき、特別緑地保全地区制度などを用いた緑地の保全、緑化地域制度などを用いた緑化の推進、さらに公園緑地の整備を行っている。また各種の制度に加えて緑化に関する条例を独自に定めて開発計画、建築計画に対して一定基準以上の緑化を義務づけていることも多い。このような体系の中で重要な役割を担っているのが緑の量に関する指標である。緑の基本計画では緑地保全・緑化の目標を数値で定めているが、多くの場合、市町村の面積に対して緑地の占める割合が指標として使われる。また公園整備の計画では一人あたり公園面積という指標が用いられている。緑化地域制度では建築物の緑化率が設定され、建築確認の要件となる。条例で緑化を義務づける場合も、緑化面積の比率が基準を上回

keywords　仕様　効用　環境保全機能　都市と農村

図1　緑化義務により都心の民有地に創出された緑

（左）屋上のダクトの隙間に簡易の植栽がされている。屋上は開放されておらず、誰の目にも触れることがない。陽当りも悪く、植物の生育も良くない。
（右）建物の隙間は陽が当たらず植栽された緑は枯死している。緑化計画書では植栽基盤も含めて全体が緑として計画されていた。

っていることの確認がなされている。

本来、緑の評価ではどれだけ「環境を改善しているか」が検討されるべきである。しかし、緑は多ければ多いほど良い、という暗黙の了解のもと、緑の被率を増やすことが目的化されている。このような「手段の目的化」には弊害が多い。そもそも緑の量が増えたからといって必ずしも良好な景観の形成や生物多様性の保全につながるはずはない。また緑化条例などによる緑化義務においては、基準をクリアするためだけに不必要な緑化が計画されることも多い（図1）。そのような緑は管理されることもなく、数年で失われることも多い。緑が増えた一方で、本来の目的である環境は劣化していくのである。ではなぜ緑の増加が都市環境の改善につながらないのだろうか。そこには緑に特有の理由が関係している。緑が環境改善の機能を発揮できるかどうかは、緑が置かれた「場所」に大きく影響されるのである。

2―都市に緑は必要か

そもそも都市の緑は役に立っているのだろうか。この点についてヒートアイランド緩和機能を取り上げて検証してみたい。ヒートアイランド現象とは市街地中心部の気温が郊外の気温に比べて顕著に上昇する現象であり、その主要因の一つは地表面被覆の人工化である。自然的な土地被覆に比べて、アスファルトなどの人工的な土地被覆は表面温度が上昇しやすい。表面温度が直近の気温よりも高くなれば、その表面は空気を暖める。反対に表面温度が気温よりも低い場合は大気を冷やす。樹木は葉からの蒸散作用により表面温度上昇が抑えられて、ほぼ気温相当となる。気温相当であるので、樹木自体は周辺大気を冷やすことも暖めることもない。では樹木は役に立たないのかというと、そうではない。樹木がなければその近くの地表面や建物壁面などに日射が当たり、表面温度が著しく高くなる可能性がある。樹木があることにより木陰が作られ、日射が遮蔽されることによって、周辺地表面が大気を暖めるのを防いでいるのである。

緑のヒートアイランド緩和効果を評価するために、３Ｄ－ＣＡＤ対応型の熱収支シミュレータ[1]を使って、緑による顕熱負荷の変化（減少量）を検討したのが図2である。対象地は東京都港区（青山・赤坂地区）の中心街区である。緑がある場合（現状）と全ての緑を取り除いた場合の二つのモデルを用いて、表面温度分布がどのように変化するかを検討した。評価にはヒートアイランド・ポテンシャル[2]（以下ＨＩＰ）を用いている。ＨＩＰは街区内の全表面から大気に対してどの程度の顕熱負荷を与えるかを温度の次元で示したものである。立面も含めて全ての建物・地面・樹木の表面を小区画に分割し、そこでの表面温度と気温の差を積算した後に街区面積で除している。

緑の被率を基準にして環境改善を図るということは、被率が高ければその分だけ環境改善効果が高いことになる。図2のグラフでは、現状と緑を取り除いた場合のそれぞれのＨＩＰをプロットしている。両者の間の矢印の長さが、緑のヒートアイランド緩和効果とみなすことができる。しかし矢印の長さにはばらつきが大きく、緑被率とＨＩＰの低下量の間には相関がみられない。緑被率が低くてもＨＩＰの低下が大きい（ヒートアイランド緩和効果が大きい）街区もあれば、緑被率が高くてもＨＩＰの低下がほとんどみられない街区もある。緑被率とヒートアイランド緩和効果の間には相関がなく、緑が多ければ多いほど良いとはいえないのである。緑被率が高いにもかかわらず緩和効果が低くなる理由は単純である。もとも

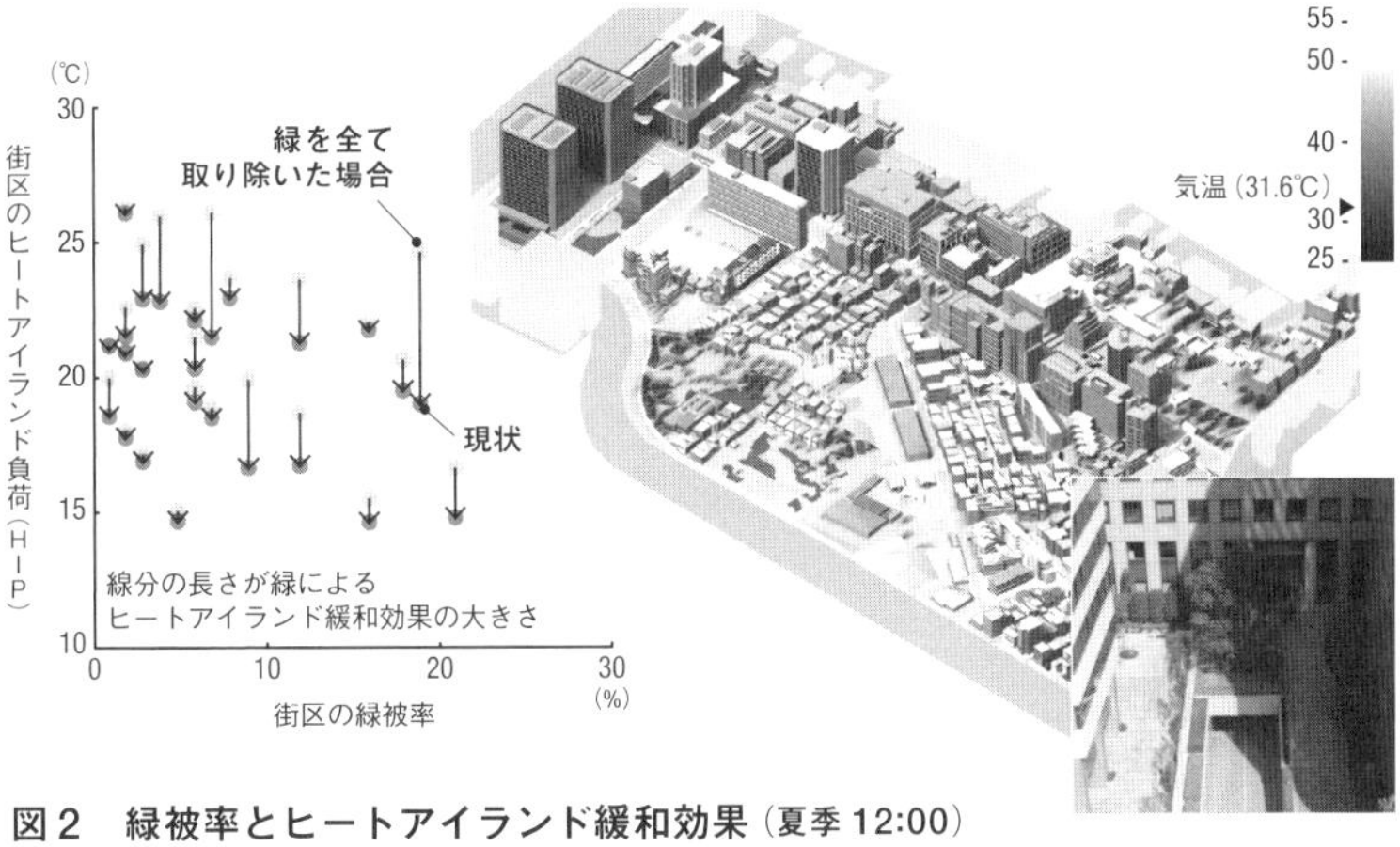

図2　緑被率とヒートアイランド緩和効果(夏季 12:00)

右図は対象街区における3次元の全表面温度分布。左図は横軸が緑被率、縦軸がヒートアイランドを引き起こす度合い(顕熱負荷)であり、矢印の長さが、各街区のみどりがヒートアイランドを緩和させている効果を表している。緑被率と緩和効果に相関がみられない。建物の影に植栽され、ヒートアイランド緩和効果を発揮していない樹木も多い

と建物の日影で表面温度が高くないところに樹木が植栽されているのである。樹木にヒートアイランド緩和効果を発揮させるためには、日射の当たるところに樹木を植栽しなければ意味がないのである。しかし高密な市街地では建物の日影も多くなる。開発では建物を優先して設計するため、緑は余った場所に配置されやすい。そのようなところは大体日陰になっているため、いくら植栽をしても緑がヒートアイランド緩和機能を発揮することはない。緑に機能を発揮させるためには植栽する場所が重要になるが、市街地開発での緑化は緑化面積(率)でしか規定されていない。そのためヒートアイランド緩和には役立たない緑が多く創出されているのである。

現行の緑地計画で用いられている緑化率などの指標は、緑の仕様とみなすことができる。さらに緑を都市環境改善のツールであると捉えれば、「どれだけ環境を改善させる力を持っているか」は緑の性能とみなすことができる。しかし緑は場所によって性能が発揮される度合いが変化する。性能発揮が一定であれば仕様で規定することもできるが、発揮される性能が場所によって変化するため、仕様での規定も性能での規定も不適切である。実際にど

れだけの性能が発揮されているか、という「効用」で規定していく必要がある。先の検討例ではＨＩＰの低下量が効用に相当する。効用での規定が必要なのは他の機能についても同じである。景観の改善に寄与しない緑化は景観形成上意味がないし、利用されなければ公園の価値は低い。生物多様性保全においても、同じ種構成、同じ面積の樹林であっても場所によって生物多様性保全における価値は異なる。いずれの機能においても、仕様や性能ではなく、効用に基づいて計画していく必要があるといえる。

3　都市と農村

効用に基づいた緑地計画の展開は、広域の土地利用計画においても求められる。現在、都市と農村を一体的に計画することの必要性が指摘されている。一体的に計画することのメリットは多いが、その一つとして農地・農村が有する洪水防止機能が注目されている。農地や周辺の森林は降雨を貯留し、下流域に位置する市街地での洪水を防止する機能を発揮する。しかし森林や農地ならどこも同じ様に洪水防止上の価値を有している訳ではない。たとえ貯水・浸透性能が同じであっても、その性能が持つ価値が変わる。自然災害のリスクは、ハザード・脆弱性・暴露の三要素が相互に作用して決定される。ここでハザードとは地震、洪水、津波、高潮、土砂災害など災害の内容を指す。従来の災害対策とは災害に対する脆弱性を減少させる対策であった。耐震化や堤防建設などがこれにあたる。こうした脆弱性を減少させる取組みの一つとして、都市の上流域に存在する農地や森林を保全することが掲げられている。しかしリスクを決める要因にはもう一つ、暴露がある。洪水を想定すれば、守るべき対象は人命と財産である。ハザードに晒される人命と財産によって、洪水防止の性能が持つ意味が変化する。流域内に人家が少なく、流域内に降った雨が速やかに大規模河川や海に流出するのであれば洪水防止を発揮させる必要性は低くなる。逆に、同一流域内に人口密集地が存在し、そこの脆弱性に影響する農地や森林は優先的に保全をしていく必要がある。農地や森林をひと括りにして保全の必要性を議論するのではなく、優先的に保全すべき農地や森林を抽出して、都市と一体的に保全・活用の方策を考えていく必要がある。農地や森林の洪水防止上の効用は、リスクをどれだけ減少させられるかで評価できる。農地や森林の効用も都市の緑と同様に、効用は場所によって変化する。しかし都市の緑では性能が発揮される度合いが場所によって異なることが多いのに対して、農地や森林では洪水防止機能を享受する主体がどこにどれだけ存在しているかという意味において場所が重要な意味を持つ。そして現在、人口減少や少子高齢化によって、機能を享受する主体がどこにどれだけ存在するかということ自体が急速に変化しつつあり、暴露が変化している。

さらに農地や森林の環境保全機能を考えていく際には、空間の分布にだけ着目するのでは不十分である。例えば農地面積の減少だけでなく、耕作放棄の問題も洪水被害に影響を与える。吉田ら[3]は、土地利用及び管理状況が異なる三試験流域を設定し、流域保留量、直接流出率、ピーク流出係数を比較した結果として、湿潤時の放棄水田主体流域の直接流出率が耕作水田主体領域の直接流出率を最大三一%上回ることを報告している。農地としての位置づけには変化がなくても、耕作放棄によってもたらされる水田の状態変化によって、地域の洪水防止能力が損なわれることを意味している。わが国の農業従事者は一三六万一〇〇〇人（二〇二〇年）であり、二〇一五年からの五年で三九万六〇〇〇人減少している。今後も減少が予測されているが、農業従事者の減少は耕作放棄の拡大につながり、その変化は流域内の洪水リスク増大につながっているのである。

農地・農村の目に見えない変化も洪水リスク増大につながっている。増本[4]は二〇〇四年に発生した新潟豪雨による水害を分析し、農業農村整備事業により導入された施設、主に農業用の排水機場（ポンプ）が災害軽減に強い効果を発揮したとしている。このように農業用のインフラは、市街地に設置された排水ポンプ等の施設と共に、洪水被害軽減に重要な役割を果たしている。農業用の排水機場は、大規模なものは国や自治体などの公的管理のもとに置かれているが、小規模なものは土地改良区によって管理されているものが多い。土地改良事業（農業の生産性向上や農業構造の改善を目的とした農用地や農業用水路、農道などの農業生産基盤の整備を行う事業）の実施主体である土地改良区は、事業によって造られる土地改良施設の管理主体であり、その構成員は事業地区内の農業従事者である。農業用排水路や排水機場等の水利施設は、対象地区内に張り巡らされた施設であり、水源涵養や緑のネットワーク化等の環境保全機能発揮に重要な意義を持っている。土地改良区は地域環境の管理を担っている組織であるといえる。しかし土地改良区の数は減少しており、一九九八年度末時点で全国で七二九七あったものがその後約二〇年の間に三七％減少している。今後益々農地の洪水防止機能の発揮が求められる状況にもかかわらず、以前よりも少数で管理を担わなければいけない状況となっている。耕作放棄に伴って排水機場などの農業インフラの管理ができなくなったり、土地改良区が解散して維持管理が粗放化したりしているために、豪雨時に農地だけでなく市街地にも洪水被害を生じさせる例が各地で報告されている。

都市住民は自然災害被害の軽減という点で農地や農業インフラを持つ農村の恩恵を受けている。災害防止機能は、農地の保全や土地改良施設の維持管理によって発揮されてきた。しかしその管理は農業従事者の負担によってなされてきた。そして現在、維持管理を継続することは農村域における市街化の進行や土地改良区の減少によって難しくなっている。今後、都市・農村の双方において人命と財産を持続可能な形で守っていくためには、都市の将来像だけでなく、農地をどのように配置し、維持活用していくかを検討していく必要がある。そこでは土地利用計画上の配慮だけでなく、農地が環境保全機能や防災機能を発揮できるような社会システムの維持を同時に検討していく必要がある。特に農業インフラの多くは現在、更新の時期を迎えている。日本の農業を取り巻く環境を考えれば、これらの農業インフラを全て更新し、維持管理をしていくことは不可能である。どの農業インフラが将来の都市の安全確保にとって重要であるかを評価し、重要な場所において重点的に農業経営の継続を誘導したり、都市側からの関与を増やしたりして維持管理を存続させていく必要がある。そのためには、農地や農業インフラの価値評価が重要になる。その際の評価の観点は、洪水防止だけでなく生態系保全や、気候緩和など農村が提供する環境保全機能が全て盛り込まれる必要がある。さらに、都市住民は居住地の安全性が農村・農地に支えられていることを理解し、これからの一体的な空間整備・維持管理を担っていく必要がある。

4―これからの緑地計画

都市の緑や都市近郊の農地、森林も、これからはその効用に基づいて計画される必要がある。緑の効用を議論するためには、緑の機能発揮の量、その変化、さらに緑の機能を享受する主体との関係を理解する必要がある。急速に発展しつつある各種のシミュレーション技術は、緑の機能発揮と場所との関係、主体との関係を理解する上で強力なツールとなるだろう。これらの技術を緑地計画策定の過程で最大限活用していくことが求められる。そうして得られた情報をエビデンスとして用いて議論を行い、効用を評価していく必要がある。

では効用に基づいて緑地を計画していくためにどうすればいいのだろうか。緑化条例等で緑化を義務づけている場合には、事業者は緑化計画書を提出し、緑化率などの規定を満たしていることの確認を受ける必要がある。手続上はこのような事前明示型の仕様による規制が、行政からも事業者からも望まれているといえる。今後、仕様に代わって効用を基準にするとすれば、事業者側に効用を示すためのエビデンスの提出を求めて、そして行政側では提出されたエビデンスを基に効用が十分かどうかを判断することになる。行政側が期待する効用を予め公表できたほうが事業者にとっては対応しやすいが、実際には開発や建築行為によって実現できる効用は周辺環境や敷地条件によって異なる。例えば隣接する建物によって夏季日中に日陰になっている場所であれば、いくら緑化をしてもヒートアイランドに関しては大きな効用は期待できない。それでも他の視点での効用を考慮して、創出される緑が十分かどうかを判断することになる。そのため、このプロセスは裁量的にならざるを得ない。事前明示型の規制から、科学的なエビデンスに基づく裁量的な誘導に変えていく必要がある。敷地によって求められる効用の基準が変わることから、不公平性の問題が生じることもあるが、それでも都市環境を改善するために裁量的な誘導に軸足を移していく必要がある。

定量的なエビデンスの提出までは求めていないものの、東京都では公開空地等の計画を対象に協議調整プロセスを取り入れている（「公開空地等のみどりづくり指針」に基づく協議）。そこでは緑化面積だけでなく、地域のガイドライン等との整合性を検討し、良好な都市空間の創出を誘導しようとしている。また、東京都の「品川駅・田町駅周辺まちづくり」では、環境モデル都市づくりを展開する上で「風の道をつくる」というスローガンを掲げ、裁量的なまちづくりに取り組もうとしている。そこでは風の道を事前に示した上で今後建設される建築物の高さを50m以下に制限しているが、一定の条件を満たし、さらに暑熱環境対策の効用をエビデンスとともに示した上で評価委員会で認められた場合には、制限以上の建築物を許可する方針を策定している。仕様による規定から効用による規定へと完全に変更できないとしても、このように仕様による規定をクリアできない場合でも効用が認められれば開発を許可される対応が取れるようになれば、環境改善の実現が期待できる。今後このような取組みを広げて、実際に都市環境の改善に貢献する開発行為を誘導できるようにする必要がある。

都市と農村を含む広域を対象とした緑地計画においても、効用に基づいて計画をつくっていく必要がある。しかしその際の効用の評価においては、場所による効用の変化だけでなく、効用を享受する主体がどこに存在するのかに注目する必要がある。都市とその背後にある農村は互いに支え合う関係にある。農村は都市から様々なサービスを受けている。都市も農村から災害防止機能などの環境形成上の恩恵を受けている。しかしこの恩恵は、都市が農村に提供しているサービスに比べて意識されにくいものである。また農村が有する災害防止機能などの環境保全機能は、農地や農業インフラが維持管理されてきたことによって担保されてきたが、現在は維持管理の継続が難しくなっている。今後、都市と農村の相互補完の関係を維持していくためには、都市と農地をどのように配置し、維持活用していくかを検討していく必要がある。そこでは土地利用計画上の配慮だけでなく、農地が環境保全機能や防災機能を発揮できるような社会システムの維持も検討していく必要がある。しかし都市と農村を一体的に捉えた計画づくりは簡単ではない。国土利用計画法の体系において、都道府県の区域は都市地域、農業地域、森林地域、自然公園地域、自然保全地域の五地域に区分される。さらにそれぞれの個別規制法が存在する。そのため、区分を超えて一体的に扱うことは難しくなっている。他方で、豪雨災害の発生を背景として、流域治水の考え方が展開しつつある。そこでは河川管理者等による取組みだけでなく、流域に関わる多様な関係者が協働して治水に取り組むことが目指されている。河川は都市地域と農業地域をつなぐものであり、そのため流域治水は都市地域と農業地域を一体的に捉える契機になり得るとも考えられる。都市・農村の一体的土地利用計画の策定を可能にする体系への移行はもちろん望ましいが、河川管理分野から展開する流域治水の計画づくりに、都市と農村を含む広域の緑地計画を融合させていくことも必要であろう。

最後に、効用に基づいた都市の緑化推進、都市と農村を含む広域の緑地計画を考えていくと、都市や農村で実現すべき環境改善の目標をどのように設定すべきかという課題が残る。環境改善には様々な視点が存在するため、異なる要素の統合という問題が生じる。仮に環境改善を開発許可の条件とする場合や容積率緩和の条件とする場合、それぞれの効用の基準をどのように定めるか、さらに他の環境改善とのトレードオフをどのように設定すればよいのかは大きな課題となる。ヒートアイランド緩和の量を生物多様性のどれだけの保全と同価値とするのか。CO_2排出削減の何t分と同価値として扱うのか。そして統合化したものを緩和容積率の何%と同価値と捉えるのか。これらの問いに正解はもともと存在しない。解は地域ごとに異なり、社会背景によって変化する。問いについて常に議論を重ねていき、試行を積み重ねていくしかないのである。これからの緑地計画においては、「緑を増やせば良い」というような、手段が目的化した状態から脱して、環境改善を主目的に設定し直した上で、実現すべき環境の姿について議論を重ねて都市農村空間への介入を繰り返していく必要がある。

［註・参考文献］

1 梅干野晁、浅輪貴史、中大窪千晶「3D‐CADと屋外熱環境シミュレーションを一体化した環境設計ツール」『日本建築学会技術報告集』二〇号、一九五‐一九八頁、二〇〇四年

2 梅干野晁、浅輪貴史、村上暁信、佐藤理人、中大窪千晶「実在市街地の3D‐CADモデリングと夏季における街区のヒートアイランドポテンシャル：数値シミュレーションによる土地利用と土地被覆に着目した実在市街地の熱環境解析（その一）」『日本建築学会環境系論文集』六一二号、九七‐一〇四頁、二〇〇七年

3 吉田武郎、増本隆夫、堀川直紀「中山間水田の管理状態に着目した小流域からの降雨流出特性」『農業農村工学会論文集』二七八号、三九‐四六頁、二〇一二年

4 増本隆夫「気候変動下の災害軽減に向けた水田の洪水防止機能の利活用」『水土の知』七八巻九号、七五五‐七五八頁、二〇一〇年

交通と都市の新技術が拓くプランと技術体系の展望

森本章倫

1 — 都市を支える技術とその影響

都市は様々な技術によって支えられている。建築技術の進化は超高層ビルを出現させ、交通技術の進化は人々の高速移動を可能とした。また、土木技術は上下水道や長大橋の整備から地下空間の活用まで、安全で効率的な都市インフラを創り出した。その結果、これらの技術革新を背景に、都市は立体的にも平面的にも拡大を続け、世界各地に大都市が連なる数千万人のメガロポリスが生まれた。

また、都市は膨大なエネルギーを消費する場でもある。火力発電や原子力発電のような集中型エネルギーシステムの構築は、大都市への効率的なエネルギー供給を可能とした。一方で環境問題の高まりや、災害への脆弱性の指摘もあり、近年は太陽光発電、風力発電、波力発電などの自然エネルギー（再生可能エネルギー）などの分散型エネルギーシステムが見直され、その構築が大きな課題となっている。大都市が大規模で集中的なエネルギー供給を必要とするのに対して、分散型エネルギーシステムは比較的小規模で消費地の近くに分散配置する必要がある。そのため、現時点では分散型は小都市での運用において適性が高いといえる。

様々な技術革新によって都市形態が量的に拡大していくなかで、情報通信技術（ICT）は都市内部の質的な変化をもたらした。遠距離の通信技術は家庭単位の電話から、個人単位の携帯電話でのコミュニケーションを可能とした。これによって各個人の多様な結びつきが実現し、空間を超えた新たなコミュニティが生まれた。二一世紀に入ると通信機能を主とした携帯電話は、小型のコンピ

keywords　交通と土地利用　情報通信技術ICT　コンパクトシティ　スマートシティ

ューターを内蔵したスマートフォンへと進化する。文字情報、音声情報の交換機能に加えて、動画の配信機能、情報の検索機能、売買の決済機能など様々な機能が付加された。

このような技術の進化は人々の暮らしを豊かにするだけでなく、就業形態の変化や購買行動の変化などを通じて都市自体にも大きな影響を与えた。例えば、テレワークによる在宅勤務は業務形態に影響を与え、ネットショッピングの増加は小売業の構造変化を促した。CDショップやレンタルビデオショップはオンデマンド配信に代替され、書店も電子書籍の出現で大きな影響を受けている。

2—交通における新技術の変遷とその影響

都市と交通は密接な関係にある。都市の様々な活動は交通技術によって支えられ、主たる交通手段の変化は都市形態やライフスタイルにも大きな影響を与えた。

一八〇六年に世界最初に蒸気機関車が走り、一八二五年に英国で蒸気機関車による世界初の営業運転が行われ、一八四〇年代に入ると急速に主要都市を結ぶ鉄道網が形成された。日本においても明治維新後の海外視察において、最先端の鉄道技術に感嘆し、鉄道国家の構築に向けて大きく動き出す。一八七二年には新橋・横浜間に日本初の鉄道を開業させ、その後着実に鉄道建設が進められ、国土全体をカバーする巨大な鉄道ネットワークが出現する。日本が世界に誇る鉄道網と鉄道沿線の都市はこのようにして形成された。

一方で、自動車技術の活用は鉄道技術の開発から約一〇〇年後、一九〇八年にT型フォードの販売から始まる。工場での大量生産が可能となり、自動車は世界各地に普及し、一九二〇年代には米国で自動車の大衆化(モータリゼーション)が起こる。拠点から拠点を結ぶ線的な鉄道に対して、道路さえあれば全方向移動可能な面的な自動車は、その優位性から次第に鉄道に代わって主たる交通機関となっていった。都市形態は鉄道駅を中心とした「拠点とネットワーク」の構造から、低密拡散型の構造へと変化した。特に都市内の公共交通サービス水準が低い地方都市では、自動車の優位性が際立ち、自動車依存度が急激に高まった。

概して、一九世紀が鉄道の時代なら、二〇世紀は車の時代と要約できる。それでは二一世紀の主たる交通機関は何であるか。まだ、明確な答えは出ていないが、二〇世紀後半から注目を集めている交通機関がある。公共交通に着目すると、次世代路面電車システム（LRT）や快速バスシステム（BRT）などの新たな都市内公共交通機関である。行き過ぎた自動車依存の反動として、人と環境に優しい交通の復権を目指して、従来のバスや路面電車を最新の技術によって進化させたものである。自動車依存社会によって相対的に衰退した都心の再生と併せて、路面電車の復活や新規導入を行っている点に特色がある。このような流れを「交通まちづくり」と呼んでいる。

また私的交通にも新たな潮流が生まれている。その一つは自動車の進化である。環境問題の高まりを受けて、動力源をガソリンから電気や水素、あるいは二つ以上の動力源を持つハイブリッド車へと転換する技術開発が進み、徐々にシェアを伸ばしている。また、セグウェイのような一人乗りのコンパクトな移動支援機器（パーソナルモビリティ）が開発され、短距離の移動を支援する個人向けの移動ツールとしてその活用が期待されている。

あるいは利用形態も所有から共有へと変化している。個人が車を保有して利用するスタイルから、必要な時に利用するカーシェアが都市部を中心に広がる。シェアは車だけに限らず、自転車や電動キックボードなど様々な交通手段の短時間利用へと広がる。このようなシステムの普及の後押しとなったのが情報通信技術である。従来のように決められた場所で手続きをして、貸し借りするのではなく、街中の複数の場所で貸出と返却が可能で、電子機器を用いて瞬時に手続きが出来るのが特色である。

このような移動技術と通信技術の融合は、多様な移動（モビリティ）を一つのサービスとして提供することを可能とした。二〇一六年にヘルシンキ市（フィンランド）でモビリティ・アズ・ア・サービス（MaaS）と呼ばれるシステムが開発され、運用を開始すると、世界中で同様な動きが加速化した。情報通信技術を活用して交通をクラウド化し、運営主体にかかわらず、マイカー以外のすべての交通手段によるモビリティ（移動）を一つのサービスとしてとらえ、シームレスにつなぐ新たな「移動」の概念である。このような交通技術と様々な新技術の統合によって、鉄道、車の次に出現する新たな交通は次第に「人主体の交通システム」へと進化している。

3　都市計画における調査と技術の活用

近代都市計画の祖といわれたパトリック・ゲデスは二〇世紀初頭、都市計画における地域調査の重要性を説き、それ以降都市計画の立案において様々なデータや調査が活用されている。

わが国で都市計画を行う上での基盤となるのが都市計画基礎調査である。これは、都市計画法六条に基づき、都市における人口、産業、土地利用や交通などの現況及び将来の見通しを定期的に把握するための調査である。都市計画を適正に運用するためには、客観的・定量的なデータによる把握にとどまらず、データに基づいた分析や将来シミュレーションなどによって多面的に政策評価をすることが重要である。都市計画基礎調査では、都道府県が都市計画区域について、おおむね五年ごとに、人口規模、産業分類別の就業人口の規模、市街地の面積、土地利用、交通量などを把握している。

交通分野における基礎的な調査は、一九二八年に全国の道路と道路交通の実態を調査した全国交通調査が始まりである。一九八〇年以降は五年おきに実施し、道路の計画や建設、管理などに用いられ、道路交通センサスとも呼ばれている。人の移動に関する調査は、一九六七年に実施されたパーソントリップ調査が最初である。それ以降、日本各地の都市でパーソントリップ調査が実施され、都市交通計画を立案する際の基礎データとして現在でも活用されている。

これらの交通調査の重要性は現在でも変わらないが、約五年あるいは一〇年単位の調査実施であり、調査の間隔が長く、膨大な費用がかかることもあり、近年はビッグデータとの併用が模索されている。例えば、交通系ICカードの利用データ、また車両に搭載した電子料金収受システム（ETC）のデータ、GPSの位置情報を利用したプローブデータなどの活用が進められている。

交通計画の分野においては、これらのデータが交通需要推計などに用いられている。例えば、道路を拡幅あるいは新設した際の交通流の変化や、大規模開発を行った際の交通渋滞の予測など、二〇世紀末から交通シミュレーション技術は飛躍的に進化した。都市全体の交通を広域で評価するものから、一台一台の車の挙動を再現し、交差点レベルで交通流の変化を予測するものまで、多様なシミュレーションが可能である（図1）。

都市計画の分野においても、携帯電話網を運用した様々なビッグデータの活用が始まっている。例えば立地適正化計画の立案においては、人口密度が重要な指標の一つとなる。しかし、従来の調査では居住人口、就業人口をベースとした人口密度であり、買物や観光といった滞留する人口は把握できていない。そのため都市の賑わいを正しく評価することは難しい。一方で、携帯電話の基地局データやＧＰＳデータを活用すれば滞留人口の推定が可能となる。図２は宇都宮市の一日の時間帯別の滞留人口の推移である。日中と夜間の違いや、平日、休日の違いなども詳しく把握することが可能で、よりきめの細かい計画立案を行う際の資料となる。

4 ― 新技術を用いたこれからの都市計画

移動、通信、生活のイノベーションによって、今後どのような社会が出現するであろうか。都市計画の重要な要素の一つが「先見性」にあるならば、将来を想像することは極めて重要である。ここでは現実空間（フィジカル空間）とＩＣＴ技術によって創り出された仮想空間（サイバー空間）の展開について考えてみたい。

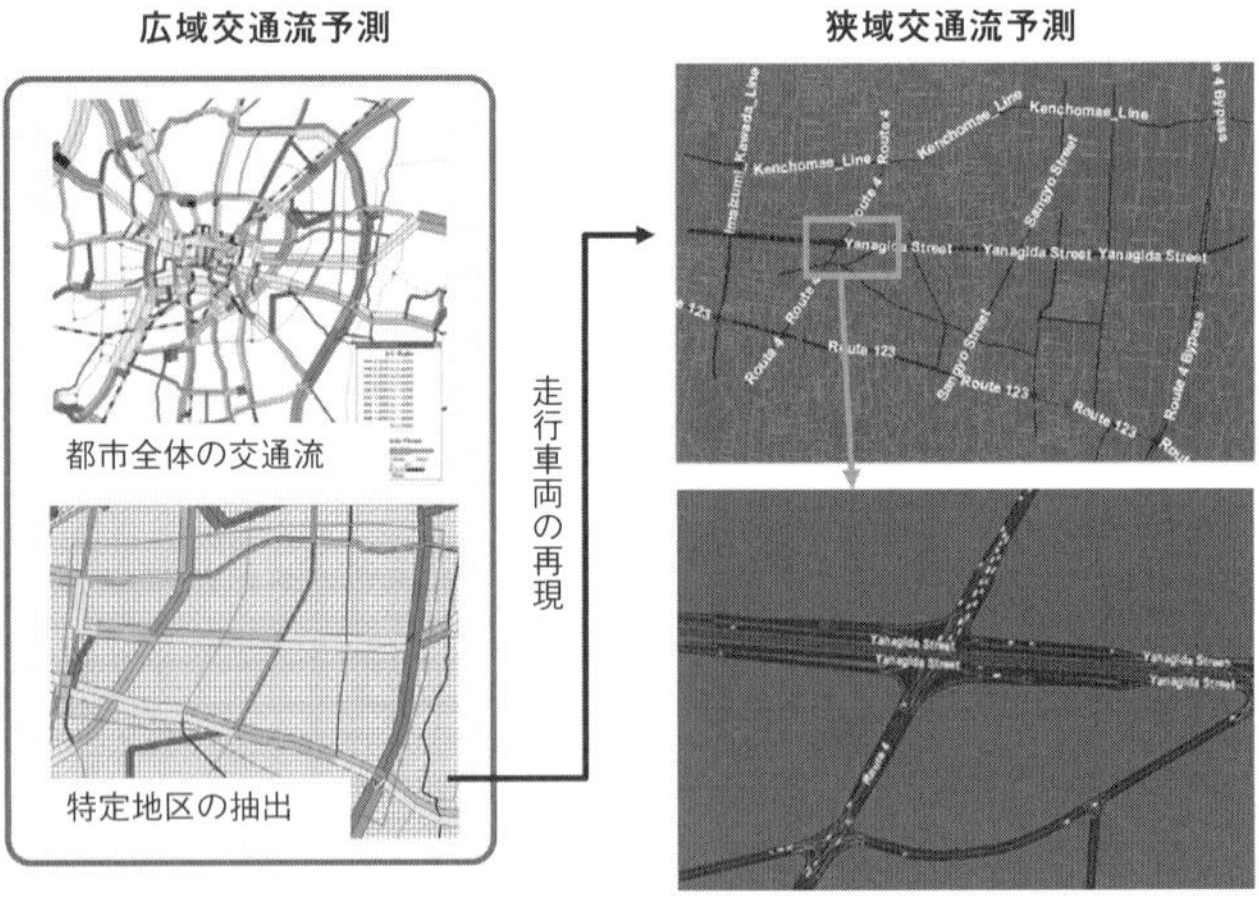

図１　広域交通流の再現とミクロ交通流シミュレーション
――宇都宮市を対象とした交通の静的解析と動的解析

まず、交通分野において確実に大きな変革をもたらす技術は自動運転技術である。二〇二〇年現在、自動運転技術は既に実用化されており、市販の車両も徐々に市場に出回っている。しかし、現時点の自動運転レベルは運転者に運転義務を負わせており、緊急時には運転者の対応が求められる。今後、運転者不在の完全自動運転が実現すると、無人での送迎が可能となり、運転免許も不要となる。この技術が実用化すれば、子供や運転が困難な高齢者も利用でき、交通弱者が大幅に減少する。地方都市においては公共交通の不便地域が解消し、大都市では駐車場の削減に寄与する。一方で駅周辺に居住するインセンティブは相対的に低下し、郊外居住を促し低密拡散型の都市の優位性が向上する。

次に都市全体に着目すると、情報通信技術のさらなる進化は、都市活動そのものに大きな変化をもたらす。フィジカル空間を移動する必要性は低下し、様々な都市活動がサイバー空間で行われることになる。自宅でのテレワークが日常化し、買物はネットショッピングで、娯楽はオンデマンド配信の映像や音楽で楽しむことができる。仮想現実（VR）や拡張現実（AR）などの映像技術の進化

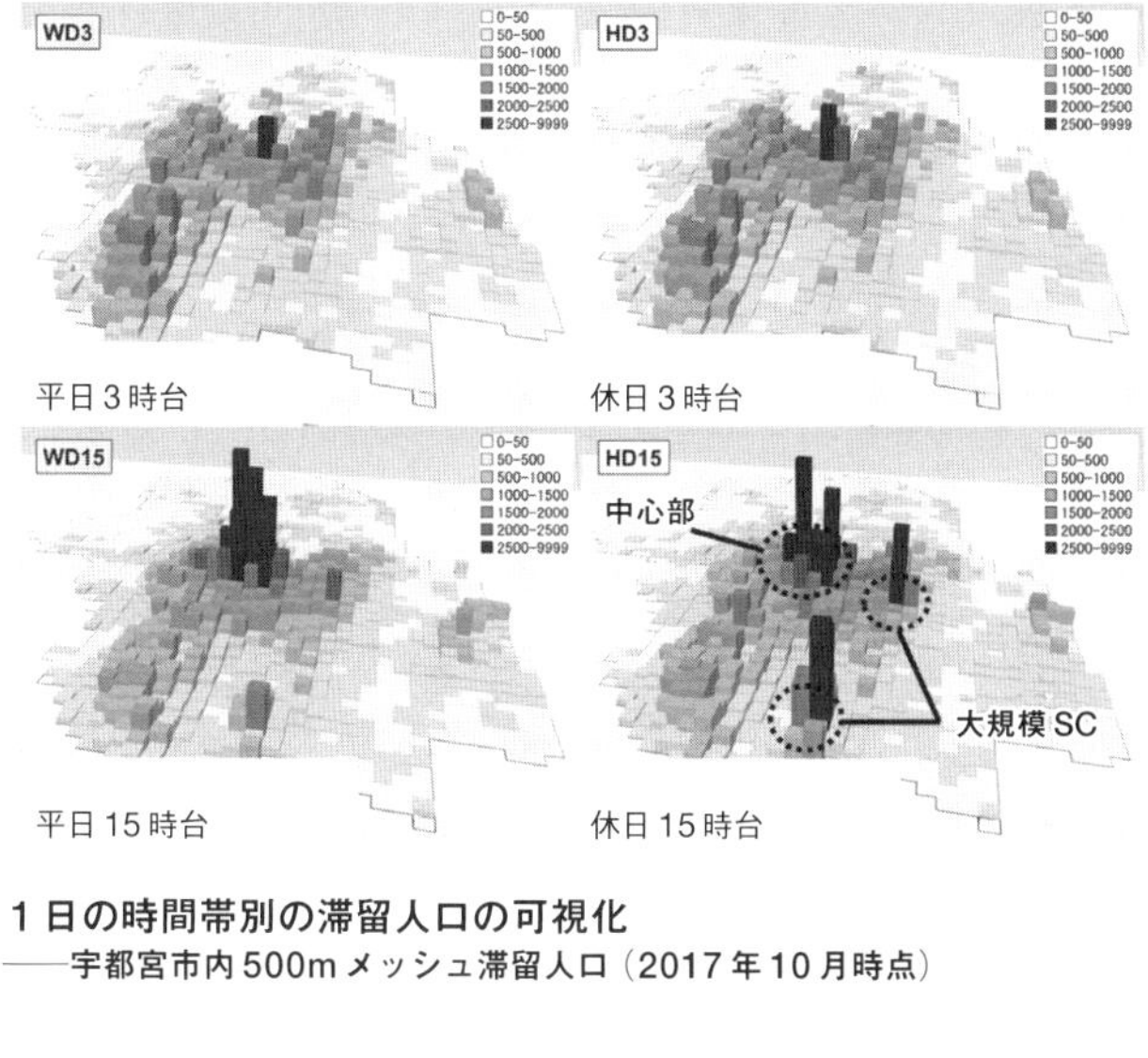

平日3時台　休日3時台
平日15時台　休日15時台

図2　1日の時間帯別の滞留人口の可視化
——宇都宮市内500mメッシュ滞留人口（2017年10月時点）

によって、自宅にいながら臨場感ある映像を受信することができる。二〇一五年の交通行動調査では、二〇代の外出率が大きく低下し、移動回数は七〇代の高齢者より少なくなっていると報告された。その後の東京都市圏の調査でも、全世代にわたって外出率の低下が起きていることが示されている。二〇二〇年の新型コロナウイルスの世界的大流行によって、自宅での活動を余儀なくされるなか、サイバー空間による新しい生活様式が根付く可能性が高い。図3はサイバー空間とフィジカル空間の関係を図示したものである。ＩｏＴが様々な情報をサイバー空間に取り込み、情報基盤となるプラットフォームが情報を管理し、適切な情報を発信していく。

今後、通勤・通学、勤務といった義務的な活動がサイバー空間に置き換わり、散歩や観光、対面での交流といった自発的な活動がフィジカル空間で発現すると仮定すると、都市空間の使われ方が大きく変わる。さらに人口知能ＡＩは様々な分野で着実に進化しており、人類に代わって文明の進歩の主役となる技術的特異点（シンギュラリティ）が近づいている。サイバー空間の活用は都市において選択の多様性を生むが、同時に人間が活躍する場面

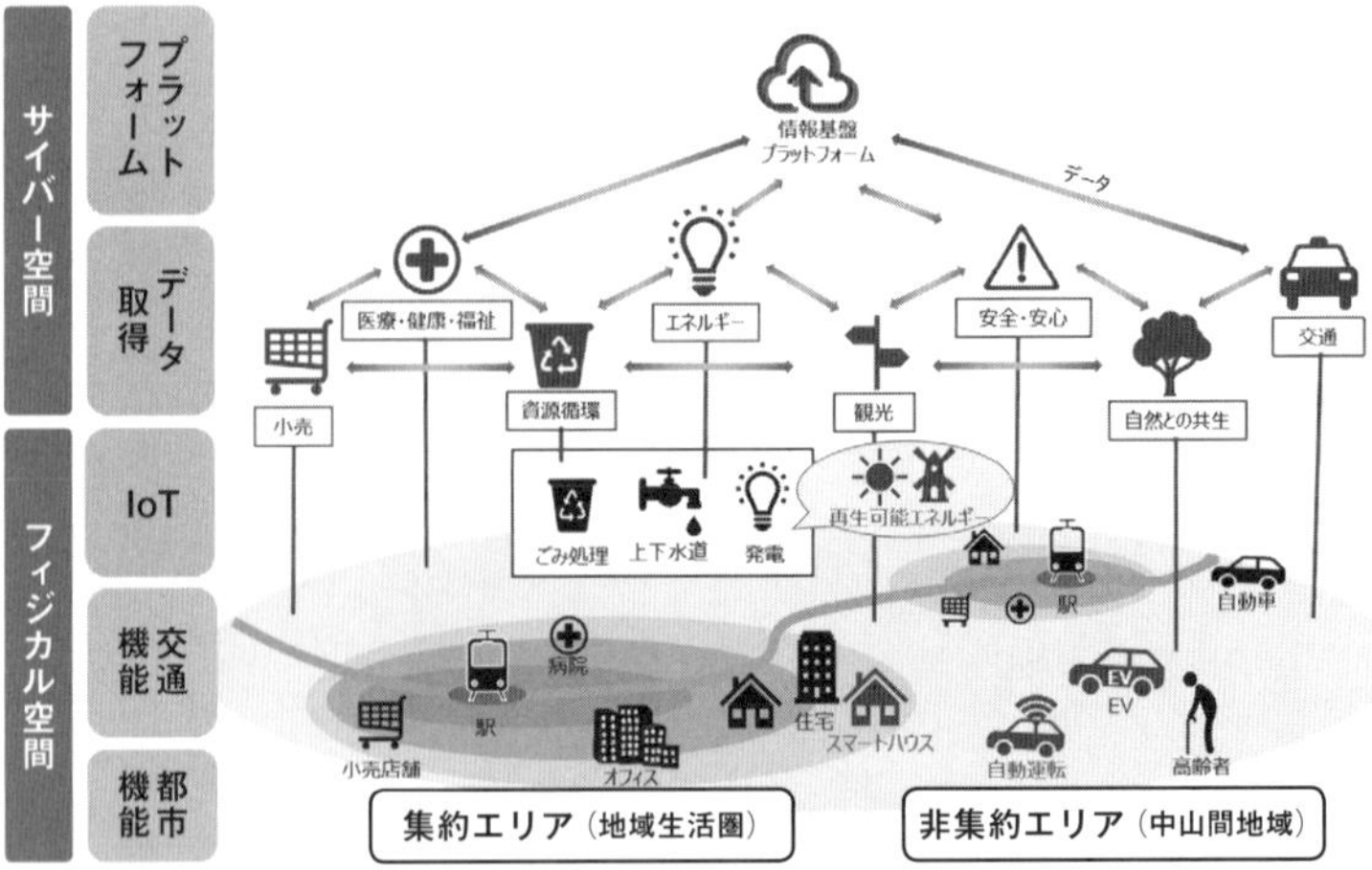

図3　サイバー空間とフィジカル空間の階層的整理
――コンパクトシティとスマートシティの統合の概念図

を狭めていると解釈することもできる。

5 — 新しい都市モデルの提案

社会や技術が大きく変化することが予見されるなか、今後の都市計画の技法はどう対応すべきか。

ここではフィジカル空間とサイバー空間を上手にマネジメントする新しい都市モデルを提案したい。人口減少社会のなかで、持続可能な都市モデルとして提案されたのがコンパクトシティである。一方、ICT等の新技術を活用しつつ、全体最適化が図られるのがスマートシティといえる。前者は主にフィジカル空間における空間集約を目指すのに対して、後者は主にサイバー空間における情報統合技術を活用して都市問題の解決を目指す。どちらも同じ持続可能な社会の形成を目的としているが、アプローチが異なるため、相反する現象もみられる。先述した自動運転社会における異なる都市形態の変容の可能性もその一つである。

この両者を融合させるカギは「賢いシェア」にあると思われる。サイバー空間は個々の需要に応えるため、個人の便益の最大化に偏重しやすい。一方でフィジカル空間の設計は、行政によって社会的な便益の増加を目指すため、個々の経済活動を軽視しやすい。立地適正化計画における居住誘導区域の設定における批判もその一つである。個人の便益の最大化を目指しつつ、都市全体の社会的便益を向上させるためには、時間や空間を賢くシェアするための技法が必要となる。

交通分野においてその概念を説明すると次のようになる。ある目的地に移動したいと考えて、その移動方法をサイバー空間で検索すると、データプラットフォームに実装されている人工知能が、その個人にとって最適な方法や都市全体にとっての最適な方法など複数の選択肢を提供する。個人最適の方法は価格が高く、社会最適の方法は価格が安い。これはサイバー空間の中で、混雑や環境負荷などの外部性を内部化する仕組みをつくることを意味している。人工知能は人々の選択結果をもとに、最適な価格を決定する。

このモデルは時間や場所によってシェアする方法を変化させて、個人と社会の双方をより良い状態へと促すことを目的としている。稼働していない資産を効率的に共同利用するため、「スマートシェアリングシティ」と呼んでいる。この都市モデルを通して、誘導したい交通体系を図4に示す。高密度な都市部は徒歩を中心に鉄道や地下鉄によって移動する。郊外部では、LRTやBRTなどの次世代公共交通と公共交通指向型開発の組み合わせが有効である。密度が低下すると自動運転バスによるコリドー型のサービスを提供し、さらに郊外部は自動運転車がドアツードアのサービスを行う。もちろんこれは理想像の一つに過ぎないが、有限で時間のかかるフィジカル空間の整備には中長期的な戦略が不可欠である。

6―今後の技術体系にむけた展望

従来の計画論では、例えば混雑という現象が発現し、それが長期的に続いて初めて、マスタープランなどに道路整備計画を位置づけた。しかし、新しい計画論では、外部性のある現象が発現する前に、自発的な行動変容を促すことで問題を未然に解決することを目指す。サイバー空間における技術革新は、個人単位の情報収集と、その効率的運用のための膨大な計算を可能としている。人工知能は人では扱いきれないデータ量を、瞬時に判断し、需要側を適切に誘導することができる。

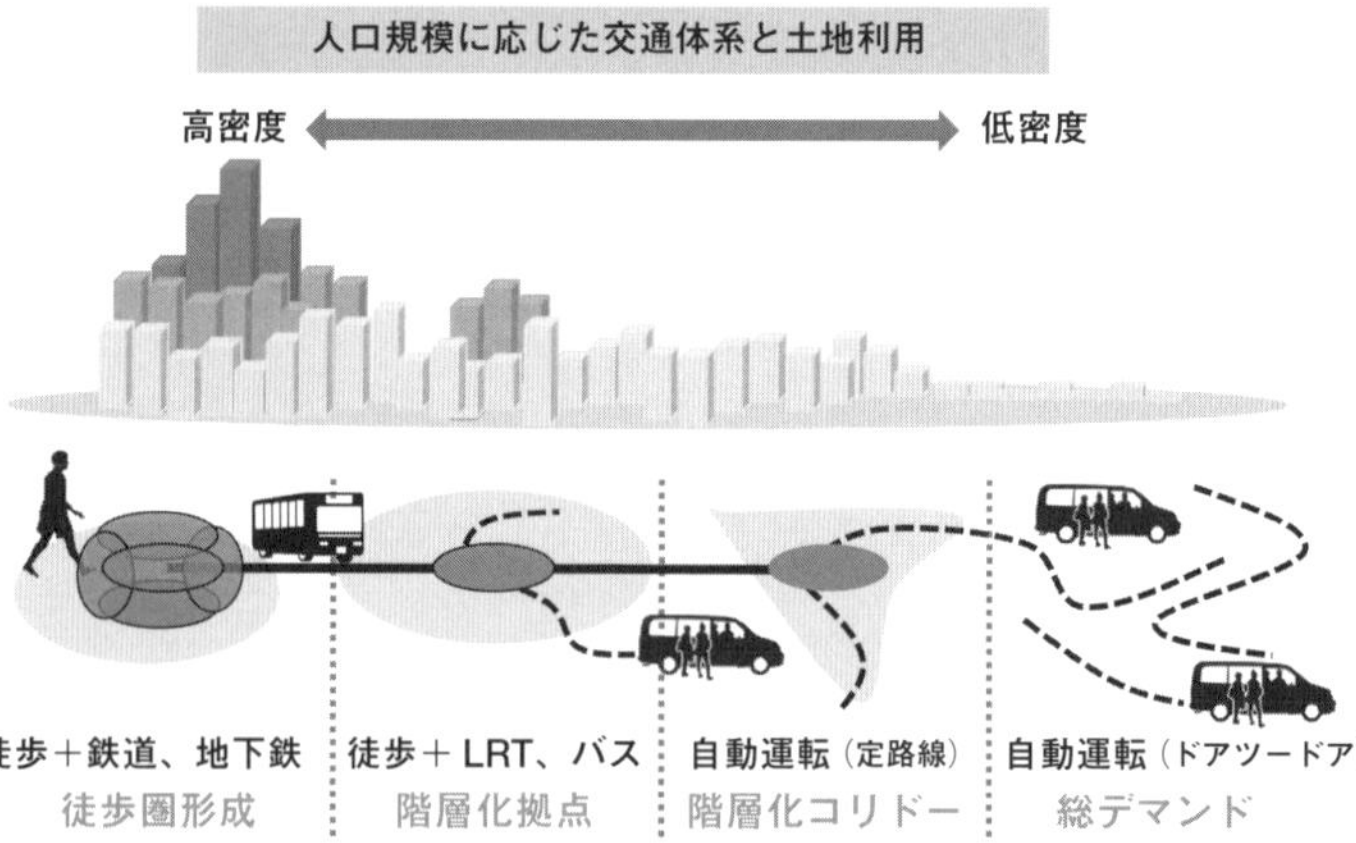

図4　交通体系と土地利用の階層的な関係
――「スマートシェアリングシティ」における交通体系の概念図

一方で、個人情報を秘匿処理したデータ蓄積は、今後の都市計画にむけた様々な分析を可能とする。計画者は証拠に基づく政策立案（ＥＢＰＭ）を行い、住民を含む様々な主体でその良否を検討する。供給側となるフィジカル空間は一朝一夕にはできない。また、将来に対しての不確実性や将来世代の便益や価値観の変化も加味しながら、総合的に考えることが重要である（図５）。

今後の都市計画の技術体系は、サイバー空間を活用した短期での対応技術と、科学的知見に基づく中長期の都市計画手法を融合した、柔軟かつ安定性を有したものになることが期待される。

［註・参考文献］

・渋川剛史・浅野周平・十河孝介・森本章倫「携帯電話基地局データを用いた立地適正化計画の評価指標に関する研究『都市計画論文集』、五三巻三号、四〇八‐四一五頁、二〇一八年

・森本章倫「コンパクトシティとスマートシティの融合に向けて」『土地総合研究』土地総合研究所、二七巻二号、一〇‐一五頁、二〇一九年

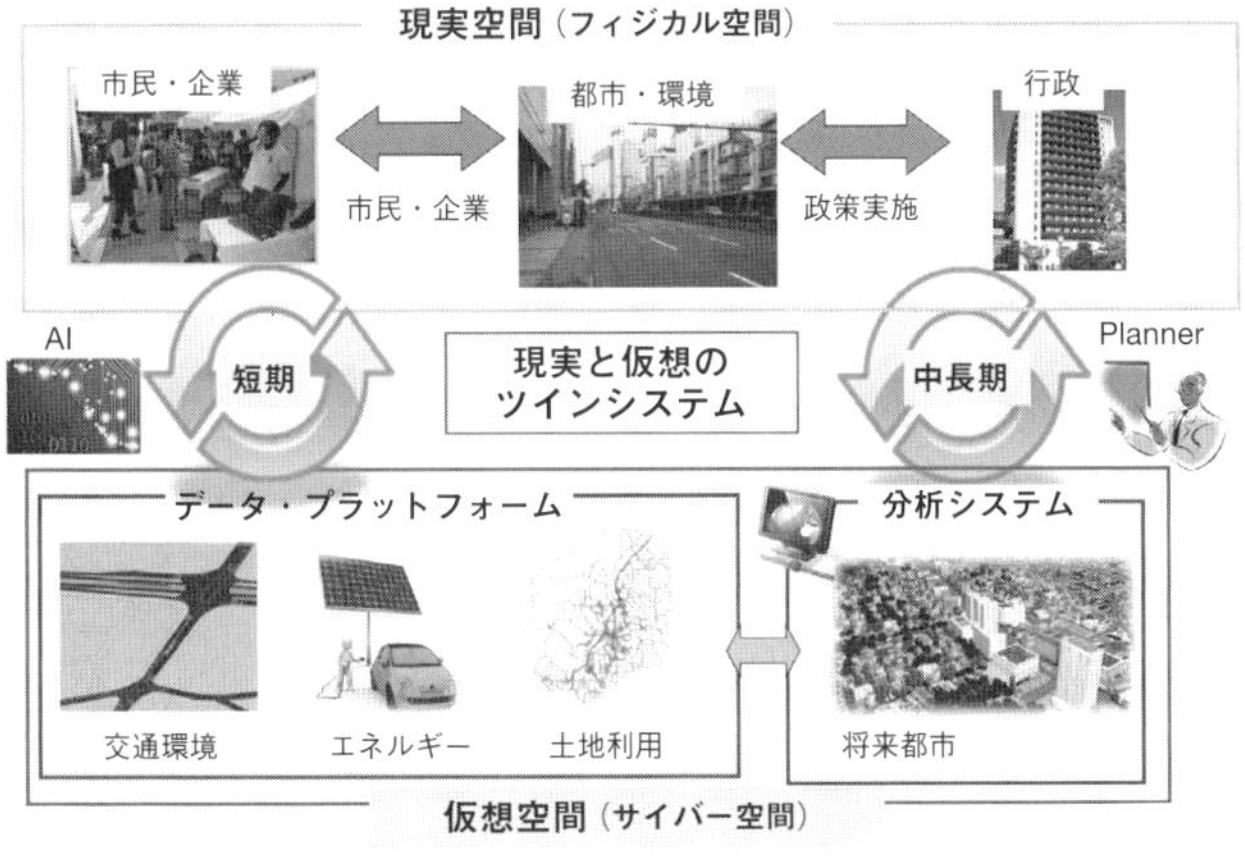

図５　今後の都市計画における新しい技術活用のイメージ
――短期と中長期の２つの計画技術の統合

6 chapter 5 section

市民自治を基礎とする「都市・地域空間計画」の展望

後藤春彦

1 ― 計画対象の枠組みの再構築

本節を著しているのは、二〇二〇年の春から夏にかけて、新型コロナウイルス(COVID-19)の感染が全世界を覆い尽くし、パンデミックの終息の見通しが未だ立たない時期である。まさに、一つの時代を画するタイミングであるため、後世の読者が本節をどのように受け止めてくれるか、疑心暗鬼の中で文章を紡いでいる。この間、何人かの親しい外国人研究者とも意見を交換する機会をもったが、まさに百家争鳴で、日頃の自説を主張する者が多かった。しかしながら、経済の再起動に対して、安易に都市計画の規制緩和が使われるべきではないという点は一致していた。

海外から寄せられる叡智を俯瞰して、今、大切なことは、新型コロナウイルス感染症終息後の社会がどうなるのかを予想することではなく、これを機に計画者として社会をどういう方向へ導きたいのか、そのためにどのようなシナリオを描き、いかに実行可能なプロセスデザインをはじめるのかが重要だと気づかされた。

すなわち、大切なことは、災いが襲いかかる社会のもっとも脆弱な部分を強化するとともに、将来に向けて抱える潜在的なリスクの芽を摘んでいくことに他ならない。そのためには、本稿で「都市・地域空間計画」として示すような計画対象の枠組みの再構築が必要になるのではないだろうか。

2 ― 「密度」、「モビリティ」、「テレワーク」

第一次世界大戦中の一九一八年、スペイン風邪によるパンデミックがはじまり、第三波まで繰り返し世界を襲

keywords 土地利用 空間計画 市民自治 地方分権

った。わが国では、一九一九年の第二波、一九二〇年の第三波を通じて、患者数は二三八〇万人以上、死者数は三八万八七二七人を数えたと記録されている。[1] 時を同じくして、一九二〇年、都市計画の目的に「交通、衛生、治安、経済」を掲げる旧都市計画法が施行されている。そして、一〇〇年後の現在、新型コロナウイルスのパンデミックを経験することにより、歴史は繰り返すことをあらためて実感している。一九六九年に都市計画法（新法）が施行されてからも五〇年を経ており、都市計画制度の歴史を振り返るとともに、社会経済情勢の変化に対応した都市計画制度の新たな役割を展望し、都市計画法の抜本改正などについて議論するべき時期を迎えているのではないだろうか。

新型コロナウイルスは、今後の都市や地域にも大きな影響を与えることになるだろう。私は、この問題を考える上で、「密度」、「モビリティ」、「テレワーク」の三つのキーワードを挙げて議論している。

これまで「密度」は近代都市計画における重要な尺度の一つで、都市問題の解消をめざして密度を様々な規制により制御してきた。その一方で、選択と集中により密度をある程度高めるように誘導することが効率の良い都市をつくるための基礎とも考えられた。さらに、新自由主義にもとづく都市再生では密度に対する規制の緩和が民間活力導入のインセンティブになった。その結果、場所の文脈とはかけ離れた既視感のただよう都市景観がコピー・アンド・ペーストのごとく世界の随所に転写されていった。

かつて、アテネ憲章（一九三三年）は「住居、仕事、レクリエーション、交通」を都市の機能に掲げた。近代都市計画は、ゾーニングによって住居、仕事、レクリエーションの機能を区分し、それを交通で結びつけることによりダイナミズムを生み、《通勤》という「モビリティ」に依拠したライフスタイルの獲得により、都市の拡張を可能とした。しかし、新型コロナウイルスは「モビリティ」によって感染拡大し、『密集、密接、密閉』の三密により感染はクラスター化し、ロックダウンに陥った世界各国の都市は、「密度」と「モビリティ」を失い、都市そのものが消滅したかのような状況におかれた。

この間、《通勤》に代わるテクノロジーとしてインターネットをはじめとする情報技術の支援による「テレワーク」が活用されるに至った。「テレワーク」自体は決して新しい概念ではないが、これまで中央政府が旗を振っても全く浸透しなかった習慣がわずか数か月ですっかり定着し、新型コロナウイルス感染症終息後の社会における働き方の選択肢をひろげている。

3― 無形の都市の誕生

今日、私たちは物理的な形を伴わない、いわば「無形の都市」の誕生に立ち会っているのではないか。「無形の都市」は物理的な空間を選ばず、《通勤》を強いることなくユビキタスに存在する。そこには密度の規制、緩和という従来の都市計画の操作概念は意味を持たなくなってきている。一方、ひとりひとりの人間は自らの居場所の選択にこれまで以上に大きなこだわりをもつようになり、これまで以上に、居住地における場所の文脈の可視化と再価値化が問われることになるだろう。

かつて二〇世紀は「都市の時代」と、もてはやされた。巨大都市は近代の大発明であり、世界経済を力強く牽引し、スペイン風邪の流行や旧都市計画法が施行された一〇〇年前に比べて、わが国の人口は倍増した。しかし、新型コロナウイルスによって、この発展モデルは見事に打ち砕かれた。二一世紀の大発明として、「ポスト大都市」を考えなくてはならない。

いま、私たちは、ようやく二一世紀の幕開けに立ち会っているのかもしれないが、将来を展望するにあたって、歴史を遡るところから説きはじめたい。

4―「土地利用」はいかなる要因によって定められてきたのか？

都市計画の古典的な教科書である、日笠端、日端康雄著の『都市計画』[2]をひもとけば、都市計画の最重要事項である土地利用の決定要因はつぎのように整理されている。先史時代は、「自然的要因」(地形、地盤、土地の量と質、水、緑、景観他)が土地利用を決定していた。農耕や牧畜を営む上で有利な土地を経験則的に知り、土地の絶対的価値を見出し、代々にわたり土地を使ってきた。

古代中世には、王侯、貴族、領主などの支配者による「権力的要因」が、そして中世封建では、「共同体的要因」(領主・教会・ギルドの力のバランスのもとでの市民自治権)が土地の利用を定めた。さらに近世に至ると、近代国家の成立とともに専制君主制のもと、軍と官僚機構が土地利用を決定してきた。

すなわち、その時々の社会体制のもとで、支配者権力が土地利用をコントロールしてきた。

そして現代は、資本主義による「経済的要因」（土地の私有権のもと、自由競争による資本力）と社会主義による「共同体的要因」（土地の所有権は国に帰属する計画経済）により土地利用は決定されている。まさに都市が拡大していた時代には、過密、スプロール、乱開発を防ぐために土地利用ごとに密度が定められた。

一方、人口が減少し始めた今日、土地利用は誰がどのような目的で決定するのか。資本主義による「経済的要因」のみに委ねることはできず、改めて問い直さなければならない局面に差しかかっている。そこには社会に共有されるべき土地利用に対する大きなビジョンが必要ではないか。

さらに、新型コロナウイルスによる「密度」、「モビリティ」、「テレワーク」の変化は、今後の土地利用にどのような影響を及ぼすのだろうか。

5 — わが国の「土地利用」の課題

わが国の都市計画は、従来から、土地利用計画制度が不明確で、「区域区分制度」、「地域地区制度」、「地区計画制度」による規制によって実現される間接的な土地利用規制にとどまっていることが指摘される。

わが国では「してはならない」という規制はあっても、「このように使いたい」というビジョンの実現へ向けた対応方策がない。このため、法定都市計画に土地利用計画の制度を明確に位置づけ、具体的な地区ごとの将来像を実現する手段を強化し、それぞれの土地にふさわしい個性を持った自律性のある都市像を都市マスタープランなどで描くことが求められてきたが、十分にその機能を発揮してきたとは言い難い。

特に、わが国の土地利用体系は、各分野の計画の実現手段が個別規制法令に依存しており、上位計画であるはずの土地利用基本計画はこれらの現状を追認しているに過ぎず、調整機能を果たせずに形骸化している。

その中でも、都市計画法と農業振興地域の整備に関する法律（農振法）には、土地利用規制の重複する多重地域や、無秩序な土地利用を容認する白地地域がみられるなど整合性が欠如し、都市計画区域外・非線引き区域の無秩序な開発や、農振白地地域の開発の道連れにされる優良農地の農用地除外など、主に、都市外縁部において混乱が生じている。

6―土地利用行政の転換を迫る社会情勢の変化

このように「土地利用」が多くの課題を抱えていることに加え、大きな社会情勢の変化が始まっている。

第一に、生活圏の広域化、行政区域の拡大をあげることができる。しかしながらその一方で、都市基盤と農業基盤を一体的に扱う広域的土地利用行政や、周辺自治体との適切な広域調整などは進んでいない。特に、市町村合併の重い後遺症から、連携中枢都市圏や圏域再編は暗礁に乗り上げている。その他にも、近年被害が激甚化する傾向にある自然災害の広域化への対応の必要性なども指摘できる。

第二に、人口減少による逆都市化と超高齢社会の到来をあげることができる。都市外縁部ではかつてスプロールで拡大した無秩序な市街地において人口減少による逆都市化が進み、空き家や空き地などが随所で発生し、二重の蚕食がはじまっている。また、超高齢化社会への対応として地域包括ケアの基盤となる中学校区や旧村程度の計画的な範域の設定を早急に進めなくてはならない状況にある。

第三に、安心・安全、ＱＯＬの向上をあげることができる。量から質への転換が叫ばれる中、グリーンインフラ（自然生態環境の多面的機能を活用した社会資本）の拡充、老朽化の進む既存のインフラの再編が求められている。さらに、居住域と野生生物の生息域との棲み分けなどによる獣害への対応も喫緊の課題である。

そして第四に、今般の新型コロナウイルス感染拡大を契機とする大きな変化をあげることができる。高密な都心とは異なる低密な郊外や地方都市、さらには農村部もあらたに居住の場として選択されるためのポテンシャルを高めている。

このような社会情勢の変化を受けて、わが国の土地利用計画は、「計画概念の見直し」、「計画範域の拡大」、「計画権限の分権」の三点を進めていくことが求められる。

7 ─ 一元的な土地利用行政への転換

私は、二〇一三年から現在まで、内閣府の地方分権改革有識者会議（神野直彦座長）の議員として、地方分権に携わっている。この間、都市計画に関する分権は大きく進展したものの、農地をはじめとする農村の土地利用に関する分権は、農地転用に係る事務・権限の都道府県への移譲などにとどまり、あまり進んでいない。そこで、有識者会議では、土地利用を重要な政策分野の一つに位置づけ、「農地・農村部会」を設けた。同部会が今後の土地利用行政のあり方についてとりまとめた報告書（二〇一五年三月）には、「総合的かつ計画的な土地利用を行うため、都市と農村の土地利用に係る法体系の統合など、国土全体の利用の在り方を議論し、中長期的に土地利用に係る制度全般を見直していくことが望まれる」と記されている。

このように、国土全体の利用のあり方として、都市部と農村部を一体的に扱うべきではないかという議論を受けて、一元的・包括的法体系としての「（仮称）都市・地域空間計画法」が必要になると考えている。まさに、都市が拡大から縮減へ転じ、新型コロナウイルス後の社会において居住地選択の幅が広がったこのタイミングを好機と捉え、広域圏計画を基礎に都市部と農村部の一元的な土地利用を目指す空間計画システムとして、計画理論、計画制度、計画技術の確立を進めていくべき状況にある。

8 ─ 欧州の空間計画

わが国の計画制度においては、都市的土地利用と非都市的土地利用は明確に区分して扱われてきた。このことは、都市の拡大する圧力の抑制に一定程度の効果があったが、逆都市化の進む人口減少社会において、今後、都市が縮減し周辺部の非都市化が進むことで、都市と農村の間に低未利用地の無秩序な増加を助長する恐れがある。また、それに伴って、生活機能の低下など都市基盤の連鎖崩壊的な弱体化が引き起こされかねない状況にあることが指摘されている。

一方、欧州では都市と農村を一元的に扱い、しかも複数の基礎自治体からなるシティ・リージョンと呼ばれる広域連携制度を計画ツールとして空間計画を推進している。欧州の近代都市計画においても、都市と農村を一体的な対象として計画的にコントロールできる制度体系が整ったのは、第二次世界大戦後である。以後、三四半世紀にわたって、土地利用計画を空間計画の根幹に据えて、総合化・体系化を進めてきた。

例えば、ロンドンは都市とその周辺の農村が広大なグリーンベルトによって明確に分けられているが、法制度上は、一九四七年の「都市農村計画法」によって都市と農村を一元的に扱う空間計画の枠組みが示されている。イギリスの開発規制の考え方は、都市と農村を一体的な計画の対象とし、開発計画は「地域開発計画」と「近隣地区開発計画」の二層の計画からなっている。特に、農地は六段階に格付され、グレード1（優良）、グレード2（非常に良好）、グレード3 a（良好）の農地が全体の四割強を占めており、こうした細やかな農地の格付けシステムがイギリスの豊かな農村景観を保全している。

イギリスの都市計画理論の権威であるパッツィ・ヒーリー（ニューキャッスル大学名誉教授）に、イギリスで「都市農村計画法」が制定された背景を尋ねたことがある。彼女は、日本と同じように鉄道システムが発達してスプロールが急激に進んでいた環境下において、田園都市の影響を受けて「郊外に暮らす」という思想が浸透していたこと（イギリスの多くの都市住民は、いつかは郊外に暮らしたいと思っている）、帰還兵士のための住宅を大量に供給する必要があったこと、農業生産を確保して食糧自給を守る必要があったこと、不況により四〇年代初めに土地への投資が一時的に低下していたこと、一九四五年の総選挙で労働党が大勝したこと、などが都市と農村を一体的に計画することを可能とする背景にあったと整理してくれた。

いずれにしろ、「開発とは何か」が問われ、開発には許可が必要であることが定められ、これを踏まえて開発権を国が管理し、開発許可を自治体が行う「計画なくして開発なし」が徹底された。パッツィ・ヒーリーは、イギリスの「都市農村計画法」が今日まで維持されていることはレガシーだと評価している。

9 わが国の「土地利用」のめざすべき方向

ここから日本の土地利用について考えを整理したい。先に、わが国の土地利用計画のめざすべき方向として、「計画概念の見直し」、「計画範域の拡大」、「計画権限の分権」の三点を提示した。

「計画概念の見直し」とは、拡大、成長、開発を前提とする人口フレーム方式に則した「土地利用」から、都市や農村の縮退・減少を前提とする「土地利用マネジメント」への転換である。

「計画範域の拡大」とは、都市部と農村部の包含と、物理的空間と社会的空間の包摂にかかわる包括的な対象の拡大である。わが国では都市周辺部の土地利用の計画的な規制誘導が行われず、都市と農村の境界があいまいなまま今日に至っている。逆都市化が進む中で、都市部の境界を再定義することは容易ではなく、都市部から農村部への居住地と農地の関係性が徐々に変化する土地利用の段階的なグラデーションやパッチワーク状の混在を適切にマネジメントしていくことが現実的な対応となり得る。さらに、今後は、計画的に居住環境の中に農的な土地利用を取り込んでいくことも求められている。

「計画権限の分権」とは、住民に最も身近な基礎自治体の役割と責任を明確にし、さらなる地方分権の推進をめざすものである。基礎自治体(あるいは基礎自治体連合)は、土地固有の文脈をふまえたビジョンのもと、地政学的アプローチによる土地利用に関する計画を策定し、それに基づいて土地の開発行為・建築行為等を許可する権限を一括して担うことが期待される。そして、「計画なくして開発なし」(自治体が意思決定した計画)の体系に法的拘束力を付与することが求められる。

また、住民参加の(市民自治組織、まちづくり協議会ほかによる)まちづくりによる都市内分権と、規律密度の緩和(法令を大綱化し、必要最小限の事項を規定し、細則の制定は自治体の条例などのローカルルールによる自由裁量に委ねる)による制度自体の分権を進めることが望まれる。

さらに、広域圏を対象とした調整的な「都市・地域空間計画」、基礎自治体を単位とする計画、狭域の地区詳細計画の三層構造と補完性の原理のもと、土地利用をマネジメントする必要がある。

10 ― 一元的・包括的な「土地利用」に向けて

私は、新型コロナウイルスの災いが襲いかかる社会の最も脆弱な部分、すなわち、潜在的リスクの芽は、先に社会情勢の変化を指摘した都市外縁部に存在すると推察している。このリスクを回避するためには、一元的・包括的な土地利用への転換が望ましいと考えている。そしてこれを進めるためには、団体自治および市民自治からなる地方自治の強化を、地方分権の推進とともに連動させることが最も重要であると主張したい。

一元的・包括的な土地利用とは、一元的な主体として基礎自治体、あるいは基礎自治体連合が包括的に都市部と農村部を管理するために、都市と農村の土地利用に係る法体系を統合し、「計画なくして開発なし」の理念のもと、土地利用に関する計画を策定し、それに基づいて土地の開発行為・建築行為等を規制する権限を一括して担うものである。

また、土地利用規制のない白地地域に対する規制も含めたゾーニングのあり方を見直し、土地利用規制のデフォルトを強め、それを地域の事情に応じて緩和していくことが望ましい。そのためには都市計画法、建築基準法、景観法、農地法、農振法、森林法などの全面改正と、新たに統一的な「(仮称)都市・地域空間計画法」の制定が必要である。

この法律は、都市と農村を分けることなく、シームレスに連続する一体の空間として土地利用計画の対象とするもので、コンピューターの「基本ソフト(OS)」のような性格を持つものである。一方、詳細な地区計画や農地の厳格な保全及び転用・開発規制、土地利用調整などは「アプリケーションソフト」の性格を持つものに例えられる。さらに、中核性を備える圏域の中心都市とその近隣市町村からなる範域で、土地利用の広域調整を行う必要がある。

そして、行政組織の縦割り施策の一つとなっている都市計画を、様々な施策を下支えする基盤となるような空間計画に変えていくことはできないか。

さらに、この空間計画を、単一の都市圏を超え、その周辺の市町村を含めたシティ・リージョンの基盤となるような「都市・地域空間計画」にできないか。

それに加えて、「計画なくして開発なし」に実効性を持たせるため、多くの自治体で策定している「総合計画」をさらに拡張し、「都市・地域総合空間計画」にすることはできないか。

また、適正な土地利用の混在を調整するため、地域に密着した市民自治による日常生活目線に基づいたマネジメントが必要となるのではないかと考える。

これまでの近代都市計画における土地利用は「分ける(ゾーニング)」という考え方だったが、今後は、「分かち合う（シェアリング）」ことに主眼を置いた土地利用マネジメントに転換していくことが求められている。

11 「ポスト大都市像」への接近

私たちの扱う「計画」とは、社会をどういう方向へ導きたいのかという「仮説立案」のもと、そのための「手法」として、どのようなシナリオを描き、いかに実行可能なプロセスデザインを進めるのかを定める一連の作業であるが、いわゆるPDCAサイクルで言えば、つぎのサイクルへ移行するためには、「再枠組み」（対象の枠組みの再構築）という行為が行われなくてはならない。それが、新型コロナウイルス感染症終息後の社会に共有されるべき大きなビジョンであり、都市と農村を包括的に扱うことであり、複数の基礎自治体による広域連携であり、物理的空間と社会的空間の包摂である。本稿では、これらを「都市・地域空間計画」の展望として論じてみた。

いずれにせよ、わが国の都市計画において、適度な「密度」、ローカルな「モビリティ」、距離を克服し場所を選ばない「テレワーク」の環境を備えた都市・地域を適正にマネジメントすることが「ポスト大都市」像への接近の道筋ではないか。そのためには、新型コロナウイルスを契機とする社会情勢の変化を好機と受け止めて、市民自治を基礎とする「都市・地域空間計画」の導入に向けたシナリオと実行可能なプロセスデザインの検討がはじまることを切に願うものである。

［註・参考文献］

1 内務省衛生局編『流行性感冒』東洋文庫、一九二二年、のち平凡社、二〇〇八年

2 日笠端、日端康雄『都市計画』第三版増補版、共立出版、二〇一五年

7

chapter

近未来の課題とフレームワーク

超高齢化、レジリエンシー、気候変動、スマートシティ、社会的公正、投資や資金調達などの近未来に対処すべき都市計画および都市計画法制の課題が山積している。このような課題と都市計画の展望を示そうと試みたのが「記念シンポジウム第二弾・都市計画の領域と新展開」である。このシンポジウムでは、こうした近未来の課題を都市計画分野以外の専門家に議論いただき、これを受けて都市計画分野の研究者がモデレーターとなり、今後の都市計画について検討を加えた。本章では、このシンポジウムのモデレーターが、都市計画法（二条）の基本理念をより広く捉え、都市計画のフレームワークを論じ、都市計画法制の構造転換に向けた視野と可能性を提起する。

　第1節では、一九世紀の英国から戦後日本を経て都市計画法の改正に至る社会条件をレビューしたうえで、長寿命化あるいは共働きや非正規雇用形態の増加など、多様なライフスタイルを選べるようになった社会の変化と、それが生み出す課題に対応するには包摂力が求められるとする。いわゆる一律事後的なセーフティネットとは異なり、当事者が直面する困難に対して、エンパワーメントを含む予防的な介入ができる社会が期待されており、都市計画の面ではエリアマネジメントの活用を提案する。

　第2節では、近代都市計画における都市の捉え方として、幅広い分野からの探求、あるいは自然条件や人間を含む動植物の生態を重ね合わせた生態系モデル、そして長い時間軸で考えることの有効性を挙げる。都市の全体像を計画する際には施設整備に加えて、緑や農地などの要素も含めて空間的な計画に統括し、さらに時間を内包することで空間の価値を高めるマネジメントを活用することを提案し、これからはグリーン・インフラの考え方、プレイスメイキング・エリアマネジメントなどの手法によって価値が高められた空間を都市全体に広げていく方法が

都市計画の領域と新展開

求められるとする。

第3節では、未来の交通について、人口ピラミッドとは異なり、行動様式の変化などに伴い不確実性が高まる前提で、望ましい「交通ピラミッド」を実現するために何をすべきかを考えることが重要とする。交通サービスは、データの収集及び可視化により短期的な改善につながり、オープンデータを活用することやMaaSの導入による移動の意向データを解析することで、望ましい都市計画・交通政策の検討に有用であるとする。また、自動運転技術の進展は、道路の使い方や移動への価値観を大きく変える可能性を秘めているが、導入以前に、予想しうる課題への対応策を検討するとともに、都市計画としてビジョンを示すことも求められる。

第4節では、気候変動に伴う自然災害や感染症、社会不安定等が顕在化し、緊急対応や復旧・復興の費用がかさむなかで、人口や経済が縮小する都市においては、社会的コストを削減するためにも土地利用計画策定や市街地環境整備の方法を改革する必要があるとする。また、民間開発事業や地区まちづくりで持続性を評価するESG投資や、インフラの再構成にあたりグリーン・インフラ等への注目を踏まえ、都市計画の領域を拡大し、行政・民間企業・地域・専門家が果たす役割の再認識を提案する。そのうえで、都市の空間計画制度として、都市計画と関連分野、様々な空間スケール、多様な主体の方向性を統合する「統合的空間計画」を提案し、積極的な空間の再整備や保全を推進することを目指すべきとする。

以上の論考では、空間や時間の捉え方、主体のあり方など、都市計画のカバーする領域や構造を転換する必要性が述べられている。そして各節で論じられた施策の有効性を保つためには、整備・開発・保全という枠組みでは捉えられない持続性や柔軟性、マネジメントなどの観点が欠かせず、これらが今後の都市計画法制のなかでどう担保されるべきかを提起している。

（井上俊幸・内海麻利）

社会的公正と都市計画

後藤 純

1― なぜ都市計画にとって社会的公正が必要か

・社会的課題を解くこと

人口減少・少子化・超高齢社会化が進む日本において、都市の成長に依存することなく、今よりもより暮らしやすく、持続可能（何世代にも渡って住み続けられるよう）な地域空間が求められている。しかし、このような抽象的なビジョンでは、近未来の都市計画に対する社会の受容・住民の支持が得られにくい。都市計画は社会的技術であるから、社会的課題を解くことでその存在意義を発揮する。例えば一八四八年のイギリス公衆衛生法は、世界で初めて政府が国民の健康に対して物的・社会的な責任を負うことを定めた法律である。この法律をまとめたチャドウィックや社会改良家らは、「貧困」[1]という現実を変えるためには、現金等の直接給付だけではなく、「貧困」状態が発生することを予防する手段として、公衆衛生（簡単に言えば、住民に健康を保障すること）の確立を目指した。この際、実現手法として、既に確立されていた都市計画（土木）技術（下水道等）を適用し、これが近代都市計画の誕生とよばれる。[2]時代ごとに社会的公正の中身は変わるが、住民のために、都市計画が社会課題解決の手段となるとき、その存在意義が高まる。

・ライフチャンスの不平等を解消すること

社会的公正は、語られる文脈によって多様な意味を含むが、概ね次の三つの論点に集約できると考える。[3]まず経済的格差である。絶対的貧困、（東西冷戦時は）階級、雇用の不安定化、都市と地方の格差、持続可能な開発など、資源分配（再分配）に関連した論点である。次に、社会的

keywords 不安社会 居場所 安心感 「予防」技術

排除である。経済的格差だけでなく、疾病・障害の有無、人種や文化の違いなどに端を発する様々な困難を抱えるなかで、「社会の諸活動への参加が阻まれ社会の周縁部に押しやられている状態」の解消を目指す。

右記の二点とは異なる軸として、リスク社会・不安社会をあげたい。[4] グローバル化は経済格差を生じさせた一方で、国や地域の垣根を越えた多様な連携を拓いた。地域・家族の紐帯の弱体化は進んだが、同時に家父長制も衰退し、女性の社会進出を後押しした。雇用の不安定化は、父親の仕事に左右されない多様な生き方ができる時代と見做すこともできる。現代的な生き方そのものが、リスクとチャンスの発生源である、というのが第三の論点である。リスクは自分の力では統制できないものであり、また不安の要因でもある。原子力発電、遺伝子操作作物など技術的なリスクもあれば、病気、失業、離婚、親の介護、SNSでのデマやいじめなどもリスクである。他方で、現状を打開する＝自己実現のために積極的に「リスクをとる」こともできる。暮らしの個人化と自由化は積極的にリスクをとった成果でもあるが、同時に、自己決定・自己責任が強く意識され、自らが決めたことが、新たな不安を誘発する要因となる。この不安は、閉じこもり、アルコール中毒、うつ病からの自殺、家族への過度な依存と虐待などを引き起こすこともある。このような事態を未然に防ぐのも社会的公正の重要な論点である。

社会的公正は、いずれも相互に複雑に影響しあっているが、共通点を挙げれば、次世代のライフチャンスが平等・公正・公平である社会を目指していること、と楽観的に考えてよいのではないか。本節では「社会的公正」について、引き続き貧富の格差の解消に努めるとともに、病気や障害などを抱えていても、また失業や離婚等によって生活環境が一変しても、自分らしく（自己実現や尊厳を保ち）、（他者の支援は受けつつも）自らの意思で連帯しつつ安心して暮らせる、社会像を想定する。

2―「社会的公正」が生まれた社会構造の変化

・六八年法とその時代の社会的条件

一九六八年に日本の国民総生産は西ドイツを抜き世界第二となった。都市計画は、住民のために、「健康で文化的な都市生活及び機能的な都市活動」の確保を目指す。そのためには、大都市圏の劣悪な住環境、不足する住宅という現実を変えなくてはならない。線引き、郊外住宅地開発、密集市街地改善などの制度を次々と導入してきた。

　この時代を支えた社会的条件にはどのようなものがあるか。ライフコースの点では、一九五〇年時点の平均寿命は六〇歳。男性は中学・高校を出て、終身常勤正規雇用システムに乗り、結婚して戸建てを買い、妻は家庭を守り子ども二人を育て、無事に定年を迎える。子どもに家を譲り、二〇〇五年頃には隠居して、家族に守られて限られた余生を過ごす（はずであった）。

　当時の社会構造もいくつか挙げてみたい。反対運動は起きつつも、劣悪な居住環境や住宅不足を改善してくれる政府による中央集権的・官僚的な最低限の事前確定的ルールに対する国民の信頼度が高い。男性が勤勉実直であれば、終身常勤正規雇用に就けるシステムがある。安定した職に就くことで、住宅ローンを組むことができる。この雇用システムを支えるために性別分業が必要となり、女性が家事労働、育児労働、介護労働を担うことが当然視されている。もう一つコミュニティの紐帯を挙げたい。労働組合、職能団体、ＰＴＡ、自治会、老人会、地区社協など、上述の労働システムや家族・世帯単位と結びついたアソシエーション型の共同体的連帯が強い。

　右記の条件の下で、六八年法は相対的な安定性を確保してきたのではないか。逆に言えばこの条件から外れる制度は、途端に社会に受容されにくくなる。

・ライフコースの変化

　右記の都市計画を支えてきた社会条件のうち、特にライフコースの変化について、五点ほど確認しておく[5]。

　平均寿命とは、〇歳の平均余命のことである。一九五〇～一九五二年生まれの平均寿命は、男性が五九・五七歳、女性が六二・九七歳である。生まれた時に想定したのは、人生六〇年をいかに生きるかであった。一方現在、六五歳以上の方で、最頻死亡年齢（出生数の半数が死亡する年齢）は、男性約八六歳、女性九一歳である。一九五〇年生まれからすると、予期せぬ長寿命化であり、このことが郊外住宅地問題の一つの要因でもある。

　生涯未婚率（五〇歳の時点で一度も結婚をしたことのない人）は、一九七〇年に男性一・七％、女性三・三％であった。二〇一五年では男性二四・二％、女性一四・九％である。

男性の四人に一人は結婚をしていない。次に離婚率は一九七〇年の九・三%から二〇一五年に三五・六%と約四倍となり、結婚しても三分の一以上が離婚をする。自分の結婚(離婚)は自分で決める時代である。

また二〇一九年の共働き世帯は一二四五万世帯、専業主婦世帯は五七五万世帯、一九八〇年と全く逆の数字である。

終身常勤正規雇用社会はどうか。二〇一九年度の労働力調査によれば、日本の雇用者数は約五六六〇万人。うち、非正規雇用は二一六五万人と約半数である。三五歳~五四歳の約三割が非正規雇用である。一方、現在の非正規雇用形態に就いた主な理由は、男女ともに「自分の都合のよい時間に働きたい」である。「正規の職がないため」は男性二二・三%、女性九・四%である。

最後に高齢世帯を確認したい。家族形態別にみる六五歳以上の者の構成割合は、一九八〇年には六九%が子どもと同居である。独居は八・五%、夫婦のみ世帯は一九・六%であった。二〇一五年では、子どもと同居は三九%となり、独居一八%、夫婦のみ世帯三八・九%と実に六割近くが独居・夫婦のみ世帯である。

以上のとおり、健康長寿社会、自由な職業の選択、自由な結婚(離婚)、親の介護からも解放され、おひとりさまでも安心して自宅で最期を迎えられる、多様なライフスタイルを選べる社会となった。都市計画は、住民のために、郊外住宅地、都心部の不燃化、公共交通機関の充実、緑地や公園の整備など、このような社会のインフラとして多大な貢献を果たしてきた。

3―近未来の地域空間の課題

・近未来の社会の課題

右記の多様なライフスタイルは、社会的公正の対象範囲を広げ、新しい課題を生み出した。ひとり親世帯、専業主夫、プレカリアート(不安定な雇用による非正規労働者)、独居高齢者、認知症の老老世帯、資産はあるのに孤立する高齢者、引きこもる子どもの面倒を見る老親など様々である。ライフスタイルに伴う課題は、必ずしも貧困のみが原因ではない。家を持っていても、経済的に余裕があっても、高等教育を受けていても、疾病・障害の有無にもよらず、誰にでも突然起こりうるリスクである。

・包摂力のない地域空間

このリスクは地域空間において具体的な課題を引き起こす。まずひとり親家庭の実態調査（東京都練馬区）を例にあげる。ひとり親になった理由は、八二・一％が離婚である。離婚後の課題として家賃が論点としてあげられた。離婚後同じ賃貸に住み続けると、共働きではないため、月々の家賃が二〜三万円負担増となる。市場原理では支払い可能な料金の住宅へ引っ越せばよいわけだが、家を引っ越すと、保育園・学童保育、通勤駅と職場の関係もゼロから組み立てなおすことになる。そもそも保育園は目の前にあっても、入園は抽選の結果次第である。同一地域内で、ライフスタイルに不具合を起こさず移り住めるアフォーダブルな住宅の選択肢がない。仕方なく生活費を切りつめ、子どもを育て、自分のキャリアを維持し、正規職員への昇格や昇給を希求する。新型コロナウイルスの影響は大きく、一斉休校などで仕事を休むとき、離婚して良かったのか、仕事を優先して良いのかなど悩む。自治体の相談窓口に来る頃には、既に当人が心身を病み仕事も辞めてしまい、全ての均衡が崩れ切った時となる。

次にTOD型の大規模郊外計画開発住宅団地に住む高齢夫婦のみ世帯の事例をあげる。団地内の公共公益施設やコミュニティスペースが物理的に不足し、開発後数十年が経過し老朽化している。土地利用も用途純化されており、店舗やサービス施設、交流施設等が住宅地内に立地しにくく、暮らしにくい。車に乗らないと買い物や交流の場にアクセスできないが、いつまで運転できるか不安である。手持ちの現金と家を売ったお金をあわせて老人ホームに入ろうと思うが、夫婦で入るには足りず、かりに一人になっても、どこまで長生きするか（＝お金が足りるか）わからない。先々を考えるほど売却希望額は高止まりし、他方で、共働きの若い世代にとっては不便で割高であり、敬遠される。

地方都市はどうか。中心市街地に住むだけのコストを負担できない若い世代が、郊外縁辺部の大規模ショッピングセンターの周りなどで、親の支援を受けつつ庭付戸建て住宅を購入する。ショッピングセンター・オリエンテッド・ディベロップメントは、アフォーダブルな住宅、フードコートを交流の場としてスポンテニアス（自然）に同年代が集い、広めの庭でＢＢＱなど、歩いて暮らせないが、夫婦で一台ずつ車があれば暮らしやすい。[6] もちろん、コンパクト&ネットワークや立地適正化とは相反する開発であり、都市計画の規制対象である。[7]

これら具体例は、都市計画が、多様なライフスタイルに対応できないということを指摘したいのではない。社会的不公正という現実を変える一つの手段として、都市計画が集中と選択、コンパクトシティなどを展開しなければ、住民が最低限の生活をできない状況を、都市計画が発生させる可能性を指摘したいのである。

・「社会的公正」と近未来の都市計画

現状を変え「社会的公正」のある社会を目指す一つの手段として、都市計画に期待されていることは、地域包括支援センターの誘致、低所得者向け住宅の整備といった困ったときの施設を準備することではない。日々の暮らしのなかで、我々一人一人が自らの力で状況を立て直し、自分らしく安心して暮らせる地域空間の総体を計画的にコントロールすることである。この地域空間は、日々の社会生活の習慣的な活動や慣れ親しんだ行動スタイルのなかで、自分自身が再構築した社会的資源・文化的資源・経済的資源によって構成される。そのため、新型コロナウイルスのような未知の緊急事態が、仮に毎年のように世界規模で発生し、我々一人一人の生き方に影響を与えたとしても、身近で安心できる空間は大きく変わらない。

また多様なライフスタイルに応えられる地域空間を構想するためには、生活実態に関するデータ分析、観察と体験に基づく地域分析などをもとに、地区ごとに住民主導でオリジナルに構想することが重要となる。地区ごとのビジョン実現の仕組みとしては、地域の新しいニーズに即した土地利用規制の組替え（リモデリング）、空き家・空き地等のコミュニティによる管理・活用の仕組み、移動環境・公共交通環境改善事業を推進する仕組み、身近な農地・緑地の保全・活用の仕組みなども必要となる。

4 — 隣接諸分野に学ぶ社会的公正へのアプローチ

・都市計画技術・制度

このような地域空間を実現する手法について、数多くの制度提案がなされている。本稿の意図に沿って例を挙げれば、①都市計画本来の計画法としての位置を明確にして、総合計画や介護保険事業計画をはじめとする各種社会計画との総合調整を図る。この総合調整の下に、規制法と事業法を位置づけし直す。②その際、介護保険法など都市計画領域以外の規制手段や事業を実現手段として組み合わせる。③ライフスタイルの違いを踏まえて都市計画を展開するには、基本単位は基礎自治体となり、さらに地域ごとに対話を通じて市民共同の意志を形象化し、固めていく。④それを実現する事業手続や土地利用・建築規制などのルールは、全国一律の基準では不可能であり、まちづくり条例等で取り組んでいく。⑤公共事業、民間企業による開発、市民社会組織による資源協調を基本とした協働まちづくりを進め、事業実施段階ではなく計画段階から介入して積極的に誘導していく。

・生活保障領域の手法――エンパワーメントと予防

しかし今日まで具体的な制度として結実しないのは、なぜか。住民の生活に薄く広く「社会的不公正」が蔓延し暮らしに余裕がないだけでなく、人口減少・少子高齢化・長期デフレにより都市の成長を当てにできないことも要因であろう。住民のまちづくりへの気力・体力が弱っているなかで、都市計画を進めれば、志と余裕のある民間企業や意識が高い住民組織のボランタリー活動に依存するしかなく、実際には局所的な取組みに留まる。では住民のまちづくりへの気力をどうやって醸成させていくべきか。それには、どのような計画モデル・技術が必要か。

ソーシャルワークやケアの実践では、がんなどの病気、障害などを抱える方に対して、どのような気力を取り戻すアプローチがあるか。現在、提唱されているのが生活モデル[8]である。生活モデルは、自己で選んだライフスタイルによって、生きる上での新しい課題に直面した場合、自らの意思で体制を立て直し（自立）自分らしく安心して暮らせるよう、ＱＯＬの阻害要因を排除する支援を行う介入方法である。一つは、エンパワーメント。困難な状況に陥ったときに、その困難を当事者自身が自分にとって折り合いやすい姿に変えてゆくことを支援し、当事者の生きる意欲を回復させる方法である。もう一つは、困難な状況に陥らせない予防である。個々の生活が機能不全に陥る前に、積極的に介入する。[9] 例えば肺がんにとっての禁煙指導、透析治療になる前の生活習慣の改善、高齢期の廃用症候群の予防では、社会参加が進められている。機能不全を引き起こす発生源（喫煙、飲酒、運動不足、閉じこもり）に介入する。

・介護保険制度におけるエリアマネジメント

具体的な制度と運用ではどのような知見が得られているか。介護保険制度の理念は、当事者主権と尊厳・自立であり、運用面ではエンパワーメントと予防を長らく現場で適用してきた。当事者に「良くなりたい・状態悪化を防止したい」と、生きる気力がなければ支援効果が期待できない。そこで元気な時から健康を維持し虚弱を予防し、社会参加等を楽しむなかで自分の居場所や活用できる資源を増やし、要介護になっても、通所介護や訪問介護といったサービスと組み合わせて、自分の居場所や友人による支援を受けることができるよう、制度改正が繰り返されてきた（新しい介護予防・日常生活支援総合事業）。

しかしこのような個別支援だけでは、リソースに限界がある。そこで地域全体の底上げを図る制度として生活支援体制整備事業がある。日常生活圏域ごとに生活支援コーディネーターを常設・雇用し、地元で活動する住民、事業者、地域包括支援センター等、産官学民を問わずメンバーとする協議体を設置する。住民主導で、自らの生活を支援するのに望ましい地域社会について話し合い、実現に向けて協働する仕組みである。全国各地で空き家を活用したサロン、住民同士の乗合い移送支援、空き地を活用した菜園活動など、住民らが新しい活動を創り上げている。そして、この活動への参加が個々人のエンパワーメントや予防につながる循環的仕掛けである。

これらは不動産価値の上昇という対象ではなく、介入技術としてみれば、都市計画領域におけるエリアマネジメントと親和性並びに応用可能性があると考える。

5 ― 「予防」技術の提案

・「予防」技術とは

隣接諸分野のエンパワーメントと予防の理論と実践を参考に、都市計画領域においてどのような計画技術として構想できるか。稚拙な内容ではあるが「（エンパワーメントを含む）予防」技術について、構成要件を素描してみる。[10]

まちづくりへの気力を養い、問題が起き機能不全に陥る前に（予防）介入するためには、①専門技術を持つ職能が関与していること。②しかし意思決定・合意形成は当事者が行うこと。③短期的な取組みではなく継続的な取組みにより状態を改善させていくこと。④局所的な投資ではなく、地域全体を底上げしていくことが要件として考えられる。

・「予防」技術とエリアマネジメント

制度ではないが、都市計画分野においてもエリアマネジメントの長い蓄積がある。例えば、アーバンデザインセンター[11]は、住民が暮らし続けられる地域空間を目指して、産官学民が資源を出し合い都市をマネジメントする仕組みである。都市計画の専門家が常駐し、長期的・継続的に関わり、地域資源を見つけ、育て、つないで、デザインしていく。まさにエリアマネジメントは、「予防」技術の具体化された一例と位置づけなおすことができないか。

都市が成長していた時代には、都市の成長力をテコに、劣悪な住環境の改善は公共部門が担い最低限の都市環境水準（幅員四mの道路をはじめ現在の基準からすればかなり低い）を形成する。一方、電鉄会社をはじめとして質の良い良好な住環境形成は民間部門が担う。経済と都市の成長にあわせて、住民らは自然と暮らしやすい都市を選び、地域空間が成熟していくはずであった。

都市部でよくある例であるが、敷地が二〇〇〜三〇〇坪もあるお屋敷は、以前は立派な松や生け垣のある奇麗なお庭であったが、居住者は後継者と同居していない後期高齢の夫婦のみ世帯である。予兆は、奇麗なお庭が夏場に管理が行き届かなくなるところから始まる。気づけば相続によって売却。住民の所得（組めるローン）の範囲で分割され、三階建ミニ戸建てや駐車場のみ庭無し二階建てとなり販売される。住宅単体の質は向上しても、街としては一向に水準が上がらない。もともと一軒家だったところに、戸建てが一〇棟近く建っても、保育園や学童保育、公園や交流スペースが増えるわけでもなく、緑は減少し、地域空間の包摂力は低下していく一方である。

そこで「予防」技術と結びついたエリアマネジメントとして、後継者のいない高齢世帯に対して、庭の手入れが行き届かなくなった頃から継続的に介入し、長期的に緑をどのように維持管理していくか、仮に売却するとして質の良い開発をするためには、どのような工夫ができるかといった、「予防」介入ができないか。そのためには、高齢世帯の生活支援や住まいの意向を尊重するなど多様な専門家との連携も重要となる。

・**普通のまちを暮らしやすく**

結局、自分の安心感、自己実現、尊厳が守られるまちや居場所は、他者との対話を通じて、自分で作り出していくしかない。しかし個人の努力だけでは難しく、専門家による継続的・長期的関与など計画的なコントロールにより「予防」していくことが近未来に重要な論点になると考える。「予防」的エリアマネジメントの強い実践を通じて、「予防」技術を発展させることで、都市計画は「社会的公正」を実現する有力な手段となり、法改正・制度改正の原動力を得ると考える。

[註・参考文献]

1 ヴィクトリア時代の「貧困」は、プロテスタンティズムの倫理（働かざる者喰うべからず）の通り、働こうとする意思がある（働くことができる）のに仕事がない状態のことである

2 重森臣広「エドウィン・チャドウィックと困窮および衛生問題」『政策科学』立命館大学、一四巻三号、二〇〇七年

3 宮本太郎「生活保障――排除しない社会へ」岩波書店、二〇〇九年、白波瀬佐和子「生き方の不平等」岩波書店、二〇〇九年、大沢真理「生活保障のガバナンス」有斐閣、二〇一四年など参考とした

4 「リスク社会」はU・ベック、「不安社会」はG・バウマンの言葉である。今田高俊「リスク社会と再帰的近代――ウルリッヒ・ベックの問題提起」『海外社会保障研究』国立社会保障・人口問題研究所、一三八号、二〇〇二年

5 本データは、厚生労働省人口動態調査、独立行政法人労働政策研究・研修機構の「早わかり　グラフでみる長期労働統計」、内閣府高齢社会白書等で確認できる

6 居場所や若者と郊外については、阿部真大『居場所の社会学』日経新聞出版、二〇一一年、同『地方ならお金がなくても幸せでしょとか言うな！　日本を蝕むおしつけ地方論』朝日新聞出版、二〇一八年、轡田竜蔵「地方暮らしの幸福と若者」勁草書房、二〇一七年、などを参考にした

7 大方潤一郎「熟成期における包摂と支援の生活圏を共創する計画制度」『都市計画』三三八号、二〇一九年

8 猪飼周平他「今あらためて生活モデルとは？」三〇年後の医療の姿を考える会、二〇一七年、武川正吾「福祉社会」有斐閣、二〇一一年を参考とした

9 宮本（3）によるベーシックインカム、ワークフェア、アクティベーション理論などが参考となった

10 予防とはいえ、個人生活への権力介入は最低限であるべきという議論の歴史は長く、愚考権などが議論されてきた。「予防」技術の検討にあたっては、江里口拓、ウェッブ夫妻における「国民的効率」の構想」『経済学史研究』五〇巻一号、一二三‐四〇頁、二〇〇八年を参考とした

11 アーバンデザインセンター研究会『アーバンデザインセンター』理工図書、二〇一二年

生態系と都市計画

武田重昭

1― 都市は生き物である

近代都市計画の父の一人とされるパトリック・ゲデス（一八五四―一九三二）は「都市の生命と市民について、またそれらの内部関係についても探索せねばならない」[1]と述べ、都市を生き物のように捉えるとともに、そこに暮らす市民との関係において成り立つものであることを指摘した。ゲデスの考えを引き継いだルイス・マンフォード（一八九五―一九九〇）は、都市に対して「これまで別々の専門家が別々の線でやってきたような分野をもっと統一したやり方で探求」[2]することの必要性を述べている。

都市とは固定的なものではなく、時間の経過とともに絶えず変化していくものである。そこには市民と環境との相互作用からなる生きたシステムとしての生態系が成立している。これこそが都市を生き物と捉える所以であり、都市への総合的なアプローチが求められる理由である。しかし日本の行政システムは、効率性を重視するあまりに多くの専門分化が起こり、縦の指示系統は強固で迅速だが、横の連携や協働は非常に脆弱である。都市計画の分野も例外ではなく、本来であれば都市を一つの系として捉えることが不可欠だが、行政区分や職能領域といった見えない壁が都市を細分化している。また、目の前の課題に対する対症療法ばかりが目立ち、部分的な計画の改正を繰り返すだけで、都市の変化にあわせた抜本的な対応ができていない。これからの日本の都市計画を考えるとき、都市を生き物として捉えなおすことは大きな意味を持つのではないだろうか。

keywords　空間の階層　時間の積層　小さな空間

2― 空間の階層と時間の積層

生態学的アプローチから都市のあるべき姿を考えたもう一人の偉人がイアン・L・マクハーグ（一九二〇―二〇〇一）である。彼は地域の環境を捉えるために、多数の要因を層（Layer）として把握した上で、それらの層を重ね合わせることでその関係を読み解くオーバーレイ（Overlay）の手法を提示した。[3] 当時は、その結果をもとに開発適地を選定することで自然を保護しつつ都市を拡張していくための理論として注目された。現在の日本は人口減少社会を迎え、理想都市の開発や市街地の拡大抑制から、既にある都市をマネジメントすることで、そこに暮らす人々の生活をいかに豊かにすることができるかに目が向けられはじめているが、この局面においてもオーバーレイの手法は有効であると考えられる。

　オーバーレイのエコロジカルモデル（図1）には、二つの柱が存在する。第一の柱は「自然資源」のオーバーレイであり、第二の柱は「時間」のオーバーレイである。「自然資源」のレイヤーを見ると、その底辺をなしているのは地質であり、その上に地形や水系、さらにその上に土壌や植生があり、動物生態が重ねられ、そこに人間の土地利用が加わる。さらに上層には大気環境があり、これらを重ねあわせることで各々が関係する生態系モデルが得られる。都市とはこのような生態系の一部なのである。昨今、グローバリズムが進展する一方で、新自由主義や自国第一主義と言われる思想の世界的な蔓延が深刻さを

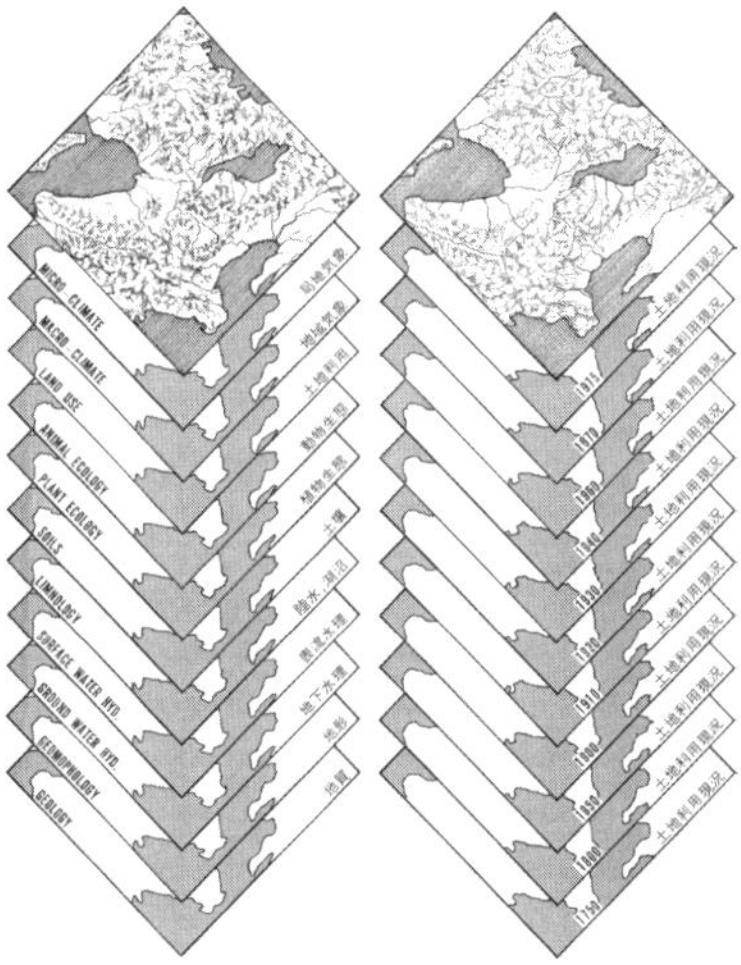

図1　オーバーレイのエコロジカルモデル

（出典：磯辺行久ほか「エコロジカル・プランニング 地域生態計画の方法と実際Ⅰ」『建築文化』彰国社、30巻344号、1975年）

増しているが、身近な地域のことだけを考えることは一見合理的ではあるが、社会の閉塞感を助長するだけでなく、周辺との調和や連携のない閉じた環境など本来成立するはずがない。ある地域の自然条件を深く読み取ることは、その場所の持つ特性とより大きな環境とをつなげ、その関係を理解することに帰結する。例えば、どのような地形もそのエレメントだけで成立することは不可能であり、それらが組み合わさったユニットやそれらを統合したシステムが存在することで成立している（図2）。反対にどんな小さなエレメントの中にも空間の階層を築く機構が内在されており、そのメカニズムの存在によって異なるスケールがつながっていく。自然のプロセスはそもそも空間尺度をつなぐもの[4]（Scale-Linking）なのだ。一滴の雨水を考える時でさえ、そこには地球規模での水循環のシステムが潜んでいるが、現在の都市ではこのような空間の階層関係が損なわれてしまっている。私たちはどうしても一つの尺度で目の前の空間を捉えてしまいがちであるが、生態系の考え方は多くの尺度をまたいだ方法で都市を見ることの重要性を教えてくれる。

自然資源の相互関係が「時間」によってどのように変化してきたのかは、もう一つの重要な柱である。人の自然に対する働きかけの積み重ねによって、環境がどのように変化してきたのかを捉えることで、土地のポテンシャルを把握することや将来の土地利用を展望することが可能となる。生態系から都市を考えることのもう一つの意義は、時間を価値に変えることにある。都市を生き物として扱い、その価値を高めるように働きかけるためには、

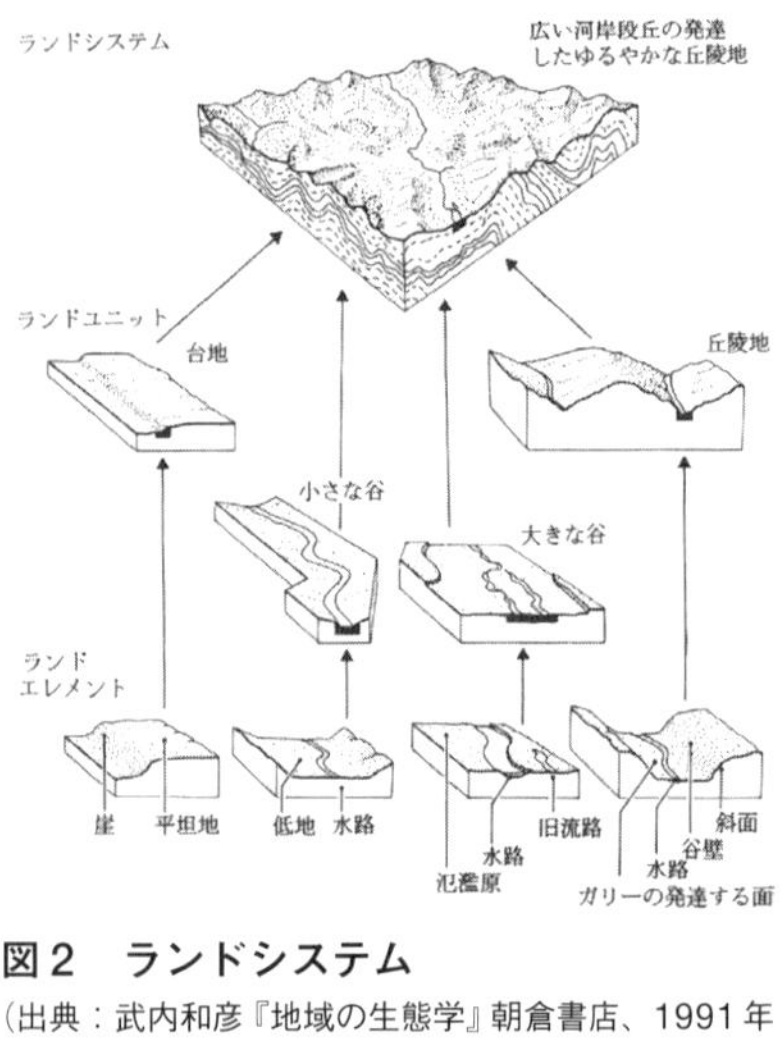

図2　ランドシステム
（出典：武内和彦『地域の生態学』朝倉書店、1991年
原図：Lawrance, 1972, Cooke. Doornkamp, 1990）

長い時間軸で考えること（Long-Term Thinking）が不可欠である。経済に限らず政治までもが近視眼的な損得ばかりを重視する状況では、都市の未来は描けない。現在のステークホルダーの価値観による合意形成だけでなく、将来を見据えた投資的な判断がなければ都市は消費されるばかりである。都市計画の基底には時間による変化を予測し、好ましい方向に導くという考えがなくてはならない。都市の魅力は即席にできあがるものではない。長い時間のスケールを伴うことで、私たちはその都市の奥深い魅力を感じ取ることができるのである。また、近年多発する自然災害に対しても、このような時間の考え方は有効だ。レジリエンスとは自然を制御する発想ではなく、絶えず変わりゆく自然に社会をあわせていく動的な態度に支えられるものである。

3―小さな自然再生から大きな生態系の回復へ

生態系に基づく都市計画を進めるための最も基礎的な手順はデータの収集である。地形や植生の環境基盤のデータとあわせて生物の生息可能性を空間的に評価し、これらを経済的・社会的・文化的な人間活動を含んだ都市計画分野のデータとオーバーレイすることで、人と自然のコンフリクトが生じる地域を適切に検出することが可能となる。日本における環境アセスメントは、土木工事や大規模開発が環境に与える影響を評価するものであり、事業の実施を前提とした事業者による「アワセメント」と揶揄されるように、その開発の適正立地の選定や事業そのものの是非を問うものにはなっていない。事業アセスの対象が開発範囲の小さなスケールだけの評価では生態系全体に与える正確な影響は測れない。三橋は空間の隣接関係の評価が不可欠であり、問題はそれを評価する空間スケールをどのように設定するかという点にあると指摘している[5]。

兵庫県豊岡市はコウノトリの野生復帰という明快な生態系再生の目標を総合計画をはじめとする各種の行政計画に位置づけ、環境と経済との両立やその相乗効果を図る取組みを進めている。豊岡市を横断する山陰近畿自動車道の整備ルートを決定するために、二〇一九年度に兵庫県が開催した懇談会では、コウノトリの行動範囲やラムサール条約湿地などの分布状況を踏まえた三案のルートが比較検討された（図3）。その結果、コウノトリの営巣やその生態を支える多様な生物が生息する水田地帯への影響が少ないルートが採択され、多様な生物の環境保全や地質・地下水等への影響、地域の観光資源や景観資源等に配慮することが決定された。このような例は日本では数少ない戦略的（計画段階）アセスメントが実現されたものと評価できる。

一方で、このようなトップダウンの計画策定だけでは生態系の保全を図ることはできない。大きなスケールでの生態系保全には多大な予算とそれを実行する体制が大きな課題となる。環境省が所管する自然再生事業は、地域の生態系の健全性を回復していくことを目的とするものであるが、総務省が実施した政策評価では、関係省庁間における連絡調整が十分ではないことや地域が主導して実施される事業がないことなどが指摘されている。これまでのような大規模開発の副産物としての自然再生が期待できない状況では、地域の身の丈にあった「小さな自然再生を集積させていく展開」[6]が欠かせない。

豊岡市では市役所やJA、兵庫県立大学などが協働し「コウノトリ育む農法」による環境配慮型の農業や休耕田のビオトープ化などを通じて、市内全域で自然再生事業が進められているが、これらの取組みの実践主体は農家や地域のボランティア団体である。このような身近な環境での小さな自然再生には、①自分たちで調達できる予

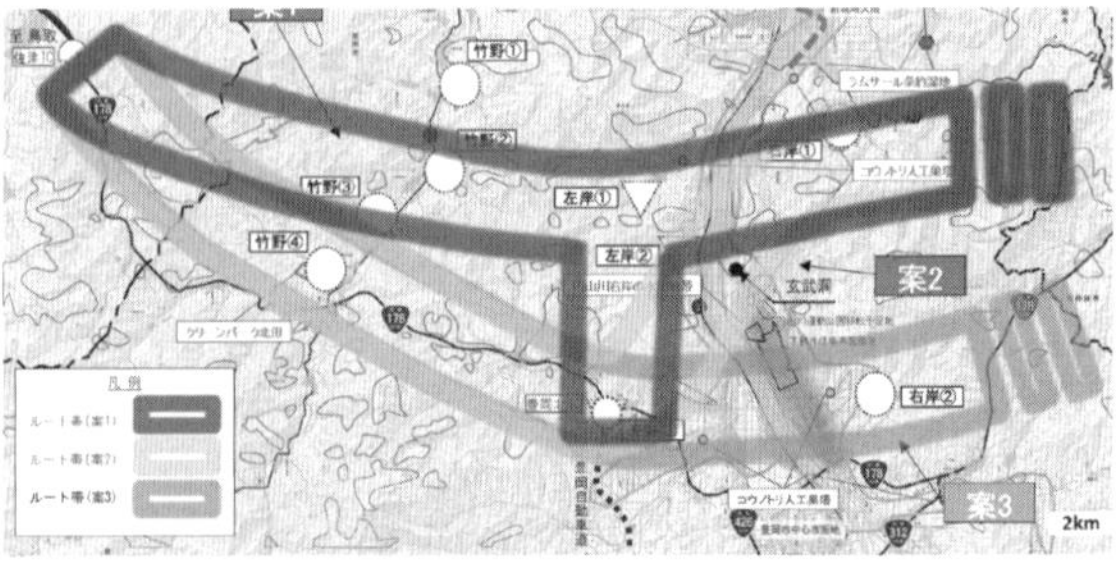

項目		凡例
自然環境	コウノトリ人工巣塔	
	コウノトリ行動範囲	
	鳥獣保護区	
	ラムサール条約湿地	
	円山川右岸の水田地帯	

項目		凡例
生活環境	集落	
公共施設	クリーンパーク北但	
防災関連	地すべり危険箇所	
IC・JCT	候補箇所	IC　JCT

注）IC：「インターチェンジ」の略
JCT：「ジャンクション」の略
※トンネルで回避できる地すべり危険箇所は表示していない

図3　自動車道の3ルートの比較案

（出典：兵庫県県土整備部「山陰近畿自動車道（佐津～府県境）懇談会説明資料」2016年）

算の範囲での取組み、②計画や作業に様々な人が参画できる取組み、③手直しや撤去・撤退がすみやかにできる取組みの三つの条件が必要だとされている[7]。これらは、すでにある環境に対して地域に住む人々が無理のない範囲で自ら働きかけ、その環境を持続的に保全していくための条件であるが、自然環境だけでなく都市環境でも適用されるべき要件である。このような地域での実践の積み重ねを受けて、国は二〇一四年の自然再生推進法の見直しのなかで、基本方針の一つに「小さな自然再生」を掲げた。ボトムアップの取組みかトップダウンの政策かといったいずれか一方向のアプローチではなく、双方向から取り組むことが重要である。

4 生態系に学ぶ都市計画の可能性
――マネジメント・ウィズ・ネーチャー

これらの生態系から捉えた都市へのアプローチを手掛かりに、これからの都市をマネジメントしていく手法について、マスタープランや土地利用、都市施設の考え方から市民主体の空間マネジメントのあり方までを提案してみたい。

・マスタープランの意味
――小さな空間から都市をプランニングする

大きな生態系の回復のために小さな自然再生を重ねるというアプローチが不可欠であるように、都市全体のマスタープランにおいても、小さな空間からのプランニングという手法が必要である。プレイスメイキングやエリアマネジメントといった手法や制度によって、個々の空間の質は高められ、うまく使いこなされはじめている。河川や道路の規制緩和などによって民間事業者の積極的な参入を促す制度もこの動きを加速させている。一方でこれらは、事業採算性に支えられた限定された立地や規模で成立するスキームである。敷地やエリアで閉じた経済を成立させることで、空間の質が改善され、魅力的な体験がつくり出されてはいるが、その空間を一歩離れれば、恩恵を受けることは難しい。小さな空間が都市を構成するためではなく、消費のための道具となってしまうことも危惧される。

求められているのは、このような小さな空間のあたらしい価値を都市へと広げていく方法である。槇は「都市のごく一部ではある安定したしかし限られた範囲での景観を維持し、それをサポートするコミュニティ意識も存在する」[8]とし、上位性都市計画がもはや有効でないなかで、小さいところから安定した場所をできる限りつくりあげていくという戦略に希望があるとしている。地区計画などでその制度は確立されているが、大切なことはそのような小さな単位の計画がどのように都市の全体性に寄与することができるのかである。小さな空間は適切なマネジメントが可能である一方で、その空間の魅力だけが高まれば、都市の魅力が高まるというものではない。生態系が持つ「全体的な関係性や長期的な時間で考える」というスタンスを都市計画に応用し、小さな空間と大きな都市が相互に魅力を高めあう工夫や小さな空間へのアクションの積み重ねが大きく都市を変えていくような編集を行うことが必要だ。

・土地利用の考え方
——デザインからマネジメントへ

都市を生き物として考える場合、現状の診断はこれまで以上に重要な意味を持つ。マクハーグが開発したオーバーレイの手法は、当時は開発適地の選定や開発の影響を測ることで環境をデザインするためのものであったが、これからは健全な都市生態系をつくりあげていくためのマネジメント手法として活用していくことが求められる。都市を自然環境の上に建設された人工環境と捉えれば、都市への人の働きかけが小さくなっていくなかで、まずはその基盤としての自然環境を自立した健全なものに回復させていくことが必要である。自然の生態系の摂理を十分に理解し、どのような関係を回復させることが持続可能な人と自然の系をつくることにつながるのか、私たちの自然に対する働きかけや私たちはどこに住むべきかという暮らしの根本的な姿勢が問われている。

このように自然の側から都市の全体像を見直すことが求められる。都市緑地法に基づく緑の基本計画は、自然の側から見た都市計画のマスタープランと言えるが、これを都市計画マスタープランと一体化したエコロジカル・マスタープランの策定が必要である。これまでの都市計画図では公園や緑地はその位置と大きさが示されるだけであり、その空間の質は担保されてこなかった。また、緑の基本計画や環境基本計画ではそれぞれ別々に都市の自然環境に対する評価や保全の方策が示されてきた。

さらに今後は都市農業振興基本計画によって都市農地の機能整理や保全の取組みなども進むと考えられ、これらを空間的な計画に統括していくことが求められる。

さらに、具体的な土地利用においては時間を内包した計画が必要である。現在の土地利用計画では「未利用地」と言えば、高度利用が図られていない土地を意味する。しかし、諸外国では市街地の拡大と自然環境の保全という競合する土地利用に対して、将来の需要に柔軟に対応するための「リザーブ用地」を確保する土地マネジメントシステム[9]が導入されている。このような積極的な留保の意図を持ったオープンスペースを確保することは、人口が減少するなかでの先行きの見通しづらい状況や想定外の災害への対応といった不確実な未来に備えるために、空間の価値を高める有効なマネジメントの手段である。

・都市施設の評価――生態系を活かした質の向上

これまでの都市計画は、施設整備の目標がパブリックグッズ（公共財）の提供といった「量」の充足にあり、あまねく公平性や効率ばかりが重視されてきた。これからはパブリックバリュー（公共価値）の考え方を導入することで、都市施設の「質」を高め、利用者に対するサービスの向上を評価していくべきである。二〇〇三年の社会資本整備重点計画法によって、それまでの都市施設ごとの整備緊急措置法に基づく整備五箇年計画による量的拡大から、社会資本ストックの効果の向上といったアウトカム重視の質的目標へと重点がシフトされた。しかし、パブリックバリューやアウトカムを測ることは量の把握に比べて容易ではない。これらを適切に把握する指標や計量の方法を確立していくことが不可欠である。

都市施設の質を高めるための計画の要点としては、空間へのアクセス性やネットワーク性を高めることが考えられる。これらが改善されることで、同じ空間量であっても空間質を高めることができる。さらに、公園緑地などの自然地においては、自然の健全度を高めることも有効な手段である。グリーンインフラはこのような自然の持つポテンシャルを活かして都市施設の質を向上させるものとして注目されている。日本では二〇一五年の国土形成計画においてはじめて位置づけられ、二〇一九年には「グリーンインフラ推進戦略」が策定され、多様な主体が連携して自然資本を持続的にマネジメントしていくための方策が示された。コンクリートや鉄でできた従来のグレーのインフラを自然素材を用いたグリーンのインフラに変えることで効果の向上や機能の多義化を図る取組みだけでなく、欧州で見られるような私有地の庭や農地までを含めたすべての緑地を都市の自然基盤を支える施設として捉えなおし、総合的な質の向上を図るような展開も期待される。

・市民主体の空間マネジメント
――都市に対する期待を高める

都市空間のマネジメントに対する批判は大きく二つに分けられる。一つは都市空間の自由な使用が制限されているというものであり、もう一つは都市空間がうまく運営されていないというものである。[10]

公有地の管理者としての「公」が、都市施設のマネジメントに与える影響は非常に大きい。しかし、公有地の種類によってセクションが異なり、行政の縦割りが見えない障壁となっていることは多い。管轄の異なる空間が縦割りを超えて連携するマネジメントの仕組みづくりが求められる。これに対して、公民連携による空間のマネジメントは有効な手法である。しかしその本質を見失えば、過剰な民営化によって排他性が高まるというマイナスの効果も合わせ持っている。二〇一七年の都市公園法の改正による公募設置管理制度（Park-PFI）をはじめとした公民連携による公共空間の再生・運営においては、公がその事業スキームを使いこなす十分な技術を有していることや明確に連携の意図や空間の役割を示すこと、多様な主体の特性を見極め、適切な協働関係を築くことなどが重要となる。また、所有と管理を分離することによって、都市施設の「民」の管理運営も進んでいる。指定管理者制度に代表される企業の参画が進む一方で、市民による空間管理の可能性も広がっている。マネジメントへの市民の参画は単に財政状況から必要に迫られて地域へ業務が移転されるという意味だけではなく、地域での住民の自治による都市環境づくりによってシビックプライドを高めることにもつながっている。

生態系から都市のあり方を学ぶことは、都市における人の生活と環境の営みをひとつのシステムとして捉え、それをマネジメントしていくことである。都市計画の方針に環境の目指すべき像はあっても人の生活による都市への関わり方は示されてこなかった。特に人口が減少する時代においては、人が環境にどのような作用を与えるのかという方針を組み込むことで、都市環境をどのようにマネジメントしようとするのかを示していく必要がある。ランドルフ・T・ヘスターは、現代都市の問題を解決するためには、エコロジーだけでもデモクラシーだけでも不十分であり、これらが組み合わさることで希望が見出せるとしている。生態学的な思想のもとに地域住民が環境マネジメントに直接的に取り組むことをエコロジカル・デモクラシーと呼び、これによって「人々の心に触れる都市」[11]をつくることができると述べている。都市計画が地域外からの刺激をもたらすことより、地域内からの期待を引き出すことで、都市に関わるモチベーションが生まれ、まちづくりの原動力となり、ひいては都市そのものの包容力や持続性を高めることにつながる。これからの都市画にはこのような都市への期待を高めるプロセスを生み出すことが求められる。

［註・参考文献］

1 パトリック・ゲデス著、西村一朗訳『進化する都市 都市計画運動と市政学への入門』鹿島出版会、二〇一五年

2 ルイス・マンフォード著、生田勉訳『都市の文化』鹿島出版会、一九七四年

3 イアン・L・マクハーグ著、下河辺淳・川瀬篤美監訳『デザイン・ウィズ・ネーチャー』集文社、一九九二年

4 シム・ヴァンダーリン・スチュアート・コーワン著、林昭男・渡和由訳『シム・ヴァンダーリンとスチュアート・コーワンのエコロジカル・デザイン』ビオシティ、一九九六年

5 三橋弘宗「生態系保全のためのランドスケープアプローチ」『日本生態学会大会講演要旨集』日本生態学会、五一巻〇号、五〇頁、二〇〇四年

6 三橋弘宗「自然を再生する小規模適正技術の必要性」『ランドスケープ』日本造園学会、八三巻一号、二八-三一頁、二〇一九年

7 「小さな自然再生」研究会『水辺の小さな自然再生』http://www.collabo-river.jp/

8 槇文彦『アーバニズムのいま』鹿島出版会、二〇二〇年

9 大村謙二郎「ドイツにおけるコンパクト都市論を巡る議論と施策展開」『土地総合研究』土地総合研究所、二一巻二号、三九-五四頁、二〇一三年

10 マシュー・カーモナ・クラウディオ・デ・マガリャエス・レオ・ハモンド著、北原理雄訳『パブリックスペース——公共空間のデザインとマネジメント』鹿島出版会、二〇二〇年

11 ランドルフ・T・ヘスター著、土肥真人訳『エコロジカル・デモクラシー——まちづくりと生態的多様性をつなぐデザイン』鹿島出版会、二〇一八年

7 chapter 3 section

未来のモビリティと都市計画制度

円山琢也

1— 二〇年後の都市の姿

二〇年後には多くの仕事が自動化され、今の子供たちの多くは大学卒業時に現在存在していない職業に就くという予測がある。都市計画はおおむね二〇年後の都市の姿を展望して作成するとされるが、二〇年後の人々の生活を確実に予測することは、たいへん困難である。不確実な将来に対しては、計画の不断の見直しが重要であることは当然であるが、起こりうる変化を踏まえて、目の前の短期的な課題のみにとらわれず長期のビジョンを打ち出すことも大切となる。

二〇年後に自分がどこで何をしているのか確実に言える人は少ない。世界的な経済危機、感染症、大災害が起きているかもしれない。二〇年後に確実なのは、皆、生きていれば年齢が二〇歳増えていることくらいである。

この考えに基づく将来の人口ピラミッドの変化と将来人口予測の結果は、長期予測と呼ばれるものの中では確実性が高いといえる。それ以外の長期予測は基本的に予測値を前提条件として過信するのではなく、むしろ予測値を変化させるにはどうしたら良いのかを考えたほうが良い場合もある。

本節では、都市計画のなかでも主に未来の交通（モビリティ）を対象に、その予測の考え方と、近未来に生じうる課題への法制度等での対応等について、筆者が考えることを狭い範囲であるがまとめてみたい。

2— 未来の「交通ピラミッド」で考える

未来の交通について一般の方や初学者向けに話す機会には、「交通ピラミッド」という図を用いて説明している。

keywords　交通　将来予測　自動運転　シェアリング

交通ピラミッドは、人口ピラミッドに類似した概念で、対象地において、どのような人のどのような移動が行われるかの全体像を単純に表現する。人口ピラミッドの横軸は男女別年齢別人口であるが、交通ピラミッドの横軸は男女別・年齢別の総移動量（総トリップ数）とする（図1）。移動目的の構成も表現できる。筆者が提案しているこの概念は、単純化がすぎるかもしれないが、将来予測の考え方、限界、それを利用した計画づくりの重要性を理解

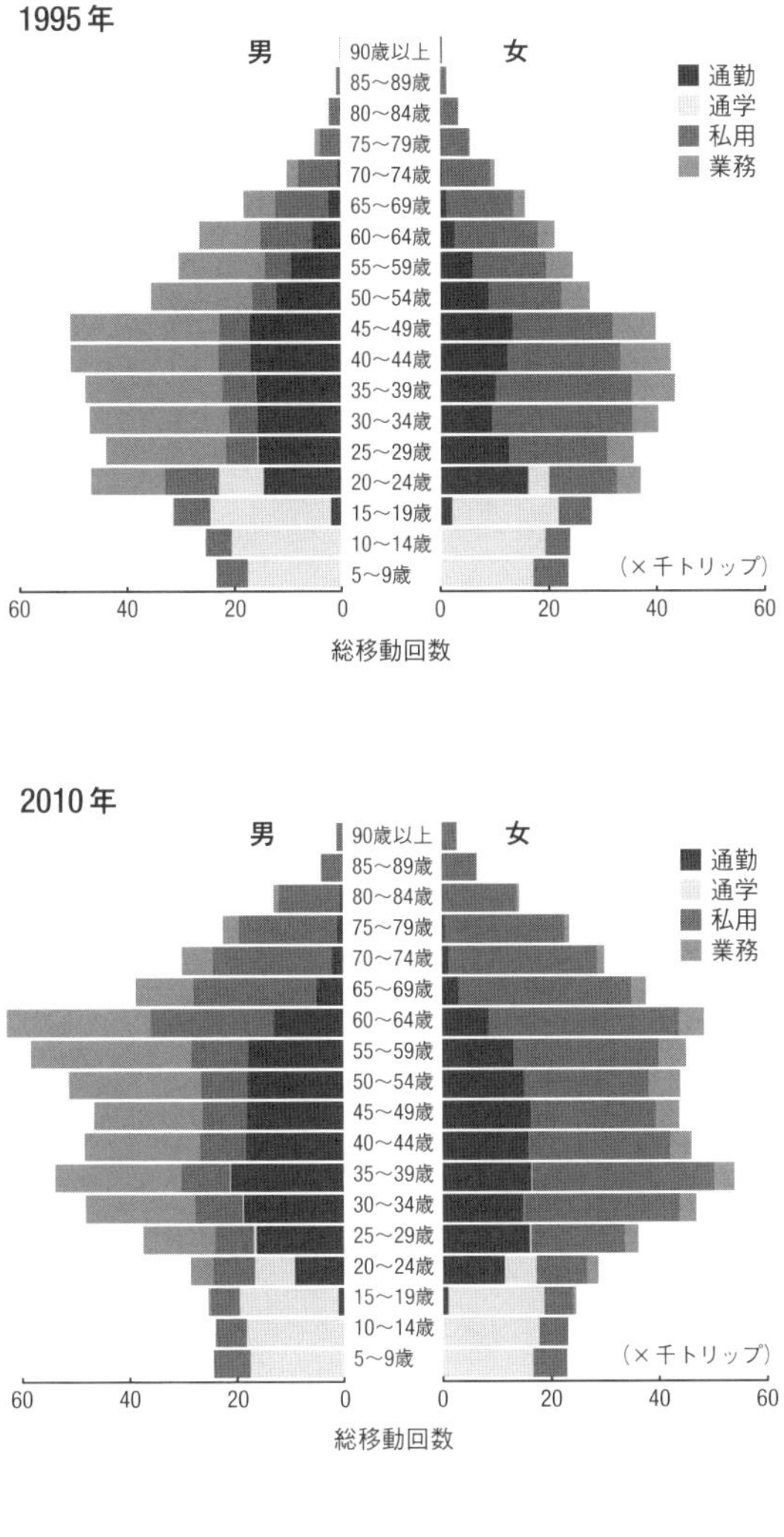

図1　熊本市の交通ピラミッドの例
（出典：1997年、2012年熊本都市圏パーソントリップ調査をもとに筆者作成。ただし、帰宅トリップを除く）

し、関心を持ってもらうには十分と考えている。

人口ピラミッドにおいて、過去から未来にかけて、年齢別人口のピークが上昇していくのは、多くの方が直感的に理解する。この将来の人口ピラミッドの要素である男女別・年齢別人口の予測値に現状の交通実態調査から得られる男女別・年齢別の平均移動回数（平均トリップ数、原単位）をかけると、将来の交通ピラミッドを描くことができる。ある地方都市の例では、現役世代の通勤通学が主であった過去と比較し、高齢世代の私用目的（買い物・通院など）の移動が増加し、その傾向が未来により顕著になることが示される（図1、図2）。この将来図を示したあとに、講義では学生に次の課題を考えさせる。

「二〇四〇年のこの都市の交通において重要となる計画・政策を考えなさい」。

学生の答えとして、高齢者の移動が増えるので交通事故の対策が重要、車を運転できない高齢者向けの公共交通の充実が重要、通勤通学の混雑が緩和するので渋滞対策の重要性は低下しうる、などが挙がる。交通計画の実現には時間を要するものもあり、課題を先読みし、その実現に向けて早めに手を打つことの重要性を講義では議論する。

講義ではこの予測の限界も考えてもらう。例えば、交通ピラミッドは、どこに移動するか、移動距離がどの程度なのかを考えていない点に学生が気づくこともある。そこでOD表[1]などの交通分析方法の重要性を伝えることになる。さらに平均移動回数が将来も現在と同じと仮定していることにも気づかせ、その妥当性についても考えさせる。一九八七年から二〇一五年までの二八年間で、この値は日本全国値で図3のように変化した。経年的に若年層の平均移動回数は減少し、高齢者層の移動回数は増加傾向にある。過去は高齢者層の移動回数が若年層よりも少なかったが、年齢別の平均移動回数の差は少なくなる傾向で、最近では、高齢者層の移動回数が若年層よりも多い逆転状態も一部で見られる。自動車を保有せず、運転免許も持たない若者が増えていることなどが一因となる。若者の車離れと若者の自動車での移動の減少は、海外でも報告されている現象である。もし平均移動回数について、若年層の減少と高齢者層の増加傾向が今後も続くと仮定すると、未来の交通ピラミッドはより急な逆ピラミッド形式になる。

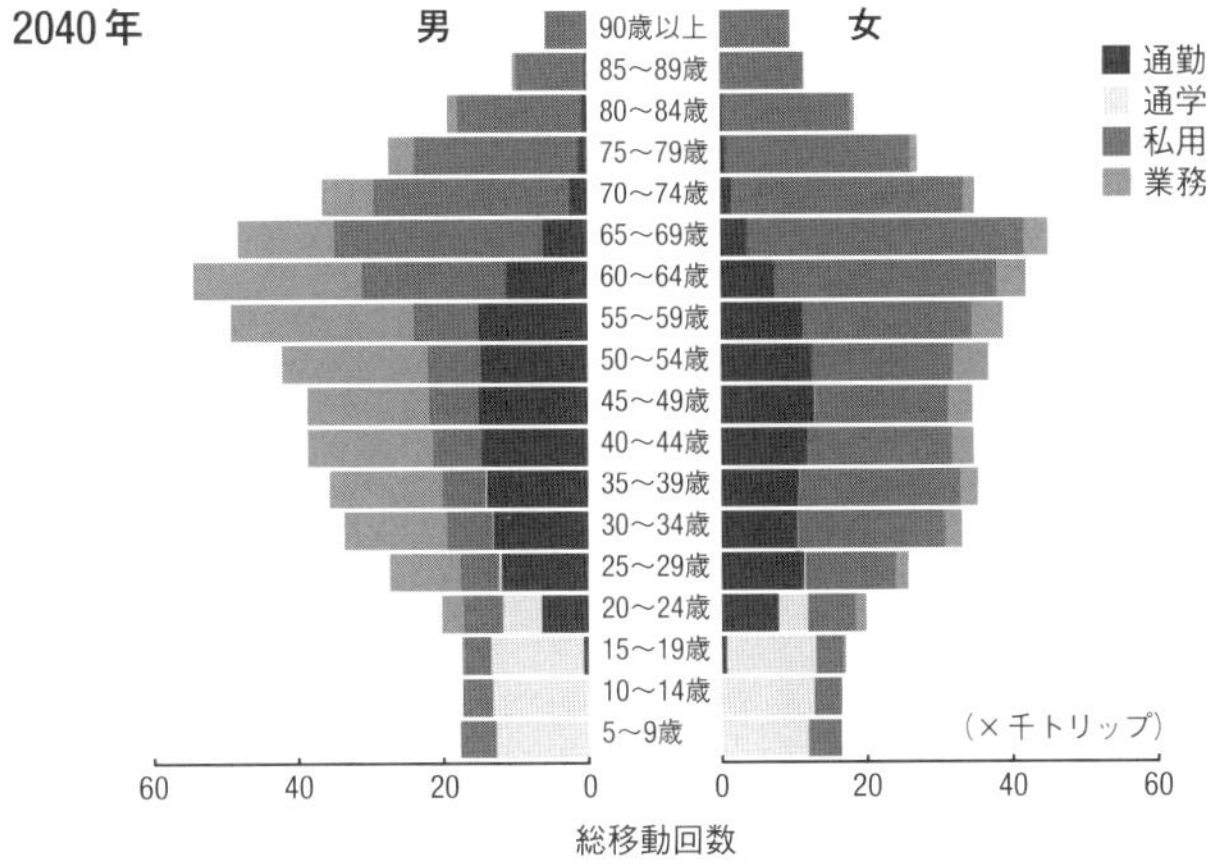

図2　熊本市の交通ピラミッドの予測例

(出典：国立社会保障・人口問題研究所「日本の地域別将来推計人口(2013年3月推計)」の熊本市の値と、2012年熊本都市圏パーソントリップ調査を用いた筆者による推計値)

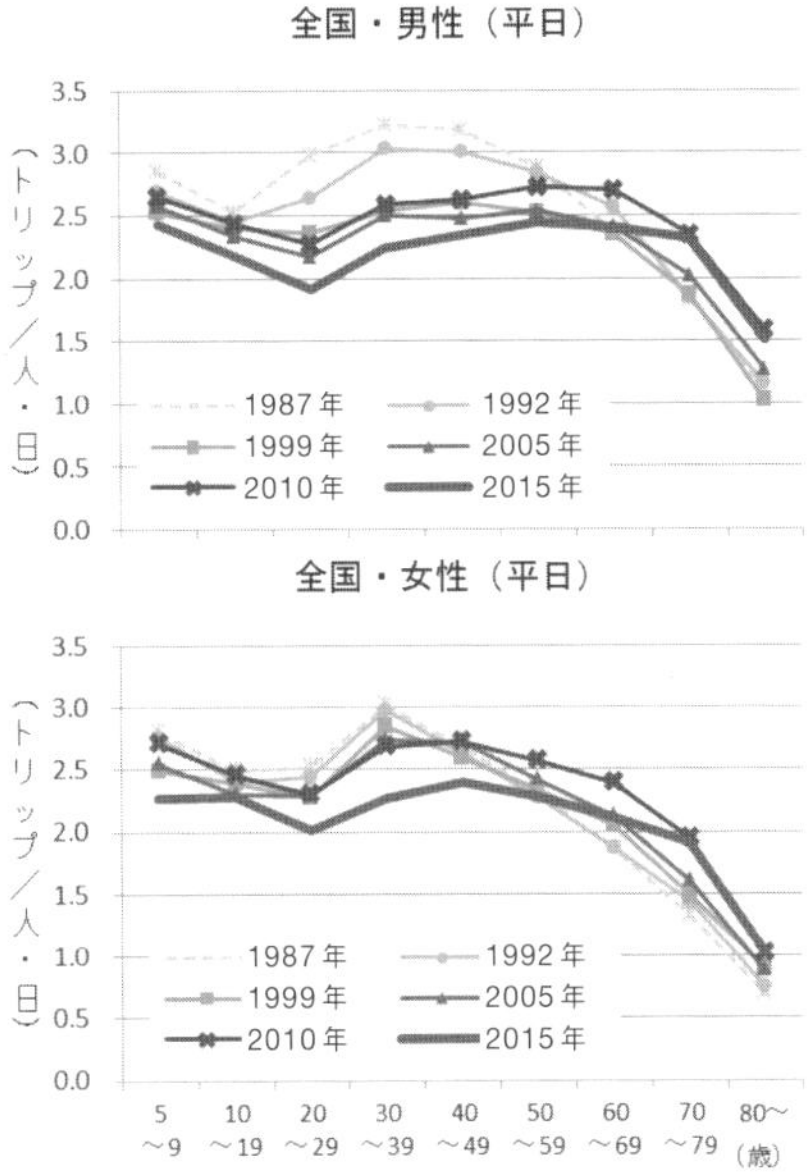

図3
年齢構成別・男女別の平均トリップ数の推移

(出典：国土交通省ウェブサイト「全国都市交通特性調査」)

人口ピラミッドの将来推移は、特に全国単位で考えた場合に、その予測値はほぼ確実であり、その変化を食い止めるのは容易ではない。一方、交通ピラミッドの将来推移は、不確実性の高いものである。その予測の精度を高めることよりも、望ましい交通ピラミッドはどのような姿なのか、その変化の実現には何をするべきかを考えることが重要となる。

過去の交通ピラミッドでは、六五歳以上の通勤移動は少ないが最近は増加傾向にあり、今後、高齢者の就労増でその傾向が続くことも期待される。男性の業務移動が多く、女性の私用移動が多いという移動目的の構成比の男女差は少なくなりうる。あるいは少なくするべきとも言える。生涯学び続けることが大切となり、若年層以外の通学移動も増加した姿が望ましいのかもしれない。私用目的の移動も買い物、病院などの義務的活動ではなく、気心の知れた知人に会いに行く、余暇を楽しむなどの目的が増えていることが望まれる。ただ、交通ピラミッドの考察がモノの動きを考慮できていないことに気がつく学生は少ない。仮に買い物等の移動がなくなっても、物資を輸送する道路等のインフラの重要性が低下するとは言えないことも学生に教えることになる。

新型コロナ感染症で急激に増加したテレワークやリモート会議によって、移動が代替されることが続くとすると、通勤や業務移動は激減しうる。自動車を保有していない層が安価で気軽に利用できるシェア型の交通サービスが普及すると、若年層の移動回数も増加するかもしれない。自動運転車が安価で安全に利用できるようになると、交通弱者向けの公共交通サービスの充実の重要性は低下するかもしれない。

様々な活動を実行するための派生物として移動が生じるが、その内容を考えると、望ましい生活をおくることができているのかを眺めることができる。あるいは、望ましい生活をおくるための移動サービスが実現できているのかを確認することにもつながる。

3 ― モニタリングによる短期の交通サービス改善

森本[2]は都市計画を「先読みと調整の技法」であると指摘している。確かに都市計画の専門家は将来発生しうる長期的な課題を先読みし、それへの対応を調整することを繰り返してきた。一方、ＩＴの技術者は、現在生じている課題に短期的に対応することを得意としてきた。

例として、太田恒平氏が記念シンポジウムで紹介した交通データの分析[3]がある。この分野は近年、実務的に格段に進歩している。例えば、経路検索のアプリのログ情報から、利用者の行動選択結果の膨大なデータが収集可能で、終電需要やイベント時の需要の簡易予測が可能となる。経路検索データは、鉄道混雑の予測、有料道路の利用促進施策、交通事故を低減するルート推奨などにも活用されている。さらに太田氏らが取り組む公共交通オープンデータとしての「標準的なバス情報フォーマット」の全国展開はスピーディーで目をみはるものがある。時刻表、運行情報、リアルタイムの車両の位置等の情報をバス事業者がウェブ等に無料で公開し、それを利用した乗り換え案内サービス等が提供されている。太田氏は問題意識をもつ行政や事業者の関係者を巻き込み、データの可視化等を利用して彼らの意思決定を支援している。地方のバス事業は問題が大きく、道路交通、鉄道など関連業界で長年の蓄積がある分野と比べて、若い技術者が意思決定に主導的役割で関われていることが、成功要因の一つに思える。

オープンデータを利用すると一部の専門家や関係業界のなかだけではなく、オープンな公的意思決定が進むことも期待できる。これらビッグデータによる解析は限界もあるが、プログラミングができれば、可視化とそれに基づく議論は容易であり、関係者を巻き込んで物事を進める力があるかどうかが重要となる。

バス等の公共交通機関のＩＣカード乗車券の利用データを活用した需要喚起策や、高速道路のＥＴＣデータの交通分析への適用も行われている。複数の交通サービスを最適に組み合わせた検索・予約・決済をスマホ等で一括して行えるシステムであるＭａａＳ等も広がりつつある。

交通データを分析する立場からみると、ＩＣカード乗車券やＥＴＣでは、鉄道駅間・バス停間やインターチェンジ間等のトリップの一部のみの情報が得られていたのに対して、ＭａａＳでは、トリップ単位の情報を長期間に収集できる点も見逃せない。膨大なトリップ単位の移動のデータは、望ましい都市計画・交通政策を検討するのに大変有用である。

太田氏は、鉄道経路検索アプリで提示した選択肢とその選択結果のデータの分析例を紹介した。このデータは、通常は交通の研究者が調査し、苦労して収集していたデータについて、より正確なものを容易かつ膨大に収集できることを意味する。さらに今後収集できるデータとして、多様なＭａａＳのサービスの選択肢に対して、どのような人・世帯がどのような希望をするのかという情報がある。これらは世帯別の望ましい居住地、生活スタイルの検討にも有用となろう。将来的に一部の民間企業がそれらのデータを独占するのではなく、公的な主体が個人情報に配慮しつつ公的な目的に利用できるような制度の準備も望まれる。

今から二〇年ほど前に、交通研究の分野では携帯電話の移動軌跡を利用した研究が生まれ始めた。当時から携帯電話会社は所有者の位置を大まかに捉えることはできていて、将来的にはその活用もありうると言われていた。他分野の研究者からは、個人情報保護の観点から否定的な意見もあったが、現在その技術は、社会的な課題への対策技術の基礎として認められるようになった。例えば、新型コロナ感染対策として、各地の人出の状況として毎日のニュースで流れている。ＭａａＳも、利用者への利便性向上に加えて、そのデータの活用例をわかりやすく提示することで社会的に有用な基盤となる。

４―自動運転時代の都市の未来像

完全自動運転実現への期待は大きく、[4]この技術はスマートシティ[5]の核となる技術といえる。車間距離を縮め、車線に沿った精密な走行が可能となることで、車線幅員を狭め、交通容量が拡大し渋滞が緩和しうる。安全な走行が増え交通事故の低減も期待される。高齢者等の移動弱者へのサービスとしても期待される。

自動運転が都市に与える影響は、多様な意見が出されている状況である。[6,7]バスレーンなどの幅員を狭くすることが可能であり、トラック・バスの運転手不足の解消への期待もある。一方、いままで車で移動していない高齢者も移動すると渋滞は増える可能性もある。自動運転の空走技術等を利用すれば駐車スペースを減らせるとの指摘もあれば、自動車の利用量が増えると駐車場ニーズは増えるとの意見もある。

また完全自動運転車は、移動への価値観も変えうる技術である。今まで移動は、移動時間が短く、希望時刻に遅れずに到着することの二つが重要であった。しかし、自動運転の車内で仕事等の活動が実施可能となれば、移動時間が短いことの価値は低下し、希望時刻に遅れないことの価値が高まる。目的地での対面の用事の時刻に遅刻せずに確実に到着することの価値が相対的に高まるのである。交通研究の専門用語で言えば、所要時間節約価値は低下するが、時間信頼性価値は上昇する。渋滞が所要時間の平均だけでなく、変動も増加させることも踏まえると、自動運転社会で仮に移動の価値観が変化しても、渋滞して良いとはならないと考える。

さらに、瀬尾[8]が指摘するように、一人乗りの自動運転が、ライドシェアの自動運転よりも便利である状態を放置すると社会的に望ましい状態は実現しない。既存の自家用自動車利用者と公共交通の利用者が一斉に個別の自動運転車で移動すると、駐車場への空走も増加し、混雑は悪化する。望ましいのは、既存の公共交通が自動運転で便利になり、シェア型で移動する仕組みが便利になることである。

この望ましい姿の実現法を交通混雑の限界費用原理[9]に基づいて考えてみよう。この原理では、個人が道路空間を専有することで発生する社会的な追加費用（外部不経済）を個人が料金や税等で負担する仕組みにするのがよいとされる。個人利用の自動運転車であれば、交通量に車両一台分が追加され、走行時に他車の速度を低下させるという外部不経済に加え、駐車場まで空車で移動するのであれば、その個人の移動と関係のないところでも外部不経済が発生する。しかし、共有で乗り合わせることができれば、その外部不経済は少なくて済む。

自動運転車が市場で自由に販売される前に、以上の考察を参考に法制度等を準備しておくべきと考える。過去にモータリゼーションの進展によって発生した都市の問題に対して都市計画制度での対応は後手に回ってきた歴史がある。自動運転等の新技術の普及に先んじた法制度の準備が望まれる。

例えば自動運転に関連した税制や支援のあり方を考えてみよう。現在行われている、衝突被害軽減や急発進抑制装置が搭載された安全運転サポート車への購入支援は、高齢ドライバーの事故抑制のため十分に有効と考えられる。では、将来的な個人保有の完全自動運転車についてはどうだろうか。先述したように、個人保有の完全自動運転車が増加することは社会的に望ましくはないため、個人の自動運転車の保有税を高くし、その分、シェア型自動運転サービスの運行主体が有利になる制度導入が選択肢となる。ただ、渋滞が少なく既存の公共交通サービスが困難な地方の山間地等を考慮すると、地域一律の所有税導入は有効とはいえない。よって、個人で走行する場合に、渋滞状況に応じた課金をする走行時課金が望ましい。シェア型での走行時の課金額は低くするなどの制度設計がありうる。

自動運転車両が前提とする技術であれば、課金は技術的には容易であろう。ピーク時に道路利用料金を上げる混雑課金政策は東京五輪二〇二〇大会を契機とした首都高速道路での導入検討等を経て、ようやく日本でも施策のオプションとして本格的に認知されるだろう。

また、過去に自動車需要の急増に対して、事後的に附置義務駐車場制度を準備していたのとは逆に、自動運転の普及を見据え、ある地域の駐車場を大幅に減らす戦略が関係者の合意のもとでありえる。建物単位の附置義務から地区単位への駐車場計画の重要性が認識されつつある今、さらに、その先を見据えた検討ができるかどうかが、街なかの魅力を再生するのに重要となる。街なかに存在する駐車場の空間をいかに活用していくか、都市計画がビジョンを描くことが求められる。現場では「短期の話は諸々の利害が絡むため議論が難しいが、二〇年後の話はビジョンとして議論しやすい」という意見を聞くことがある。目の前の課題の解決を真剣に考えると同時に将来の理想像も語りたい。

短期的な課題例として公共交通の利用者の減少が続く地方都市で、地域の公共交通を維持し、住民の移動のニーズを確保しようとする取組みがある。自動運転の実現が近づいても、これらの取組みの重要性は変わらない。その一方で、中長期の議論も大切で、自動運転の本格導入後のあり方の検討も重要である。

実現に長期を要する都市計画には、新たな技術の実現に対して周到に準備した計画づくりが求められる。例えば、現時点では、立地適正化計画において居住誘導区域に浸水地域が含まれる自治体も見られる。既存のバス路線に近く、公共交通の利便性から設定された区域については再検討の余地がある。バス路線は鉄軌道と比較すると廃止も含めた路線の変更等が容易にできる特徴がある。

自動運転技術の進展によりバスサービスのあり方が大幅に変更される可能性があるときに、居住を誘導する地域を判断する材料として、幹線バス路線の周辺であることの重要性は下がりうる。

自動運転の研究は、一般に車両の運転技術の開発が花形と思われがちで、都市計画学の研究アプローチ――例えば、仮想状態のアンケート調査に基づくシミュレーションによるシナリオ分析――にどれだけの学生や研究者が興味を持ち続けるのかに若干の懸念はある。しかし、車両の技術開発に対応したシステムの議論は大切である。自動運転の導入に備える都市計画分野の研究の重要性は高まっていくであろう。政策の根拠となる研究論文が日本都市計画学会で発表され、議論されていくことを期待したい。

都市計画は自動運転に代表される新たな技術の受け手だけになるのではなく、技術で生じる課題を先読みし、対応する法制度のあり方を提言することが必要となる。科学的根拠に基づいた新たな技術に対応した規制、税制、料金制度等の積極的な提言が今後さらに求められる。

[註・参考文献]

1 移動の起終点（Origin & Destination）で、交通を表形式に集計したもの。交通計画の基礎概念の一つ

2 森本章倫「都市計画のこれまでとこれから」『都市計画』六八巻三号、一〇–一二頁、二〇一九年

3 太田恒平「交通／経路検索／ビッグデータ／オープンデータ／スマートシティ」「都市計画法五〇年・一〇〇年記念シンポジウム・第二弾」二〇一九年

4 太田勝敏「自動運転時代の都市と交通を考える」『IBS Annual Report 研究活動報告二〇一七』五–一二頁、二〇一七年

5 国土交通省都市局「スマートシティの実現に向けて（中間とりまとめ）」二〇一八年

6 国土交通省都市局「都市交通における自動運転技術の活用方策に関する検討会について」二〇一七年

7 名古屋都市センター『自動運転がまちづくりに及ぼす影響に関する研究』二〇一九年

8 瀬尾亨「自動運転時代の交通システム理論――展望と課題」「CSIS シンポジウム」二〇一九年

9 主に交通経済学の分野で提唱される概念（10、11も参照）。利用者の費用が社会的限界費用（≒交通量が一台増えたときの道路上の車両の総移動時間の増分）と等しくなるように混雑料金を設定するのが最適とされる

10 竹内健蔵『交通経済学入門（新版）』有斐閣、二〇一八年

11 文世一『交通混雑の理論と政策』東洋経済新報社、二〇〇五年

持続性と都市計画

村山顕人

1― 都市計画を取り巻く環境の変化

一九六八年に制定された都市計画法の目的は、「都市の健全な発展と秩序ある整備を図り、もって国土の均衡ある発展と公共の福祉の増進に寄与すること」、その基本理念は、「農林漁業との健全な調和を図りつつ、健康で文化的な都市生活及び機能的な都市活動を確保すべきこと並びにこのためには適正な制限のもとに土地の合理的な利用が図られるべきこと」である。この目的や理念はこれからも大きく変わることはないと思われるが、都市計画法の制定から五〇年以上経過する中で大きく変わってきた都市を取り巻く環境については、改めて幅広い視野で理解し、新しい環境の中での都市計画の目的を具体的に再設定し、制度改革していく必要があるだろう。

世界経済フォーラムの「グローバル・リスク報告書二〇二〇」には、人間社会を取り巻く様々なリスクの発生可能性と影響の分布が図示されている。そこには、気候変動施策の失敗、極端な気候、水不足、自然災害、情報インフラの機能停止、感染症、食糧危機、社会の不安定などのリスクが挙げられている。都市計画の失敗もリスクの一つで、他のリスクに比べると影響が小さいとされているが、現代の都市計画は、気候変動施策の一部であり、自然災害の防災・減災、感染症の拡大防止等とも深く関係することを考えると、軽視してはならない。こうしたリスクにしなやかに対応し、都市とそこでの生活の持続性を確保するために、都市計画制度はどのように改革されるべきなのか。

keywords 持続性 リスク 気候変動 グリーンインフラ

2 — 持続性目標の国際的合意と経済的システムの変化

二〇一五年は、国連における持続可能な開発目標（SDGs）の採択と国連気候変動枠組条約締約国会議（COP）におけるパリ協定の締結という、持続性に関わる目標の国際的合意がなされた象徴的な年である。前者は、二〇三〇年に向け、貧困の根絶、飢えの根絶、健康な生活、質の高い教育、男女平等、清潔な水の確保および公衆衛生、再生可能エネルギー、よい仕事と経済発展、不平等の緩和、持続可能な都市およびコミュニティ、責任ある消費、気候変動に対する行動、海中生物、陸上生物、平和と正義、パートナーシップに関する国際社会の共通目標を定めたものである。後者は、世界の平均気温上昇を産業革命以前に比べて二℃より十分低く保ち、一・五℃に抑える努力をすること、そのため、できるかぎり早く世界の温室効果ガス排出量をピークアウトし、二一世紀後半には、温室効果ガスの排出量と（森林などによる）吸収量のバランスをとることを世界共通の長期目標として掲げたものである。

一九六八年に都市計画法が制定されてから社会・経済・環境のグローバル化が進んだ。その中で、都市計画の目的も世界的なリスクへの対応や国際的に合意された持続性に関わる目標の達成に貢献するものへと再設定する必要があるのではないか。

世界的な気候変動や感染症パンデミックへの対応では、「我々の文化は経済的利益の最大化ではなく人々の健康や幸福を選べるか」という根幹的な価値観の変換が求められている。世界の経済システムも、株主へのリターンが絶対視される「株主資本主義」のモデルから、従業員・顧客・環境・株主の四つのステークホルダーの間にあるトレードオフを調整する新しい「ステークホルダー資本主義」のモデルへと変わりつつある。環境・社会に配慮した経営を行い企業統治に優れた企業を選別して資金投入を行うESG投資の広がりもその一環であるが、そうした資金をどのように良質な市街地の開発や更新に投入していけば良いのか。

3 — 激甚化する気候変動影響への都市計画の対応

日本の都市計画は、歴史的に、地震・津波・台風などの自然災害に対応してきた。加えて、近年では、都市とそこでの生活に関係する様々な分野において気候変動の影響が激甚化し、それへの対応が求められている。気候変動の原因とされる温室効果ガスの排出量を削減して気候変動の緩和に寄与する施策だけでなく、気候変動の影響に人間社会が適応するための施策を早急に検討する必要がある。「コンパクトシティ・プラス・ネットワーク」型の都市構造をゆるやかな規制と誘導で実現する都市計画は、自動車が排出する温室効果ガスを削減すること、都市機能や居住を集約することによってエネルギー効率を向上させること等を目的とする気候変動の緩和策として捉えることができる。そして現在、筆者も参加する「気候変動影響予測・適応評価の総合的研究」[1]で検討されているのは、農林水産分野、自然災害・水資源分野、国民の生活の質とその基盤となるインフラ・地域産業への気候変動影響予測と適応策の検討、気候変動影響の経済評価、以上を総合的に扱うフレームワークの開発である。土地利用分野の適応策としては、主に外水氾濫と内水氾濫の影響が大きいエリアの低密度化を含む都市構造再編方針の検討、森林や農地の量と配置に関わる農林水産分野の適応策を踏まえた土地利用計画の再構成、東京一極集中の解消と地方創生を通じた国土構造の変化等を検討する。市街地環境分野の適応策としては、主に内水氾濫と暑熱に適応するためのグリーン・インフラストラクチュアやグリーン・ビルディングの整備方針を検討する。また、こうした適応策の実施に伴う経済評価(コスト算定)も行い、適応策に取り組まずに成り行きに任せた場合と比較し、適応策の優位性を示したいと考えている。

サステナビリティや自然災害を専門領域とするMS&ADインターリスク総研株式会社フェローの原口真氏は、損害保険のみでは、もはや激甚化する気候変動による損害に対応できなくなることを危惧している。[2]台風による風水害(洪水・高潮・内水氾濫)は、二〇一一年のタイの大規模洪水被害以降、頻発するようになり、日本でも一風水害につき一〇〇〇億~一兆円の保険金が支払われている。これは、損害保険業界にとっては大きなダメージであると言う。損害保険業界としては、災害リスクに応じて保険金を値上げして対応することもできるが(これは住宅ローンの利率も同様であるが)、そもそも、気候変動により災害が激甚化する中、莫大な社会的コストがかかっていることが問題であり(復旧・復興以外にも前向きにコストをかけるべき分野がある）、本来居住すべきでない高災害リスク地域に対する公的な土地利用規制を強化することも重要だと指摘している。建物の損害保険の金額は、基本的には建物の構造のみで決まっているが、本来は、地盤や地形、災害リスクといった立地をも考慮して設定されるべきであり、科学的知見と専門的判断に基づく公的な土地利用計画が必要であると強調する。

同様に、市街地環境についても、内水氾濫による被害や暑熱による健康被害を低減させるための施策が求められるであろう。人口や経済が縮小する都市の持続性を考えるとき、復旧・復興や医療に関わる社会的コストを削減することは必須で、そのためにも、土地利用計画の策定や市街地環境の整備の方法を改革していく必要がある。以下では、その改革の方向性を提示したい。

4 — 民間不動産開発事業の持続性評価とESG投資

前出の原口真氏は、企業にとって気候変動には三種類のリスクがあると説明する。一つ目は、洪水や嵐などの気候・天候事象による財物等への直接損害やグローバル・サプライ・チェーンの破壊等の間接損害といった物理的リスクである。気候変動に伴う事象の頻度と影響の増大でプロテクション・ギャップが懸念される。二つ目は、気候変動による損失・損害を受けた当事者が責任企業等に賠償を求める賠償責任リスクである。将来的に発生し得る第三者損害賠償で、取締役・役員・専門職の賠償責任が問われる。三つ目は、低炭素・脱炭素経済への移行に伴って資産が再評価されることによる財務的影響という移行リスクである。化石燃料埋蔵量の大部分が「座礁」するといった潜在的なリスクを含む。

企業を支える投資家は、こうしたリスクを認識し、ESG投資（環境・社会・企業統治に配慮した投資）やSDGs（持続可能な開発目標）の観点から不動産投資のあり方を再検討している。世界最大の機関投資家である日本の年金積立金管理運用独立行政法人（GPIF）も、投資リターンを持続的に追求するため、SDGsが採択された二〇一五年に、ESG投資を開始している。一方、近年の不動産開発事業は、世界からの投資によって成立しており、また、外資系企業がそうした事業によってできたオフィス・スペースに入居するケースも増えている。その際、環境や社会に配慮した良質な不動産開発事業に投資したり、その中のオフィス・スペースに入居したりすることがグローバル・ビジネスの標準になりつつある。つまり、不動産開発事業においても、積極的な持続性の追求が求められることになる。

そして、こうした不動産開発事業のモデルの変化に応答する形で普及しているのが、CASBEE－街区、LEED－ND、SITES、ABINC等の民間の計画認証評価制度[3]である。これらの制度は、それぞれ個性があるが、不動産開発事業（主に新市街地開発や大規模再開発）の計画を持続性の環境的・社会的・経済的側面から評価し、その結果を格付け認証するものである。近年では、晴海フラッグ、二子玉川ライズ、柏の葉スマートシティ、南町田グランベリーパーク等がこうした計画認証を受けている。

5―既成市街地の漸進的更新と地区まちづくりの枠組み

人口と経済が縮小する日本の都市では、こうした大規模な不動産開発事業だけでなく、むしろ、多様な主体が関わる一般的な既成市街地の漸進的な更新の取組みの中で、環境・社会・経済の持続性を追求する必要もある。これについては、エコディストリクト[4]（EcoDistricts）をはじめとするプロセス重視の枠組みと認証制度に期待が寄せられる。エコディストリクトは、二〇〇九年に米国オレゴン州ポートランド市の市役所からスピンオフしてつくられた非営利組織ポートランド・サステナビリティ機構が、既成市街地における地区スケールのハード及びソフトのプロジェクトを通じて環境負荷の小さい都市をつくる取組みを市内五つのパイロット地区で展開し、その体制やプロセスの枠組みを一般化したことに始まる。エコディストリクトの枠組みの特徴は、地球・流域圏・都市圏・自治体・地区・建物のマルチスケールに関係する環境の課題に地区スケールの市街地更新を通じて応答していくアプローチである。

二〇一六年には、「気候」、「社会的公正」、「レジリエンス」の三つの原則、「場所」、「繁栄」、「健康」、「つながり」、「居住基盤」、「資源保全」の六つの優先事項、「組織化」、「ロードマップ」、「達成評価」の三つの実現段階で構成され、地区スケールの市街地更新の進め方を共通言語化した「エコディストリクト・プロトコル」が公開された。これは、住民、地権者、就業者、事業者、企業、NPO、行政を含む多様な主体の協働で既成市街地をエコディストリクトに転換するための枠組みであり、取組みの規範と認証の仕組みが含まれている。

　エコディストリクトのプランとしてわかりやすい事例に「ミルベール・ピボット・プラン2・0」がある。ここには、人間の生存に不可欠な食糧、水、エネルギーに加え、大気汚染、モビリティ、社会的公正に関する既成市街地更新のビジョンが描かれている。エネルギーについては太陽光発電の共同利用、食糧については都市農業とレストラン、水については小川沿いの開発やコンプリート・ストリートの整備、モビリティについてはカヤック拠点とコンプリート・ストリートの整備、大気については建物への空気清浄装置の設置ときれいな空気の公園の整備、社会的公正については緑地のネットワークやアフォーダブル住宅の整備が位置づけられている。

　エコディストリクトのような既成市街地の漸進的更新を促進する仕組みは、建築物の誘導や都市基盤の整備を主目的としてきた日本の地区計画制度を多様な主体の協働で地区の持続性を高める取組みを支援するものに発展させる際に、大いに参考になる。

6― グリーン・インフラの整備とインフラの再構成

都市計画の根幹は土地利用と都市施設の配置であり、後者は建物と都市基盤（インフラ）で構成される。従来のインフラの多くは、コンクリートやアスファルトでつくられるグレー・インフラであったが、今後は水と緑のグリーン・インフラやAI（人工知能）とIoT（モノのインターネット）に関わるスマート・インフラを既成市街地に組み込んでいく必要がある。

　近年、様々な形でグリーン・インフラによる都市の再構築の取組みが行われている。[5] 例えば、一〇〇年かけて都心部のグリーン・インフラをつくるシアトル市の「The Blue Ring」、都市の空洞を緑で埋めてつなぐトリノ市の都市戦略とプロジェクト、街を秩序よく低密度化するデトロイト市の枠組み、道路をつくり直す名古屋市の「みちまちづくり」、集中豪雨時に道路を水路として機能させるコペンハーゲン市の「Cloudburst Management

Plan」、西東京市における農住混在地区の再評価である。

また、世界各地で「自然を基盤とした社会課題解決（Nature-based Solutions: NbS）」というコンセプトが広まっている。これは、都市における気候変動適応を自然を基盤とした解決策を通じて実現するものである。具体的には、ヒートアイランド現象の影響を和らげるために街路や緑地を増やすこと、コミュニティの形成や住環境の保全を進めながら雨水貯留・浸透を推進するためにコミュニティ・ガーデンを整備すること、夏季の暑熱を軽減して冬季の断熱を進め雨水流出を抑制するために屋上緑化を行うこと、雨水の流出抑制と浄化を進めるために浸透面や湿地を増加させることなどが推進されている。

気候変動の緩和策と適応策の推進において、自然を基盤とするグリーン・インフラの整備は極めて重要である。ただし、グリーン・インフラの整備には莫大な費用がかかり、それをどう捻出するかが大きな課題である。同時に要請されているスマート・インフラの整備やグレー・インフラの適正規模化[6]と合わせて、都市のインフラの再構成を考える時期に来ているのではないか。

7 — 都市計画の領域拡大と各主体の役割

日本の都市計画は、社会・経済・環境のグローバル化の進展に合わせ目的を再設定し、検討に含める領域を拡大する必要がある。これからの都市計画の目的には、国際的に合意された持続性に関わる目標の達成と世界的なリスクへの対応が含まれるべきである。では、これからの都市の計画制度には、どのような構成要素が求められるのか。ここでは、まず、行政、民間企業、地域、専門家という主体別に考えてみたい。

まず、行政の都市計画は、引き続き、土地利用と都市施設の配置を根幹とするが、単に人口や経済の拡大や縮小に合わせて物的環境を整備するのではなく、様々なリスクへの対応に必要な社会的コストを削減するような積極的な内容に発展させる必要があるだろう。激甚化する気候変動影響については、将来の気候変動影響予測に基づき、外水氾濫と内水氾濫の影響が大きいエリアの低密度化を含む都市構造再生方針、森林や農地の量と配置の変化を踏まえた土地利用計画の再構成、グリーン・インフラやスマート・インフラの整備とグレー・インフラの適正規模化、グリーン・ビルディングの推進といった適応策を都市計画として実施していくことが求められる。

次に、民間不動産開発事業に関わる民間企業には、今後、ステークホルダー資本主義モデルやＥＳＧ投資が本流化することを前提に、計画認証評価制度を活用した良質な市街地環境整備に取り組むことが求められる。ただし、人口と経済が縮小する日本においては、これまで通りに高容積化の開発事業を続けると別の地域で空き家と空き地が発生する問題に終止符を打たなければならない。高容積化しなくても開発事業が成立し、形成された建物や公共空間が経年的に優化するような制度を編み出さなければならない。

大規模な不動産開発事業が実施されないような一般的な既成市街地においては、多様な主体による漸進的な更新の取組みの中で、環境・社会・経済の持続可能性を追求することが求められる。エコディストリクトのようなプロセス重視の枠組みや認証制度は、一九七〇年代以降に発展した地域主導のまちづくりや二〇〇〇年以降のエリアマネジメントとの親和性が高く、まちづくりを世界的な目標の達成やリスクへの対応に寄与するものへと転換させる可能性を持つ。同時に、こうしたまちづくりを積極的に展開するための地域力が必要となる。

最後に、こうした都市計画の領域拡大を支える専門家である。従来から必要とされていた計画策定技法[7]（概念的には現状分析・将来予測を支える科学的技法、空間構想・空間構成を支える創造的技法、合意形成・意思決定を導く政治的技法で構成される）に持続性評価やリスク・マネジメントに関わる技法が加わる。特に、気候変動を踏まえた、科学的根拠に基づく土地利用計画の策定と実現は鍵である。ただし、拡大した領域にはその領域の専門家（例えば気候変動影響予測や各種シミュレーションの専門家）がいるので、そうした専門家と協働し、都市計画の中に新しい領域を組み入れるためのプロセスを設計したり、体制を構築したりすることが求められる。

8— 都市の空間計画制度

最後に、都市計画の領域拡大に対応する計画制度としては、「統合的空間計画」を提案したい。[8] この「統合」には、都市計画とそれに関連する分野の計画の統合、国土から街区までの様々な空間スケールの計画の統合、そして、都市計画および関連分野に関わる多様な主体の方向性の統合という側面が含まれている。

　これまでの都市計画は、本節で議論した領域に対して、統合的に対応するような体制になっているとは言えない。もちろん、防災・減災分野や環境分野の取組みは進んでいるが、行政の中で仕事が分担されてしまうことが多く、なかなか持続性に関わる目標の達成と世界的なリスクへの対応に向けて従来の都市計画の内容やプロセスを見直そうという機運にはならない。筆者自身、いくつかの自治体の都市計画マスタープランを策定する際に、あるいは、都市計画審議会での議論の中で、これをどうにかしようと頑張っているが、持続性やリスクを軸にロジックを組もうとすると、従来の都市計画と対立する部分が見えてきて、従来のやり方ではうまくできないという理由で「実現困難」とされてしまう。[9]一方、緑の基本計画や環境基本計画では、持続性を軸にしたロジックが受け入れられやすい。

　理想的には、自治体の物的環境の形成に関わる基本計画を「統合的空間計画」としてまとめることができれば、大きな目標の下で考えることができるかも知れない。筆者が二〇一四年秋頃から静かに提唱している「統合的空間計画」とは、現在、基礎自治体の各担当課で策定されている都市計画マスタープラン、景観計画、緑の基本計画、住生活基本計画といった空間形成に関わる基本計画群を一つの空間計画に統合するもので、市民や企業に対して具体的でわかりやすい空間戦略を示し、成り行きではない積極的な空間の再整備や保全を推進することを目指すものである。その際には、本節で扱った持続性の達成やリスクへの適応が空間計画の大きな目標となるべきで、その指針は自治体よりも上位の都市圏、流域圏、国土、世界のスケールで議論されるべきである。また、街区スケールの民間不動産開発事業や地区スケールのまちづくりの取組みを自治体の空間計画の中に位置づけ、人々の生活の質の向上につながる三次元の都市空間を創造的に形成していくことが求められる。

［註・参考文献］

1　二〇二〇年度から五か年の環境研究総合推進費・戦略的研究開発。わが国の気候変動適応の取組みを支援する総合的な科学的情報の創出を目的に、最新の科学的知見に基づく影響予測・適応評価に関する研究を推進している

2 原口真「リスクマネジメント／環境性能評価・持続性評価／投資・資金調達」日本都市計画学会「都市計画法五〇年・一〇〇年記念シンポジウム・第二弾」二〇一九年

3 街区・地区の開発の持続性を評価・認証する民間の制度。CASBEE-街区は一般社団法人建築環境・省エネルギー機構による市街地再開発・郊外住宅地開発など計画に対する評価、LEED-NDはU.S. Green Building Councilによるエリア開発のコストや資源の削減、人々の健康への影響、再生可能エネルギーの促進に関する評価・認証、SITESはGreen Business Certification Inc.による生物多様性保全、水資源保全、省エネルギー、資源循環、ヒートアイランド現象緩和、健康増進、教育などの要素に関するランドスケープの持続性評価、ABINCは一般社団法人企業と生物多様性イニシアティブによる生物多様性に配慮した緑地づくりや管理利用に関する評価・認証の仕組みである

4 村山顕人「エコディストリクト――既成市街地を持続再生させる新たな挑戦」『BIOCITY』七三号、三五-四三頁、二〇一八年

5 村山顕人「グリーンインフラによる都市の再構築」、グリーンインフラ研究会・三菱UFJリサーチ&コンサルティング・日経コンストラクション編『実践版！ グリーンインフラ』日経BP、一九四-二〇四頁、二〇二〇年

6 成長時代に計画され未だに整備されていない道路や公園の計画を廃止したり、自動車を中心に整備された道路を歩行者・自転車を中心とするものに再整備したり、公共施設を再編整備したりなど経済や人口の縮小に合わせてインフラを適正な規模につくりなおしていくこと

7 Akito Murayama: Toward the Development of Plan-Making Methodology for Urban Regeneration, Masahide Horita and Hideki Koizumi eds.: *Innovations in Collaborative Urban Regeneration*, Springer, pp.15-29, 2009

8 村山顕人「持続性とレジリエンシーから描く都市像―どのように都市像を描くべきか」『都市計画』三四五、六二-六七頁、二〇二〇年

9 例えば、内水氾濫・外水氾濫・土地の液状化のリスクの高い地域への人口誘導を見直そうとしても、開発を誘導したい土地所有者の意向を理由に、それができない。あるいは、都市計画道路の幅員や断面構成を総合的な視点から提案しても自動車交通量のみを根拠とする検討しかできない

都市計画法50年・100年記念
シンポジウム第2弾
（2019年5月31日）

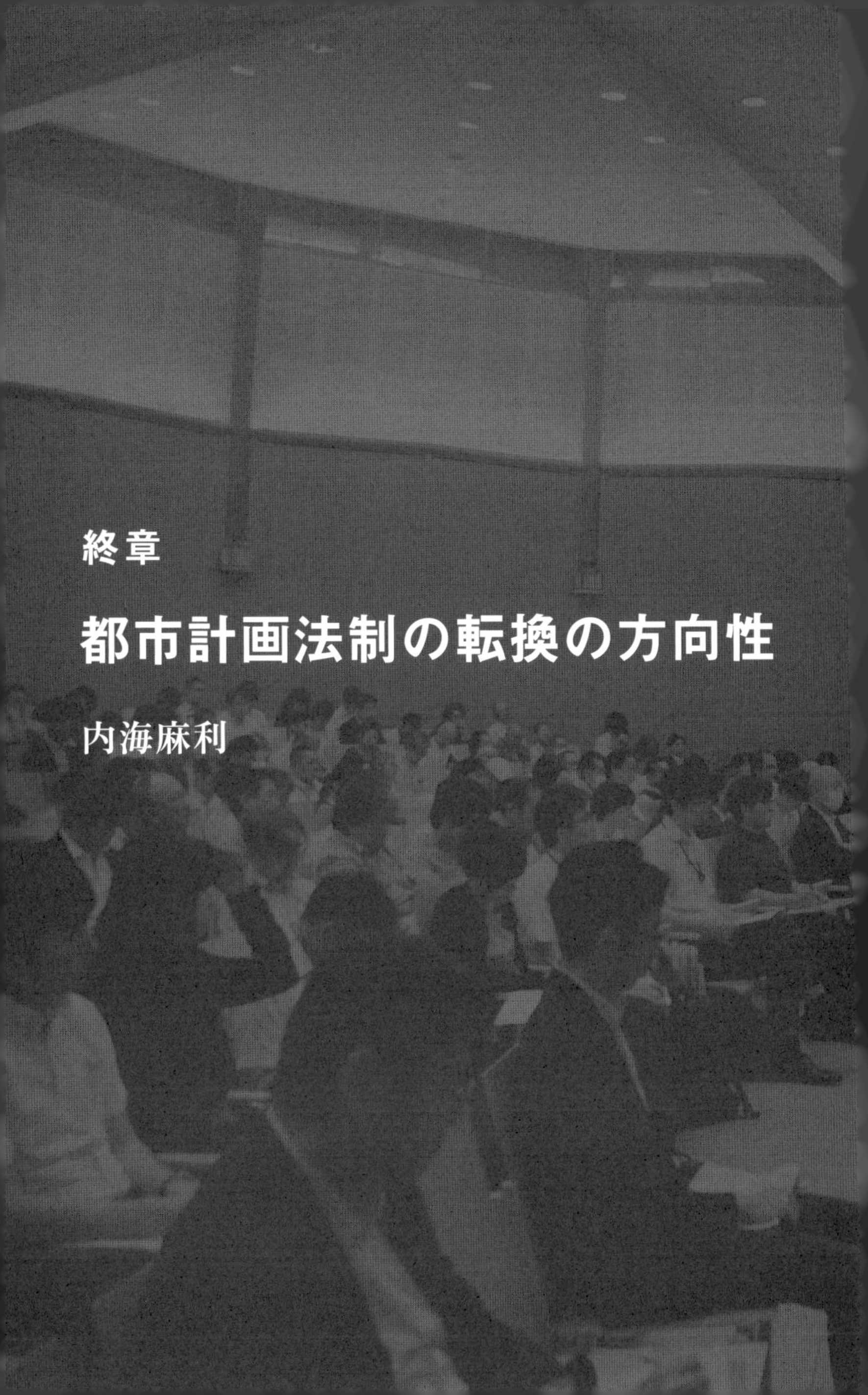

終章

都市計画法制の転換の方向性

内海麻利

1 ― 都市計画法制の構造転換に向けて

二〇一八年は新都市計画法制定五〇年に、また二〇一九年は都市計画法制定一〇〇年にあたり、日本の都市計画法制にとって大きな節目の年であった。この五〇年または一〇〇年の間、都市計画法制は、近代都市計画を基礎とした根幹的な構造を残しながらも、社会の変化に応じてその様相を変えてきた。そして現在においても、今日の日本社会が直面する、あるいは近未来に直面する課題に対応するための変革が期待されている。本書では、こうした期待に応えるべく、「都市計画の構造転換」というタイトルを掲げ、都市計画法制の歴史と展開、課題や可能性について、日本都市計画学会で実施された記念事業の成果を踏まえて検討し、提案がなされている。

終章では、これらの検討や提案から得られた知見を、都市計画が有している「公共性」「全体性」「時間性」[1]という性質から整理し、都市計画法制の転換の方向性を示してみたい。

2 ― 都市計画の性質と法定都市計画の特徴

本書の論考の多くは、日本の都市計画法制のみを対象としているわけではない。また、第1章第1節で論じられているように、都市計画と都市計画法制は同一ではない。しかし、後述するように、都市計画法制は都市計画を実現する主要な手段であることは間違いない。したがって、都市計画の有する「公共性」「全体性」「時間性」という性質から都市計画法制の課題や可能性を確認することで、都市計画法制が都市計画の主要な手段としてどのような方向に構造を転換すべきかを見定めることができるのではないかと考える。なお、ここでいう都市計画法制とは、都市計画法を中心に関連する種々の法令及びその制度を指している。

・都市計画の性質

都市計画は、「計画（plan）」を媒介に、連続した空間の物理的基盤として、都市全体を包括的にコントロールする社会的な技術として誕生する（第2章第2節）。そして、都市計画は次のような性質を有している。

第一に、「公共性」である。これは、個別の土地利用規制が他に影響を与えるという作用だけでなく、都市空間が経済活動と生活の共同の場であり、土地や空間の利用が広く住民の利益や不利益にかかわることによる性質である。それゆえ政府の強力な介入を要し、公共の福祉の実現のための科学的な根拠や、社会的な合意を得るための民主的な手続が求められる。第二に、「全体性」である。これは、都市計画が、連続した空間全体に影響を及ぼし、さらに各空間を調整及び整合させることにより、都市全体の機能を高め、結果として個々の主体をとりまく環境の向上に寄与するという理論的構造を有していることによる性質である。第三に、「時間性」である。これは、都市計画が、都市の将来像を予測し、決定された都市の目標像を長期にわたり時間をかけて実現するものであり、他方で、時間の経過に伴う変化（物理的、社会経済的などの変化）に影響を受けるため、時間軸を考慮しなければならないという性質である。

　こうした三つの性質を有する都市計画の構造をなす「計画」は、「公共性」の根拠を科学的に示し、あるいは民主的手続によって担保する道具として機能することが想定されてきた。同様に、「全体性」を考慮して対象とする空間を示すとともに各対象空間を調整・整合させる道具として、さらに「時間性」を表現するため、将来を予測し、目標像とそのプロセスを示す道具として機能することが想定されてきた。

・都市計画法制の特徴

一方、「都市計画法」（一九六八年制定）では都市計画を次のように定義している。「都市の健全な発展と秩序ある整備を図るための土地利用、都市施設の整備及び市街地開発事業に関する計画」（法四条一項）。そしてその目的は、「都市計画の内容及びその決定手続、都市計画制限、都市計画事業その他都市計画に関し必要な事項を定めることにより、都市の健全な発展と秩序ある整備を図り、もって国土の均衡ある発展と公共の福祉の増進に寄与すること」（法一条）とある。つまり、都市計画法は、都市計画の内容や計画づくりのみならず、計画に示されたた内容に沿って都市を変えていく行為、すなわち実現手法を含むものである。

　このことは、公共団体が主体となり、都市計画が公共の福祉を目的に、都市計画事業や都市計画制限を行い、場合によっては公権的行為によって、財産権である土地所有権の自由な行使を制限しなければその目的を果たせないことを意味している。財産権は、憲法で国民に保障された権利であり（憲法二九条）、公共事業に伴う補助金等は租税によるものであることはいうまでもない。このように、都市計画法制の特徴は、強制力を伴う実効性を有している点にある（第1章第1節）。したがって、都市計画法制を用いた都市計画は被治者にとって正当なものでなければならず、そのためには、都市計画の性質を持った技術によって行使されることが重要になる。しかし、社会情勢や人々の価値観の変化に伴い、都市計画法制に求められるものも大きく変化してきている。

3　都市計画法制に求められる都市計画の三つの性質

・社会情勢の変化に伴う「公共性」と都市計画法制

「公共性」が都市計画法制を支える本質的な概念であること、また、社会情勢や人々の価値観が時代とともに変化することに対応して、公共性によって支えられている都市計画法制も変化することは、第1章第1節及び第2節を通じて詳しく論じられている。そして、本書の論考の多くには、「公共性」として観念される内容の変化が都市計画法に影響を与えるものとして示されている。

第一に、人口が増加する高度成長時代から人口減少、経済縮小時代への変化である。これは、戦前の都市の不燃化に始まり、高度成長期以降、都市を「整備」「開発」し、無秩序なスプロールを制御するために創設された都市計画法制が果たしてきた成果と限界として述べられている。例えば、区域区分や立地適正化計画を代表とする土地利用制度の実績やその問題点（第3章）、都市施設等のインフラの再編、市街地開発事業における事業手法の変容などの記述に見て取れる（第4章）。また、良好な住環境整備をきめ細かに実現する地区計画の背景としても論じられている（第5章）。以上のような変化に対応し、課題を解決するために都市計画法制が改正されまたは創設されているが、その際に示された変化を表す概念が「地区まちづくり」（一九八〇年）、「都市再生」（二〇〇二年）や「コンパクトシティ」（二〇一四年）[2]などであった。

第二に、都市計画法創設時には、公園等を都市施設として、あるいは限定的かつ部分的な対象物や地区を「保全」することで対応されていた環境に関する変化である。例えば、地球規模での価値観の変化に伴い低炭素・脱炭素や気候変動に対する議論があり、これらが自然災害を引き起こすことで、都市計画法制の問題として取り上げられている（第6章・第7章）。そして、こうした事象が牽引して、自然生態環境の多面的機能を活用した社会資本や、リスク回避の重要性という新たな議論を呼び起こしている（第7章）。これらの第一の変化に対する積み残された課題と、第二に関する議論のなかで、強調されている概念が各空間レベルの「持続可能性」である。

第三に、情報技術とその進展による変化である。都市計画法制との関係については議論の途上であるが、都市部への人口の集中がもたらす環境への高い負荷、労働力不足に伴う経済成長の鈍化は、今後の社会、環境と経済の行く末を決定づけると考えられている。本書の論考では、この課題解決のためにビッグデータを始めとしたICT技術を活用した都市づくりに期待が寄せられている（第1章・第6章・第7章）。こうした課題解決の方策として提示されつつある概念の一つが「スマートシティ」である。

そして、第一、第二、第三のいずれの変化においても「整備」「開発」「保全」のみでなく、「マネジメント」によって対応される必要性が提起されている。

以上は第1章第1節に定義される公共性が意味する具体の内容、すなわち「実質的公共性」が対応する社会情勢と価値観の変化を表すものである。他方で、これらが決められる「手続的公共性」においてもその変化を述べる論考は少なくない。例えば、第1章第2節では、「公共観」の変化に影響をうけて「手続的公共性」が変化してきている実態が検討されている。都市計画決定手続の充実に伴い決定作成に関与する者が多元化してきている点である。この多元化の一つには、地方分権により国や都道府県の決定が市町村に移譲されたことによるものであり、いま一つは、住民、民間企業、非営利団体などの公共団体以外の「民」が主体的にかかわることを推進するものである（第1章・第4章・第5章）。

このように、社会情勢や価値観が変化し、決定主体の多元化が進む中で、何が公共の福祉への寄与なのかを再考する必要が生じてきている。その意味で、今日の変化に即した都市計画法制の正当性の確保のために、都市計画法制の「公共性」を改めて検討する時期がきている。

・「全体性」に関する都市計画法制の課題と方向性

「全体性」の性質は、空間を取り扱う都市計画固有の性格といえ、旧法、新法を通じて都市計画法制の中で計画を策定する技術が「全体性」を発揮するために高められてきた(第2章第2節)。実際、現行法では、都市のビジョンを示した「マスタープラン」を作成し、これに基づく「土地利用」が定められ、土地利用との関係において都市施設等を記した「事業計画」が策定され、その実現を図っていくことで都市全体の機能を高めることが目指されている。しかしながら、本書の論考では、「全体性」にかかわり次のような課題が投げかけられている。

第一は、政策分野の連携である。国土利用に関する計画・規制制度は、都市計画法を含む五つの個別法[3]により目的も方法も異なる計画と規制が各法律にもとづく縦割りの所管課により運用されている。そして、これらの五つの個別法を調整する上位計画として、国土利用計画法が規定する国土利用計画が存在し、これによる計画間調整により「全体性」が保たれる構造になっている。しかしながら、国土利用計画の内容は「個別計画の区域の追認にすぎない」などといわれてきた。[4]

本書の論考においては、こうした問題に対して、「総合的かつ計画的な土地利用を行うため、都市と農村の土地利用に係る法体系の統合など、…土地利用に係る制度全般を見直していくこと」に着目し、政策分野を超えて一元的・包括的法体系を目指す「都市・地域空間計画法」を提案するもの(第6章第5節)、農地や森林の環境保全機能を広域の土地利用の中で検討する必要性を提示するもの(第6章第3節)などがある。また、具体の土地利用制度に関して、コンパクトシティへの転換に際しては、集落環境の妥当性を人口や産業フレームで総量のチェックを行いながら、開発許可制度で計画を担保するという仕組みが肝要だとするものなどがある(第3章第2節)。

第二は、都市機能のネットワークの必要性である。近年、人口減少時代の都市政策として「コンパクト・プラス・ネットワーク」という概念が示され、都市全体の構造のなかで、居住機能や医療、福祉、商業などの都市機能の誘導と、これらと連携した持続可能な地域公共交通ネットワークを形成するために都市再生特別措置法及び地域公共交通活性化再生法(二〇一四年)が改正された。

こうした改正を踏まえて、本書では、都市施設の主要な要素である道路や交通計画の視点から「全体性」にかかわる議論がされている。例えば、現在の都市計画道路の決定要件は、起点終点、幅員、車線数など、空間形態のみであるが、街路空間の再構築を沿道の土地利用形成と一体となって進めていくことが必要であるとするもの（第4章第2節）、また、地区レベルの道路問題と道路ネットワークとの関係について指摘するもの（第5章第2節）などである。他方、都市全体の社会的便益を向上させるためには、空間を賢くシェアするための新たな技法が必要であるとするもの（第6章第4節）などもある。

第三は、広域空間と狭域空間との利益調整である。既述のとおり、都市計画は都市全体の視点から決められるという性質は、とりわけ、法四条で規定される土地利用、都市施設の整備では強調される。しかし、市街地開発事業では、近隣環境との調整は図られつつも、民間事業者による施設整備を前提として地区や街区内の利益調整によって空間が創出されてきた。一方、住民参加を背景として生活に身近な空間整備への要望が高まり、それに対応する形で、建築協定や地区計画、条例によるまちづくり地区等のような制度の充実が図られてきた。これらも都市全体の利益というよりは、地区の良好な住環境を利害関係者等の合意により実現するものである。さらには、これらの地区や街区を維持し、その価値を向上させるためのエリアのマネジメントの必要がいわれている。

ただし、本書の論考では、個別の開発の公共の利益と広域的な計画の公共の利益との計画間調整の問題を指摘するもの（第5章第4節）がある。また、狭域空間の発展に伴う広域調整は、現在の都市計画法制が直面している大きな課題の一つであると指摘するものがある（第1章第1節）。

第四は、新たな要素への対応である。持続可能な開発目標（ＳＤＧｓ）の採択やパリ協定の締結に基づく温室効果ガスの排出量等の目標は、今日、日本の重要課題とされている。また、近年では、気候変動の影響が激甚化し、その対応が求められている。さらに、超高齢化によって、地域包括支援センター等の都市計画法制が想定しなかった公共的施設との調整が必要になっている。

以上のような近未来の課題（第7章）に対して本書の論考では、「全体性」の要素にかかわる指摘がされている。例えば、温暖化防止に関しては、都市を生態系の一部とみなし、人間の土地利用のみでなく、地質、地形、水系、土壌や植生、動物生態、大気環境などの要素を踏まえる必要性が提起されている（第7章第2節）。また、気候変動などにみられる不確実性が高いインシデントの頻発を踏まえ、これまで定数と考えられてきた要素を変数として捉える必要性もいわれている（第1章第3節）。そして、これらの多様な要素を検討し、人々の理解を促すためにも、膨大なデータをＩｏＴやＡＩなどといった情報技術によって処理することが提案されている。

・「時間性」に関する都市計画法制に求められる観点

近年にかけて、長期未着手の都市計画道路と損失補償の要否に関して都市施設の建設と管理にかかわる事象が争訟となっている[5]。本書第4章第2節によれば、この原因は、計画から整備に至る各段階において時間管理の概念が欠如していたことにあるという。そして、長期未着手に伴う損失は時間の経過とともに変化し、それにより問題の深刻さも変化すると指摘する[6]。このような都市施設をめぐる事象にみられるように、日本の都市計画法制は、「時間性」を前提としながらもその性質が十分に踏まえられたものでなかったことがわかる。

他方、本書の論考では、社会情勢や価値観の変化に伴って、「時間性」にかかわる新たな観点から課題が提示されている。第一は、持続可能性とマネジメントの観点である。持続可能性という価値観やマネジメントという対応が都市計画法制に求められていることは先に述べたとおりである。持続可能性には明らかに時間という要素が含まれ、マネジメント自体が、時間軸に沿った連続的な行為を対象としている（第1章第1節）。本書の論考によれば、こうした観点の登場は、都市計画法制が目指す市街地像の変化に起因するという。具体的には、市街地整備の目的も「空間や機能の確保」から「地域の価値・持続性を高めること」へと変わりつつあり、「時間性」をより意識したマネジメントを中心とする取組みが求められるという（第4章第1節）。

第二は、先見性と柔軟性の観点である。都市計画は都市の将来像を予測し決定するという意味で、将来を先読みする先見性が極めて重要である。その一方で、状況の変化や危難が発生するおそれのある事態に俊敏に対応できる柔軟な計画が必要となる。こうした「時間性」を考慮した対応は、これまでの都市計画法制にも期待されたが、これらのような不確かな内容を根拠づけることには一定の限界があった。それは、その根拠を提示するための膨大な情報を瞬時に処理をしていく技術が存在しなかったからである。しかし、本書の論考では、近年の技術の進歩に伴い、先見性と柔軟性の強化に対応する新たな技術の可能性が提示されている（第1章第3節、第6章第4節、第7章第3節）。

第三は、時間の経過を価値と捉える観点である。日本の都市計画法制における都市計画（法四章）は、物的環境の整備であるため、時間の経過は物理的な環境を老朽化または陳腐化させるものとして認識されてきた。しかし、本書の論考のなかには、都市の魅力は長い時間が経過することでその価値が高まるというものがある。このような考え方は、景観法や歴史まちづくり法などにも取り入れられつつあるが、環境と都市との関係においても重要であり、長い時間をかけて形成された生態系によって都市の魅力を高めることが可能であるとともに、自然災害にも有効であるという（第7章第2節）。これは、事業や施設の整備のみならず、既存の環境を「時間性」という視点からあらためて評価することで都市の価値を高める考え方であるといえよう。

4 — 今後の都市計画法制に求められる方向性

以上のように、都市計画法制には、「公共性」「全体性」「時間性」に関する課題がある一方で、社会情勢や価値観の変化に伴い、これらの性質に着目することが重要になってきていることがわかる。以下では、以上の本書の考察を踏まえて、都市計画の構造転換に関して、都市計画の主要な手段である都市計画法制の構造を形作る「目的と定義」「主体」「計画と手法」「体系」についてその転換の方向性を検討してみたい。

・都市計画法の目的と都市計画の定義

都市計画法制の基本構造は計画とその実現手法からなるが、これらの目指すべき内容を示すものが「目的」であり、その枠組みを設定するものが「定義」である。都市計画法二条に記される都市計画の基本理念は日本の都市計画の不変的な考え方を示すものであり、大きな変化を求められるものではないであろう。しかし、これまで見てきた本書の論考を振り返れば、一条の目的と三条の都市計画の定義に関しては、再考の必要性がある。

まず、目的について現行法では、「都市の健全な発展と秩序ある整備を図り、もって国土の均衡ある発展と公共の福祉の増進に寄与すること」とされている。しかし、「公共性」に深くかかわり、社会情勢や価値観の変化に伴い都市計画法が自ら規定すべき目的も変化しているといえる。とりわけ、整備・開発・保全に加えて、地域のマネジメントが不可欠となるなかで、「秩序ある整備」のみでは公共の福祉に寄与することは困難である。したがって、四条に定める「土地利用、都市施設の整備及び市街地開発事業」という手法のみを前提としている都市計画の定義も当然再考されなければならない。ただし、後述するように、都市計画を都市計画法のみで規定するのではなく、幾つかの法律で体系的に定める方法も存在する。その場合は、現行法の目的や定義を体系のなかで明確に位置づけた上で、都市計画制度体系の秩序化を目指すことが必要になろう。諸外国の都市計画法に目を向けると、持続可能性を実現するために都市計画法の目的の改正や法律体系の秩序化が図られてきている。[7]

・都市計画法制における主体

都市計画を誰がどのように決め、その実現を誰が担うかも都市計画法制の構造を支える重要な要素である。都市計画法制の主体に関する事項は、都市計画法三条の「国、地方公共団体及び住民の責務」に表れている。「国及び地方公共団体は、都市の整備、開発その他都市計画の適切な遂行」し、「都市の住民は、国及び地方公共団体がこの法律の目的を達成するため行なう措置に協力し、良好な都市環境の形成に努める」というものである。しかし、こうした都市計画の主体の考え方も「公共性」にかかわり大きく変化しており、実際、すでに幾つかの法改正のなかで、前記の内容を超える規定が盛り込まれてきている。例えば、都市計画提案制度では、計画を「公」が立案し「民」と「公」で事業を展開するといったものから、枠組みを「公」がつくり「民」が提案・実践する仕組みが存在している（第4章第1節）。

他方、今後の都市計画法制が「地域空間」の管理運営を対象とした場合、その責務を担う主体を土地所有者に固定せず、「地域空間」を誰が管理運営するのか、誰にどこまでの管理運営の負担を担うのかが社会的に効率的であり、また公正であるかを検討する必要がある。[8] そのためには、土地所有者以外の地域の関係者を含んだ管理運営主体を制度的に位置づける必要がある。

・計画と手法

計画とその実現手法は、都市計画法制の構造をなす基本的な要素である。このうち、都市計画の三つの性質からみた「計画」の機能はすでに述べたとおりである。しかし、本書の論考では各性質で種々の課題や新たな観点が提示されていた。これらの課題等は、計画のみならず、計画を実現する手法にも向けられており、これは、都市計画法制の計画と手法の転換の方向性として受け止めることができる。

第一は、「計画」機能の拡大である。「公共性」に関しては、人口減少、経済縮小時代への変化、環境に関する変化、情報技術とその進展を背景として、近年にかけて「コンパクトシティ」「持続可能性」「スマートシティ」などの新たな価値観が提供され、都市計画を実現することが目指されていた。したがって、こうした価値観が人々に受け入れられたならば、計画はこれらの内容を担保する道具として機能することが必要となる。また、「全体性」に関しては、他の政策分野との連携、都市機能のネットワーク、広域空間と狭域空間との関係が課題とされ、これは計画がこれらの課題それぞれについて調整や整合を可能とする道具として機能することが期待されている。さらに、「時間性」については、持続可能性とマネジメント、先見性と柔軟性、時間の経過を価値と捉える観点が必要とされ、その際、計画はこれらによる目標像やそれを実現するプロセスを示す道具として機能することが求められている。このように、今後の都市計画法制における計画には、都市計画の性質を検討した上で、その機能を拡大する方向性が期待されている。

第二は、第一の方向性を目指しその計画を実現していくための、「手法」を開発する方向性である。これまで都市計画法で規定してきた整備・開発・保全に対応する「規制(誘導)」「事業」のみでは立ち行かなくなってきている状況は、公共性・全体性・時間性の項いずれでも確認できた。上で示した社会情勢や価値観の変化に伴う内容も整備・開発・保全のみでなくマネジメントを実現する手法が求められていた。例えば、自然環境等も含め地域の価値・持続性を高める手法、民間の活動を計画承認制度や格付け制度などによって評価する手法などが提案されている（第7章第4節）。これらは、事業者の「貢献」を促し、マネジメントを通じて空間の質を高めていく手法を開発していく方向性であるといえる。

第三は、計画内容やこれを実現するための正当性を強化する方向性である。「公共性」の項でも述べたように、新たな価値観に基づく目標像を地域の実情に応じて実現するためには、公共の福祉に寄与する都市計画として人々に理解されることがより求められることになる。また、この際、目標像の作成や実現に参加する企業、住民、NPOなどを評価するための根拠も必要となる。そして、「全体性」や「時間性」の項で紹介したように、これまで以上に多様な要素を調整し、時間軸のなかで先見的かつ柔軟に計画を策定し実現するためには、膨大な情報処理を伴う根拠が必要とされる。このように都市計画法制とその運用の正当性を強化する方向性が求められていることは明らかである。そして、その一つの方策として、本書の論考では、新たな技術を駆使することでその根拠を充実させる可能性が示されていた。

・法体系のあり方

都市計画法制は種々の制度から構成されているという点で、これらをどのように体系づけるかは都市計画法制の構造に深くかかわる。先述の目的・都市計画の定義で述べたように、都市計画の法体系をどのように考えるかは、法律の目的をも左右する。本書の論考では、この法体系に関するいくつかの指摘がある。例えば、「次々と変容していく公共観に対応させるように接ぎ木に接ぎ木を加えてきたのが、現在見る都市計画法の複雑な姿である」（第1章第2節）。都市計画法を抜本的に見直すのか、都市課題への実態的な対応を関連法に任せ関係を紐付ける法として運用するのか…方向性を明確にし、次の一〇〇年に臨むべきではなか」（第2章第1節）。「時限立法として構成された「都市再生」の法制度は継続的に充実され、実際に各地の都市づくりを動かしつつあり、二種類の法律を読み解きながら都市づくりを実践しなければならないという状況は事業に参加する人々にとって難解・不可解である」（第4章第1節）。そして、「シンプルな国家法」と「豊かで柔軟な地域法」の実現にむけて「枠組み法化」が提案されている（第5章第5節）。

以上の指摘は、本書の筆者のみならず、都市計画法制にかかわる多くの人々が感じているところであろう。既述のとおり、都市計画法制の特徴は、強制力を伴い実効性を有している点にある。それゆえ、法律に規定される権利や利益が相互に衝突する可能性も高い。その法体系が不安定であれば、社会全体を秩序づけるという機能を十分に果たすことができず、都市空間の秩序も維持できなくなる。現行の都市計画法が制定されて以降、社会情勢や価値観の変化に伴い、部分的な改正が積み重ねられてきた法体系を「相互接続的」[9]に秩序化する時期に来ているのではないであろうか。

以上に示した構造転換の方向性が、都市計画法制の次の一〇〇年に向けた発展のための一助となれば幸いである。

［註・参考文献］

1 内海麻利「土地利用規制の基本構造と検討課題――公共性・全体性・時間性の視点から」『論究ジュリスト』有斐閣、二〇一五年秋号、七－一五頁

2 ここで示している年時は、具体的に制度化された地区計画、都市再生特別措置法、立地適正化計画の創設年である

3 農業振興地域の整備に関する法律、森林法、自然公園法、自然環境保全法

4 大方潤一郎「自治体総合土地利用計画の必要性と課題」『日本不動産学会誌』日本不動産学会、第一三巻第四号、二六－三三頁、一九九九年

5 最判平成五・九・一〇民集四七巻七号、四九九五頁、最判平成一七・一一・一判時一九二八号、二五頁

6 渡邊浩司「都市計画道路の長期未着手メカニズムと時間管理の導入（第四回）長期未着手による損失の定式化」『新都市』都市計画協会、六八巻七号、六三－六六頁、二〇一四年

7 例えば、フランスでは、都市計画に関連する法律が法典として編纂され（一九七三年）、これには空間の維持などの広範な内容に及んでいる。また、都市計画の目標と定義が二〇〇九年改正されている。その内容は、温室効果ガスの排出やエネルギー資源の削減、生物多様性の保全などを加筆するというものである

8 内海麻利「マクロ的対応・ミクロ的対応と「管理型」都市計画法制の担い手」亘理格・内海麻利編著『「管理型」都市計画』第一法規、二八九－三〇三頁、二〇二一年

9 持続可能な開発目標（SDGs）「ある目標を達成するためには、むしろ別の目標と広く関連づけられる問題にも取り組まなければならないことが多いという点で目標はすべて『相互接続的』である」とされている

アーバニズム・プレイス展2018／
Shinjuku Public Place Chronicle

資料編

日本都市計画学会における都市計画法制定50年・100年記念事業の取組み

日本都市計画学会では2016年度に当時の中井検裕会長からの要請を受け、都市計画法50年・100年企画特別委員会（森本章倫委員長）を設置して、記念事業とし下記の8つの事業を企画し、実施した。

① 都市計画法50年・100年記念連続サロン「都市計画家が語る光と影」
② 都市交通調査50年記念シンポジウム
③ アーバニズム・プレイス展2018
④ 都市計画法50年・100年記念シンポジウム
⑤ 学会誌「都市計画」都市計画法50年・100年記念特集号
⑥ 新たな都市計画教材の提供
⑦ 都市計画に携わった方々「Who was Who」の公開
⑧ 本書の刊行

これら記念事業以外にも、関係する省庁及び団体において都市計画法50年・100年に関連する行事が企画・実施されてきた。2018年7月に開催された国際都市計画史学会（IPHS）の横浜大会、2019年6月開催の都市計画法・建築基準法制定100周年記念事業などについて、日本都市計画学会として参加・協力してきたところである。

資料編では、本書刊行以外の7つの事業について概説する。

（篠沢健太・大沢昌玄）

アル」を通じた実務と研究の関連についてお話しいただいた。都市計画は、「実務であり実用・実学であり、研究のための研究に留まらず実務のための研究を行ってほしい」と主張された。

柳沢厚（聞き手・菊池雅彦）からは、行政と民間の両方の立場から都市計画新法制定、線引き制度、用途地域制度、地区計画制度についてお話しいただいた。公務員の「問題意識の継続」と「プランニングマインド」をもった課題対応への期待、さらに単なる発注 - 受注の立場を超えた公務員とコンサルタントとの関係性について述べられている。

川手昭二（聞き手・藤井さやか）からは、計画・開発に深く関わられた港北ニュータウンの開発経緯、特に計画諸段階でさまざまに変化していった「人とものごとの関わり」について体験に基づき詳細にお話しいただいた。さらにご自身が立ち上げられた港北ニュータウン研究会における、次なる課題についてもご紹介いただいた。

大村謙二郎（聞き手・藤井さやか）からは、日独における近代都市計画史と戦後の現代都市計画について、文化的・社会的相違も含めお話しいただいた。現在「規制緩和が自己目的化」し、都市の成長は誘導できるとする操作主義的思考が強まりすぎているという危機感に対し、「社会的公正を常に意識したい」とのご意志を示された。

なお、記念連続サロンのうち６名の講演内容の抜粋は、2019年5月発行の学会誌「都市計画」都市計画法50年・100年記念特集号に収録されているのでそちらを参照いただだきたい。

都市計画法50年・100年記念連続サロン「都市計画家が語る光と影」

2016～2017年に開催した都市計画法50年・100年記念連続サロン「都市計画家が語る光と影」では、我が国の都市計画を牽引されてきた、中井検裕、伊藤滋、黒川洸、川手昭二、大村謙二郎、矢島隆、柳沢厚の7名（サロン開催順、敬称略）から講演をいただいた。サロンは聞き手を設定し、日本都市計画学会会議室（川手氏は横浜市歴史博物館）にて開催した。毎回、参加募集後すぐに定員に達するなど盛況であった。サロンの締めくくりには、都市計画とは何かを語っていただいた。ここでは中井検裕氏にはサロンでのお話を包含するご論考を本書で執筆いただいているため（第1章第1節）、伊藤滋、黒川洸、川手昭二、大村謙二郎、矢島隆、柳沢厚の6名のサロンの概要について述べることとする。

伊藤滋（聞き手・浜本渉）からは、学会草創期における社会状況等からなぜ学会ができたのか等について、ご自身のお考えをご披露いただいた。そして学会創設期の学会誌の内容についてもご紹介いただいた。また、「Who was Who」に掲載されている都市計画家とのかかわりや都市計画に対する思いを語っていただいた。

黒川洸（聞き手・森本章倫）からは、筑波研究学園都市、都市計画新法と地方分権、都市計画マスタープランと後見的関与についてお話しいただいた。都市計画を事業から考えはじめる近年の傾向に対し「夢があって、構想があって、計画があって、事業がある」と語られた。

矢島隆（聞き手・菊池雅彦）からは、都市開発と交通（公共交通指向型開発、TOD）、新法制定と地方への権限移譲、「大規模開発地区関連交通計画マニュ

サロンの様子

都市交通調査50年記念シンポジウム

1967年に広島都市圏交通調査、1968年に東京都市群交通計画調査が実施されパーソントリップ調査が開始されてから50年経つことを記念し、2017年12月4日に、東京において「都市計画調査50周年記念シンポジウム」を、同年12月6日に広島において「HATS50周年記念シンポジウム——パーソントリップ調査の誕生と発展」を開催した。なお“HATS”は、“Hiroshima Area Transportation Study”の略である。東京のシンポジウムでは、当時広島と東京においてパーソントリップ調査実施にご尽力された新谷洋二東京大学名誉教授から都市交通調査の記録としてビデオメッセージがあり、「パーソントリップ調査とは、交通のパターンを意識した計画づくりのための調査であり、新たな課題を見出すためのパイロットスタディである。将来のために何か肥やしをまいておくことが大切である」とまとめられた。

アーバニズム・プレイス展2018

都市計画への関心の喚起と理解の深化を目指して、都市計画法が現実の都市空間に与えた影響を概観しつつ、今後の都市計画法のあり方を展望する企画展「アーバニズム・プレイス展2018——都市計画の過去と未来の創庫」を、新宿三井ビルディングにおいて2018年9月15日から23日まで開催した。常設展示として、「Great Public Places since1919」「Shinjuku Public Place Chronicle」「Place Making Exhibition」の展示を行うとともに、「PLACE TALK」として55HIROBAにおいて、4回のトークセッション「アーバニズム・プレイス・レセプション」「新宿三井ビル・55HIROBAの誕生と再生」「新宿からの都市の広場論」「広場を楽しむ都市計画へ」を実施した。

Place Making Exhibition

PLACE TALK

都市計画法50年・100年記念シンポジウム

都市計画法50年・100年記念シンポジウムとして、5回のシンポジウムを企画した。現在の都市計画の枠組みに対する問題提起や集中的討論を行うのみならず、都市計画の領域を越えた新たな活動を見据えて将来展望を行った。なお、本書はこの記念シンポジウムをベースとして構成されている。

第1弾「社会システムとしての都市計画と土地利用制度——線引き制度から立地適正化計画まで」

第2弾「都市計画の領域と新展開——新たなフレームワークの構築に向けて」

第3弾「都市計画法を展望する——なにを引き継ぎ、新たに創り出していくか」

第4弾「地区の計画とマネジメントを議論する——地区計画・再地区・特区」

第5弾「都市計画の基本構造を議論する——プランと技術体系の再構築を視野に入れて」

第1弾は、2018年11月の大阪大学での全国大会時、第2弾は2019年5月の学会総会時に開催した。第3弾は、同11月の横浜市開港記念会館での全国大会時に開催した。なお、第4弾（2020年2月22日）と第5弾（2020年3月28日）については、新型コロナウイルス感染症の拡大を踏まえ、開催中止としたが、第4弾と第5弾の内容を含め2021年3月21日に本書刊行記念シンポジウムをオンラインにて開催することとした。

記念シンポジウム第1弾
（大阪大学、2018年11月17日）

記念シンポジウム第2弾
（東京大学、2019年5月31日）

記念シンポジウム第3弾
（横浜市開港記念会館、2019年11月9日）

都市計画に携わった方々「Who was Who」の公開

都市計画の発展に寄与した人物史をまとめ、都市計画に対するそれぞれの熱い思いを知ると同時に次の世代に引き継ぐことを目的に、「都市計画 Who was Who」のウェブ公開を進めた。「都市計画Who was Who」は、学会誌「都市計画」にて1987年3月の第144号にて趣旨が述べられ連載開始されたものであり、その後1993年4月の第181号まで掲載された。今回は、「都市計画Who was Who」に掲載された人物に加え、同学会誌の追悼記事等で紹介された人物を含めた141名の方を日本都市計画学会ホームページにて公開している。

「Who was Who」の公開

新たな都市計画教材の提供

国土交通省都市局協力のもと日本都市計画学会ホームページ上で、「都市計画講義資料作成支援サイト」を設置し、閲覧できるようになっている。具体には、大学等の講義で活用できる都市計画の教材を、パワーポイント形式で提供し、講義用に修正・加工することが可能となっている。

この都市計画教材の提供の取組みは、高等学校での「地理総合」必修化に向け、本学会に「高校教育支援WG」を設置する新たな動きとして進んでいる。2022年度からの新学習指導要綱では「地理総合」が必修となり、全ての高校生が学ぶこととなる。「地理総合」の内容として「持続可能な地域づくりと私たち」があり、教育内容として「生活圏の調査と地域の展望」が示されている。この主題は、地域の交通安全や住宅団地の空洞化など、都市計画に深く関連する内容となっていることから、日本都市計画学会では、2018年度より総務・企画委員会（現在の企画調査委員会）において、高校の教育現場での支援のあり方について検討を開始、2020年度より新たにWGを設置し、支援について学会を挙げて積極的に取り組むこととしている。

学会誌『都市計画』都市計画法50年・100年記念特集号

2019年5月に、学会誌『都市計画』において、都市計画法50年・100年記念特集号を刊行した。特集号では、これまで都市計画学会誌の特集やシンポジウムなどで議論されてきた都市計画法の課題や現状を再検討しその課題を解決する手がかりとなることを意図している。

『都市計画』Vol.68、No.3

2016年	7月5日	記念連続サロン「都市計画家が語る光と影」 中井検裕氏（7月5日）、伊藤滋氏（7月12日）、黒川洸氏（10月6日）、 川手昭二氏（11月17日）、大村謙二郎氏（11月25日）、矢島隆氏（12月7日）、
	～	
2017年	2月1日	柳沢厚氏（2017年2月1日）
2017年	12月4日	都市交通調査50年記念シンポジウム
	12月6日	HATS 50周年記念セミナー――パーソントリップ調査の誕生と発展
2018年	7月15日～19日	IPHS2018横浜大会
	9月15日～23日	アーバニズム・プレイス展2018――都市計画の過去と未来の創庫
	11月17日	記念シンポジウム第1弾 「社会システムとしての都市計画と土地利用制度 ――線引き制度から立地適正化計画まで」
2019年	5月15日	『都市計画』Vol.63、No.3「都市計画法50年・100年記念特集号」
	5月31日	記念シンポジウム第2弾 「都市計画の領域と新展開――新たなフレームワークの構築に向けて」
	6月19日	都市計画法・建築基準法100周年記念式典
	11月9日	記念シンポジウム第3弾 「都市計画法を展望する――なにを引き継ぎ、新たに創り出していくか」
2020年	2月22日	記念シンポジウム第4弾　※中止
	3月28日	記念シンポジウム第5弾　※中止
	（※上記の記念シンポジウム第4弾・第5弾は、新型コロナウイルス感染症拡大の影響により、やむなく中止としたが、本書の刊行記念シンポジウムとして開催することとした）	
2021年	3月21日	本書『都市計画の構造転換』刊行記念シンポジウム（オンライン開催） 「地区の計画とマネジメントを議論する――地区計画・再築・特区／都市計画の基本構造を議論する――プランと技術体系の再構築を視野に入れて」

あとがき

本書は、都市計画の探究が学術・文化・社会の発展に寄与することを目的に、とりわけ二つの意義を有するものになるよう企画された。その一つは、記念書もしくは記録書としての意義である。これは、都市計画法五〇年（新法）、一〇〇年（旧法）を迎え、これを記念して都市計画及び都市計画法制を探究する場を提供するために実施された日本都市計画学会の取組みとその内容を記録し、将来に継承しようというものである。いま一つは、都市計画の学術面・実務面に寄与する集成書としての意義である。これは、都市計画法制の歴史とその展開、近未来の課題を踏まえた今後の都市計画の方向性を探求した内容を体系的にとりまとめようというものである。

こうした探究の場づくり、プロセス、書籍として取りまとめる過程には多くの方々の参加と協力が不可欠であった。まず、前者の「記念書もしくは記録書」という点では、日本都市計画学会に設置された都市計画法五〇年・一〇〇年企画特別委員会（以下、「特別委員会」）における事業がその中心的な内容であるといえる。「資料編」でまとめられているように、当初掲げられた「温故知新」というコンセプトを踏まえた七つの事業がそれである。本書では、これらの活動から得られた知見や議論が記録として、あるいは論考の内容として反映されている。例えば、都市計画家が語る「記念連続サロン」をはじめとし、それぞれに数百人を動員する六つのシンポジウムや展示会などである。そして、これらの登壇者、各事業の企画・運営に携わっていただいた方々、そして、これに参加された方々によって、都市計画の理論や実践、思いが語られ、将来に継承すべき都市計画及び都市計画法制の探究がなされた。

次に、後者の「集成書」としての意義は、本書の構成に表れている。日本の都市計画法の意義、特徴と歴史的展開（序章・第1章・第2章）、都市計画法制による市街地形成の実態がいかにあるのかを示し、都市計画法の果たしてきた役割と課題（第3章・第4章・第5章）、今後の方向性と改革の方向性（第6章・第7章・終章）を共有するための論考が集成されている。これらの論考は、数十人にわたる先に記したシンポジウムの登壇者を中心に、その議論を踏まえて、各構成の分野に関する専門家に執筆いただいた。また、単なる論文集にとどまるものではなく、研究者や実務家など、多くの人々との議論が行われた特別委員会の事業を実施・運営した委員会委員と執筆者、委員間の対話により学術面、実務面に寄与する書籍としてまとめられた。まさにこの対話が探究を体系的にとりまとめる過程であったといえる。

このように、本書が刊行されるプロセスには本書の執筆者をはじめ本学会の学会員を中心に多くの方々にご協力をいただいた。深くお礼を申し上げたい。

本書の刊行を担った特別委員会は、二〇一六年度に森本章倫氏を委員長として設置され、二〇一八年度からの出口敦委員長の下での活動を経て、これらの活動実績をとりまとめるべく、二〇二〇年度より筆者が委員長を仰せつかった。二〇二〇年はまさにコロナ禍の直中にあり、二つのシンポジウムが延期を余儀なくされるなどの事態となったが、逆に、こうした状況にこそ、今後の都市計画の行方を議論する本書の役割は大きいとして、本書刊行への思いを強くした。いま、ここに本書が刊行に至り安堵しているところである。

こうした過程と状況下にあって、特別委員会の事業や本書刊行にあたり、特別委員会委員および学会事務局の方々にはご尽力をいただき、ご苦労もおかけした。そして、本書の編集にあたっては、鹿島出版会の久保田昭子氏、寺崎友香梨氏の適確で丁寧なご対応に大変助けられた。ここに改めて感謝の意を伝えたい。

以上の日本都市計画学会における都市計画の探究が都市計画の発展に寄与することを願っている。

（都市計画法五〇年・一〇〇年企画特別委員会委員長　内海麻利）

第5章

※ 藤井 さやか　筑波大学システム情報系社会工学域　准教授
※ 長谷川 隆三　(株) フロントヤード　代表取締役
　佐谷 和江　(株) 計画技術研究所　代表取締役
　久保田 尚　埼玉大学大学院理工学研究科　教授
　原田 保夫　東日本建設業保証 (株)　取締役社長
　明石 達生　東京都市大学都市生活学部　教授
　小林 重敬　(一財) 森記念財団　理事長

第6章

　中出 文平　長岡技術科学大学環境社会基盤工学専攻　教授
　高鍋 剛　(株) 都市環境研究所　取締役 上席研究員
　村上 暁信　筑波大学システム情報系社会工学域　教授
　森本 章倫　早稲田大学理工学術院創造理工学部社会環境工学科　教授
　後藤 春彦　早稲田大学理工学術院創造理工学部建築学科　教授

第7章

※ 井上 俊幸　三菱地所 (株)　執行役員 都市計画企画部長
　後藤 純　東海大学工学部建築学科　特任准教授
　武田 重昭　大阪府立大学大学院生命環境科学研究科緑地環境科学専攻　准教授
　円山 琢也　熊本大学くまもと水循環・減災研究教育センター　准教授
　村山 顕人　東京大学大学院工学系研究科都市工学専攻　准教授

資料編

※ 篠沢 健太　工学院大学建築学部まちづくり学科　教授
※ 大沢 昌玄　日本大学理工学部土木工学科　教授

終章

※ 内海 麻利　駒澤大学法学部　教授

※都市計画法50年・100年企画特別委員会委員　　2021年3月現在

執筆者

序章

※ 出口 敦　東京大学大学院新領域創成科学研究科社会文化環境学専攻　教授

第 1 章

※ 菊池 雅彦　国土交通省都市局市街地整備課　課長

※ 筒井 祐治　国土交通省都市局都市計画課　都市計画調査室長

中井 検裕　東京工業大学環境・社会理工学院　学院長・教授

高見沢 実　横浜国立大学大学院都市イノベーション研究院　教授

横張 真　東京大学大学院工学系研究科都市工学専攻　教授

第 2 章

※ 中島 直人　東京大学大学院工学系研究科都市工学専攻　准教授

※ 中島 伸　東京都市大学都市生活学部都市生活学科　准教授

藤賀 雅人　工学院大学建築学部まちづくり学科　准教授

渡辺 俊一　東京理科大学　名誉教授

第 3 章

※ 桑田 仁　芝浦工業大学建築学部建築学科　教授

柳沢 厚　C- まち計画室　代表

浅野 純一郎　豊橋技術科学大学建築・都市システム学系　教授

鵤 心治　山口大学大学院創成科学研究科工学系学域感性デザイン分野　教授

小浦 久子　神戸芸術工科大学芸術工学部環境デザイン学科　教授

野澤 千絵　明治大学政治経済学部　教授

第 4 章

※ 中西 正彦　横浜市立大学大学院都市社会文化研究科　教授

※ 鈴木 伸治　横浜市立大学大学院都市社会文化研究科　教授

岸井 隆幸　(一財) 計量計画研究所　代表理事

渡邉 浩司　国土交通省大臣官房技術審議官 (都市局担当)

舟引 敏明　宮城大学事業構想学群　教授

中山 靖史　(独) 都市再生機構 都市再生部事業企画室　室長

牧 紀男　京都大学防災研究所　教授

公益社団法人 日本都市計画学会は、都市計画及び地方計画に関する科学技術の研究発展を図るため、1951（昭和26）年に創立された。本会は、会員の研究発表、知識の交換並びに会員相互および内外の関連学協会等との連絡提携の場となり、都市計画に関する学術の進歩普及と都市計画の進展、および都市計画に係る専門家の資質の向上を図り、もって学術・文化・社会の発展に寄与することを目的としている。

（ウェブサイト https://www.cpij.or.jp）

都市計画《としけいかく》の構造転換《こうぞうてんかん》

整《せい》・開《かい》・保《ほ》からマネジメントまで

二〇二一年　三月一五日　第一刷発行
二〇二三年一二月二五日　第三刷発行

編著者　日本都市計画学会
発行者　新妻 充
発行所　鹿島出版会
〒一〇四―〇〇二八
東京都中央区八重洲二―五―一四
電話　〇三―六二〇二―五二〇〇
振替　〇〇一六〇―二―一八〇八八三

印刷　壮光舎印刷
製本　牧製本
装丁　石田秀樹（milligraph）

ISBN 978-4-306-07358-6 C3052

本書の内容に関するご意見・ご感想は左記までお寄せ下さい。
URL: https://www.kajima-publishing.co.jp/
e-mail: info@kajima-publishing.co.jp